软件开发视频大讲堂

# jQuery 从入门到精通

明日科技 编著

清华大学出版社

北 京

# 内 容 简 介

《jQuery 从入门到精通》从初学者角度出发，通过通俗易懂的语言，丰富多彩的实例，详细介绍了使用 jQuery 技术进行 Web 前端开发应该掌握的各方面技术。全书共分 4 篇 20 章，包括 Web 应用开发概述、JavaScript 概述、初识 jQuery、使用 jQuery 选择器、使用 jQuery 操作 DOM、jQuery 中的事件处理、jQuery 中的动画效果、使用 jQuery 处理图片和幻灯片、使用 jQuery 操作表单、使用 jQuery 操作表格和树、Ajax 在 jQuery 中的应用、jQuery UI 插件的使用、常用的第三方 jQuery 插件、jQuery 必知的工具函数、jQuery 的开发技巧、jQuery 各个版本的变化、jQuery 的性能优化、jQuery 在 HTML5 中的应用、jQuery Mobile、PHP+jQuery+Ajax 实现产品之家等。书中所有知识都结合具体实例进行介绍，涉及的程序代码均附以详细的注释，可以使读者轻松领会 jQuery 程序开发的精髓，快速提高开发技能。

另外，本书除了纸质内容之外，配套光盘中还给出了海量开发资源库，主要内容如下：

☑ **语音视频讲解**：总时长 16 小时，共 210 段　　☑ **实例资源库**：808 个实例及源码详细分析
☑ **模块资源库**：15 个经典模块开发过程完整展现　☑ **项目案例资源库**：15 个企业项目开发过程完整展现
☑ **测试题库系统**：626 道能力测试题目　　　　　☑ **面试资源库**：342 个企业面试真题
☑ **PPT 电子教案**

本书内容详尽，实例丰富，非常适合作为编程初学者的学习用书，也适合作为开发人员的查阅、参考资料。

**图书在版编目（CIP）数据**

jQuery 从入门到精通 / 明日科技编著. —北京：清华大学出版社，2017（2023.1重印）
（软件开发视频大讲堂）
ISBN 978-7-302-46873-8

Ⅰ．①j… Ⅱ．①明… Ⅲ．①JAVA 语言-程序设计　Ⅳ．①TP312.8

中国版本图书馆 CIP 数据核字（2017）第 064169 号

责任编辑：杨静华
封面设计：刘洪利
版式设计：李会影
责任校对：何士如
责任印制：沈　露

出版发行：清华大学出版社
　　　　网　　址：http://www.tup.com.cn，http://www.wqbook.com
　　　　地　　址：北京清华大学学研大厦 A 座　　　邮　　编：100084
　　　　社 总 机：010-83470000　　　　　　　　　邮　　购：010-62786544
　　　　投稿与读者服务：010-62776969，c-service@tup.tsinghua.edu.cn
　　　　质量反馈：010-62772015，zhiliang@tup.tsinghua.edu.cn
印 装 者：三河市铭诚印务有限公司
经　　销：全国新华书店
开　　本：203mm×260mm　　印　　张：31.75　　字　　数：865 千字
　　　　　（附 DVD 光盘 1 张）
版　　次：2017 年 9 月第 1 版　　印　　次：2023年1月第6次印刷
定　　价：89.80 元

产品编号：074123-02

# 如何使用本书开发资源库

在学习《jQuery 从入门到精通》一书时，随书附配光盘提供了"PHP 开发资源库"系统，可以帮助读者快速提升编程水平和解决实际问题的能力。《jQuery 从入门到精通》和 PHP 开发资源库配合学习流程如图 1 所示。

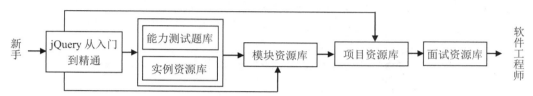

图 1　图书与开发资源库配合学习流程图

打开光盘的"开发资源库"文件夹，运行 PHP 开发资源库.exe 程序，即可进入"PHP 开发资源库"系统，主界面如图 2 所示。

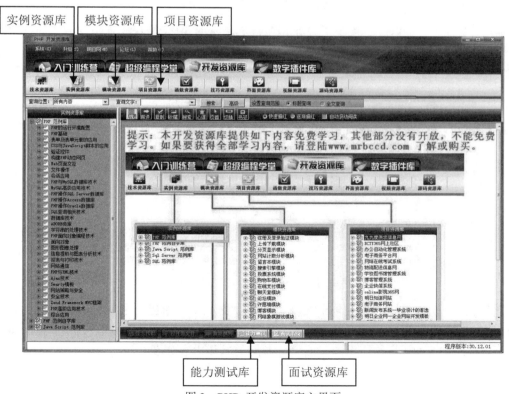

图 2　PHP 开发资源库主界面

在学习某一章节时，可以配合实例资源库的相应章节，利用实例资源库提供的大量热点实例和关键实例巩固所学编程技能，提高编程兴趣和自信心；也可以配合能力测试题库的对应章节进行测试，检验学习成果。具体流程如图 3 所示。

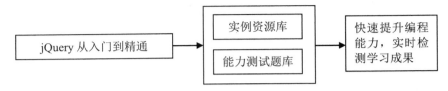

图 3　使用实例资源库和能力测试题库

对于数学逻辑能力和英语基础较为薄弱的读者，或者想了解个人数学逻辑思维能力和编程英语基础的用户，本书提供了数学及逻辑思维能力测试和编程英语能力测试供练习和测试，如图 4 所示。

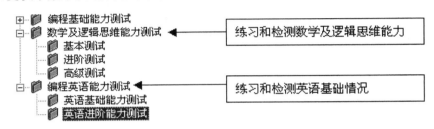

图 4　数学及逻辑思维能力测试和编程英语能力测试目录

当本书学习完成时，可以配合模块资源库和项目资源库的 30 个模块和项目，全面提升个人综合编程技能和解决实际开发问题的能力，为成为 PHP 软件开发工程师打下坚实基础。具体模块和项目目录如图 5 所示。

图 5　模块资源库和项目资源库目录

万事俱备，该到软件开发的主战场上接受洗礼了。面试资源库提供了大量国内外软件企业的常见面试真题，同时还提供了程序员职业规划、程序员面试技巧、企业面试真题汇编和虚拟面试系统等精彩内容，是程序员求职面试的绝佳指南。面试资源库的具体内容如图 6 所示。

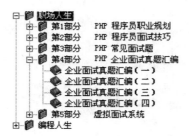

图6　面试资源库的具体内容

如果您在使用 PHP 开发资源库时遇到问题，可加我们的 QQ：4006751066（可容纳 10 万人），我们将竭诚为您服务。

# 前　言

Preface

jQuery 是继 Prototype 之后又一个优秀的 JavaScript 库。jQuery 语言具有简单、易学、代码精致小巧、跨浏览器、链式的语法风格、插件丰富以及完全免费等特点，越来越受到广大 Web 程序员的青睐和认同。如今，jQuery 已经成为最流行的 JavaScript 库，世界前 10000 个访问最多的网站中，有超过 55% 都在使用 jQuery 技术。

## 本书内容

本书提供了从入门到编程高手所必备的各类知识，共分 4 篇，大体结构如下图所示。

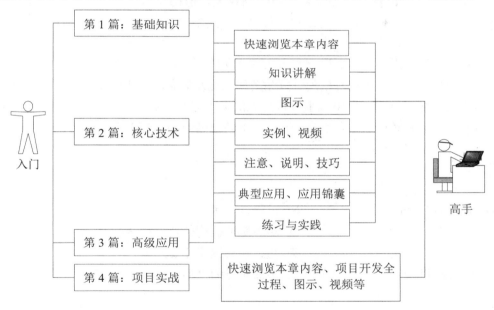

第 1 篇：**基础知识**。本篇通过 Web 应用开发概述、JavaScript 概述、初识 jQuery、使用 jQuery 选择器、使用 jQuery 操作 DOM 等内容的介绍，并结合大量的图示、实例、视频等，使读者快速掌握 jQuery，并为以后的学习奠定坚实的基础。

第 2 篇：**核心技术**。本篇介绍 jQuery 中的事件处理、jQuery 中的动画效果、使用 jQuery 处理图片和幻灯片、使用 jQuery 操作表单、使用 jQuery 操作表格和树、Ajax 在 jQuery 中的应用等。学习完这一部分，读者应能够掌握 jQuery 的核心知识，并能够开发一些小型网页。

第 3 篇：**高级应用**。本篇介绍 jQuery UI 插件的使用、常用的第三方 jQuery 插件、jQuery 必知的工具函数、jQuery 的开发技巧、jQuery 各个版本的变化、jQuery 的性能优化、jQuery 在 HTML5 中的应用、

jQuery Mobile 等。学习完这一部分，读者将能够熟练使用 jQuery 的各种插件及工具函数，并能够掌握 jQuery 的一些高级应用（如 HTML5 中的应用或者移动应用）。

第 4 篇：项目实战。本篇使用 PHP+jQuery+Ajax 技术开发了一个产品之家网站，该网站中使用了 CSS 样式、DIV 标签、jQuery、Ajax 等多种网页开发技术，带领读者打造一个具有时代气息的网站。

## 本书特点

- ❑ **由浅入深，循序渐进**：本书以初、中级程序员为对象，先从 jQuery 基础学起，再学习 jQuery 的核心技术，然后学习 jQuery 的高级应用，最后学习开发一个完整项目。讲解过程中步骤详尽，版式新颖。

- ❑ **语音视频，讲解详尽**：书中提供声图并茂的语音教学视频，这些视频能够引导初学者快速入门，感受编程的快乐和成就感，增强进一步学习的信心，从而快速成为编程高手。

- ❑ **实例典型，轻松易学**：通过例子学习是最好的学习方式，本书通过"一个知识点、一个例子、一个结果、一段评析、一个综合应用"的模式，透彻详尽地讲述了实际开发中所需的各类知识。另外，为了便于读者阅读程序代码，快速学习编程技能，书中几乎每行代码都提供了注释。

- ❑ **精彩栏目，贴心提醒**：本书根据需要在各章安排了很多"注意""说明""技巧"等小栏目，以让读者在学习过程中更轻松地理解相关知识点及概念，更快地掌握个别技术的应用技巧。

- ❑ **应用实践，随时练习**：书中几乎每章都提供了"练习与实践"，让读者能够通过对问题的解答重新回顾、熟悉所学知识，举一反三，为进一步学习做好充分的准备。

## 读者对象

- ☑ 初学编程的自学者
- ☑ 编程爱好者
- ☑ 大中专院校的老师和学生
- ☑ 相关培训机构的老师和学员
- ☑ 毕业设计的学生
- ☑ 初、中级程序开发人员
- ☑ 程序测试及维护人员
- ☑ 参加实习的"菜鸟"程序员

## 读者服务

为了方便读者，本书提供了学习答疑网站：www.mingribook.com。有关本书内容的问题读者均可在网站上留言，我们力求在 24 小时内回复（节假日除外）。

## 致读者

　　本书由明日科技组织编写，主要编写人员有申小琦、王小科、王国辉、董刚、赛奎春、房德山、杨丽、高春艳、辛洪郁、周佳星、张鑫、张宝华、葛忠月、刘杰、白宏健、张霄霆、马新新、冯春龙、宋万勇、李文欣、王东东、柳琳、王盛鑫、徐明明、杨柳、赵宁、王佳雪、于国良、李磊、李彦骏、王泽奇、贾景波、谭慧、李丹、吕玉翠、孙巧辰、赵颖、江玉贞、周艳梅、房雪坤、裴莹、郭铁、张金辉、王敬杰、高茹、李贺、陈威、高飞、刘志铭、高润岭、于国槐、郭锐、郭鑫、邹淑芳、李根福、杨贵发、王喜平等。在本书编写的过程中，我们以科学、严谨的态度，力求精益求精，但疏漏之处在所难免，敬请广大读者批评指正。我们的服务邮箱是 mingrisoft@mingrisoft.com，读者在阅读本书时，如果发现错误或遇到问题，可以发送电子邮件及时与我们联系，我们会尽快给予答复。

　　感谢您购买本书，希望本书能成为您编程路上的领航者。

　　"零门槛"编程，一切皆有可能。

　　祝读书快乐！

编　　者

# 目　录

Contents

# 第1篇　基础知识

# 第 2 篇　核心技术

# 第 3 篇　高级应用

# 第 4 篇　项目实战

# 光盘 "开发资源库" 目录

## 第 1 大部分　实例资源库

（808 个完整实例分析，光盘路径：开发资源库/实例资源库）

后台管理系统主页设计
系统信息设置
更改管理员密码
图书大类管理
图书小类管理
出版社分类管理
图书信息管理
图书试读管理
用户管理
用户反馈管理
订单信息管理
新闻公告管理

简易留言本
带留言分类的留言本
具有版主回复的留言本
数据库形式的聊天室
聊天室中私聊的实现
查看主题信息
发布主题信息
回复主题信息
删除主题及回复信息
博客用户图片管理
博客文章评论管理
……

# 第 2 大部分　模块资源库

**（15 个经典模块，光盘路径：开发资源库/模块资源库）**

## 模块 1　注册及登录验证模块
注册及登录验证模块概述
　用户注册流程
　用户登录流程
　找回密码流程
热点关键技术
　防 SQL 注入技术
　Ajax 技术实现无刷新验证
　验证码技术
　E-mail 激活技术
　应用键盘响应事件验证信息是否合法
　应用 Cookie 技术实现自动登录
注册及登录验证模块
　数据库设计
　数据库类
　注册功能的实现
　登录功能的实现
　验证码的实现与刷新
　找回密码的实现
程序调试
　程序调试

## 模块 2　上传下载模块
上传下载模块

上传下载模块概述
热点关键技术
实现过程
　数据库设计
　文件上传功能的实现（包括多文件上传）
　文件下载的实现
程序调试
　程序调试

## 模块 3　分页显示模块
分页显示模块
　分页显示模块概述
　热点关键技术
分页类模块
　Smarty 模板的安装和配置
　ADODB 的配置和连接
　分页类模块的页面设计
　分页类模块的程序开发
分页显示模块的实现
　PHP 超长文本分页功能的实现
　Ajax 无刷新分页功能的实现
　PHP 跳转分页功能的实现
　PHP 上下分页功能的实现

# 第 3 大部分　项目资源库

**（15 个企业开发项目，光盘路径：开发资源库/项目资源库）**

XXIII

# 第 4 大部分   能力测试题库

（626 道能力测试题目，光盘路径：开发资源库/能力测试）

# 第 5 大部分   面试资源库

（342 项面试真题，光盘路径：开发资源库/面试系统）

# 基础知识

　　本篇通过 Web 应用开发概述、JavaScript 概述、初识 jQuery、使用 jQuery 选择器以及使用 jQuery 操作 DOM 等内容的介绍，并结合大量的图示、实例、视频等，使读者快速掌握 jQuery，并为以后的学习奠定坚实的基础。

# 第 1 章

## Web 应用开发概述

（ 📹 视频讲解：28 分钟 ）

　　随着网络技术的迅猛发展，国内外的信息化建设已经进入以 Web 应用为核心的阶段。作为即将进入 Web 应用开发阵营的准程序员，首先需要对网络程序开发的体系结构、Web 以及 Web 开发技术有所了解。本章将对网络程序开发体系结构、Web 的定义和工作原理、Web 的发展历程和 Web 开发技术进行介绍。

　　通过阅读本章，您可以：

▸▸ 了解什么是 C/S 结构和 B/S 结构

▸▸ 了解 C/S 结构和 B/S 结构的区别

▸▸ 了解什么是 Web

▸▸ 了解 Web 的工作原理

▸▸ 了解 Web 的发展历程

▸▸ 了解 Web 开发技术

# 1.1　网络程序开发体系结构

随着网络技术的不断发展，单机的软件程序将难以满足网络计算的需要。为此，产生了各种各样的网络程序开发体系结构，其中运用最多的可以分为两种，一种是基于浏览器/服务器的 B/S 结构，另一种是基于客户端/服务器的 C/S 结构。下面进行详细介绍。

## 1.1.1　C/S 结构介绍

C/S 是 Client/Server 的缩写，即客户端/服务器结构。在这种结构中，服务器通常采用高性能的 PC 机或工作站，并采用大型数据库系统（如 Oracle 或 SQL Server），客户端则需要安装专用的客户端软件，如图 1.1 所示。这种结构可以充分利用两端硬件环境的优势，将任务合理分配到客户端和服务器，从而降低了系统的通信开销。在 2000 年以前，C/S 结构占据网络程序开发领域的主流。

图 1.1　C/S 体系结构

## 1.1.2　B/S 结构介绍

B/S 是 Browser/Server 的缩写，即浏览器/服务器结构。在这种结构中，客户端不需要开发任何用户界面，而统一采用如 IE 和火狐等浏览器，通过 Web 浏览器向 Web 服务器发送请求，由 Web 服务器进行处理，并将处理结果逐级传回客户端，如图 1.2 所示。这种结构利用不断成熟和普及的浏览器技术实现原来需要复杂专用软件才能实现的强大功能，从而节约了开发成本，是一种全新的软件体系结构。这种体系结构已经成为当今应用软件的首选体系结构。

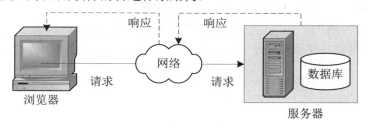

图 1.2　B/S 体系结构

**说明**

B/S 由美国微软公司研发，C/S 由美国 Borland 公司最早研发。

## 1.1.3  两种体系结构的比较

C/S 结构和 B/S 结构是当今世界网络程序开发体系结构的两大主流。目前，这两种结构都有自己的市场份额和客户群。但是，这两种体系结构又各有各的优点和缺点，以下将从 3 个方面进行比较说明。

### 1．开发和维护成本方面

C/S 结构的开发和维护成本都比 B/S 高。采用 C/S 结构时，对于不同客户端要开发不同的程序，而且软件的安装、调试和升级均需要在所有的客户机上进行。例如，如果一个企业共有 10 个客户站点使用一套 C/S 结构的软件，则这 10 个客户站点都需要安装客户端程序。当这套软件进行了哪怕很微小的改动后，系统维护员都必须将客户端原有的软件卸载，再安装新的版本并进行配置，最可怕的是客户端的维护工作必须不折不扣的进行 10 次。若某个客户端忘记进行这样的更新，则该客户端将会因软件版本不一致而无法工作。而 B/S 结构的软件，则不必在客户端进行安装及维护。如果我们将前面企业 C/S 结构的软件换成 B/S 结构的，这样在软件升级后，系统维护员只需要将服务器的软件升级到最新版本，对于其他客户端，只要重新登录系统就可以使用最新版本的软件了。

### 2．客户端负载

C/S 的客户端不仅负责与用户的交互，收集用户信息，而且还需要完成通过网络向服务器请求对数据库、电子表格或文档等信息的处理工作。由此可见，应用程序的功能越复杂，客户端程序也就越庞大，这也给软件的维护工作带来了很大的困难。而 B/S 结构的客户端把事务处理逻辑部分交给了服务器，由服务器进行处理，客户端只需要进行显示。这样，将使应用程序服务器的运行数据负荷较重，一旦发生服务器"崩溃"等问题，后果不堪设想。因此，许多单位都备有数据库存储服务器，以防万一。

### 3．安全性

C/S 结构适用于专人使用的系统，可以通过严格的管理派发软件，达到保证系统安全的目的，这样的软件相对来说安全性比较高。而对于 B/S 结构的软件，由于使用的人数较多，且不固定，相对来说安全性就会低些。

综上所述，B/S 相对于 C/S 具有更多的优势，现今大量的应用程序开始转移到应用 B/S 结构，许多软件公司也争相开发 B/S 版的软件，也就是 Web 应用程序。随着 Internet 的发展，基于 HTTP 协议和 HTML 标准的 Web 应用呈几何数量级增长，而这些 Web 应用又是由各种 Web 技术所开发的。

# 1.2　Web 简介

Web 是 WWW（World Wide Web）的简称，引申为"环球网"，在不同的领域，有不同的含义。针对普通的用户，Web 仅仅只是一种环境——互联网的使用环境；而针对网站制作或设计者，它是一系列技术的总称（包括网站的页面布局、后台程序、美工、数据库领域等）。下面将对 Web 进行详细介绍。

## 1.2.1　什么是 Web

Web 的本意是网和网状物，现在被广泛译作网络、万维网或互联网等技术领域。它是一种基于超文本方式工作的信息系统。作为一个能够处理文字、图像、声音和视频等多媒体信息的综合系统，它提供了丰富的信息资源，这些信息资源通常表现为以下 3 种形式。

（1）超文本（Hypertext）

超文本是一种全局性的信息结构，它将文档中的不同部分通过关键字建立链接，使信息得以用交互方式搜索。

（2）超媒体（Hypermedia）

超媒体是超文本和多媒体在信息浏览环境下的结合。有了超媒体，用户不仅能从一个文本跳到另一个文本，而且可以显示图像，播放动画、音频和视频等。

（3）超文本传输协议（HTTP）

超文本传输协议是超文本在互联网上的传输协议。

## 1.2.2　Web 的工作原理

在 Web 中，信息资源将以 Web 页面的形式分别存放在各个 Web 服务器上，用户可以通过浏览器选择并浏览所需的信息。Web 的具体工作流程如图 1.3 所示。

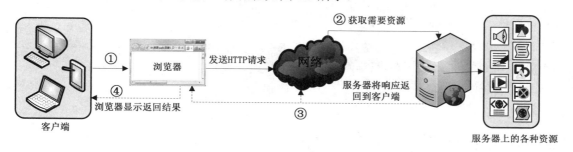

图 1.3　Web 的工作流程图

从图 1.3 中可以看出，Web 的工作流程大致可以分为以下 4 个步骤。

（1）用户在浏览器中输入 URL 地址（即统一资源定位符），或者通过超链接方式链接到一个网页或者网络资源后，浏览器将该信息转换成标准的 HTTP 请求发送给 Web 服务器。

（2）当 Web 服务器接收到 HTTP 请求后，根据请求内容查找所需信息资源。

（3）找到相应资源后，Web 服务器将该部分资源通过标准的 HTTP 响应发送回浏览器。

（4）浏览器将经服务器转换后的 HTML 代码显示给客户端用户。

## 1.2.3　Web 的发展历程

自从 1989 年由 Tim Berners-Lee（蒂姆·伯纳斯·李）发明了 World Wide Web 以来，Web 主要经历了 3 个阶段，分别是静态文档阶段（指代 Web 1.0）、动态网页阶段（指代 Web 1.5）和 Web 2.0 阶段。下面将对这 3 个阶段进行介绍。

### 1．静态文档阶段

处理静态文档阶段的 Web，主要是用于静态 Web 页面的浏览。用户通过客户端的 Web 浏览器，可以访问 Internet 上各个 Web 站点。在每个 Web 站点上，保存着提前编写好的 HTML 格式的 Web 页，以及各 Web 页之间可以实现跳转的超文本链接。通常情况下，这些 Web 页都是通过 HTML 语言编写的。由于受低版本 HTML 语言和旧式浏览器的制约，Web 页面只能包括单纯的文本内容，浏览器也只能显示呆板的文字信息，不过这已经基本满足了建立 Web 站点的初衷，实现了信息资源共享。

随着互联网技术的不断发展以及网上信息呈几何级数的增加，人们逐渐发现手工编写包含所有信息和内容的页面对人力和物力都是一种极大的浪费，而且几乎变得难以实现。另外，这样的页面也无法实现各种动态的交互功能。这就促使 Web 技术进入了发展的第二阶段——动态网页阶段。

### 2．动态网页阶段

为了克服静态页面的不足，人们将传统单机环境下的编程技术与 Web 技术相结合，从而形成新的网络编程技术。网络编程技术通过在传统的静态页面中加入各种程序和逻辑控制，从而实现动态和个性化的交流与互动。我们将这种使用网络编程技术创建的页面称为动态页面，动态页面的后缀通常是.jsp、.php 和.asp 等，而静态页面的后缀通常是.htm、.html 和.shtml 等。

> **注意**
>
> 这里说的动态网页，与网页上的各种动画、滚动字幕等视觉上的"动态效果"没有直接关系，动态网页也可以是纯文字内容的，这些只是网页具体内容的表现形式，无论网页是否具有动态效果，采用动态网络编程技术生成的网页都称为动态网页。

### 3．Web 2.0 阶段

随着互联网技术的不断发展，又提出了一种新的互联网模式——Web 2.0。这种模式更加以用户为中心，通过网络应用（Web Applications）促进网络上人与人之间的信息交换和协同合作。

Web 2.0 技术主要包括博客（BLOG）、微博（Twitter）、RSS、Wiki 百科全书（Wiki）、网摘（Delicious）、社会网络（SNS）、P2P、即时信息（IM）和基于地理信息服务（LBS）等。

# 1.3　Web 开发技术

　　Web 是一种典型的分布式应用架构。Web 应用中的每一次信息交换都要涉及客户端和服务端两个层面。因此，Web 开发技术大体上也可以分为客户端技术和服务器端技术两大类。其中，客户端应用的技术主要用于展现信息内容，而服务器端应用的技术，则主要用于进行业务逻辑的处理和与数据库的交互等。下面进行详细介绍。

## 1.3.1　客户端应用技术

　　在进行 Web 应用开发时，离不开客户端技术的支持。目前，比较常用的客户端技术包括 HTML 语言、CSS 样式、Flash 和客户端脚本技术。下面进行详细介绍。

### 1. HTML 语言

　　HTML 语言是客户端技术的基础，主要用于显示网页信息，它不需要编译，由浏览器解释执行。HTML 语言简单易用，它在文件中加入标签，使其可以显示各种各样的字体、图形及闪烁效果，还增加了结构和标记，如头元素、文字、列表、表格、表单、框架、图像和多媒体等，并且提供了 Internet 中其他文档的超链接。例如，在一个 HTML 页中，应用图像标记插入一个图片，可以使用如图 1.4 所示的代码，该 HTML 页运行后的效果如图 1.5 所示。

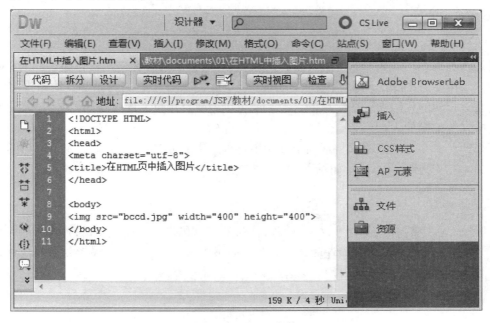

图 1.4　HTML 文件

图 1.5　运行效果

**说明**

HTML 语言不区分大小写，这一点与 Java 不同，如图 1.4 中的 HTML 标记&lt;body&gt;&lt;/body&gt;也可以写为&lt;BODY&gt;&lt;/BODY&gt;。

### 2. CSS

CSS 就是一种叫做样式表（Style Sheet）的技术，也有人称之为层叠样式表（Cascading Style Sheet）。在制作网页时采用 CSS 样式，可以有效地对页面的布局、字体、颜色、背景和其他效果实现更加精确的控制。只要对相应的代码做一些简单的修改，就可以改变整个页面的风格。CSS 大大提高了开发者对信息展现格式的控制能力，特别是在目前比较流行的 CSS+DIV 布局的网站中，CSS 的作用更是举足轻重了。例如，在"心之语许愿墙"网站中，如果将程序中的 CSS 代码删除，将显示如图 1.6 所示的效果，而添加 CSS 代码后，将显示如图 1.7 所示的效果。

**说明**

在网页中使用 CSS 样式不仅可以美化页面，而且可以优化网页速度。因为 CSS 样式表文件只是简单的文本格式，不需要安装额外的第三方插件。另外，由于 CSS 提供了很多滤镜效果，从而避免使用大量的图片，这样将大大缩小文件的体积，提高下载速度。

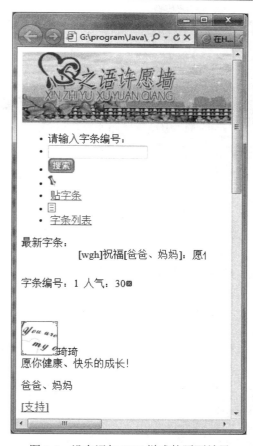

图 1.6　没有添加 CSS 样式的页面效果

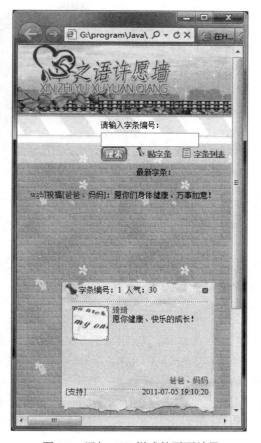

图 1.7　添加 CSS 样式的页面效果

### 3. 客户端脚本技术

客户端脚本技术是指嵌入到 Web 页面中的程序代码,这些程序代码是一种解释性的语言,浏览器可以对客户端脚本进行解释。通过脚本语言可以实现以编程的方式对页面元素进行控制,从而增加页面的灵活性。常用的客户端脚本语言有 JavaScript 和 VBScript。

 说明

目前,应用最为广泛的客户端脚本语言是 JavaScript,它是 Ajax 的重要组成部分。本书的第 2 章将对 JavaScript 脚本语言进行详细介绍。

### 4. Flash

Flash 是一种交互式矢量动画制作技术,它可以包含动画、音频、视频以及应用程序,而且 Flash 文件比较小,非常适合在 Web 上应用。目前,很多 Web 开发者都将 Flash 技术引入到网页中,使网页更具有表现力。特别是应用 Flash 技术实现动态播放网站广告或新闻图片,并且加入随机的转场效果,如图 1.8 所示。

图 1.8　在网页中插入的 Flash 动画

## 1.3.2　服务器端应用技术

在开发动态网站时，离不开服务器端技术，目前，比较常用的服务器端技术主要有 CGI、ASP、PHP、ASP.NET 和 JSP。下面进行详细介绍。

### 1. CGI

CGI 是最早用来创建动态网页的一种技术，它可以使浏览器与服务器之间产生互动关系。CGI 的全称是 Common Gateway Interface，即通用网关接口。它允许使用不同的语言来编写适合的 CGI 程序，该程序被放在 Web 服务器上运行。当客户端发出请求给服务器时，服务器根据用户请求建立一个新的进程来执行指定的 CGI 程序，并将执行结果以网页的形式传输到客户端的浏览器上显示。CGI 可以说是当前应用程序的基础技术，但这种技术编制方式比较困难而且效率低下，因为每次页面被请求时，都要求服务器重新将 CGI 程序编译成可执行的代码。在 CGI 中使用最为常见的语言为 C/C++、Java 和 Perl（Practical Extraction and Report Language，文件分析报告语言）。

### 2. ASP

ASP（Active Server Page）是一种使用很广泛的开发动态网站的技术。它通过在页面代码中嵌入 VBScript 或 JavaScript 脚本语言，来生成动态的内容，在服务器端必须安装了适当的解释器后，才可以通过调用此解释器来执行脚本程序，然后将执行结果与静态内容部分结合并传送到客户端浏览器上。对于一些复杂的操作，ASP 可以调用存在于后台的 COM 组件来完成，所以说 COM 组件无限扩充了 ASP 的能力，正因如此依赖本地的 COM 组件，使得它主要用于 Windows NT 平台中，所以 Windows 本身存在的问题都会映射到它的身上。当然该技术也存在很多优点，如简单易学，并且 ASP 是与微软的 IIS 捆绑在一起，在安装 Windows 操作系统的同时安装上 IIS 就可以运行 ASP 应用程序了。

### 3. PHP

PHP 来自于 Personal Home Page 一词，但现在的 PHP 已经不再表示名词的缩写，而是一种开发动态网页技术的名称。PHP 语法类似于 C，并且混合了 Perl、C++和 Java 的一些特性。它是一种开源的 Web 服务器脚本语言，与 ASP 一样可以在页面中加入脚本代码来生成动态内容。对于一些复杂的操作可以封装到函数或类中。在 PHP 中提供了许多已经定义好的函数，例如提供的标准的数据库接口，使得数据库连接方便，扩展性强。PHP 可以被多个平台支持，但被广泛应用于 UNIX/Linux 平台。由于 PHP 本身的代码对外开放，并经过许多软件工程师的检测，因此，该技术具有公认的安全性能。

### 4. ASP.NET

ASP.NET 是一种建立动态 Web 应用程序的技术。它是.NET 框架的一部分，可以使用任何.NET 兼容的语言来编写 ASP.NET 应用程序。使用 Visual Basic .NET、C#、J#、ASP.NET 页面（Web Forms）进行编译可以提供比脚本语言更出色的性能表现。Web Forms 允许在网页基础上建立强大的窗体。当建立页面时，可以使用 ASP.NET 服务端控件来建立常用的 UI 元素，并对它们编程来完成一般的任务。这些控件允许开发者使用内建可重用的组件和自定义组件来快速建立 Web Form，使代码简单化。

### 5. JSP

JSP（Java Server Pages）是以 Java 为基础开发的，所以它沿用 Java 强大的 API 功能。JSP 页面中的 HTML 代码用来显示静态内容部分；嵌入到页面中的 Java 代码与 JSP 标记用来生成动态的内容部分。JSP 允许程序员编写自己的标签库来完成应用程序的特定要求。JSP 可以被预编译，提高了程序的运行速度。另外 JSP 开发的应用程序经过一次编译后，便可随时随地运行。所以在绝大部分系统平台中，代码无需做修改就可以在支持 JSP 的任何服务器中运行。

# 1.4　小　　结

本章首先介绍了网络程序开发体系结构，重点讲解了 C/S 结构和 B/S 结构以及两种体系结构的比较，接下来详细介绍了什么是 Web、Web 的工作原理以及发展历程，最后介绍了常用的 Web 开发技术。通过本章内容的学习，读者应该了解什么是 C/S 结构和 B/S 结构、掌握 Web 工作原理以及客户端和服务端有哪些应用技术。

# 第 2 章

## JavaScript 概述

（ 📹 视频讲解：77 分钟 ）

本章对 JavaScript 语言进行了概括讲解。主要内容有：什么是 JavaScript、JavaScript 的作用、JavaScript 的基本特点、JavaScript 的环境要求、编写 JavaScript 的工具、编写第一个 JavaScript 程序、JavaScript 内置对象、BOM 对象编程以及 JavaScript 库。通过本章的学习，读者应了解什么是 JavaScript、什么是 JavaScript 内置对象以及如何编写 JavaScript 程序，并熟练掌握 JavaScript 的开发工具的使用等，为后面学习 jQuery 编程打下一个良好的基础。

通过阅读本章，您可以：

▸▸ **了解什么是** JavaScript

▸▸ **了解** JavaScript **的作用**

▸▸ **了解** JavaScript **的基本特点**

▸▸ **了解编写** JavaScript **的工具**

▸▸ **掌握如何编写** JavaScript **程序**

▸▸ **掌握** JavaScript **内置对象**

▸▸ **掌握** BOM **对象编程**

▸▸ **了解** JavaScript **库**

# 2.1　JavaScript 简述

## 2.1.1　什么是 JavaScript

JavaScript 是由 Netscape Communication Corporation（网景公司）所开发的。JavaScript 原名为 LiveScript，是目前客户端浏览程序最普遍的 Script 语言。

JavaScript 是 Web 页面中的一种脚本编程语言，也是一种通用的、跨平台的、基于对象和事件驱动并具有相对安全性的解释型脚本语言，在 Web 系统中得到了非常广泛的应用。它不需要进行编译，而是直接嵌入在 HTML 页面中，把静态页面转变成支持用户交互并响应相应事件的动态页面。

## 2.1.2　JavaScript 的作用

使用 JavaScript 脚本实现的动态页面，在 Web 上随处可见。下面将介绍几种 JavaScript 常见的应用。

### 1. 验证用户输入的内容

在程序开发过程中，用户输入内容的校验常分为两种：功能性校验和格式性校验。

功能性校验常常与服务器端的数据库相关联，因此，这种校验必须将表单提交到服务器端后才能进行。例如在开发管理员登录页面时，要求用户输入正确的用户名和密码，以确定管理员的真实身份。如果用户输入了错误的信息，将弹出相应的提示，如图 2.1 所示。这项校验必须通过表单提交后，由服务器端的程序进行验证。

图 2.1　验证用户名和密码是否正确

格式性校验可以只发生在客户端，即在表单提交到服务器端之前完成。JavaScript 能及时响应用户的操作，对提交表单做即时的检查，无需浪费时间交由 CGI 验证。JavaScript 常用于对用户输入的格式性校验。

如图 2.2 所示页面要求用户输入购卡人的详细信息，它要求对用户的输入进行以下校验。

（1）学生考号、移动电话、订购人姓名和 E-mail 不能为空。

（2）学生考号必须是 12 位。

（3）移动电话必须由 11 位数字组成，且以"13"和"15"开头。

（4）固定电话必须是"3 位区号-8 位话号"或"4 位区号-7 位或 8 位话号"。

（5）E-mail 必须包含"@"和"."两个有效字符。

当用户输入不符合指定格式的移动电话号码时，就会在页面输出提示信息"移动电话号码的格式不正确"，如图 2.2 所示。

图 2.2 校验用户输入的格式是否正确

### 2. 实时显示添加内容

在 Web 编程中，多数情况下需要程序与用户进行交互，告诉用户已经发生的情况，或者从用户的输入那里获得下一步的数据，程序的运行过程大多数是一步步交互的过程。这种完全不用通过服务器端处理，仅在客户端动态显示网页的功能，不仅可以节省网页与服务器端之间的通信时间，又可以制作出便于用户使用的友好界面，使程序功能更加人性化。

例如，在签写许愿信息时，为了让用户可以实时看到添加后字条的样式，用户每输入一个文字，在右侧的字条预览区实时预览签写许愿字条内容的效果，如图 2.3 所示。

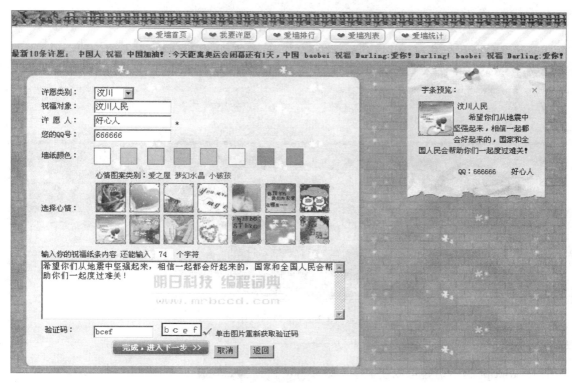

图 2.3　实时预览许愿字条

### 3. 动画效果

在浏览网页时，经常会看到一些动画效果，使页面显得更加生动。使用 JavaScript 脚本语言也可以实现动画效果，例如在页面中实现一种星星闪烁的效果，如图 2.4 所示。

图 2.4　动画效果

**15**

### 4．窗口的应用

在打开网页时经常会看到一些浮动的广告窗口，这些广告窗口是网站最大的盈利手段。这些广告窗口可以通过 JavaScript 脚本语言来实现，如图 2.5 所示的广告窗口。

图 2.5　窗口的应用

### 5．文字特效

使用 JavaScript 脚本语言可以使文字实现多种特效。例如波浪文字，如图 2.6 所示。

图 2.6　文字特效

## 2.1.3　JavaScript 的基本特点

JavaScript 是为适应动态网页制作的需要而诞生的一种新的编程语言，如今越来越广泛地应用于 Internet 网页制作上。JavaScript 脚本语言具有以下几个基本特点。

（1）解释性

JavaScript 不同于一些编译性的程序语言，例如 C、C++等，它是一种解释性的程序语言，它的源代码不需要经过编译，而直接在浏览器中运行时被解释。

（2）基于对象

JavaScript 是一种基于对象的语言，许多功能可以来自于脚本环境中对象的方法与脚本的相互作用。

（3）事件驱动

JavaScript 可以直接对用户或客户输入做出响应，无须经过 Web 服务程序。它对用户的响应，是以事件驱动的方式进行的。所谓事件驱动，就是指在主页中执行了某种操作所产生的动作，此动作称为"事件"。比如按下鼠标、移动窗口、选择菜单等都可以视为事件。当事件发生后，可能会引起相应的事件响应。

（4）简单性

JavaScript 是一种基于 Java 基本语句和控制流之上的简单而紧凑的设计，从而对于学习 Java 是一种非常好的过渡。其次它的变量类型采用弱类型，并未使用严格的数据类型。

（5）跨平台

JavaScript 依赖于浏览器本身，与操作环境无关，只要能运行浏览器的计算机，并支持 JavaScript 的浏览器就可正确执行。

（6）安全性

JavaScript 是一种安全性语言，它不允许访问本地的硬盘，并不能将数据存入到服务器上，不允许对网络文档进行修改和删除，只能通过浏览器实现信息浏览或动态交互。这样可有效地防止数据的丢失。

# 2.2　编写 JavaScript 的工具

"工欲善其事，必先利其器"。随着 JavaScript 的发展，大量优秀的开发工具接踵而出。找到一个适合自己的开发工具，不仅可以加快学习进度，而且在以后的开发过程中能及时发现问题，少走弯路。下面就来介绍几款简单易用的开发工具。

## 2.2.1　记事本

记事本是最原始的 JavaScript 开发工具，它最大的优点就是不需要独立安装，只要安装微软公司的操作系统，利用系统自带的记事本，就可以开发 JavaScript 应用程序。对于计算机硬件条件有限的读者来说，记事本是最好的 JavaScript 应用程序开发工具。

【例 2.1】 下面介绍如何通过使用记事本工具来作为 JavaScript 的编辑器编写第一个 JavaScript 脚本。（实例位置：光盘\TM\sl\2\1）

（1）单击"开始"菜单，选择"程序"/"附件"/"记事本"命令，打开记事本工具。

（2）在记事本的工作区域输入 HTML 标识符和 JavaScript 代码。

```html
<html>
<head>
<title>一段简单的 JavaScript 代码</title>
<script language="javascript">
    window.alert("欢迎光临本网站");
</script>
</head>
<body>
```

```
<h3>这是一段简单的 JavaScript 代码。</h3>
</body>
</html>
```

（3）编辑完毕后，选择"文件"/"保存"命令，在打开的"另存为"对话框中，输入文件名，将其保存为.html 格式或.htm 格式。保存完.html 格式后，文件图标将会变成一个 IE 浏览器的图标，双击此图标，以上代码的运行结果会在浏览器中显示，如图 2.7 所示。

图 2.7　用记事本编写 JavaScript 程序

**说明**

　　利用记事本开发 JavaScript 程序也存在着缺点，就是整个编程过程要求开发者完全手工输入程序代码，这就影响了程序的开发速度。所以，在条件允许的情况下，最好不要只选择记事本开发 JavaScript 程序。

## 2.2.2　FrontPage

　　FrontPage 是微软公司开发的一款强大的 Web 制作工具和网络管理向导，它包括 HTML 处理程序、网络管理工具、动画图形创建、编辑工具以及 Web 服务器程序。通过 FrontPage 创建的网站不仅内容丰富而且专业，最值得一提的是，它的操作界面与 Word 的操作界面极为相似，非常容易学习和使用。

　　**【例 2.2】**　下面介绍应用 FrontPage 编写 JavaScript 脚本的步骤。（**实例位置：光盘\TM\sl\2\2**）

　　（1）打开 FrontPage，默认创建一个名为 new_page_1.htm 的文档，如图 2.8 所示。用户可以直接在该文档中编写 JavaScript 脚本。另外，用户也可以通过菜单栏新建一个 HTML 文件来编写 JavaScript 脚本。选择"文件"/"新建"/"网页"命令，将会弹出一个网页制作的向导，从 3 方面提供了几十种基本方案供用户选择，如图 2.9 所示。在"常规"选项卡中一共提供了 26 种模板供用户选择。在"框架网页"中，提供了 10 种框架结构，几乎包括了所有常见的网页框架。"样式表"则能帮助用户确定统一的文字风格。

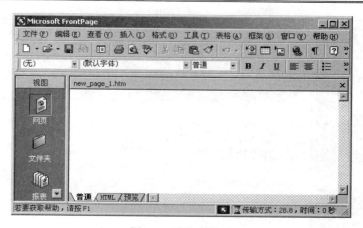

图 2.8　默认文档页

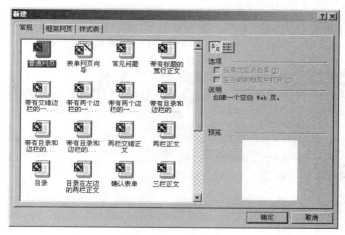

图 2.9　新建文档

（2）在打开的页面中，页面下方有 3 个视图形式，分别为"普通"、HTML 和"预览"。在"普通"视图中，可以在页面插入 HTML 元素，进行页面布局和设计，如图 2.10 所示；在 HTML 视图中，可以编辑 JavaScript 程序，如图 2.11 所示；在"预览"视图中，可以运行网页内容，如图 2.12 所示。

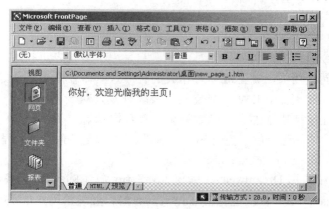

图 2.10　"普通"视图

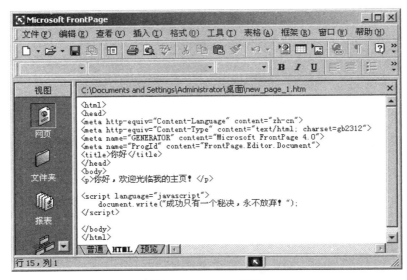

图 2.11　HTML 视图

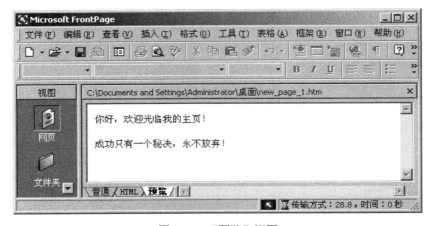

图 2.12　"预览"视图

## 2.2.3　Dreamweaver

Dreamweaver 是当今流行的网页编辑工具之一。它采用了多种先进技术，提供了图形化程序设计窗口，能够快速高效地创建网页，并生成与之相关的程序代码，使网页创作过程变得简单化，生成的网页也极具表现力。从 MX 开始，DW 开始支持可视化开发，对于初学者确实是比较好的选择，因为都是所见即所得的，特征包括语法加亮、函数补全，参数提示等。值得一提的是，Dreamweaver 不但提供了强大的网页编辑功能，还提供了完善的站点管理机制，极大地方便了程序员对网站的管理工作。下载地址为 http://www.adobe.com/downloads/。

【例 2.3】　下面介绍应用 Dreamweaver 编程 JavaScript 脚本的步骤。（**实例位置：光盘\TM\sl\2\3**）

（1）安装 Dreamweaver 后，首次运行 Dreamweaver 时，展现给用户的是一个"工作区设置"的对话框，在此对话框中，用户可以选择自己喜欢的工作区布局，如"设计者"或"代码编写者"，如图 2.13

所示。这两者的区别是在 Dreamweaver 的右边还是左边显示窗口面板区。

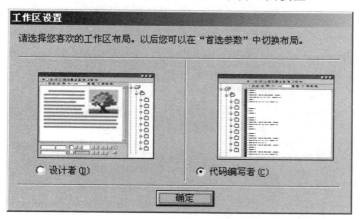

图 2.13 "工作区设置"对话框

（2）选择工作区布局并单击"确定"按钮后，选择"文件"/"新建"命令，将打开"新建文档"对话框。在该对话框中的"类别"列表区选择"基本页"，再根据实际情况来选择所应用的脚本语言，这里选择的是 HTML，然后单击"创建"按钮，创建以 JavaScript 为主脚本语言的文件，如图 2.14 所示。

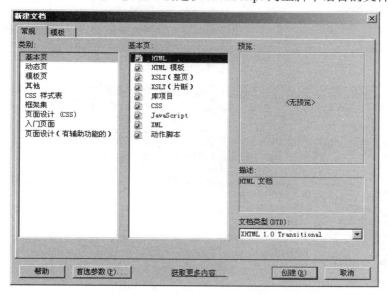

图 2.14 "新建文档"对话框

说明

　　如果用户选择了 JavaScript 选项，则创建一个 JavaScript 文档。在创建 JavaScript 脚本的外部文件时不需要使用<script>标记，但是文件的扩展名必须使用.js 类型。调用外部文件可以使用<script>标记的 src 属性。如果 JavaScript 脚本外部文件保存在本机中，src 属性可以是全部路径或是部分路径。如果 JavaScript 脚本外部文件保存在其他服务器中，src 属性需要指定完全的路径。

（3）在打开的页面中，有 3 种视图形式，分别为代码、拆分和设计。在代码视图中，可以编辑程序代码，如图 2.15 所示；在拆分视图中，可以同时编辑代码视图和设计视图中的内容，如图 2.16 所示；在设计视图中，可以在页面中插入 HTML 元素，进行页面布局和设计，如图 2.17 所示。

图 2.15　代码视图

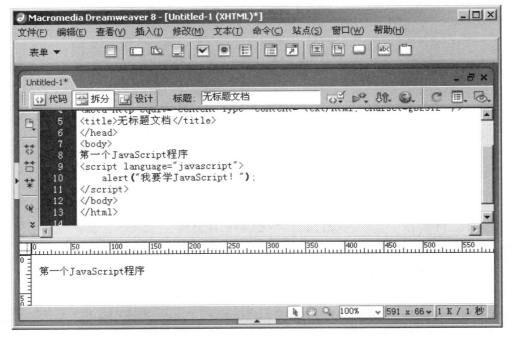

图 2.16　拆分视图

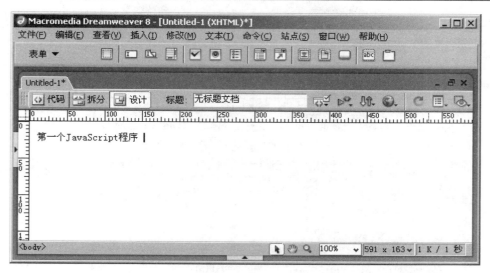

图 2.17　设计视图

**注意**

在代码模式中编写的 JavaScript 脚本，在设计模式中不会输出显示，也没有任何标记。

在 Dreamweaver 中插入 HTML 元素后，通过"属性"面板可以方便地定义元素的属性，使其满足页面布局的要求。在页面中，允许多个表格的嵌套；可以插入图像、Flash 动画等；可以插入表单元素，如文本框、列表/菜单、复选框、按钮等。

（4）设计页面及编写代码完成后，保存该文件到指定目录下，文件的扩展名为.html 或.htm。

# 2.3　编写第一个 JavaScript 程序

下面通过一个简单的 JavaScript 程序，使读者对编写和运行 JavaScript 程序的整个过程有一个初步的认识。

## 2.3.1　编写 JavaScript 程序

【例 2.4】　下面应用 Dreamweaver 编辑器编写第一个 JavaScript 程序。（**实例位置：光盘\TM\sl\2\4**）

（1）启动 Dreamweaver 编辑器，选择"文件"/"新建"命令，打开"新建文档"对话框，在"常规"选项卡中选择"基本页"/JavaScript 命令，然后，单击"创建"按钮，即可成功创建一个 JavaScript 文件。

（2）JavaScript 的程序代码必须置身于<script language="javascript"></script>之间。在<body>标记中输入如下代码：

```
<script language="javascript">
    alert("我喜爱 JavaScript 语言！");
</script>
```

在 Dreamweaver 中输入 JavaScript 脚本程序的运行结果如图 2.18 所示。

图 2.18　在 Dreamweaver 中输入 JavaScript 脚本程序

JavaScript 脚本在 HTML 文件中的位置有 3 种。

☑　在 HTML 的<body>标记中的任何位置。如果所编写的 JavaScript 程序用于输出网页的内容，应该将 JavaScript 程序置于 HTML 文件中需要显示该内容的位置。

☑　在 HTML 的<head>标记中。如果所编写的 JavaScript 程序需要在某一个 HTML 文件中多次使用，那么，就应该编写 JavaScript 函数（function），并将函数置身于该 HTML 的<head>标记中。

```
<script language="javascript">
function check(){
    alert("我被调用了");
}
</script>
```

使用时直接调用该函数名就可以了。

```
<input type="submit" value="提交" onClick="check()">
```

单击"提交"按钮，调用 check()函数。

☑　在一个 js 的单独文件中。如果所编写的 JavaScript 程序需要在多个 HTML 文件中使用，或者，所编写的 JavaScript 程序内容很长，这时，就应该将这段 JavaScript 程序置于单独的 js 文件中，然后在所需要的 HTML 文件 a.html 中，通过<script>标记包含该 js 文件。如：

```
<script src="ch1-1.js"></script>
```

被包含的 ch1-1.js 文件代码如下。

```
document.write('这是外部文件中 JavaScript 代码!');
```

**注意**

在外部的 JavaScript 程序文件 "ch1-1.js" 中不必使用<script>标记。

（3）虽然大多数浏览器都支持 JavaScript，但也有少部分浏览器不支持 JavaScript，还有些支持 JavaScript 的浏览器为了安全问题关闭了对<JavaScript>的支持。如果遇到不支持 JavaScript 脚本的浏览器，网页会达不到预期效果或出现错误。解决这个问题可以使用以下两种方法。

☑ HTML 注释符号。HTML 注释符号是以 "<!--" 开始以 "-->" 结束的。JavaScript 能识别 HTML 注释的开始部分 "<!--"，但不能识别 HTML 注释的结束部分 "-->"，如同使用 "//" 进行单行注释一样。因此，如果在此注释符号内编写 JavaScript 脚本，对于不支持 JavaScript 的浏览器，将会把编写的 JavaScript 脚本作为注释处理。

☑ <noscript>标记。如果当前浏览器支持 JavaScript 脚本，那么该浏览器将会忽略<noscript>…</noscript>标记之间的任何内容。如果浏览器不支持 JavaScript 脚本，那么浏览器将会把这两个标记之间的内容显示出来。通过此标记可以提醒浏览者当前使用的浏览器是否支持 JavaScript 脚本。

（4）JavaScript 脚本语言区分字母大小写。

（5）在创建好 JavaScript 程序后，选择 "文件" / "保存" 命令，在弹出的 "另存为" 对话框中，输入文件名，将其保存为.html 格式或.htm 格式，如图 2.19 所示。

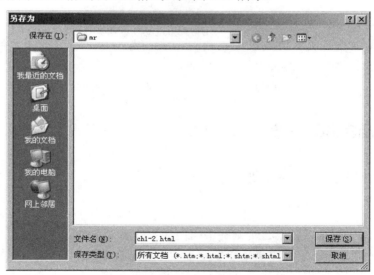

图 2.19　"另存为" 对话框

（6）保存完.html 格式后，文件图标将会变成一个 IE 浏览器的图标。

## 2.3.2 运行 JavaScript 程序

运行用 JavaScript 编写的程序需要能支持 JavaScript 语言的浏览器。Netscape 公司 Navigator 3.0 以上版本的浏览器都能支持 JavaScript 程序,微软公司 Internet Explorer 3.0 以上版本的浏览器基本上支持 JavaScript。

双击 2.3.1 小节例 2.4 保存的"TM\sl\2\4\index.html"文件,在浏览器中输出运行结果,如图 2.20 所示。

图 2.20　编写第一个 JavaScript 程序

**说明**

在 IE 浏览器中,选择"查看"/"源文件"命令,可以查看到程序生成的 HTML 源代码。在客户端查看到的源代码是经过浏览器解释的 HTML 代码,如果将 JavaScript 脚本存储在单独的文件中,那么在查看源文件时不会显示 JavaScript 程序源代码。

## 2.3.3 调试 JavaScript 程序

程序出错类型分为语法错误和逻辑错误两种。

### 1. 语法错误

在程序开发中使用不符合某种语言规则的语句而产生的错误称为语法错误。例如,错误地使用了 JavaScript 的关键字,错误地定义了变量名称等。这时,当浏览器运行 JavaScript 程序时就会报错。

例如,将 2.3.1 节例 2.4 的程序中第 11 行中的语句改写成下述语句,即将第一个字符由小写字母改成大写字母。

```
Alert("我喜爱 JavaScript 语言！");
```

保存该文件后再次在浏览器中运行，程序就会出错。

运行本程序，将会弹出如图 2.21 所示的错误信息。

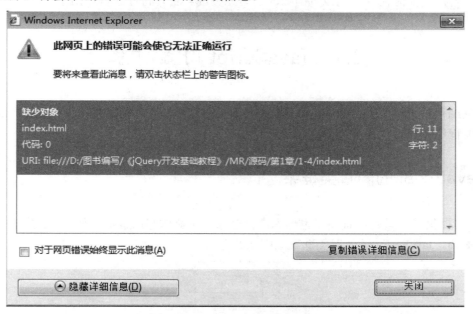

图 2.21　在 IE 浏览器中调试 JavaScript

### 2．逻辑错误

有些时候，程序中不存在语法错误，也没有执行非法操作的语句，可是程序运行的结果却是不正确的，这种错误叫做逻辑错误。逻辑错误对于编译器来说并不算错误，但是由于代码中存在的逻辑问题，导致运行结果没有得到期望的结果。逻辑错误在语法上是不存在错误的，但是从程序的功能上看是 Bug。它是最难调试和发现的 Bug。因为它们不会抛出任何错误信息。唯一能看到的就是程序的功能（或部分功能）没有实现。

例如，某商城实现商品优惠活动，如果用户是商城的会员，那么商品打八五折，代码如下。

```
<script language="javascript">
user="会员";
if(user=="会员"){
     price=485*8.5;                       //485 是商品价格,8.5 是打的八五折
     alert("商品的会员价格是：" +price);   //输出商品的会员价
}
</script>
```

运行程序时，程序没有弹出错误信息。但是当用户为商城的会员时，商品价格乘以 8.5，相当于，商品不但没有打折扣，反而是原价的 8.5 倍，这一点就没有符合要求，属于逻辑错误，应乘以 0.85 才正确。

在实现动态的 Web 编程时，通常情况下，数据表中均是以 8.5 进行存储，这时在程序中就应该再除以 10，这样，就相当于原来的商品价格乘以 0.85。正确的代码为：

| price=485*8.5/10; | //485 是商品价格,"8.5/10"是打的八五折 |

对于逻辑错误而言，发现错误是容易的，但要查找出逻辑错误的原因却很困难。因此，在编写程序的过程中，一定要注意使用语句或者函数的书写完整性，否则将导致程序出错。

# 2.4　JavaScript 内置对象

面向对象编程是 JavaScript 脚本语言采用的基本思想，它可以将属性和代码集成在一起，定义成一个类，从而使程序设计更加简洁规范。

## 2.4.1　JavaScript 的内置类框架

JavaScript 提供了一系列内置类，也称为内置对象。了解这些内置类的使用方法是使用 JavaScript 进行编程的基础。JavaScript 的内置类框架如图 2.22 所示。

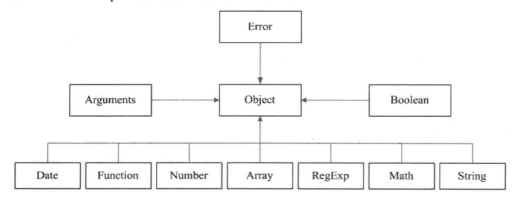

图 2.22　JavaScript 内置类框架

### 1．基类 Object

从图 2.22 可以看出，所有的 JavaScript 内置类都是从基类 Object 继承而来的。

**说明**

继承是面向对象程序设计思想的重要机制。类可以继承其他类的内容，包括成员变量和方法。从一个类中继承得到的子类具有多态性，即相同的函数名称在不同的子类中有不同的实现。这就和子女会从父母那里继承到人类的共性，同时也具有自己的个性是一个道理。

基类 Object 包含的属性和方法如表 2.1 所示，这些属性和方法可以被所有 JavaScript 内置类继承。

表 2.1　基类 Object 包含的属性和方法

| 属性和方法 | 说　　明 |
|---|---|
| prototype 属性 | 对该对象的原型的引用。原型是一个对象，其他对象可以通过它实现属性的继承 |
| constructor()方法 | 构造函数。构造函数是类的一个特殊函数。当创建类的对象实例时系统会自动调用构造函数，通过构造函数对类进行初始化操作 |
| hasOwnProperty(proName)方法 | 检查对象是否有局部定义的、具有特定名字的属性 |
| PropertyIsEnumerable(proName)方法 | 返回 Boolean 值，指出所指定的属性（proName）是否为一个对象的一部分以及该属性是否是可列举的。如果 proName 存在于 object 中并且可以使用 for…in 循环穷举出，那么则返回 True；否则返回 False |
| isPrototypeOf(object)方法 | 检查对象是否是指定对象的原型 |
| toLocaleString()方法 | 返回对象地方化的字符串表示 |
| toString()方法 | 返回对象的字符串表示 |
| valueOf() | 返回对象的原始值 |

### 2．内置类的基本功能

JavaScript 内置类的基本功能如表 2.2 所示。

表 2.2　JavaScript 的内置类的基本功能

| 对 象 名 称 | 对 象 说 明 |
|---|---|
| Arguments | 函数参数集合 |
| Array | 用于定义数组对象 |
| Boolean | 布尔对象，用于将非布尔型的值转换为布尔值（True 或 False） |
| Date | 用于定义日期对象 |
| Error | 错误对象。用于错误处理。它还派生出以下几个处理错误的子类：<br>EvalError：处理发生在 eval()中的错误<br>SyntaxError：处理语法错误<br>RangeError：处理数值超出范围的错误<br>ReferenceError：处理引用的错误<br>TypeError：处理不是预期变量类型的错误<br>URIError：处理发生在 encodeURI()或 decodeURI()中的错误 |
| Function | 用于表示开发者定义的任何参数 |
| Math | 数学对象，用于数学计算 |
| Number | 原始数值的包装对象，可以自动在原始数值和对象之间进行转换 |
| RegExp | 用于完成有关正则表达式的操作和功能 |
| String | 字符串对象，用于处理字符串 |

这里由于篇幅所限，只介绍 Array、Date、String 等常用内置类的使用方法。

## 2.4.2　数组

可以用静态的 Array 对象创建一个数组对象，以记录不同类型的数据。

语法：

```
arrayObj = new Array();
arrayObj = new Array([size]);
arrayObj = new Array([element0[, element1[, ...[, elementN]]]]);
```

参数说明：

- ☑　arrayObj：必选项。要赋值为 Array 对象的变量名。
- ☑　size：可选项。设置数组的大小。由于数组的下标是从零开始，创建元素的下标将从 0 到 size-1。
- ☑　elementN：可选项。存入数组中的元素。使用该语法时必须有 1 个以上元素。

例如，创建一个可存入 3 个元素的 Array 对象，并向该对象中存入数据。代码如下：

```
arrayObj = new Array(3);
arrayObj[0]= "a";
arrayObj[1]= "b";
arrayObj[2]= "c";
```

例如，创建 Array 对象的同时，向该对象中存入数组元素。代码如下：

```
arrayObj = new Array(1,2,3,"a","b");
```

**注意**

用第 1 个语法创建 Array 对象时，元素的个数是不确定的，用户可以在赋值时任意定义；第 2 个语法指定的数组的长度，在对数组赋值时，元素个数不能超过其指定的长度；第 3 个语法是在定义时，对数组对象进行赋值，其长度为数组元素的个数。

## 2.4.3　Date 对象

### 1. 创建 Date 对象

日期对象是对一个对象数据类型求值，该对象主要负责处理与日期和时间有关的数据信息。在使用 Date 对象前，首先要创建该对象。

语法：

```
dateObj = new Date();
dateObj = new Date(dateVal);
dateObj = new Date(year, month, date[, hours[, minutes[, seconds[,ms]]]]);
```

Date 对象语法中各参数的说明如表 2.3 所示。

表 2.3　Date 对象的参数说明

| 参　　数 | 说　　明 |
|---|---|
| dateObj | 必选项。要赋值为 Date 对象的变量名 |
| dateVal | 必选项。如果是数字值，dateVal 表示指定日期距全球标准时间的毫秒数。如果是字符串，则 dateVal 按照 parse 方法中的规则进行解析。dateVal 参数也可以是从某些 ActiveX(R) 对象返回的 VT_DATE 值 |
| year | 必选项。完整的年份，如 1976（而不是 76） |
| month | 必选项。表示的月份，是从 0 到 11 之间的整数（1 月至 12 月） |
| date | 必选项。表示日期，是从 1 到 31 之间的整数 |
| hours | 可选项。表示小时，是从 0 到 23 的整数（午夜到 11pm）。如果提供了 minutes 则必须给出 |
| minutes | 可选项。表示分钟，是从 0 到 59 的整数。如果提供了 seconds 则必须给出 |
| seconds | 可选项。表示秒钟，是从 0 到 59 的整数。如果提供了 ms 则必须给出 |
| ms | 可选项。表示毫秒，是从 0 到 999 的整数 |

### 2．Date 对象的属性

Date 对象的属性有 constructor 和 prototype，下面介绍这两个属性的用法。

（1）constructor 属性

例如，判断当前对象是否为日期对象。代码如下：

```
var newDate=new Date();
if (newDate.constructor==Date)
    document.write("日期型对象");
```

运行结果：日期型对象。

（2）prototype 属性

例如，用自定义属性来记录当前日期是本周的周几。代码如下：

```
var newDate=new Date();              // 当前日期为 2014-12-23
Date.prototype.mark=null;            // 向对象中添加属性
newDate.mark=newDate.getDay();       // 向添加的属性中赋值
alert(newDate.mark);
```

运行结果：2。

### 3．Date 对象的方法

Date 对象是 JavaScript 的一种内部数据类型。该对象没有可以直接读写的属性，所有对日期和时间的操作都是通过方法完成的。Date 对象的方法如表 2.4 所示。

表 2.4　Date 对象的方法

| 方　　法 | 说　　明 |
| --- | --- |
| Date() | 返回系统当前的日期和时间 |
| getDate() | 从 Date 对象返回一个月中的某一天（1~31） |
| getDay() | 从 Date 对象返回一周中的某一天（0~6） |
| getMonth() | 从 Date 对象返回月份（0~11） |
| getFullYear() | 从 Date 对象以 4 位数字返回年份 |
| getYear() | 从 Date 对象以两位或 4 位数字返回年份 |
| getHours() | 返回 Date 对象的小时（0~23） |
| getMinutes() | 返回 Date 对象的分钟（0~59） |
| getSeconds() | 返回 Date 对象的秒数（0~59） |
| getMilliseconds() | 返回 Date 对象的毫秒（0~999） |
| getTime() | 返回 1970 年 1 月 1 日至今的毫秒数 |
| getTimezoneOffset() | 返回本地时间与格林威治标准时间（GMT）的分钟差 |
| getUTCDate() | 根据世界时从 Date 对象返回月中的一天（1~31） |
| getUTCDay() | 根据世界时从 Date 对象返回周中的一天（0~6） |
| getUTCMonth() | 根据世界时从 Date 对象返回月份（0~11） |
| getUTCFullYear() | 根据世界时从 Date 对象返回 4 位数的年份 |
| getUTCHours() | 根据世界时返回 Date 对象的小时（0~23） |
| getUTCMinutes() | 根据世界时返回 Date 对象的分钟（0~59） |
| getUTCSeconds() | 根据世界时返回 Date 对象的秒钟（0~59） |
| getUTCMilliseconds() | 根据世界时返回 Date 对象的毫秒（0~999） |
| parse() | 返回 1970 年 1 月 1 日午夜到指定日期（字符串）的毫秒数 |
| setDate() | 设置 Date 对象中月的某一天（1~31） |
| setMonth() | 设置 Date 对象中月份（0~11，0 表示 1 月，1 表示 2 月，以此类推） |
| setFullYear() | 设置 Date 对象中的年份（4 位数字） |
| setYear() | 设置 Date 对象中的年份（两位或 4 位数字） |
| setHours() | 设置 Date 对象中的小时（0~23） |
| setMinutes() | 设置 Date 对象中的分钟（0~59） |
| setSeconds() | 设置 Date 对象中的秒钟（0~59） |
| setMilliseconds() | 设置 Date 对象中的毫秒（0~999） |
| setTime() | 通过从 1970 年 1 月 1 日午夜添加或减去指定数目的毫秒来计算日期和时间 |
| setUTCDate() | 根据世界时设置 Date 对象中月份的一天（1~31） |
| setUTCMonth() | 根据世界时设置 Date 对象中的月份（0~11） |

续表

| 方　　法 | 说　　明 |
|---|---|
| setUTCFullYear() | 根据世界时设置 Date 对象中的年份（4 位数字） |
| setUTCHours() | 根据世界时设置 Date 对象中的小时（0~23） |
| setUTCMinutes() | 根据世界时设置 Date 对象中的分钟（0~59） |
| setUTCSeconds() | 根据世界时设置 Date 对象中的秒（0~59） |
| setUTCMilliseconds() | 根据世界时设置 Date 对象中的毫秒（0~999） |
| toSource() | 代表对象的源代码 |
| toString() | 把 Date 对象转换为字符串 |
| toTimeString() | 把 Date 对象的时间部分转换为字符串 |
| toDateString() | 把 Date 对象的日期部分转换为字符串 |
| toGMTString() | 根据格林威治时间，把 Date 对象转换为字符串 |
| toUTCString() | 根据世界时，把 Date 对象转换为字符串 |
| toLocaleString() | 根据本地时间格式，把 Date 对象转换为字符串 |
| toLocaleTimeString() | 根据本地时间格式，把 Date 对象的时间部分转换为字符串 |
| toLocaleDateString() | 根据本地时间格式，把 Date 对象的日期部分转换为字符串 |
| UTC() | 根据世界时，获得一个日期，然后返回 1970 年 1 月 1 日午夜到该日期的毫秒数 |
| valueOf() | 返回 Date 对象的原始值 |

**【例 2.5】**　输出日期中的年月日。（**实例位置：光盘\TM\sl\2\5**）

创建一个名称为 index.html 的文件，在该文件的<head>编写如下语句输出当天日期的年月日：

```
<script language="javascript">
    var day = new Date();    // 当天日期
    document.write("今天是"+day.getFullYear()+"年"+(day.getMonth()+1)+"月"+day.getDate()+"日");    // 输出
当天日期的年月日
</script>
```

运行结果如图 2.23 所示。

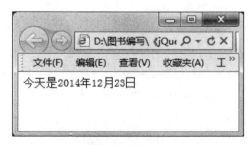

图 2.23　输出当天日期

## 2.4.4　String 对象

String 对象是动态对象，需要创建对象实例后才能引用该对象的属性和方法，该对象主要用于处理或格式化文本字符串以及确定和定位字符串中的子字符串。

**1．创建 String 对象**

String 对象用于操纵和处理文本串，可以通过该对象在程序中获取字符串长度、提取子字符串，以及将字符串转换为大写或小写字符。

语法：

```
var newstr=new String(StringText);
```

参数说明：

☑　　newstr：创建的 String 对象名。
☑　　StringText：可选项。字符串文本。

例如，创建一个 String 对象。

```
var newstr=new String("欢迎使用 JavaScript 脚本");
```

事实上任何一个字符串常量（用单引号或双引号括起来的字符串）都是一个 String 对象，可以将其直接作为对象来使用，只要在字符变量的后面加"."，便可以直接调用 String 对象的属性和方法。字符串与 String 对象的不同在于返回的 typeof 值，前者返回的是 stirng 类型，后者返回的是 object 类型。

**2．String 对象的属性**

在 String 对象中有 3 个属性，分别是 length、constructor 和 prototype。下面对这几个属性进行详细介绍。

（1）length 属性
该属性用于获得当前字符串的长度。
语法：

```
stringObject.length
```

参数说明：
stringObject：当前获取长度的 String 对象名，也可以是字符变量名。
例如，获取已创建的字符串对象"abcdefg"的长度。代码如下：

```
var p=0;
var newString=new String("abcdefg");     //实例化一个字符串对象
var p=newString.length;                   //获取字符串对象的长度
alert(p.toString(16));                    //用提示框显示长度值
```

运行结果：7。

例如，获取自定义的字符变量"abcdefg"的长度。代码如下：

```
var p=0;
var newStr="abcdefg";              //定义一个字符串变量
var p=newStr.length;               //获取字符变量的长度
alert(p.toString(16));             //用提示框显示字符串变量的长度值
```

运行结果：7。

（2）constructor 属性

该属性用于对当前对象的函数的引用。

语法：

```
Object.constructor
```

参数说明：

Object：String 对象名或字符变量名。

例如，使用 constructor 属性判断当前对象或自定义变量的类型。代码如下：

```
var newName=new String("sdf");     //实例化一个字符串对象
if (newName.constructor==String)   //判断当前对象是否为字符型
{
    alert("this is String");       //如果是字符型，显示提示框
}
```

运行结果：this is String。

**说明**

以上例子中的 newName 对象，可以用字符串变量代替。该属性是一个公共属性，在 Array、Date、Boolean 和 Number 对象中都可以调用该属性，用法与 String 对象相同。

例如，可以利用 constructor 属性获取当前对象 fred 所引用的函数代码。

```
function chronicle(name,year)       //自定义函数
{
    this.name=name;                 //给当前函数的 name 属性传值
    this.year=year;                 //给当前函数的 year 属性传值
}
var fred=new chronicle("Year",2007); //实例化 chronicle 函数的对象
alert(fred.constructor);            //显示对象中的函数代码
```

运行结果：function chronicle(name,year) { this.name=name; this.year=year; }。

（3）prototype 属性

该属性可以为对象添加属性和方法。

语法：

```
object.prototype.name=value
```

参数说明：

☑  object：对象名或字符变量名。

☑  name：要添加的属性名。

☑  value：添加属性的值。

例如，给 information 对象添加一个自定义属性 salary，并给该属性赋值（1700）。代码如下：

```
function personnel(name,age)                    //自定义函数
{
        this.name=name;                         //给当前函数的 name 属性传值
        this.age=age;                           //给当前函数的 age 属性传值
}
var information=new personnel("张*租",27);      //实例化 personnel 函数对象
personnel.prototype.salary=null;               //向对象中添加属性
information.salary=1700;                        //向添加的属性中赋值
alert(information.salary);                      //在提示框中显示添加的属性值
```

运行结果：1700。

**说明**

> 该属性也是一个公共属性，在 Array、Date、Boolean 和 Number 对象中都可以调用该属性，用法与 String 对象相同。

### 3．String 对象的方法

String 对象的方法如表 2.5 所示。

表 2.5　String 对象的方法

| 方　　法 | 说　　明 |
|---|---|
| anchor() | 创建 HTML 锚 |
| big() | 用大号字体显示字符串 |
| small() | 使用小字号来显示字符串 |
| fontsize() | 使用指定的尺寸来显示字符串 |
| bold() | 使用粗体显示字符串 |
| italics() | 使用斜体显示字符串 |
| link() | 将字符串显示为链接 |
| strike() | 使用删除线来显示字符串 |
| blink() | 显示闪动字符串，此方法不支持 IE 浏览器 |
| fixed() | 以打字机文本显示字符串 |
| charAt() | 返回指定位置的字符（返回的字符编码） |
| charCodeAt() | 返回指定位置的字符（返回的是字符子串） |
| concat() | 连接字符串 |
| fontcolor() | 使用指定的颜色来显示字符串 |
| fromCharCode() | 从字符编码创建一个字符串 |

| 方　　法 | 说　　明 |
|---|---|
| indexOf() | 检索字符串 |
| lastIndexOf() | 从后向前搜索字符串 |
| localeCompare() | 用本地特定的顺序来比较两个字符串 |
| match() | 在字符串内检索指定的值，或找到一个或多个与正则表达式相匹配的文本 |
| replace() | 替换与正则表达式相匹配的子串 |
| search() | 检索与正则表达式相匹配的值 |
| split() | 把字符串分割为字符串数组 |
| substr() | 从起始索引号提取字符串中指定数目的字符 |
| substring() | 提取字符串中两个指定的索引号之间的字符 |
| slice() | 提取字符串的片断，并在新的字符串中返回被提取的部分 |
| sub() | 把字符串显示为下标 |
| sup() | 把字符串显示为上标 |
| toLocaleLowerCase() | 按照本地方式把字符串转换为小写 |
| toLocaleUpperCase() | 按照本地方式把字符串转换为大写 |
| toLowerCase() | 把字符串转换为小写 |
| toUpperCase() | 把字符串转换为大写 |
| toSource() | 代表对象的源代码 |
| valueOf() | 返回某个字符串对象的原始值 |

【例 2.6】　使用 String 对象的方法处理字符串。（实例位置：光盘\TM\sl\2\6）

创建一个名称为 index.html 的文件，在该文件的<head>编写如下语句处理字符串：

```
<script language="javascript">
    var str = new String("最特别的存在");                        // 定义原始字符串
    document.write("原始字符串："+str+"<br/><br/>");              // 显示原始字符串
    document.write("大号字体显示的字符串："+str.big()+"<br/><br/>");    // 大号字体显示字符串
    document.write("粗体显示的字符串："+str.bold()+"<br/><br/>");       // 粗体显示字符串
    document.write("指定颜色显示的字符串："+str.fontcolor("red"));       // 设置字符串为红色
</script>
```

运行结果如图 2.24 所示。

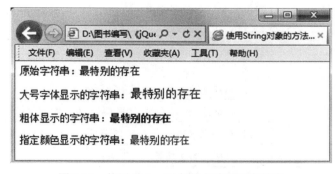

图 2.24　使用 String 对象的方法处理字符串

# 2.5  BOM 对象编程

## 2.5.1  什么是 BOM 对象

浏览器对象模型（Browser Object Model）简称为 BOM。浏览器对象模型提供了用户与浏览器之间交互的对象以及操作的接口。BOM 对象的具体功能如表 2.6 所示。

表 2.6  BOM 对象的具体功能

| 对　　象 | 说　　明 |
|---|---|
| Window | BOM 结构的最顶层对象，表示浏览器窗口 |
| Document | 用于管理 HTML 文档，可以用来访问页面中的所有元素 |
| Frames | 表示浏览器窗口中的框架窗口。Frames 是一个集合，例如 Frames[0]表示窗口中的第 1 个框架 |
| History | 表示浏览器窗口的浏览历史，即用户访问过的站点列表 |
| Location | 表示在浏览器窗口地址栏中输入的 URL |
| Navigator | 包含客户端浏览器的信息 |
| Screen | 包含客户端显示屏的信息 |

## 2.5.2  BOM 对象编程

我们在 2.5.1 节当中介绍了 BOM 对象的基本情况，BOM 对象是 HTML DOM 类结构中包含的一组浏览器对象。本节我们结合实例来介绍 Window 和 Document 等常用 BOM 对象的编程方法。

### 1. Window 对象

Window 对象表示浏览器中一个打开的窗口。Window 对象的属性如表 2.7 所示。

表 2.7  Window 对象的属性

| 属　　性 | 说　　明 |
|---|---|
| closed | 返回窗口是否已被关闭 |
| defaultStatus | 设置或返回窗口状态栏中的默认文本 |
| document | 对 Document 对象的引用，表示窗口中的文档 |
| history | 对 History 对象的引用，表示窗口的浏览历史记录 |
| innerheight | 返回窗口的文档显示区的高度 |
| innerwidth | 返回窗口的文档显示区的宽度 |

| 属　　性 | 说　　明 |
|---|---|
| location | 对 Location 对象的引用，表示在浏览器窗口的地址栏中输入的 URL |
| name | 设置或返回窗口的名称 |
| navigator | 对 Navigator 对象的引用，表示客户端浏览器的信息 |
| opener | 返回对创建此窗口的引用 |
| outerheight | 返回窗口的外部高度 |
| outerwidth | 返回窗口的外部宽度 |
| pageXOffset | 设置或返回当前页面相对于窗口显示区左上角的 X 位置 |
| pageYOffset | 设置或返回当前页面相对于窗口显示区左上角的 Y 位置 |
| parent | 返回父窗口 |
| screen | 对 Screen 对象的只读引用，表示客户端显示屏的信息 |
| self | 返回对当前窗口的引用 |
| status | 设置窗口状态栏的文本 |
| Top | 返回最顶层的先辈窗口 |
| window | 等价于 self 属性，它包含了对窗口自身的引用 |
| screenLeft/screenX | 只读整数，声明了窗口的左上角在屏幕上的 x 坐标 |
| screenTop/screenY | 只读整数，声明了窗口的左上角在屏幕上的 y 坐标 |

Window 对象的方法如表 2.8 所示。

表 2.8　Window 对象的方法

| 方　　法 | 说　　明 |
|---|---|
| alert() | 弹出一个警告框 |
| blur() | 把键盘焦点从顶层窗口移开 |
| clearInterval() | 取消由 setInterval() 设置的 timeout |
| clearTimeout() | 取消由 setTimeout() 方法设置的 timeout |
| close() | 关闭浏览器窗口 |
| confirm() | 显示一个请求确认对话框，包含一个"确定"按钮和一个"取消"按钮。在程序中，可以根据用户的选择决定执行的操作 |
| createPopup() | 创建一个 pop-up 窗口 |
| focus() | 把键盘焦点给予一个窗口 |
| moveBy() | 相对窗口的当前坐标把它移动指定的像素 |
| moveTo() | 把窗口的左上角移动到一个指定的坐标 |
| open() | 打开一个新的浏览器窗口或查找一个已命名的窗口 |
| print() | 打印当前窗口的内容 |

| 方　　法 | 说　　明 |
|---|---|
| prompt() | 显示可提示用户输入的对话框 |
| pageYOffset | 设置或返回当前页面相对于窗口显示区左上角的 Y 位置 |
| resizeBy() | 按照指定的像素调整窗口的大小 |
| resizeTo() | 把窗口的大小调整到指定的宽度和高度 |
| scrollBy() | 按照指定的像素值来滚动内容 |
| scrollTo() | 把内容滚动到指定的坐标 |
| setInterval() | 按照指定的周期（以毫秒计算）来调用函数或计算表达式 |
| setTimeout() | 在指定的毫秒数后调用函数或计算表达式 |

下面详细介绍一下 window.setTimeout()方法的使用。window.setTimeout()方法的语法如下：

```
window.setTimeout(code,millisec)
```

参数说明：
- ☑　code：在调用的函数后要执行的 JavaScript 代码串。
- ☑　millisec：在执行代码前需要等待的毫秒数。

【例 2.7】　　在页面载入完成执行按钮的 click 事件，但是并不需要用户自己操作。（**实例位置：光盘\TM\sl\2\7**）

（1）创建一个名称为 index.html 的文件。

（2）在页面的\<body>标记中，添加一个 button 按钮，具体代码如下：

```
<input type="button" name="button" value="关闭"  onclick="closeWindow()" />
```

（3）在\<head>标签下编写 JavaScript 代码，使用 setTimeout()方法令查看窗口在 3 秒钟后关闭，具体代码如下：

```
<script language="javascript">
    function closeWindow(){
        document.write("3 秒钟后关闭该窗口！");
        setTimeout("window.close()","3000");
    }
</script>
```

运行本实例，效果如图 2.25 所示。

### 2．document 对象

document 对象是常用的 JavaScript 对象，用于管理网页文档。document 对象的常用属性如表 2.9 所示。

图 2.25　关闭浏览器窗口

表 2.9　document 对象的常用属性

| 属　　性 | 说　　明 |
| --- | --- |
| title | 设置文档标题。等价于 HTML 的 title 标签 |
| bgColor | 设置页面背景色 |
| fgColor | 设置前景色 |
| linkColor | 未点击过的链接颜色 |
| alinkColor | 激活链接的颜色 |
| vlinkColor | 已点击过的链接颜色 |
| URL | 返回当前文档的 URL |
| fileCreatedDate | 文件建立日期。只读属性 |
| fileModifiedDate | 文件修改日期。只读属性 |
| fileSize | 文件大小。只读属性 |
| cookie | 设置和读取 cookie |
| charset | 设置字符集 |

document 对象的常用方法如表 2.10 所示。

表 2.10　document 对象的常用方法

| 方　　法 | 说　　明 |
| --- | --- |
| write | 动态向页面写入内容 |
| createElement(Tag) | 创建一个 html 标签对象 |
| getElementById(ID) | 获得指定 ID 的对象 |
| getElementsByName(Name) | 返回带有指定名称的对象集合 |

document 对象的常用子对象和集合如表 2.11 所示。

表 2.11　document 对象的常用子对象和集合

| 类　　型 | 说　　明 |
| --- | --- |
| 主体子对象 body | 指定文档主体的开始和结束。等价于<body>…</body> |
| 位置子对象 location | 指定窗口所显示文档的完整 URL |
| 选区子对象 selection | 当前网页中的选中内容 |
| images 集合 | 页面中的图像 |
| forms 集合 | 页面中的表单 |

【例 2.8】　document 对象的使用。（实例位置：光盘\TM\sl\2\8）

（1）创建一个名称为 index.html 的文件。

（2）在页面的<body>标记中，使用<img>标签添加一张图片，具体代码如下：

```
<h3>document 对象的使用</h3>
<p><img src="images/php5.png" width="867" height="454" border="0" title="" /> </p>
```

（3）在图片下方编写 JavaScript 代码，获取文件地址、文件标题等信息，具体代码如下：

```
<script language="javascript">
    document.write("文件地址："+document.location+"<br/>");
    document.write("文件标题："+document.title+"<br/>");
    document.write("图片路径："+document.images[0].src+"<br/>");
    document.write("前景色："+document.fgColor+"<br/>");
    document.write("背景颜色："+document.bgColor+"<br/>");
</script>
```

运行本实例，效果如图 2.26 所示。

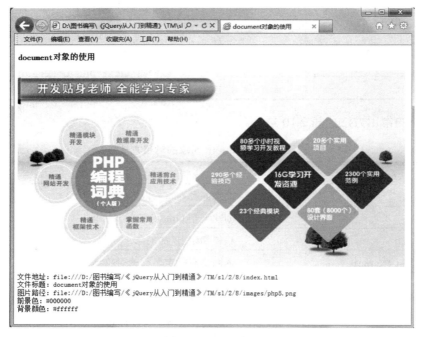

图 2.26　运行结果

# 2.6　JavaScript 库

## 2.6.1　什么是 JavaScript 库

JavaScrip 库，是指可以方便地应用到现有 Web 开发体系中的、现成的 JavaScript 代码资源，是一套包含工具、函数库、约定以及尝试从常用任务中抽象出可以复用的通用模块，目标是帮助使用者轻松地建立具有高难度交互的 Web 2.0 特性的富客户端页面，并且兼容各大浏览器。它们通常由开源社区开发和维护，并被各大公司支持和使用。

大多数的 JavaScript 库都提供了以下功能：命名空间支持、JavaScript 可用性增强工具、用户界面组件、拖放组件、视觉效果和动画、布局管理工具、元素样式操作、Ajax 支持、DOM 支持、事件处理增强工具、操作日志和调试功能、单元测试架构等。这些功能都是 Web 开发中经常用到的，并且基于 JavaScript 库的应用程序可以获得更好的浏览器兼容性和开发效率，同时可以提供更多的功能和效果，使用 JavaScript 库可以大幅度地提高开发效率，增强应用程序的功能和性能，改善用户体验。

## 2.6.2　常用 JavaScript 库简介

目前流行的 JavaScript 库有 Prototype、Ext JS、Dojo、YUI、MooTools、jQuery 等。

（1）Prototype（http://prototypejs.org/download）

Prototype 是最早成型的 JavaScript 库之一，它的特点是功能实用而且尺寸较小，定义了 JavaScript 面向对象扩展、DOM 操作 API、事件等，非常适合在中小型 Web 应用中使用。Prototype 框架大大简化了 JavaScript 代码的编写工作，同时兼容各个浏览器。

（2）Ext JS（http://www.sencha.com/products/extjs）

Ext JS 通常称为 Ext，是一个非常优秀的 Ajax 框架，可以用来开发具有绚丽外观的富客户端应用。Ext 开发的多彩界面吸引了许多程序员的眼球，同时也吸引了众多客户，对于企业应用系统，Ext 非常适用。但 Ext JS 体积较大，导致页面加载速度比较慢，另外 Ext 并不是完全免费的，如果用于商业用途，是需要付费获得授权许可的。

（3）Dojo（http://dojotoolkit.org）

Dojo 是一个强大的面向对象的 JavaScript 框架，主要由三大模块组成：Core、Dijit、DojoX。Core 提供了构建 Web 应用必需的几乎所有基础功能。Dijit 是一个可更换皮肤，基于模板的 Web UI 控件库。DojoX 包括一些创新的代码和控件：DateGrid，charts，离线应用，跨浏览器矢量绘图等。Dojo 功能强大，组件丰富，采用面向对象的设计，有统一命名空间和管理机制，适用于企业级或是复杂的大型 Web 应用开发。它的缺点是比较复杂，学习曲线陡，文档不齐全，API 不稳定。但是 Dojo 还是一个很有发展潜力的库。

（4）YUI（http://yuilibrary.com）

YUI（Yahoo!User Interface Library）是一个使用 JavaScript 编写的工具和控件库。它是利用 DOM 脚本、DHTML 和 Ajax 构造的具有丰富交互功能的 Web 程序。YUI 许多组件实现了对数据源的支持，例如动态布局、可编辑的表格控件，动态加载的 Tree 控件、动态拖曳效果；结构化，类似于 Java 结构，清晰明了。YUI 库文档完备，代码编写也非常规范。

（5）MooTools（http://mootools.net）

MooTools 是一套轻量、简洁、模块化、面向对象的开源 JavaScript Web 应用框架。MooTools 的语法几乎和 Prototype 一样，但却提供了更为强大的功能、更好的扩展性和兼容性。它的模块化思想优秀，各模块代码非常独立，最小的核心只有 8KB，最大的优点是可选择使用哪些模块，用的时候只导入使用的模块即可。MooTools 完全贯彻面向对象的编程思想，语法简洁，文档完善，是一个非常优秀的 JavaScript 库。

（6）JQuery（http://jquery.com）

本书的重点 jQuery 是继 Prototype 之后又一个优秀的轻量级 JavaScript 框架。它是一个快速和简洁的 JavaScript 库，拥有强大的选择器，可以简化 HTML 文档元素的遍历、事件处理、动画和 Ajax 交互实现快速 Web 开发。jQuery 还拥有完善的兼容性和链式操作等功能，它的这些优点吸引了众多开发者。

# 2.7 小　　结

本章主要对 JavaScript 初级知识进行了简单的介绍，包括 JavaScript 主要具有哪些特点、主要用于实现哪些功能、JavaScript 语言的编辑工具、JavaScript 库，还介绍了 JavaScript 内置对象以及 BOM 对象。通过这些内容先让读者对 JavaScript 语言以及 JavaScript 库有一个初步的了解，为以后学习 jQuery 奠定基础。

# 2.8 练习与实践

（1）编写 JavaScript 代码，实现弹出字符串"勇者无惧，智者无敌。"。（答案位置：光盘\TM\sl\2\9）

（2）使用 JavaScript 语言，在页面输出文字"梦想，无论大小，都给它一个可以绽放的机会！"。（答案位置：光盘\TM\sl\2\10）

# 第 3 章

## 初识 jQuery

( 📹 视频讲解：63 分钟 )

随着互联网的快速发展，陆续涌现了一批优秀的 JavaScript 脚本库，这些脚本库让开发人员从复杂繁琐的 JavaScript 中解脱出来，将开发的重点从实现细节转向功能需求上，提高了项目开发的效率。其中，jQuery 是一个非常优秀的 JavaScript 脚本库。本章将对 jQuery 的特点以及如何下载与配置 jQuery 进行介绍。

通过阅读本章，您可以：

▶▶ 了解 jQuery 能做什么

▶▶ 了解 jQuery 的特点

▶▶ 了解 jQuery 的主要版本

▶▶ 掌握 jQuery 的下载与配置

▶▶ 掌握 jQuery 对象和 DOM 对象

▶▶ 掌握解决 jQuery 和其他库冲突的方法

▶▶ 了解 jQuery 插件概况

# 3.1 jQuery 简述

jQuery 是一套简洁、快速、灵活的 JavaScript 脚本库，它是由 John Resig 于 2006 年创建的，它帮助我们简化了 JavaScript 代码。由于 jQuery 简便易用，文档非常丰富，受到众多开发人员的推崇。

使用 jQuery 极大地提高了编写 JavaScript 代码的效率，让书写出来的代码更加简洁、健壮。同时网络上丰富的 jQuery 插件也让开发人员的工作变得更为轻松，让项目的开发效率有了质的提升。

**说明**

> jQuery 不但为开发人员提供了灵活的开发环境，并且它是开源的，在其背后有很多强大的社区和程序爱好者的支持。

## 3.1.1 jQuery 能做什么

过去只有 Flash 才能实现的动画效果，jQuery 也做到了，并且丝毫不逊色于 Flash，这让广大开发人员感受到了 Web 2.0 时代的魅力。jQuery 还受到许多著名网站的青睐，如中国网络电视台、CCTV、京东网上商城、人民网等，许多网站都应用了 jQuery。下面我们就来看看网络上使用 jQuery 实现的绚丽的效果。

### 1. 中国网络电视台应用的 jQuery 效果

访问中国网络电视台的电视直播页面后，在央视频道栏目中就应用了 jQuery 实现鼠标移入移出的效果。将鼠标移动到某个频道上时，该频道的内容会添加一个圆角矩形的灰色背景，用于突出显示频道内容，如图 3.1 所示。将鼠标移出该频道后，频道内容会恢复为原来的样式。

图 3.1　中国网络电视台应用的 jQuery 效果

**2. 京东网上商城应用的 jQuery 效果**

访问京东网上商城的首页时，在右侧有一个为手机和游戏充值的栏目，这里应用了 jQuery 实现了标签页的效果。将鼠标移动到"手机充值"栏目上时，标签页中将显示为手机充值的相关内容，如图 3.2 所示，将鼠标移动到"游戏充值"栏目上时，将显示为游戏充值的相关内容。

**3. 人民网应用的 jQuery 效果**

访问人民网的首页时，有一个以幻灯片轮播形式显示的图片新闻，如图 3.3 所示，这里就是应用 jQuery 的幻灯片轮播插件实现的。

图 3.2 京东网上商城应用的 jQuery 效果

图 3.3 人民网应用的 jQuery 效果

## 3.1.2 jQuery 的特点

jQuery 是一个简洁、快速的 JavaScript 脚本库，它能让你在网页上轻松操作文档、处理事件、运行动画效果或者添加异步交互。jQuery 可以提高我们的编程效率，它的主要特点如下：

- ☑ 代码精致小巧。jQuery 是一个轻量级的 JavaScript 脚本库，其代码非常小巧，最新版本的 jQuery 库文件压缩之后只有几十 KB。在网络盛行的今天，提高网站用户的体验显得尤为重要，小巧的 jQuery 完全可以做到这一点。
- ☑ 强大的功能函数。过去在写 JavaScript 代码时，如果没有良好的基础，很难写出复杂的 JavaScript 代码。JavaScript 是不可编译的语言，在复杂的程序结构中调试错误是一件非常痛苦的事情，大大降低了开发效率。使用 jQuery 的功能函数，能够帮助开发人员快速地实现各种功能，而且会让代码优雅简洁，结构清晰。
- ☑ 跨浏览器。关于 JavaScript 代码的浏览器兼容问题一直是 Web 开发人员的噩梦，经常是页面在 IE 浏览器下运行正常，但在 Firefox 下却不兼容，这就需要开发人员在一个功能上针对不同的浏览器编写不同的脚本代码，这无疑是一件非常痛苦的事情。jQuery 成功地将开发人员从这个噩梦中解脱出来，jQuery 具有良好的兼容性，它兼容各大主流浏览器，支持的浏览器包括 IE 6.0+、Firefox 1.5+、Safari 2.0+、Opera 9.0+。

☑ 链式的语法风格。jQuery 可以对元素的一组操作进行统一的处理，不需要重新获取对象。也就是说可以基于一个对象进行一组操作，这种方式精简了代码量，减小了页面体积，有助于浏览器快速加载页面，提高用户的体验性。

注意

对于初学者不建议采用链式语法结构。

☑ 插件丰富。除了 jQuery 本身带有的一些特效外，可以通过插件实现更多的功能，如表单验证、拖放效果、Tab 导航条、表格排序、树型菜单以及图像特效等。网上的 jQuery 插件很多，可以直接下载下来使用，并且插件是将 JavaScript 代码和 HTML 代码完全分离，便于维护。

## 3.1.3  jQuery 的版本

### 1．jQuery 1.0

发布时间：发布于 2006 年 8 月。
jQuery 库的第一个稳定版本，已经具有了对 CSS 选择符、事件处理和 AJAX 交互的稳健支持。

### 2．jQuery 1.1

发布时间：发布于 2007 年 1 月。
该版本大幅简化了 API，许多较少使用的方法被合并，减少了需要掌握和解释的方法数量。

### 3．jQuery 1.1.3

发布时间：发布于 2007 年 7 月。
该版本变化包含了对 jQuery 选择符引擎执行速度的显著提升，从 jQuery 1.1.3 版本开始，jQuery 的性能达到了 Prototype、Mootools 以及 Dojo 等同类 JavaScript 库的水平。

### 4．jQuery 1.2

发布时间：发布于 2007 年 9 月。
该版本去掉了对 XPath 选择符的支持，原因是相对于 CSS 语法，它已经变得多余了。jQuery 1.2 版能够支持对效果的更灵活定制，而且借助新增的命名空间事件，也使插件开发变得更容易。

另外，jQuery 官方在该版本发布时，同时发布了 jQuery UI，这个新的插件套件是作为曾经流行但已过时的 Interface 插件的替代项目而发布的。jQuery UI 中包含大量预定义好的部件（Widget），以及一组用于构建高级元素（例如可拖放的界面元素）的工具。

**5．jQuery 1.2.6**

发布时间：发布于 2008 年 5 月。

该版本主要是将 Brandon Aaron 开发的流行的 Dimensions 插件的功能移植到了核心库中。

**6．jQuery 1.3**

发布时间：发布于 2009 年 1 月。

该版本使用了全新的选择符引擎 Sizzle，库的性能也因此有了极大提升。这一版正式支持事件委托特性。

**7．jQuery 1.3.2**

发布时间：发布于 2009 年 2 月。

该版本进一步提升了库的性能，例如，改进了 visible/:hidden 选择符和.height()/.width()方法的底层处理机制。另外，也支持查询的元素按文档顺序返回。

**8．jQuery 1.4**

发布时间：发布于 2010 年 1 月 14 日。

该版本对代码库进行了内部重写组织，开始建立一些风格规范。老的 core.js 文件被分为 attribute.js、css.js、data.js、manipulation.js、traversing.js 和 queue.js；CSS 和 attribute 的逻辑分离。

**9．jQuery 1.5**

发布时间：发布于 2011 年 1 月 31 日。

该版本修复了 83 个 bug，解决了 460 个问题。重大改进有：重写了 Ajax 模块；新增延缓对象（Deferred Objects）；jQuery 替身——jQuery.sub()；增强了遍历相邻节点的性能；jQuery 开发团队构建系统的改进。

**10．jQuery 1.6**

发布时间：发布于 2011 年 5 月。

该版本重写了 Attribute 模块和大量的性能改进，其最主要的两个更新是：更新 data()方法和独立方法处理 DOM 属性，并区分 DOM 的 attributes 和 properties。

**11．jQuery 1.7**

发布时间：发布于 2011 年 11 月 4 日。
该版本包含了很多新的特征，特别提升了事件委派时的性能（尤其是在 IE7 下）。

**12．jQuery 1.7.2**

发布时间：发布于 2012 年 3 月 24 日。
该版本在 1.7.1 的基础上修复了大量的 bug，并改进了部分功能。而相比于 1.7.2 RC1，只修复了一个 bug。值得注意的是：如果你正在使用 jQuery Mobile，请使用最新的 jQuery 1.7.2 和 jQuery Mobile 1.1 这两个版本，因为之前的 jQuery Mobile 版本还基于 jQuery core 1.7.1 或更早的版本。

**13．jQuery 1.8**

发布时间：发布于 2012 年 8 月。

该版本的主要改动有：Sizzle 选择器引擎重新架构、重新改造动画处理、自动 CSS 前缀处理、更灵活的$(html,props)等。

### 14．jQuery 1.8.3

发布时间：发布于 2012 年 11 月 14 日。
修复 Bug 和性能衰退问题，解决之前版本在 IE9 中调用 Ajax 失败的问题。

### 15．jQuery 1.9

发布时间：发布于 2013 年 1 月。
移除了很多已经过时的 API，并优化执行效率。

### 16．jQuery 1.10

发布时间：发布于 2013 年 6 月。
该版本的主要改动有：自由的 HTML 解析、增强的模块性、修复 IE9 焦点死亡问题、修复 Cordova 等。

### 17．jQuery 1.11.1

发布时间：发布于 2014 年 5 月。
该版本的主要改进有：异步模块定义 AMD、性能提升、降低启动时间，另外还修复一些 Bug。

### 18．jQuery 2.0

发布时间：发布于 2013 年 4 月 18 日。
该版本不再支持 IE 6/7/8，如果在 IE9/10 版本中使用"兼容性视图"模式也将会受到影响。

### 19．jQuery 2.1.1

发布时间：发布于 2014 年 5 月。
该版本主要修复一些 Bug，并解决浏览器的兼容性问题。

**说明**

以上列出的是 jQuery 的重要版本的发布时间及主要更新。除此之外，还有一些小范围的升级版本，读者如果有兴趣，可以查看 jQuery 官方网站（http://jquery.com）中的相关说明。

# 3.2  jQuery 下载与配置

要在自己的网站中应用 jQuery 库，是需要下载并配置的。下面来介绍如何下载与配置 jQuery。

## 3.2.1  下载 jQuery

jQuery 是一个开源的脚本库，我们可以从它的官方网站（http://jquery.com）中下载。下面介绍具体的下载步骤。

（1）在浏览器的地址栏中输入 http://jquery.com，按 Enter 键，将进入到 jQuery 官方网站的首页，如图 3.4 所示。

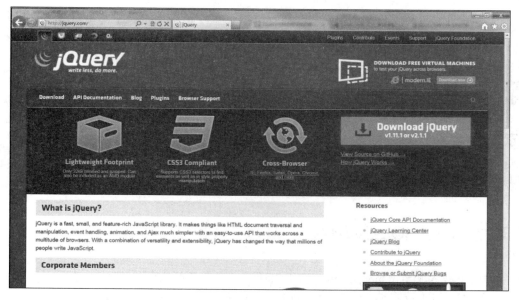

图 3.4　jQuery 官方网站的首页

（2）在 jQuery 官方网站的首页中，可以下载所需要的 jQuery 库，本书使用 jQuery1.11.1 版本。单击网站首页的 Download jQuery 按钮，在弹出的页面中单击 Download the compressed，production jQuery1.11.1 超链接，选择"另存为"，将弹出如图 3.5 所示的对话框。

图 3.5　下载 jquery 1.11.1.min.js

（3）单击"保存"按钮，将 jquery 库下载到本地计算机上。下载后的文件名为 jquery-1.11.1.min.js。

## 3.2.2  配置 jQuery

将 jQuery 库下载到本地计算机后，还需要在项目中配置 jQuery 库。即将下载后的文件放置到项目的指定文件夹中，通常放在 js 文件夹中，然后在需要应用 jQuery 的页面中使用下面的语句，将其引用到文件中。

```
<script language="javascript" src="js/jquery-1.11.1.min.js"></script>
或者
<script src="js/jquery-1.11.1.min.js" type="text/javascript"></script>
```

**●注意**

引用 jQuery 的<script>标签，必须放在所有的自定义脚本文件的<script>之前，否则在自定义的脚本代码中找不到 jQuery 脚本库。

## 3.2.3  我的第一个 jQuery 脚本

了解了如何下载和配置 jQuery 之后，接下来通过一个简单的实例尝试编写 jQuery 脚本。

**【例 3.1】**  应用 jQuery 弹出一个提示对话框。（**实例位置：光盘\TM\sl\3\1**）

（1）创建一个名称为 js 的文件夹，并将 jquery-1.11.1.min.js 复制到该文件夹中。

（2）创建一个名称为 index.html 的文件，在该文件的<head>标记中引用 jQuery 库文件，关键代码如下：

```
<script language="javascript" src="js/jquery-1.11.1.min.js"></script>
```

（3）编写 jQuery 代码，实现在页面载入完毕后，弹出一个提示对话框，具体代码如下：

```
<script>
$(document).ready(function(){
    alert("我的第一个 jQuery 脚本！");
});
</script>
```

实际上，上面的代码还可以更简单，也就是将$(document).ready 用"$"符代替，替换后的代码如下：

```
<script>
$(function(){
    alert("我的第一个 jQuery 脚本！");
});
</script>
```

图 3.6  弹出的提示对话框

运行 index.html，将弹出如图 3.6 所示的对话框。

熟悉 JavaScript 的读者知道，要实现例 3.1 的效果，还可以通过下面的代码实现：

```
<script>
window.onload=function(){
    alert("我的第一个 jQuery 脚本！");
}
</script>
```

读者可能会问，这两种方法有什么区别，究竟哪种方法更好呢？下面介绍一下二者的区别。window.load()方法是在页面所有的内容都载入完毕后才会执行的，例如图片、横幅等。而 $(document).ready()方法则是在 DOM 元素载入就绪后执行。在一个页面中可以放置多个 $(document).ready()方法，而 window.onload()方法在页面上只允许放置一个（常规情况）。这两个方法可以同时在页面中执行，两者并不矛盾。不过，通过上述描述可以知道，$(document).ready()方法比 window.onload()方法载入速度更快。

# 3.3　jQuery 对象和 DOM 对象

## 3.3.1　jQuery 对象和 DOM 对象简介

刚开始学习 jQuery，经常分不清楚哪些是 jQuery 对象，哪些是 DOM 对象，因此，了解 jQuery 对象和 DOM 对象以及它们之间的关系是非常必要的。

### 1．DOM 对象

DOM 是 Document Object Model，即文档对象模型的缩写。DOM 是以层次结构组织的节点或信息片段的集合，每一份 DOM 都可以表示成一棵树。下面构建一个基本的网页，网页代码如下：

```
<html>
<head>
<title>DOM 对象</title>
</head>
<body>
<h2>明日图书</h2>
<p>《JavaScript 从入门到精通》</p>
</body>
</html>
```

图 3.7　一个非常基本的网页

网页的初始化效果如图 3.7 所示。

可以把上面的 HTML 结构描述为一棵 DOM 树，如图 3.8 所示。

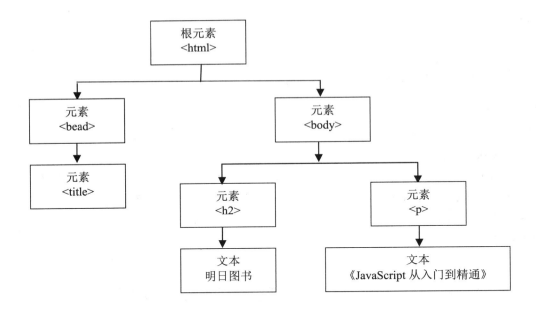

图 3.8 把网页元素表示为 DOM 树

在这棵 DOM 树中,<h2>、<p>节点都是 DOM 元素的节点,可以使用 JavaScript 中的 getElementById 或 getElementsByTagName 来获取,得到的元素就是 DOM 对象。DOM 对象可以使用 JavaScript 中的方法。例如:

```
var domObject = document.getElementById("id");
var html = domObject.innerHTML;
```

### 2.jQuery 对象

jQuery 对象就是通过 jQuery 包装 DOM 对象后产生的对象。jQuery 对象是独有的,可以使用 jQuery 里的方法。例如:

```
$("#test").html();        // 获取 id 为 test 的元素内的 html 代码
```

这段代码等同于:

```
document.getElementById("test").innerHTML;
```

虽然 jQuery 对象是包装 DOM 对象后产生的,但是 jQuery 无法使用 DOM 对象的任何方法,同理 DOM 对象也不能使用 jQuery 里面的方法。比如:$("#test").innerHTML、document.getElementById("test").html() 之类的写法都是错误的。

**注意**

用#id 作为选择符取得的是 jQuery 对象,而使用 document.getElementById("id")得到的是 DOM 对象,这两者并不是等价的。

## 3.3.2　jQuery 对象和 DOM 对象的相互转换

既然 jQuery 对象和 DOM 对象有区别也有联系，那么 jQuery 对象与 DOM 对象也可以相互转换。在两者转换之前首先约定好定义变量的风格。如果获取的是 jQuery 对象，那么我们在变量前面加上$，例如：

```
var $obj = jQuery 对象;
```

如果获取的是 DOM 对象，则与平时习惯的表示方法一样：

```
var obj = DOM 对象;
```

**注意**

为便于读者阅读，本书中的实例都会以这样的方式呈现。这样约定只是便于讲解与区分，在实际应用中并不规定。

### 1．jQuery 对象转换成 DOM 对象

jQuery 提供了两种转换方式将一个 jQuery 对象转换成 DOM 对象：[index]和 get(index)。

（1）jQuery 对象是一个类似数组的对象，可以通过[index]的方法得到相应的 DOM 对象。例如：

```
var $mr = $("#mr");              //jQuery 对象
var mr = $mr[0] ;               //DOM 对象
alert(mr.value);               //获取 DOM 元素的 value 的值并弹出
```

（2）jQuery 本身也提供 get(index)方法，可以得到相应的 DOM 对象。例如：

```
var $mr = $("#mr");              //jQuery 对象
var mr = $mr.get(0);            //DOM 对象
alert(mr.value);               //获取 DOM 元素的 value 的值并弹出
```

### 2．DOM 对象转换成 jQuery 对象

对于一个 DOM 对象，只需要用$()把它包装起来，就可以得到一个 jQuery 对象了，即$(DOM 对象)。例如：

```
var mr= document.getElementById("mr");   //DOM 对象
var $mr = $(mr);               //jQuery 对象
alert($(mr).val());             //获取文本框的值并弹出
```

转换后，DOM 对象就可以任意使用 jQuery 中的方法了。

通过以上方法，可以任意实现 DOM 对象和 jQuery 对象之间的转换。需要再次强调的是：DOM 对象才能使用 DOM 中的方法，jQuery 对象是不可以使用 DOM 中的方法的。

下面举两个简单的例子来加深对 DOM 对象和 jQuery 对象相互转换的理解。

【例 3.2】　DOM 对象转换为 jQuery 对象。（实例位置：光盘\TM\sl\3\2）

（1）创建一个名称为 js 的文件夹，并将 jquery-1.11.1.min.js 复制到该文件夹中。

（2）创建一个名称为 index.html 的文件，在该文件的<head>标记中引用 jQuery 库文件，关键代码如下：

```
<script language="javascript" src="js/jquery-1.11.1.min.js"></script>
```

（3）编写 jQuery 代码，实现在页面载入完毕后，首先使用 DOM 对象的方法弹出 p 节点的内容，之后将 DOM 对象转换为 jQuery 对象，同样再弹出 p 节点的内容，具体代码如下：

```
<script>
$(document).ready(function(){
    var domObj = document.getElementById("testp");
    alert("使用 DOM 方法获取 p 节点的内容："+domObj.innerHTML);
    var $jqueryObj = $(domObj);
    alert("使用 jQuery 方法获取 p 节点的内容："+$jqueryObj.html());
})
</script>
```

运行 index.html，将弹出如图 3.9 所示的提示对话框。

图 3.9　弹出的提示对话框

【例 3.3】　jQuery 对象转换为 DOM 对象。（实例位置：光盘\TM\sl\3\3）

（1）创建一个名称为 js 的文件夹，并将 jquery-1.11.1.min.js 复制到该文件夹中。

（2）创建一个名称为 index.html 的文件，在该文件的<head>标记中引用 jQuery 库文件，关键代码如下：

```
<script language="javascript" src="js/jquery-1.11.1.min.js"></script>
```

（3）编写 jQuery 代码，实现在页面载入完毕后，首先获取 2 个 jQuery 对象，使用 jQuery 对象的方法分别弹出 2 个 p 节点的内容，之后分别使用[index]和 get(index)的方法将 jQuery 对象转换为 DOM 对象，同样再弹出 2 次 p 节点的内容，具体代码如下：

```
<script>
$(document).ready(function(){
    var $jQueryObj = $("#testp");
    alert("使用 jQuery 方法获取第一个 p 节点的内容："+$jQueryObj.html());
    var $jQueryObj1 = $("#testp1");
    alert("使用 jQuery 方法获取第二个 p 节点的内容："+$jQueryObj1.html());
    var domObj = $jQueryObj[0];
    alert("使用 DOM 方法获取第一个 p 节点的内容："+domObj.innerHTML);
    var domObj1 = $jQueryObj1.get(0);
```

```
        alert("使用 DOM 方法获取第二个 p 节点的内容："+domObj1.innerHTML);
})
</script>
```

运行 index.html，将弹出如图 3.10 所示的提示对话框。

图 3.10　弹出的提示对话框

# 3.4　解决 jQuery 和其他库的冲突

在使用 jQuery 开发的时候，还可能会用到其他的 JavaScript 库，比如 Prototype、MooTools 等。但多库共存时可能会发生冲突，若发生冲突，可以通过以下方案进行解决。

## 3.4.1　jQuery 库在其他库之前导入

jQuery 库在其他库之前导入，可直接使用 jQuery(callback)方法。

如果 jQuery 库在其他库之前导入，可以直接使用"jQuery"来做一些 jQuery 的工作，而使用$()方法作为其他库的快捷方式。例如：

```
<html>
<head>
    <title>jQuery 库在其他库之前导入</title>
<!—先导入 jQuery →
    <script src="js/jquery.js" type="text/javascript"></script>
<!—后导入 prototype→
    <script src="js/prototype.js" type="text/javascript"></script>
</head>
<body>
<p id="prototypepp">prototype</p>
<p>jQuery（将被绑定 click 事件）</p>
<script type="text/javascript">
    jQuery(function(){   // 在这里直接使用 jQuery 代替$符号
        jQuery("p").click(function(){
            alert(jQuery(this).html());            //获取 p 节点的内容
        });
```

```
    });
    $("prototypepp").style.display = 'none';                //使用 prototype
</script>
</body>
</html>
```

## 3.4.2  jQuery 库在其他库之后导入

jQuery 库在其他库之后导入，使用 jQuery.noConflick()方法将变量$的控制权让给其他库。
具体有以下几种方式：

（1）使用 jQuery.noConflick()方法之后，将 jQuery()函数作为 jQuery 对象的制造工厂。

```
<html>
<head>
    <title>jQuery 库在其他库之后导入</title>
<!—先导入 prototype→
    <script src="js/prototype.js" type="text/javascript"></script>
<!—后导入 jQuery →
    <script src="js/jquery.js" type="text/javascript"></script>
</head>
<body>
<p id="prototypepp">prototype</p>
<p>jQuery（将被绑定 click 事件）</p>
<script type="text/javascript">
    jQuery.noConflict();                        //将变量$的控制权交给 prototype.js
    jQuery(function(){ //  使用 jQuery
        jQuery("p").click(function(){
            alert(jQuery(this).text());
        })
    })
    $("prototypepp").style.display = 'none';            //使用 prototype
</script>
</body>
</html>
```

（2）自定义一个快捷方式，例如$jq、$j、$m 等，代码如下：

```
var $m = jQuery.noConflict();                    //自定义一个快捷方式
    $m(function(){                                //利用自定义的快捷方式$m
        $m("p").click(function(){
            alert($m(this).text());
        })
    })
    $("prototypepp").style.display = 'none';            //使用 prototype
```

（3）如果不想给 jQuery 自定义名称，又想使用$，同时又不想与其他库相冲突，那么可以尝试使用以下两种方法：

```
jQuery.noConflict();                              //将变量的控制权交给 prototype.js
    jQuery(function($){                           //使用 jQuery，设定页面加载时执行的函数
        $("p").click(function(){                  //在函数内部可以继续使用$()方法
            alert($(this).text());
        })
    })
    $("prototypepp").style.display = 'none';      //使用 prototype
```

或者：

```
jQuery.noConflict();                              //将变量$的控制权交给 prototype.js
    (function($){                                 //定义匿名函数并设置形参为$
        $(function(){                             //匿名函数内部的$都是 jQuery
            $("p").click(function(){              //继续使用$()方法
                alert(jQuery(this).text());
            })
        })
    })(jQuery)
    $("prototypepp").style.display = 'none';      //使用 prototype
```

**说明**

如果参数中调用的是数组，有可能在调用过程中并不是按照数组的 key 值进行替换，所以在调用之前需要将数组重新排列 ksort()。

# 3.5　jQuery 插件简介

jQuery 具有强大的扩展能力，允许开发人员使用或是创建自己的 jQuery 插件来扩展 jQuery 的功能，这些插件可以帮助开发人员提高开发效率，节约项目成本。而且一些比较著名的插件也受到了开发人员的追捧，插件又将 jQuery 的功能提升了一个新的层次。下面就来介绍插件的使用和目前比较流行的插件。

## 3.5.1　插件的使用

jQuery 插件的使用比较简单，首先将要使用的插件下载到本地计算机中，然后按照下面的步骤操作，就可以使用插件实现想要的效果了。

（1）把下载的插件包含到<head>标记内，并确保它位于主 jQuery 源文件之后。

（2）包含一个自定义的 JavaScript 文件，并在其中使用插件创建或扩展的方法。

## 3.5.2　流行的插件

在 jQuery 官方网站中，有一个 Plugins（插件）超级链接，单击该超级链接，将进入到 jQuery 的插件分类列表页面，如图 3.11 所示。

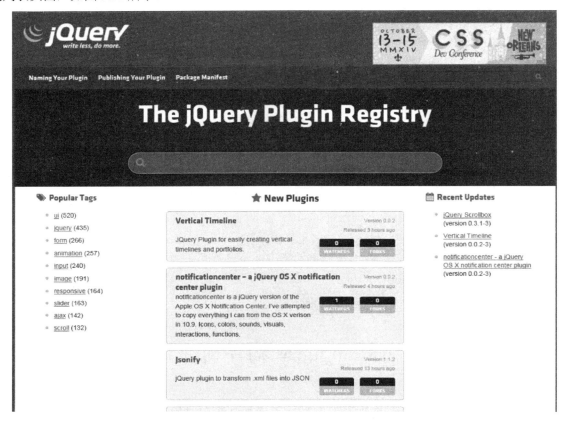

图 3.11　jQuery 的插件分类列表页面

在该页面中，单击分类名称，可以查看每个分类下的插件概要信息及下载超级链接。用户也可以在上面的搜索（Search）文本框中输入指定的插件名称，搜索所需插件。

 **说明**

> 在该网站中提供的插件多数都是开源的，读者可以在此网站中下载所需要的插件。

下面对比较常用的插件进行简要介绍。

（1）jCarousel 插件

使用 jQuery 的 jCarousel 插件用于实现如图 3.12 所示的图片传送带效果。单击左、右两侧的箭头可以向左或向右翻看图片。当到达第一张图片时，左侧的箭头将变为不可用状态，当到达最后一张图片时，右侧的箭头变为不可用状态。

图 3.12　jCarousel 插件实现的图片传送带效果

（2）easyslide 插件

使用 jQuery 的 easyslide 插件实现如图 3.13 所示的图片轮显效果。当页面运行时，要显示的多张图片，将轮流显示，同时显示所对应的图片说明内容。在新闻类的网站中，可以使用该插件显示图片新闻。

图 3.13　easyslide 插件实现的图片轮显效果

（3）Facelist 插件

使用 jQuery 的 Facelist 插件可以实现如图 3.14 所示的类似 Google Suggest 自动完成效果。当用户在输入框中输入一个或几个关键字后，下方将显示该关键字相关的内容提示。这时用户可以直接选择所需的关键字，方便输入。

图 3.14　Facelist 插件实现类似 Google Suggest 自动完成效果

（4）mb menu 插件

使用 jQuery 的 mb menu 插件可以实现如图 3.15 所示的多级菜单。当用户将鼠标指向或单击某个菜单项时，将显示该菜单项的子菜单。如果某个子菜单项还有子菜单，将鼠标移动到该子菜单项时，将显示它的子菜单。

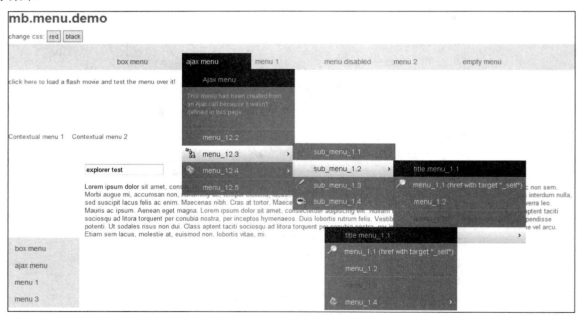

图 3.15　mb menu 插件实现多级菜单

# 3.6　小　　结

本章首先介绍了 jQuery 能做什么，以及 jQuery 的特点，之后介绍了如何下载和配置 jQuery，并通过编写"我的第一个 jQuery 脚本"来熟悉 jQuery 的基本用法，接下来讲解了 jQuery 对象和 DOM 对象的区别以及相互转换，最后介绍了如何使用 jQuery 的插件，以及目前比较流行的 jQuery 插件。在实际项目开发时，使用 jQuery 插件不仅可以提高开发效率，而且可以给网站增加许多更加绚丽的特效。

# 3.7　练习与实践

（1）编写 jQuery 代码，实现在页面输出文字"花开堪折直须折，莫待无花空折枝。"（**答案位置：光盘\TM\sl\3\4**）

（2）创建两个<div>元素，使用 jQuery 对象的方法获取第一个<div>的内容，使用 DOM 对象的方法获取第二个<div>的内容。（**答案位置：光盘\TM\sl\3\5**）

（3）创建一个<div>元素，使用 jQuery 对象的方法获取它的内容，再将该 jQuery 对象转换为 DOM 对象来获取这个<div>元素的内容。（**答案位置：光盘\TM\sl\3\6**）

# 第 4 章

## 使用 jQuery 选择器

( 📹 视频讲解：100 分钟 )

通过前面的介绍相信大家对 jQuery 在前台页面的作用有了初步的了解。在页面中要为某个元素添加属性或者事件时，第一步必须先准确地找到这个元素。在 jQuery 中可以通过选择器来实现这一重要功能。本章将详细介绍 jQuery 中通过选择器快速定位元素的方法以及技巧。

通过阅读本章，您可以：

▸▸ 了解 jQuery 的工厂函数

▸▸ 掌握 jQuery 的 5 种基本选择器

▸▸ 掌握 jQuery 的层次选择器

▸▸ 掌握 jQuery 的简单过滤器

▸▸ 掌握 jQuery 的内容过滤器和可见过滤器

▸▸ 掌握 jQuery 表单对象的属性过滤器

▸▸ 掌握 jQuery 的子元素选择器

▸▸ 掌握 jQuery 的属性选择器和表单选择器

▸▸ 了解选择器中的一些注意事项

# 4.1　jQuery 的工厂函数

在介绍 jQuery 的选择器前，先来介绍一下 jQuery 的工厂函数 "$"。在 jQuery 中，无论使用哪种类型的选择符都需要从一个 "$" 符号和一对 "()" 开始。在 "()" 中通常使用字符串参数，参数中可以包含任何 CSS 选择符表达式。下面介绍几种比较常见的用法。

- ☑　在参数中使用标记名。$("div")：用于获取文档中全部的 \<div\>。
- ☑　在参数中使用 ID。$("#username")：用于获取文档中 ID 属性值为 username 的一个元素。
- ☑　在参数中使用 CSS 类名。$(".btn_grey")：用于获取文档中使用 CSS 类名为 btn_grey 的所有元素。

# 4.2　jQuery 选择器是什么

jQuery 选择器是 jQuery 库中非常重要的部分之一。它支持网页开发者所熟知的 CSS 语法，能够轻松快速地对页面进行设置。jQuery 选择器是打开高效开发 jQuery 之门的钥匙。一个典型的 jQuery 选择器的语法格式为：

```
$(selector).methodName();
```

selector 是一个字符串表达式，用于识别 DOM 中的元素，然后使用 jQuery 提供的方法集合加以设置。多个 jQuery 操作可以以链的形式串起来，语法格式为：

```
$(selector).method1().method2().method3();
```

例如：要隐藏 id 为 test 的 DOM 元素，并为它添加名为 content 的样式，实现如下：

```
$('#test').hide().addClass('content');
```

使用起来非常方便，这就是选择器的强大之处。

# 4.3　jQuery 选择器的优势

与传统的 JavaScript 获取页面元素和编写事务相比，jQuery 选择器具有明显的优势，具体表现在以下 3 个方面：

- ☑　代码更简单。

☑ 支持 CSS1 到 CSS3 选择器。
☑ 完善的处理机制。

## 4.3.1 代码更简单

在 jQuery 库中封装了大量可以直接通过选择器调用的方法或函数，使我们仅使用简单的几行代码就可以实现比较复杂的功能。例如：可以使用$('#id')代替 JavaScript 代码中的 document.getElementById() 函数，即通过 id 来获取元素；使用$('tagName')代替 JavaScript 代码中的 document.getElementsByTagName() 函数，即通过标签名称获取 HTML 元素等。

## 4.3.2 支持 CSS1 到 CSS3 选择器

jQuery 选择器支持 CSS1、CSS2 的全部和 CSS3 几乎所有的选择器，以及 jQuery 独创的高级且复杂的选择器，因此有一定 CSS 经验的开发人员可以很容易地切入到 jQuery 的学习中来。

一般来说，使用 CSS 选择器时，开发人员需要考虑主流的浏览器是否支持某些选择器。但在 jQuery 中，开发人员则可以放心地使用 jQuery 选择器，无需考虑浏览器是否支持这些选择器，这极大的方便了开发者。

## 4.3.3 完善的检测机制

在传统的 JavaScript 代码中，给页面中的元素设定某个事务时必须先找到该元素，然后赋予相应的事件或属性；如果该元素在页面中不存在或已被删除，那么浏览器会提示运行出错之后的信息，这会影响后边代码的执行。因此，为避免显示这样的出错信息，通常要先检测该元素是否存在，如果存在，再执行它的属性或事件代码。例如，看下面这个例子，代码如下：

```
<div>测试这个页面</div>
<script type="text/javascript">
    alert(document.getElementById("mr").value);
</script>
```

运行以上代码，浏览器就会报错，原因是网页中没有 id 为"mr"的元素，浏览器中的出错提示信息如图 4.1 所示。
将以上代码改进为如下形式：

```
<div>测试这个页面</div>
<script type="text/javascript">
    if(document.getElementById("mr")){
        alert(document.getElementById("mr").value);
    }
</script>
```

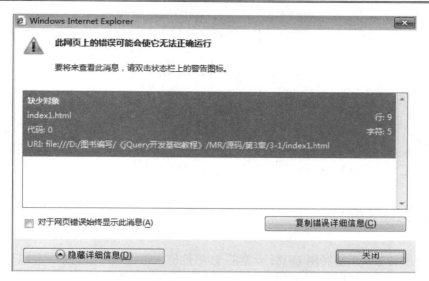

图 4.1　浏览器的错误提示信息

这样就可以避免浏览器报错了。但是，如果要操作的元素很多，我们需要做大量重复的工作对每个元素进行判断，这无疑会使开发人员感到厌倦。而 jQuery 在这方面的处理是非常好的，即使用 jQuery 获取网页中不存在的元素也不会报错，看下面的例子，代码如下：

```
<div>测试这个页面</div>
<script type="text/javascript">
   alert($("#mr").val());         // 无需判断$("#mr")是否存在
</script>
```

有了 jQuery 的这个防护措施，即使以后我们因为某种原因删除了网页上曾经使用过的元素，也不用担心网页的 JavaScript 代码会报错了。

这里需要注意一点，$("#mr")获取的是 jQuery 对象，即使页面上没有这个元素。因此我们要用 jQuery 检测某个元素在页面上是否存在时，不能使用如下代码：

```
if($("#mr")){
       //省略一些 JavaScript 代码
   }
```

而是应该根据获取到元素的长度来判断，代码如下：

```
if($("#mr").length > 0){
       //省略一些 JavaScript 代码
   }
```

或转换为 DOM 对象来判断，代码如下：

```
if($("#mr").get(0)){
       //省略一些 JavaScript 代码
   }
```

**67**

# 4.4　基本选择器

基本选择器在实际应用中比较广泛，建议重点掌握 jQuery 的基本选择器，它是其他类型选择器的基础，基本选择器是 jQuery 选择器中最为重要的部分。jQuery 基本选择器包括 ID 选择器、元素选择器、类名选择器、多种匹配条件选择器和通配符选择器。下面进行详细介绍。

## 4.4.1　ID 选择器（#id）

ID 选择器#id 顾名思义就是利用 DOM 元素的 id 属性值来筛选匹配的元素，并以 jQuery 包装集的形式返回给对象。这就好像在学校中每个学生都有自己的学号一样，学生的姓名是可以重复的，但是学号却是不能重复的，因此根据学号就可以获取指定学生的信息。

ID 选择器的使用方法如下：

```
$("#id");
```

其中，id 为要查询元素的 ID 属性值。例如，要查询 ID 属性值为 user 的元素，可以使用下面的 jQuery 代码：

```
$("#user");
```

**注意**

如果页面中出现了两个相同的 id 属性值，程序运行时页面会报出 JS 运行错误的对话框，所以在页面中设置 id 属性值时要确保该属性值在页面中是唯一的。

【例 4.1】　在页面中添加一个 ID 属性值为 testInput 的文本输入框和一个按钮，通过单击按钮来获取在文本输入框中输入的值。（**实例位置：光盘\TM\sl\4\1**）

（1）创建一个名称为 index.html 的文件，在该文件的<head>标记中应用下面的语句引入 jQuery 库。

```
<script type="text/javascript" src="../js/jquery-1.11.1.min.js"></script>
```

（2）在页面的<body>标记中，添加一个 ID 属性值为 testInput 的文本输入框和一个按钮，代码如下：

```
<input type="text" id="testInput" name="test" value=""/>
<input type="button" value="输入的值为"/>
```

（3）在引入 jQuery 库的代码下方编写 jQuery 代码，实现单击按钮来获取在文本输入框中输入的值，具体代码如下：

```
<script type="text/javascript">
    $(document).ready(function(){
```

```
$("input[type='button']").click(function(){        //为按钮绑定单击事件
        var inputValue = $("#testInput").val();     //获取文本输入框的值
        alert(inputValue);
    });
});
</script>
```

在上面的代码中，第三行使用了 jQuery 中的属性选择器匹配文档中的按钮，并且为按钮绑定单击事件。

**说明**

ID 选择器是以 "#id" 的形式获取对象的，在这段代码中用 $("#testInput") 获取了一个 id 属性值为 testInput 的 jQuery 包装集，然后调用包装集的 val() 方法取得文本输入框的值。

在 IE 浏览器中运行本示例，在文本框中输入 "仰天大笑出门去，我辈岂是蓬蒿人" 诗句，如图 4.2 所示，单击 "输入的值为" 按钮，将弹出提示对话框显示输入的文字，如图 4.3 所示。

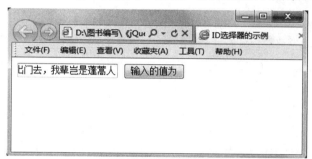

图 4.2　在文本框中输入文字

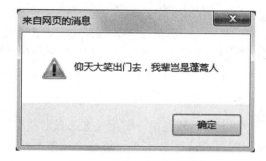

图 4.3　弹出的提示对话框

jQuery 中的 ID 选择器相当于传统的 JavaScript 中的 document.getElementById() 方法，jQuery 用更简洁的代码实现了相同的功能。虽然两者都获取了指定的元素对象，但是两者调用的方法是不同的。利用 JavaScript 获取的对象是 DOM 对象，而使用 jQuery 获取的对象是 jQuery 对象，这点要尤为注意。

## 4.4.2　元素选择器（element）

元素选择器是根据元素名称匹配相应的元素。通俗地讲，元素选择器指向的是 DOM 元素的标记名，也就是说，元素选择器是根据元素的标记名选择的。可以把元素的标记名理解成学生的姓名，在一个学校中可能有多个姓名为 "刘伟" 的学生，但是姓名为 "吴语" 的学生也许只有一个，因此通过元素选择器匹配到的元素是可能有多个的，也可能只有一个。多数情况下，元素选择器匹配的是一组元素。

元素选择器的使用方法如下：

```
$("element");
```

其中，element 是要获取的元素的标记名。例如，要获取全部 div 元素，可以使用下面的 jQuery 代码：

```
$("div");
```

【例 4.2】 在页面中添加两个<div>标记和一个按钮，通过单击按钮来获取这两个<div>，并修改它们的内容。（实例位置：光盘\TM\sl\4\2）

（1）创建一个名称为 index.html 的文件，在该文件的<head>标记中应用下面的语句引入 jQuery 库。

```
<script type="text/javascript" src="../js/jquery-1.11.1.min.js"></script>
```

（2）在页面的<body>标记中，添加两个<div>标记和一个按钮，代码如下：

```
<div><img src="images/strawberry.jpg"/>这里种植了一棵草莓</div>
<div><img src="images/fish.jpg"/>这里养殖了一条鱼</div>
<input type="button" id="button" value="若干年后" />
```

（3）在引入 jQuery 库的代码下方编写 jQuery 代码，实现单击按钮来获取全部<div>元素，并修改它们的内容，具体代码如下：

```
<script type="text/javascript">
    $(document).ready(function(){
        $("#button").click(function(){                                              //为按钮绑定单击事件
$("div").eq(0).html("<img src='images/strawberry1.jpg'/>这里长出了一片草莓");      //获取第一个 div 元素
$("div").get(1).innerHTML="<img src='images/fish1.jpg'/>这里的鱼没有了";          //获取第二个 div 元素
        });
    });
</script>
```

在上面的代码中，使用元素选择器获取了一组 div 元素的 jQuery 包装集，它是一组 Object 对象，存储方式为[Object Object]，但是这种方式并不能显示出单独元素的文本信息，需要通过索引器来确定要选取哪个 div 元素，在这里分别使用了两个不同的索引器 eq()和 get()。这里的索引器类似于房间的门牌号，所不同的是，门牌号是从 1 开始计数的，而索引器是从 0 开始计数的。

📖说明

在本实例中使用了两种方法设置元素的文本内容，html()方法是 jQuery 的方法，innerHTML 方法是 DOM 对象的方法。这里使用了$(document).ready()方法，当页面元素载入就绪时就会自动执行程序，自动为按钮绑定单击事件。

📢注意

eq()方法返回的是一个 jQuery 包装集，所以它只能调用 jQuery 的方法，而 get()方法返回的是一个 DOM 对象，所以它只能用 DOM 对象的方法。eq()方法与 get()方法默认都是从 0 开始计数。
$("#test").get(0)等效于$("#test")[0]

在 IE 浏览器中运行本示例，首先显示如图 4.4 所示的页面，单击"若干年后"按钮，将显示如图 4.5 所示的页面。

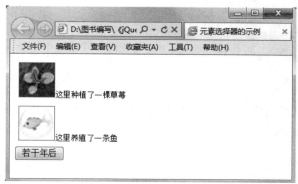

图 4.4　单击按钮前

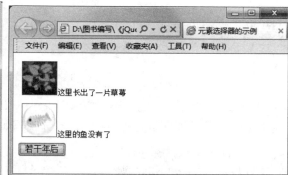

图 4.5　单击按钮后

## 4.4.3　类名选择器（.class）

类名选择器是通过元素拥有的 CSS 类的名称查找匹配的 DOM 元素。在一个页面中，一个元素可以有多个 CSS 类，一个 CSS 类又可以匹配多个元素，如果在元素中有一个匹配的类的名称就可以被类名选择器选取到。

类名选择器很好理解，在大学的时候大部分人一定都选过课，可以把 CSS 类名理解为课程名称，元素理解成学生，学生可以选择多门课程，而一门课程又可以被多名学生所选择。CSS 类与元素的关系既可以是多对多的关系，也可以是一对多或多对一的关系。简单地说类名选择器就是以元素具有的 CSS 类名称查找匹配的元素。

类名选择器的使用方法如下：

```
$(".class");
```

其中，class 为要查询元素所用的 CSS 类名。例如，要查询使用 CSS 类名为 word_orange 的元素，可以使用下面的 jQuery 代码：

```
$(".word_orange");
```

【例 4.3】　在页面中，首先添加两个<div>标记，并为其中的一个设置 CSS 类，然后通过 jQuery 的类名选择器选取设置了 CSS 类的<div>标记，并设置其 CSS 样式。（**实例位置：光盘\TM\sl\4\3**）

（1）创建一个名称为 index.html 的文件，在该文件的<head>标记中应用下面的语句引入 jQuery 库。

```
<script type="text/javascript" src="../js/jquery-1.11.1.min.js"></script>
```

（2）在页面的<body>标记中，添加两个<div>标记，一个使用 CSS 类 myClass，另一个不设置 CSS 类，代码如下：

```
<div class="myClass">注意观察我的样式</div>
<div>我的样式是默认的</div>
```

71

（3）在引入 jQuery 库的代码下方编写 jQuery 代码，实现按 CSS 类名选取 DOM 元素，并更改其样式（这里更改了背景颜色和文字颜色），具体代码如下：

```
<script type="text/javascript">
    $(document).ready(function() {
        var $myClass = $(".myClass");                      //选取 DOM 元素
        $myClass.css("background-color","#C50210"); //为选取的 DOM 元素设置背景颜色
        $myClass.css("color","#FFF");                      //为选取的 DOM 元素设置文字颜色
    });
</script>
```

在上面的代码中，只为其中的一个<div>标记设置了 CSS 类名称，但是由于程序中并没有名称为 myClass 的 CSS 类，所以这个类是没有任何属性的。类名选择器将返回一个名为 myClass 的 jQuery 包装集，利用 css()方法可以为对应的 div 元素设定 CSS 属性值，这里将元素的背景颜色设置为深红色，文字颜色设置为白色。

在 IE 浏览器中运行本示例，将显示如图 4.6 所示的页面。其中，左面的 DIV 为更改样式后的效果，右面的 DIV 为默认的样式。由于使用了$(document).ready()方法，所以选择元素并更改样式在 DOM 元素加载就绪时就已经自动执行完毕。

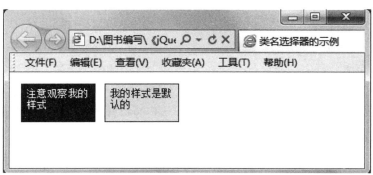

图 4.6　通过类名选择器选择元素并更改样式

## 4.4.4　复合选择器（selector1，selector2，selectorN）

复合选择器将多个选择器（可以是 ID 选择器、元素选择或是类名选择器）组合在一起，两个选择器

之间以逗号","分隔，只要符合其中的任何一个筛选条件就会被匹配，返回的是一个集合形式的 jQuery 包装集，利用 jQuery 索引器可以取得集合中的 jQuery 对象。

**注意**

> 多种匹配条件的选择器并不是匹配同时满足这几个选择器的匹配条件的元素，而是将每个选择器匹配的元素合并后一起返回。

复合选择器的使用方法如下：

```
$(" selector1,selector2,selectorN");
```

selector1：一个有效的选择器，可以是 ID 选择器、元素选择器或是类名选择器等。
selector1：另一个有效的选择器，可以是 ID 选择器、元素选择器或是类名选择器等。
selectorN：（可选择）任意多个选择器，可以是 ID 选择器、元素选择器或是类名选择器等。
例如，要查询文档中的全部的<span>标记和使用 CSS 类 myClass 的<div>标记，可以使用下面的 jQuery 代码：

```
$(" span,div.myClass");
```

【例 4.4】　在页面添加 3 种不同元素并统一设置样式。使用复合选择器筛选<div>元素和 id 属性值为 span 的元素，并为它们添加新的样式。（**实例位置：光盘\TM\sl\4\4**）

（1）创建一个名称为 index.html 的文件，在该文件的<head>标记中应用下面的语句引入 jQuery 库。

```
<script type="text/javascript" src="../js/jquery-1.11.1.min.js"></script>
```

（2）在页面的<body>标记中，添加一个<p>标记、一个<div>标记、一个 ID 为 span 的<span>标记和一个按钮，并为除按钮以为外的 3 个标记指定 CSS 类名，代码如下：

```
<p class="default">p 元素</p>
<div class="default">div 元素</div>
<span class="default" id="span">ID 为 span 的元素</span>
<input type="button" value="为 div 元素和 ID 为 span 的元素换肤" />
```

（3）在引入 jQuery 库的代码下方编写 jQuery 代码，实现单击按钮来获取全部<div>元素和 id 属性值为 span 的元素，并修改它们的内容，具体代码如下：

```
<script type="text/javascript">
$(document).ready(function() {
    $("input[type=button]").click(function(){          //绑定按钮的单击事件
        $("div,#span").addClass("change");             //添加所使用的 CSS 类
    });
});
</script>
```

运行本示例，将显示如图 4.7 所示的页面，单击"为 div 元素和 ID 为 span 的元素换肤"按钮，将为 div 元素和 ID 为 span 的元素换肤，如图 4.8 所示。

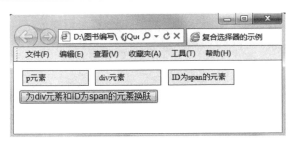 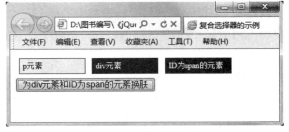

图 4.7　单击按钮前　　　　　　　　　　　　　图 4.8　单击按钮后

## 4.4.5　通配符选择器（*）

所谓的通配符，就是指符号"*"，它代表着页面上的每一个元素，也是说如果使用$("*")将取得页面上所有的 DOM 元素集合的 jQuery 包装集。通配符选择器比较好理解，这里就不再给予示例程序。

# 4.5　层次选择器

所谓的层级选择器，就是根据页面 DOM 元素之间的父子关系作为匹配的筛选条件。首先学习一下页面上元素的关系。例如，下面的代码是最为常用也是最简单的 DOM 元素结构。

```
<html>
    <head>    </head>
    <body>    </body>
</html>
```

在这段代码所示的页面结构中,html 元素是页面上其他所有元素的祖先元素,那么 head 元素就是 html 元素的子元素，同时 html 元素也是 head 元素的父元素。页面上的 head 元素与 body 元素是同辈元素。也就是说 html 元素是 head 元素和 body 元素的"爸爸"，head 元素和 body 元素是 html 元素的"儿子"，head 元素与 body 元素是"兄弟"。具体关系如图 4.9 所示。

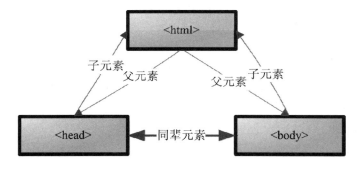

图 4.9　元素层级关系示意图

在了解了页面上元素的关系后，我们再来介绍 jQuery 提供的层级选择器。jQuery 提供了 Ancestor

descendant 选择器、parent > child 选择器、prev + next 选择器和 prev ~ siblings 选择器，下面进行详细介绍。

## 4.5.1　ancestor descendant 选择器

ancestor descendant 选择器中的 ancestor 代表祖先，descendant 代表子孙，用于在给定的祖先元素下匹配所有的后代元素。ancestor descendant 选择器的使用方法如下：

```
$("ancestor descendant");
```

☑　ancestor 是指任何有效的选择器。

☑　descendant 是用以匹配元素的选择器，并且它是 ancestor 所指定元素的后代元素。

例如，要匹配 ul 元素下的全部 li 元素，可以使用下面的 jQuery 代码：

```
$("ul li");
```

**【例 4.5】**　通过 jQuery 为版权列表设置样式。（**实例位置：光盘\TM\sl\4\5**）

（1）创建一个名称为 index.html 的文件，在该文件的<head>标记中应用下面的语句引入 jQuery 库。

```
<script type="text/javascript" src="../js/jquery-1.11.1.min.js"></script>
```

（2）在页面的<body>标记中，首先添加一个<div>标记，并在该<div>标记内添加一个<ul>标记及其子标记<li>，然后在<div>标记的后面再添加一个<ul>标记及其子标记<li>，代码如下：

```
<div id="bottom">
<ul>
    <li>技术服务热线：400-×××-1066 传真：0431-84×××××6 企业邮箱：mingri×××@mingri×××.com</li>
    <li>Copyright &copy; www.mrbccd.com All Rights Reserved! </li>
</ul>
</div>
<ul>
    <li>技术服务热线：400-×××-1066 传真：0431-84×××××6 企业邮箱：mingri×××@mingri×××.com</li>
    <li>Copyright &copy; www.mrbccd.com All Rights Reserved! </li>
</ul>
```

（3）编写 CSS 样式，通过 ID 选择符设置<div>标记的样式，并且编写一个类选择符 copyright，用于设置<div>标记内的版权列表的样式，关键代码如下：

```
<style type="text/css">
#bottom{
    background-image:url(images/bg_bottom.jpg);       /*设置背景*/
    width:800px;                                       /*设置宽度*/
    height:58px;                                       /*设置高度*/
    clear: both;                                       /*设置左右两侧无浮动内容*/
    text-align:center;                                 /*设置居中对齐*/
    padding-top:10px;                                  /*设置顶边距*/
    font-size:9pt;                                     /*设置字体大小*/
```

```
    }
    .copyright{
        color:#FFFFFF;                                 /*设置文字颜色*/
        list-style:none;                               /*不显示项目符号*/
        line-height:20px;                              /*设置行高*/
    }
</style>
```

（4）在引入 jQuery 库的代码下方编写 jQuery 代码，匹配 div 元素的子元素 ul，并为其添加 CSS 样式，具体代码如下：

```
<script type="text/javascript">
$(document).ready(function(){
    $("div ul").addClass("copyright");                 //为 div 元素的子元素 ul 添加样式
});
</script>
```

运行本示例，将显示如图 4.10 所示的效果，其中上面的版权信息是通过 jQuery 添加样式的效果，下面的版权信息为默认的效果。

4.10    通过 jQuery 为版权列表设置样式

## 4.5.2    parent>child 选择器

parent > child 选择器中的 parent 代表父元素，child 代表子元素，用于在给定的父元素下匹配所有的子元素。使用该选择器只能选择父元素的直接子元素。parent > child 选择器的使用方法如下：

```
$("parent > child");
```

☑    parent 是指任何有效的选择器。
☑    child 是用以匹配元素的选择器，并且它是 parent 元素的子元素。
例如，要匹配表单中所有的子元素 input，可以使用下面的 jQuery 代码：

```
$("form > input");
```

【例 4.6】    为表单的直接子元素 input 换肤。（实例位置：光盘\TM\sl\4\6）

76

（1）创建一个名称为 index.html 的文件，在该文件的<head>标记中应用下面的语句引入 jQuery 库。

```
<script type="text/javascript" src="../js/jquery-1.11.1.min.js"></script>
```

（2）在页面的<body>标记中，添加一个表单，并在该表单中添加 6 个 input 元素，并且将"换肤"按钮用<span>标记括起来，关键代码如下：

```
<form id="form1" name="form1" method="post" action="">
  姓  名：<input type="text" name="name" id="name" />
  <br />
  籍  贯：<input name="native" type="text" id="native" />
  <br />
  生  日：<input type="text" name="birthday" id="birthday" />
  <br />
  E-mail：<input type="text" name="email" id="email" />
  <br />
  <span>
  <input type="button" name="change" id="change" value="换肤"/>
  </span>
  <input type="button" name="default" id="default" value="恢复默认"/>
  <br />
</form>
```

（3）编写 CSS 样式，用于指定 input 元素的默认样式，并且添加一个用于改变 input 元素样式的 CSS 类，具体代码如下：

```
<style type="text/css">
input{
    margin:5px;                          /*设置 input 元素的外边距为 5 像素*/
}
.input {
    font-size: 12pt;                     /*设置文字大小*/
    color: #333333;                      /*设置文字颜色*/
    background-color:#cef;               /*设置背景颜色*/
    border: 1px solid #000000;           /*设置边框*/
}
</style>
```

（4）在引入 jQuery 库的代码下方编写 jQuery 代码，实现匹配表单元素的直接子元素并为其添加和移除 CSS 样式，具体代码如下：

```
<script type="text/javascript">
$(document).ready(function(){
    $("#change").click(function(){              //绑定"换肤"按钮的单击事件
        $("form > input").addClass("input");    //为表单元素的直接子元素 input 添加样式
    });
    $("#default").click(function(){             //绑定"恢复默认"按钮的单击事件
        $("form > input").removeClass("input"); //移除为表单元素的直接子元素 input 添加的样式
    });
});
</script>
```

**说明**

在上面的代码中，addClass()方法用于为元素添加 CSS 类，removeClass()方法用于为移除为元素添加的 CSS 类。

运行本实例，将显示如图 4.11 所示的效果，单击"换肤"按钮，将显示如图 4.12 所示的效果，单击"恢复默认"按钮，将再次显示如图 4.13 所示的效果。

图 4.11　默认的效果　　　图 4.12　单击"换肤"按钮之后的效果　图 4.13　为"换肤"按钮添加 CSS 类的效果

在图 4.12 中，虽然"换肤"按钮也是 form 元素的子元素 input，但由于该元素不是 form 元素的直接子元素，所以在执行换肤操作时，该按钮的样式并没有改变。如果将步骤（4）中的第 4 行和第 7 行的代码中的$("form > input")修改为$("form input")，那么单击"换肤"按钮后，将显示如图 4.13 所示的效果，即"换肤"按钮也将被添加 CSS 类。这也就是 parent > child 选择器和 ancestor descendant 选择器的区别。

## 4.5.3　prev+next 选择器

prev + next 选择器用于匹配所有紧接在 prev 元素后的 next 元素。其中，prev 和 next 是两个相同级别的元素。prev + next 选择器的使用方法如下：

```
$("prev + next");
```

☑　prev 是指任何有效的选择器。
☑　next 是一个有效选择器并紧接着 prev 选择器。
例如，要匹配<div>标记后的<img>标记，可以使用下面的jQuery 代码：

```
$("div + img");
```

【例 4.7】　筛选紧跟在<lable>标记后的<p>标记并改变匹配元素的背景颜色为淡蓝色。（**实例位置：光盘\TM\sl\4\7**）

（1）创建一个名称为 index.html 的文件，在该文件的<head>标记中应用下面的语句引入 jQuery 库。

```
<script type="text/javascript" src="../js/jquery-1.11.1.min.js"></script>
```

78

（2）在页面的\<body\>标记中，首先添加一个\<div\>标记，并在该\<div\>标记中添加两个\<label\>标记和
\<p\>标记，其中第二对\<label\>标记和\<p\>标记用\<fieldset\>括起来，然后在\<div\>标记的下方再添加一个\<p\>
标记，关键代码如下：

```
<div>
    <label>第一个 label</label>
    <p>第一个 p</p>
    <fieldset>
        <label>第二个 label</label>
        <p>第二个 p</p>
    </fieldset>
</div>
<p>div 外面的 p</p>
```

（3）编写 CSS 样式，用于设置 body 元素的字体大小，并且添加一个用于设置背景的 CSS 类，具体
代码如下：

```
<style type="text/css">
    .background{background:#cef}
    body{font-size:12px;}
</style>
```

（4）在引入 jQuery 库的代码下方编写 jQuery 代码，实
现匹配 label 元素的同级元素 p，并为其添加 CSS 类，具体代
码如下：

```
<script type="text/javascript" charset="GBK">
    $(document).ready(function() {
        $("label+p").addClass("background");// 为匹配的元
素添加 CSS 类
    });
</script>
```

图 4.14　将 label 元素的同级元素 p 的背景设
置为淡蓝色

运行本实例，将显示如图 4.14 所示的效果。在图中可以
看到"第一个 p"和"第二个 p"的段落被添加了背景，而"div 外面的 p"由于不是 label 元素的同级元
素，所以没有被添加背景。

## 4.5.4　prev~siblings 选择器

prev～siblings 选择器用于匹配 prev 元素之后的所有 siblings 元素。其中，prev 和 siblings 是两个相同
辈元素。prev～siblings 选择器的使用方法如下：

```
$("prev ~ siblings");
```

☑　prev 是指任何有效的选择器。
☑　siblings 是一个有效选择器并且它是 prev 选择器的同辈。

例如，要匹配 div 元素的同辈元素 ul，可以使用下面的 jQuery 代码：

```
$("div ~ ul");
```

【例 4.8】 筛选页面中 div 元素的同辈元素。（实例位置：光盘\TM\sl\4\8）

（1）创建一个名称为 index.html 的文件，在该文件的<head>标记中应用下面的语句引入 jQuery 库。

```
<script type="text/javascript" src="../js/jquery-1.11.1.min.js"></script>
```

（2）在页面的<body>标记中，首先添加一个<div>标记，并在该<div>标记中添加两个<p>标记，然后在<div>标记的下方再添加一个<p>标记，关键代码如下：

```
<div>
    <p>第一个 p</p>
    <p>第二个 p</p>
</div>
<p>div 外面的 p</p>
```

（3）编写 CSS 样式，用于设置 body 元素的字体大小，并且添加一个用于设置背景的 CSS 类，具体代码如下：

```
<style type="text/css">
    .background{background:#cef}
    body{font-size:12px;}
</style>
```

（4）在引入 jQuery 库的代码下方编写 jQuery 代码，实现匹配 div 元素的同辈元素 p，并为其添加 CSS 类，具体代码如下：

```
<script type="text/javascript" charset="GBK">
    $(document).ready(function() {
        $("div~p").addClass("background"); //为匹配的元素添加 CSS 类
    });
</script>
```

图 4.15 为 div 元素的同辈元素设置背景

运行本实例，将显示如图 4.15 所示的效果。在图中可以看到"div 外面的 p"被添加了背景，而"第一个 p"和"第二个 p"的段落由于它不是 div 元素的同辈元素，所以没有被添加背景。

# 4.6 过滤选择器

过滤选择器包括简单过滤器、内容过滤器、可见性过滤器、表单对象属性过滤器和子元素选择器等。下面进行详细介绍。

## 4.6.1　简单过滤器

简单过滤器是指以冒号开头，通常用于实现简单过滤效果的过滤器。例如，匹配找到的第一个元素等。jQuery 提供的过滤器如表 4.1 所示。

表 4.1　jQuery 的简单过滤器

| 过滤器 | 说明 | 示例 |
|---|---|---|
| :first | 匹配找到的第一个元素，它是与选择器结合使用的 | $("tr:first")　　//匹配表格的第一行 |
| :last | 匹配找到的最后一个元素，它是与选择器结合使用的 | $("tr:last")　　//匹配表格的最后一行 |
| :even | 匹配所有索引值为偶数的元素，索引值从 0 开始计数 | $("tr:even")　　//匹配索引值为偶数的行 |
| :odd | 匹配所有索引值为奇数的元素，索引从 0 开始计数 | $("tr:odd")　　//匹配索引值为奇数的行 |
| :eq(index) | 匹配一个给定索引值的元素 | $("div:eq(1)")　　//匹配第二个 div 元素 |
| :gt(index) | 匹配所有大于给定索引值的元素 | $("span:gt(0)")　　//匹配索引大于 1 的 span 元素<br>（注：大于 0，而不包括 0） |
| :lt(index) | 匹配所有小于给定索引值的元素 | $("div:lt(2)")　　//匹配索引小于 2 的 div 元素<br>（注：小于 2，而不包括 2） |
| :header | 匹配如 h1, h2, h3……之类的标题元素 | $(":header")　　//匹配全部的标题元素 |
| :not(selector) | 去除所有与给定选择器匹配的元素 | $("input:not(:checked)")　　//匹配没有被选中的 input 元素 |
| :animated | 匹配所有正在执行动画效果的元素 | $("div:animated ")　　//匹配正在执行动画的 div 元素 |

**【例 4.9】**　实现一个带表头的双色表格。（**实例位置：光盘\TM\sl\4\9**）

（1）创建一个名称为 index.html 的文件，在该文件的<head>标记中应用下面的语句引入 jQuery 库。

```
<script type="text/javascript" src="../js/jquery-1.11.1.min.js"></script>
```

（2）在页面的<body>标记中，添加一个 5 行 5 列的表格，关键代码如下：

```
<table width="98%" border="0" align="center" cellpadding="0" cellspacing="1" bgcolor="#3F873B">
  <tr>
    <td width="11%" height="27">编号</td>
    <td width="14%">祝福对象</td>
    <td width="12%">祝福者</td>
    <td width="33%">字条内容</td>
    <td width="30%">发送时间</td>
  </tr>
```

81

```
    <tr>
      <td height="27">1</td>
      <td>琦琦</td>
      <td>妈妈</td>
      <td>愿你健康快乐的成长！</td>
      <td>2014-08-15 13:06:06</td>
    </tr>
    ......                          <!--此处省略了其他行的代码-->
 </table>
```

（3）编写 CSS 样式，通过元素选择符设置单元格的样式，并且编写 th、even 和 odd 3 个类选择符，用于控制表格中相应行的样式，具体代码如下：

```
<style type="text/css">
    td{
        font-size:12px;                        /*设置单元格的样式*/
        padding:3px;                           /*设置内边距*/
    }
    .th{
        background-color:#B6DF48;              /*设置背景颜色*/
        font-weight:bold;                      /*设置文字加粗显示*/
        text-align:center;                     /*文字居中对齐*/
    }
    .even{
        background-color:#E8F3D1;              /*设置偶数行的背景颜色*/
    }
    .odd{
        background-color:#F9FCEF;              /*设置奇数行的背景颜色*/
    }
</style>
```

（4）在引入 jQuery 库的代码下方编写 jQuery 代码，分别设置表格奇数行与偶数行的样式，并且单独为第一行添加名为 th 的样式，具体代码如下：

```
<script type="text/javascript">
    $(document).ready(function() {
        $("tr:even").addClass("even");          //设置奇数行所用的 CSS 类
        $("tr:odd").addClass("odd");            //设置偶数行所用的 CSS 类
        $("tr:first").removeClass("even");      //移除 even 类
        $("tr:first").addClass("th");           //添加 th 类
    });
</script>
```

在上面的代码中，为表格的第一行添加 th 类时，需要先将该行应用的 even 类移除，然后再进行添加，否则，新添加的 CSS 类将不起作用。

运行本实例，将显示如图 4.16 所示的效果。其中，第一行为表头，编号为 1 和 3 的行采用的是偶数行样式，编号为 2 和 4 的行采用的是奇数行的样式。

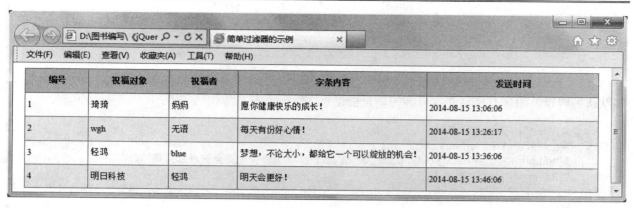

图 4.16　带表头的双色表格

## 4.6.2　内容过滤器

内容过滤器就是通过 DOM 元素包含的文本内容以及是否含有匹配的元素进行筛选。内容过滤器共包括:contains(text)、:empty、:has(selector)和:parent 这 4 种，如表 4.2 所示。

表 4.2　jQuery 的内容过滤器

| 过滤器 | 说明 | 示例 |
| --- | --- | --- |
| :contains(text) | 匹配包含给定文本的元素 | $("li:contains('DOM')")　//匹配含有 DOM 文本内容的 li 元素 |
| :empty | 匹配所有不包含子元素或者文本的空元素 | $("td:empty")　//匹配不包含子元素或者文本的单元格 |
| :has(selector) | 匹配含有选择器所匹配元素的元素 | $("td:has(p)")　//匹配表格的单元格中含有<p>标记的单元格 |
| :parent | 匹配含有子元素或者文本的元素 | $("td: parent")　//匹配不为空的单元格，即在该单元格中还包括子元素或者文本 |

【例 4.10】　应用内容过滤器匹配为空的单元格、不为空的单元格和包含指定文本的单元格。（实例位置：光盘\TM\sl\4\10）

（1）创建一个名称为 index.html 的文件，在该文件的<head>标记中应用下面的语句引入 jQuery 库。

```
<script type="text/javascript" src="../js/jquery-1.11.1.min.js"></script>
```

（2）在页面的<body>标记中，添加一个 5 行 5 列的表格，关键代码如下：

```
<table width="98%" border="0" align="center" cellpadding="0" cellspacing="1" bgcolor="#3F873B">
    ……              <!--此处省略了其他行的代码-->
    <tr>
        <td height="27">4</td>
        <td>明日科技</td>
        <td>wgh</td>
        <td></td>
```

```
            <td>2014-08-15 13:46:06</td>
        </tr>
    </table>
```

（3）在引入 jQuery 库的代码下方编写 jQuery 代码，为非空单元格设置背景颜色，为空单元格添加默认内容以及为含有指定文本内容的单元格设置文字颜色，具体代码如下：

```
<script type="text/javascript">
    $(document).ready(function() {
        $("td:parent").css("background-color","#E8F3D1");    //为非空的单元格设置背景颜色
        $("td:empty").html("暂无内容");                       //为空的单元格添加默认内容
$("td:contains('轻鸿')").css("color","red");               //将含有文本"轻鸿"的单元格的文字颜色设置为红色
    });
</script>
```

运行本实例将显示如图 4.17 所示的效果。其中，内容为"轻鸿"的单元格元素被标记为红色，编号为 4 的行中"字条内容"在设计时为空，这里应用 jQuery 为其添加文本"暂无内容"，除该单元格外的其他单元格的背景颜色均被设置为#E8F3D1 色。

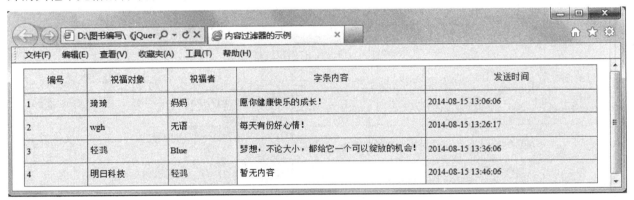

图 4.17　运行结果图

## 4.6.3　可见性过滤器

元素的可见状态有两种，分别是隐藏状态和显示状态。可见性过滤器就是利用元素的可见状态匹配元素的。因此，可见性过滤器也有两种，一种是匹配所有可见元素的:visible 过滤器，另一种是匹配所有不可见元素的:hidden 过滤器。

**说明**

在应用:hidden 过滤器时，display 属性是 none 以及 input 元素的 type 属性为 hidden 的元素都会被匹配到。

【例 4.11】　获取页面上隐藏和显示的 input 元素的值。（实例位置：光盘\TM\sl\4\11）

（1）创建一个名称为 index.html 的文件，在该文件的<head>标记中应用下面的语句引入

jQuery 库。

```
<script type="text/javascript" src="../js/jquery-1.11.1.min.js"></script>
```

（2）在页面的\<body>标记中，添加 3 个 input 元素，其中第一个为显示的文本框，第二个为不显示的文本框，第 3 个为隐藏域，关键代码如下：

```
<input type="text" value="显示的 input 元素">
<input type="text" value="我是不显示的 input 元素" style="display:none">
<input type="hidden" value="我是隐藏域">
```

（3）在引入 jQuery 库的代码下方编写 jQuery 代码，获取页面上隐藏和显示的 input 元素的值，具体代码如下：

```
<script type="text/javascript">
    $(document).ready(function() {
        var visibleVal = $("input:visible").val();          //取得显示的 input 的值
        var hiddenVal1 = $("input:hidden:eq(0)").val();     //取得隐藏的文本框的值
        var hiddenVal2 = $("input:hidden:eq(1)").val();     //取得隐藏域的值
        alert(visibleVal+"\n\r"+hiddenVal1+"\n\r"+hiddenVal2);   //弹出取得的信息
    });
</script>
```

运行本实例将显示如图 4.18 所示的效果。

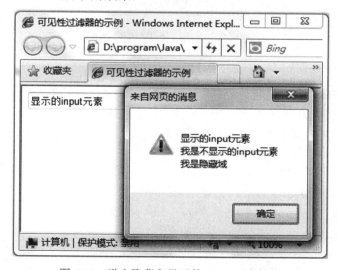

图 4.18　弹出隐藏和显示的 input 元素的值

## 4.6.4　表单对象的属性过滤器

表单对象的属性过滤器通过表单元素的状态属性（例如选中、不可用等状态）匹配元素，包括:checked 过滤器、:disabled 过滤器、:enabled 过滤器和:selected 过滤器这 4 种，如表 4.3 所示。

表 4.3　jQuery 的表单对象的属性过滤器

| 过　滤　器 | 说　　明 | 示　　例 |
|---|---|---|
| :checked | 匹配所有选中的被选中元素 | $("input:checked")　　//匹配所有被选中的 input 元素 |
| :disabled | 匹配所有不可用元素 | $("input:disabled")　　//匹配所有不可用的 input 元素 |
| :enabled | 匹配所有可用的元素 | $("input:enabled ")　　//匹配所有可用的 input 元素 |
| :selected | 匹配所有选中的 option 元素 | $("select option:selected")　　//匹配所有被选中的选项元素 |

【例 4.12】　利用表单过滤器匹配表单中相应的元素。（实例位置：光盘\TM\sl\4\12）

（1）创建一个名称为 index.html 的文件，在该文件的<head>标记中应用下面的语句引入 jQuery 库。

```
<script type="text/javascript" src="../js/jquery-1.11.1.min.js"></script>
```

（2）在页面的<body>标记中，添加一个表单，并在该表单中添加 3 个复选框、一个不可用按钮和一个下拉列表框，其中，前两个复选框为选中状态，关键代码如下：

```
<form>
    复选框 1：    <input type="checkbox" checked="checked" value="复选框 1"/>
    复选框 2：    <input type="checkbox" checked="checked" value="复选框 2"/>
    复选框 3：     <input type="checkbox" value="复选框 3"/><br />
    不可用按钮：     <input type="button" value="不可用按钮" disabled><br />
    下拉列表框：
    <select onchange="selectVal()">
      <option value="列表项 1">列表项 1</option>
      <option value="列表项 2">列表项 2</option>
      <option value="列表项 3">列表项 3</option>
    </select>
</form>
```

（3）在引入 jQuery 库的代码下方编写 jQuery 代码，实现匹配表单中的被选中的 checkbox 元素、不可用元素和被选中的 option 元素的值，具体代码如下：

```
<script type="text/javascript">
    $(document).ready(function() {
        $("input:checked").css("background-color","red");//设置选中的复选框的背景颜色
        $("input:disabled").val("我是不可用的");          //为灰色不可用按钮赋值
    })
    function selectVal(){                                  //下拉列表框变化时执行的方法
        alert($("select option:selected").val());         //显示选中的值
    }
</script>
```

运行本实例，选中下拉列表框中的列表项 3，将弹出提示对话框显示选中列表项的值，如图 4.19 所示。在该图中，选中的两个复选框的背景为红色，另外的一个复选框没有设置背景颜色，不可用按

钮的 value 值被修改为 "我是不可用的"。

图 4.19　利用表单过滤器匹配表单中相应的元素

### 4.6.5　子元素过滤器

子元素选择器就是筛选给定某个元素的子元素，具体的过滤条件由选择器的种类而定。jQuery 提供的子元素选择器如表 4.4 所示。

表 4.4　jQuery 的子元素选择器

| 选　择　器 | 说　明 | 示　例 |
|---|---|---|
| :first-child | 匹配所有给定元素的第一个子元素 | $("ul li:first-child")　//匹配 ul 元素中的第一个子元素 li |
| :last-child | 匹配所有给定元素的最后一个子元素 | $("ul li:last-child")　//匹配 ul 元素中的最后一个子元素 li |
| :only-child | 如果某个元素是它父元素中唯一的子元素，那么将会被匹配。如果父元素中含有其他元素，则不会被匹配 | $("ul li:only-child")　//匹配只含有一个 li 元素的 ul 元素中的 li |
| :nth-child(index/even/odd/equation) | 匹配每个父元素下的第 index 个子或奇偶元素，index 从 1 开始，而不是从 0 开始 | $("ul li:nth-child(even)")　//匹配 ul 中索引值为偶数的 li 元素<br>$("ul li:nth-child(3)")　//匹配 ul 中第 3 个 li 元素 |

## 4.7　属性过滤器

属性选择器就是通过元素的属性作为过滤条件进行筛选对象。jQuery 提供的属性选择器如表 4.5 所示。

表 4.5　jQuery 的属性选择器

| 选　择　器 | 说　明 | 示　例 |
|---|---|---|
| [attribute] | 匹配包含给定属性的元素 | $("div[name]")　//匹配含有 name 属性的 div 元素 |
| [attribute=value] | 匹配属性值为 value 的元素 | $("div[name='test']")　//匹配 name 属性是 test 的 div 元素 |

续表

| 选 择 器 | 说 明 | 示 例 |
|---|---|---|
| [attribute!=value] | 匹配属性值不等于 value 的元素 | $("div[name!='test']")　//匹配 name 属性不是 test 的 div 元素 |
| [attribute*=value] | 匹配属性值含有 value 的元素 | $("div[name*='test']")　//匹配 name 属性中含有 test 值的 div 元素 |
| [attribute^=value] | 匹配属性值以 value 开始的元素 | $("div[name^='test']")　//匹配 name 属性以 test 开头的 div 元素 |
| [attribute$=value] | 匹配属性值是以 value 结束的元素 | $("div[name$='test']")　//匹配 name 属性以 test 结尾的 div 元素 |
| [selector1][selector2][selectorN] | 复合属性选择器，需要同时满足多个条件时使用 | $("div[id][name^='test']")　//匹配具有 id 属性并且 name 属性是以 test 开头的 div 元素 |

# 4.8　表单选择器

　　表单选择器是匹配经常在表单内出现的元素。但是匹配的元素不一定在表单中。jQuery 提供的表单选择器如表 4.6 所示。

表 4.6　jQuery 的表单选择器

| 选 择 器 | 说 明 | 示 例 |
|---|---|---|
| :input | 匹配所有的 input 元素 | $(":input")　//匹配所有的 input 元素<br>$("form :input") //匹配<form>标记中的所有 input 元素，需要注意，在 form 和:之间有一个空格 |
| :button | 匹配所有的普通按钮，即 type="button"的 input 元素 | $(":button")　//匹配所有的普通按钮 |
| :checkbox | 匹配所有的复选框 | $(": checkbox") //匹配所有的复选框 |
| :file | 匹配所有的文件域 | $(": file")　//匹配所有的文件域 |
| :hidden | 匹配所有的不可见元素，或者 type 为 hidden 的元素 | $(": hidden")　//匹配所有的隐藏域 |
| :image | 匹配所有的图像域 | $(": image")　//匹配所有的图像域 |
| :password | 匹配所有的密码域 | $(": password") //匹配所有的密码域 |
| :radio | 匹配所有的单选按钮 | $(": radio")　//匹配所有的单选按钮 |
| :reset | 匹配所有的重置按钮，即 type=" reset "的 input 元素 | $(":reset")　//匹配所有的重置按钮 |
| :submit | 匹配所有的提交按钮，即 type=" submit "的 input 元素 | $(": submit")　//匹配所有的提交按钮 |
| :text | 匹配所有的单行文本框 | $(":text")　//匹配所有的单行文本框 |

【例 4.13】　匹配表单中相应的元素并实现不同的操作。（**实例位置：光盘\TM\sl\4\13**）

（1）创建一个名称为 index.html 的文件，在该文件的<head>标记中应用下面的语句引入 jQuery 库。

```
<script type="text/javascript" src="../js/jquery-1.11.1.min.js"></script>
```

（2）在页面的<body>标记中，添加一个表单，并在该表单中添加复选框、单选按钮、图像域、文件域、密码域、文本框、普通按钮、重置按钮、提交按钮和隐藏域等 input 元素，关键代码如下：

```
<form>
    复选框：<input type="checkbox"/>
    单选按钮：<input type="radio"/>
    图像域：<input type="image"/><br>
    文件域：<input type="file"/><br>
    密码域：<input type="password" width="150px"/><br>
    文本框：<input type="text" width="150px"/><br>
    按　钮：<input type="button" value="按钮"/><br>
    重　置：<input type="reset" value=""/><br>
    提　交：<input type="submit" value=""><br>
    隐藏域：　<input type="hidden" value="这是隐藏的元素">
    <div id="testDiv"><font color="blue">隐藏域的值：</font></div>
</form>
```

（3）在引入 jQuery 库的代码下方编写 jQuery 代码，实现匹配表单中的各个表单元素，并实现不同的操作，具体代码如下：

```
<script type="text/javascript">
    $(document).ready(function() {
        $(":checkbox").attr("checked","checked");        //选中复选框
        $(":radio").attr("checked","true");              //选中单选框
        $(":image").attr("src","images/fish1.jpg");      //设置图片路径
        $(":file").hide();                               //隐藏文件域
        $(":password").val("123");
            //设置密码域的值
        $(":text").val("文本框");
            //设置文本框的值
        $(":button").attr("disabled","disabled");
            //设置按钮不可用
        $(":reset").val("重置按钮");
            //设置重置按钮的值
        $(":submit").val("提交按钮");
            //设置提交按钮的值

$("#testDiv").append($("input:hidden:eq(1)").val());    // 显
示隐藏域的值
    });
</script>
```

运行本实例，将显示如图 4.20 所示的页面。

图 4.20　利用表单选择器匹配表单中相应的元素

# 4.9 选择器中的一些注意事项

## 4.9.1 选择器中含有特殊符号的注意事项

### 1. 选择器中含有 "." "#" "(" 或 "]" 等特殊字符

根据 W3C 规定，属性值中是不能包含这些特殊字符的，但在实际项目应用中偶尔也会遇到这种表达式中含有 "#" 和 "]" 等特殊字符的情况。这时，如果按照普通方式去处理的话就会出现错误。解决这类错误的方法是使用转义符号将其转义。例如，有如下 HTML 代码：

```
<div id="mr#soft">明日科技</div>
<div id="mrbook(1)">明日图书</div>
```

如果按照普通方式来获取，例如：

```
$("#mr#soft");
$("#mrbook(1)");
```

这样是不能正确获取到元素的，正确的写法如下：

```
$("#mr\\#soft");
$("#mrbook\\(1\\)");
```

### 2. 属性选择器的@符号问题

在 jQuery 升级版本过程中，jQuery 在 1.3.1 版本中彻底放弃了 1.1.0 版本遗留下的@符号，假如我们使用 1.3.1 以上的版本，那么不需要在属性前添加@符号，例如以下代码：

```
$("div[@name='mingri']");
```

正确的写法是将@符号去掉，即改为如下形式：

```
$("div[name='mingri']");
```

## 4.9.2 选择器中含有空格的注意事项

在实际应用当中，选择器中含有空格也是不容忽视的，多一个空格或者少一个空格也会得到截然不同的结果。请看如下实例代码：

```
<div class="name">
    <div style="display: none;">小科</div>
```

```
    <div style="display: none;">小王</div>
    <div style="display: none;">小张</div>
    <div style="display: none;" class="name">小辛</div>
</div>
<div style="display: none;" class="name">小杨</div>
<div style="display: none;" class="name">小刘</div>
```

使用如下的 jQuery 选择器分别获取它们。

```
<script type="text/javascript">
    var $l_a = $(".name :hidden");          //带空格的 jQuery 选择器
    var $l_b = $(".name:hidden");           //不带空格的 jQuery 选择器
    var len_a = $l_a.length;
    var len_b = $l_b.length;
    alert("$('.name :hidden') = "+len_a);   //输出 4
    alert("$('.name:hidden') = "+len_b);    //输出 3
</script>
```

以上代码会出现不同的结果，是因为后代选择器和过滤选择器的不同。

```
var $l_a = $(".name :hidden");                //带空格的 jQuery 选择器
```

以上代码是选择 class 为 name 的元素之内的隐藏元素，也就是内容为小科、小王、小张、小辛的 4 个 div 元素。

而代码

```
var $l_b = $(".name:hidden");                //不带空格的 jQuery 选择器
```

则是获取隐藏的 class 为 name 的元素，即内容为小辛、小杨、小刘的 div 元素。

# 4.10　综合实例：隔行换色鼠标指向表格并且行变色

对于一些清单型数据，通常是利用表格展示到页面中。如果数据比较多，很容易看串行。这时，可以为表格添加隔行换色并且鼠标指向行变色功能。下面就通过一个具体的例子来实现该功能。

【例 4.14】　隔行换色并且鼠标指向表格行变色。（实例位置：光盘\TM\sl\4\14）

本实例的需求主要有几下两点：

（1）在页面中创建一个表格，令表格奇数行显示黄色，偶数行显示浅蓝色。

（2）当鼠标指向某一行时，该行颜色随之改变。

运行本实例，将显示如图 4.21 所示的隔行换色的表格，将鼠标移动到表格体的各行时，该行将突出显示，如图 4.22 为将鼠标移动到倒数第 2 行时显示的效果。

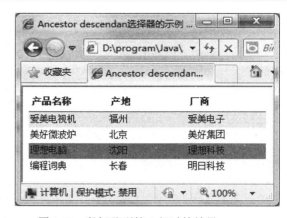

| 图 4.21　隔行换色的表格效果 | 图 4.22　鼠标移到第 3 行时的效果 |
| --- | --- |

程序开发步骤如下：

（1）创建一个名称为 index.html 的文件，在该文件的<head>标记中应用下面的语句引入 jQuery 库。

```
<script type="text/javascript" src="../js/jquery-1.11.1.min.js"></script>
```

（2）在页面的<body>标记中，添加一个 5 行 3 列的表格，并使用<thead>标记将表格的标题行括起来，再使用<tbody>标记将表格的其他行括起来，关键代码如下：

```
<table>
  <thead>
    <tr>
      <th>产品名称</th>
      <th>产地</th>
      <th>厂商</th>
    </tr>
  </thead>
  <tbody>
    <tr>
      <td>爱美电视机</td>
      <td>福州</td>
      <td>爱美电子</td>
    </tr>
    ……        <!—此处省略了其他 3 行的代码-->
  </tbody>
</table>
```

（3）编写 CSS 样式，用于控制表格整体样式、表头的样式、表格的单元格的样式，以及奇数行样式、偶数行样式和鼠标移到行的样式，具体代码如下：

```
<style type="text/css">
table{ border:0;border-collapse:collapse;}          //设置表格整体样式
td{font:normal 12px/17px Arial;padding:2px;width:100px;}   //设置单元格的样式
th{   //设置表头的样式
    font:bold 12px/17px Arial;
    text-align:left;
```

```
        padding:4px;
        border-bottom:1px solid #333;
}
.odd{background:#cef;}                                    //设置奇数行样式
.even{background:#ffc;}                                   //设置偶数行样式
.light{background:#00A1DA;}                               //设置鼠标移到行的样式
</style>
```

（4）在引入 jQuery 库的代码下方编写 jQuery 代码，实现表格的隔行换色，并且让鼠标移到行变色的功能，具体代码如下：

```
<script type="text/javascript">
$(document).ready(function(){
    $("tbody tr:odd").addClass("odd");                   //为偶数行添加样式
    $("tbody tr:even").addClass("even");                 //为偶数行添加样式
    $("tbody tr").hover(                                 //为表格主体每行绑定 hover 方法
        function() {$(this).addClass("light");},
        function() {$(this).removeClass("light");}
    );
});
</script>
```

**说明**

$("tr:odd")和$("tr:even")选择器中索引是从 0 开始的，因此第一行是偶数行。

# 4.11　小　　结

本章详细地介绍了 jQuery 的选择器和过滤器。相对于传统的 JavaScript 而言，jQuery 选择对象的方法更多样、更简洁、更方便。本章是 jQuery 知识的基础，希望读者认真学习。不过，要一次记住 jQuery 众多的选择器和过滤器也是不太容易的，只要记住常用的 5 种基本选择器（即#id、element、.class、selector1、selector2、selectorN、通配符）即可。其他的选择器可以在用到的时候再回过头来查询，边用边学效果更好。

# 4.12　练习与实践

（1）编写 jQuery 代码：实现在页面创建两个<div>元素，第一个<div>元素的样式动态添加，第二个<div>元素的样式采用默认样式。（**答案位置：光盘\TM\sl\4\15**）

（2）筛选紧跟在<lable>标记后的<div>标记并改变匹配元素的背景颜色为淡蓝色。（**答案位置：光盘\TM\sl\4\16**）

（3）获取页面上隐藏和显示的 div 元素的值。（**答案位置：光盘\TM\sl\4\17**）

# 第 5 章

## 使用 jQuery 操作 DOM

（ 📹 视频讲解：75 分钟 ）

DOM 是文档对象模型，根据 W3C DOM 规范为文档提供了一种结构化表示方法，通过该方法可以改变文档的内容和展示形式。在实际操作中，DOM 更像是桥梁，通过它可以实现跨平台访问。本章将详细介绍如何使用 jQuery 操作 DOM 中的元素或对象。

通过阅读本章，您可以：

▶▶ 了解 DOM 操作的分类

▶▶ 掌握对元素的内容和值进行操作

▶▶ 掌握创建节点

▶▶ 掌握查找节点

▶▶ 掌握插入节点

▶▶ 掌握删除、复制与替换节点

▶▶ 掌握遍历节点

▶▶ 掌握对元素的 CSS 样式进行操作

# 5.1　DOM 操作的分类

通常来说，DOM 操作分为 3 方面：DOM Core、HTML-DOM 和 CSS-DOM。

### 1．DOM Core

DOM Core（核心 DOM）：它不专属于任何语言，它是一组标准的接口，任何一种支持 DOM 的程序语言都可以使用它。JavaScript 中的 getElementById()、getElementsByTagName()、getAttribute()和 setAttribute()等方法都是 DOM Core 的组成部分。

例如：

（1）使用 DOM Core 来获取表单对象的方法：

```
document.getElementsByTagName("form");
```

（2）使用 DOM Core 来获取元素的 title 属性：

```
element.getAttribute("title");
```

### 2．HTML-DOM

在 JavaScript 中，有很多专属于 HTML-DOM 的属性。例如：document.forms、element.src 等。

例如：

（1）使用 HTML-DOM 来获取表单对象的方法：

```
document.forms;      // HTML-DOM 当中提供了 forms 对象
```

（2）使用 HTML-DOM 来获取元素的 title 属性：

```
element.title;
```

通过以上代码可以看出，HTML-DOM 代码通常比 DOM Core 简短，不过它只能用来处理 Web 文档。

### 3．CSS-DOM

CSS-DOM 是针对 CSS 的操作。在 JavaScript 中，CSS-DOM 主要用于获取和设置 style 对象的属性。例如：

```
element.style.color = "#ADD8E6";
```

# 5.2　对元素的内容和值进行操作

jQuery 提供了对元素的内容和值进行操作的方法，其中，元素的值是元素的一种属性，大部分元素的值都对应 value 属性。下面我们再来对元素的内容进行介绍。

元素的内容是指定义元素的起始标记和结束标记中间的内容，又可分为文本内容和 HTML 内容。那么什么是元素的文本内容和 HTML 内容？我们通过下面这段来说明。

```
<div>
    <p>测试内容</p>
</div>
```

在这段代码中，div 元素的文本内容就是"测试内容"，文本内容不包含元素的子元素，只包含元素的文本内容。而"<p>测试内容</p>"就是<div>元素的 HTML 内容，HTML 内容不仅包含元素的文本内容，而且还包含元素的子元素。

## 5.2.1 对元素内容操作

由于元素内容可分为文本内容和 HTML 内容，那么，对元素内容的操作也可以分为对文本内容操作和对 HTML 内容进行操作。下面分别进行详细介绍。

### 1．对文本内容操作

jQuery 提供了 text()和 text(val)两个方法用于对文本内容操作，其中 text()用于获取全部匹配元素的文本内容，text(val)用于设置全部匹配元素的文本内容。例如，在一个 HTML 页面中，包括下面 3 行代码。

```
<div>
<span id="clock">当前时间：2014-07-06  星期日  13:20:10</span>
</div>
```

要获取 div 元素的文本内容，可以使用下面的代码：

```
$("div").text();
```

得到的结果为：当前时间：2014-07-06  星期日  13:20:10

**说明**

text()方法取得的结果是所有匹配元素包含的文本组合起来的文本内容，这个方法也对 XML 文档有效，可以用 text()方法解析 XML 文档元素的文本内容。

【例 5.1】  设置 div 元素的文本内容。（**实例位置：光盘\TM\sl\5\1**）
（1）创建一个名称为 index.html 的文件，在该文件的<head>标记中应用下面的语句引入 jQuery 库。

```
<script type="text/javascript" src="../js/jquery-1.11.1.min.js"></script>
```

（2）在页面的<body>标记中，添加一个<div>元素，令它的文本内容为空，代码如下：

```
<div></div>
```

（3）在引入 jQuery 库的代码下方编写 jQuery 代码，实现为<div>标记设置文本内容，具体代码如下：

```
<script type="text/javascript">
```

```
$(document).ready(function(){
    $("div").text("我是通过 text()方法设置的文本内容");
});
</script>
```

运行本实例，效果如图 5.1 所示。

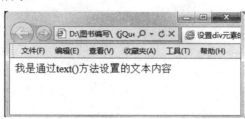

图 5.1　设置 div 元素的文本内容

**注意**

使用 text()方法重新设置 div 元素的文本内容后，div 元素原来的内容将被新设置的内容替换掉，包括 HTML 内容。例如，对下面的代码

```
<div><span id="clock">当前时间：2011-07-06 星期三　13:20:10</span></div>
```

应用 "$("div").text("我是通过 text()方法设置的文本内容");" 设置值后，该<div>标记的内容将变为

```
<div>我是通过 text()方法设置的文本内容</div>
```

### 2．对 HTML 内容操作

jQuery 提供了 html()和 html(val)两个方法用于对 HTML 内容进行操作。其中 html()用于获取第一个匹配元素的 HTML 内容，html(val)用于设置全部匹配元素的 HTML 内容。例如，在一个 HTML 页面中，包括下面 3 行代码。

```
<div>
<span id="clock">当前时间：2011-07-06 星期三　13:20:10</span>
</div>
```

要获取 div 元素的 HTML 内容，可以使用下面的代码：

```
alert($("div").html());
```

得到的结果如图 5.2 所示。

图 5.2　获取到的 div 元素的 HTML 内容

要重新设置 div 元素的 HTML 内容，可以使用下面的代码：

```
$("div").html("<span style='color:#FF0000'>我是通过 html()方法设置的 HTML 内容</span>");
```

这时，再应用"$("div").html();"获取 div 元素的 HTML 内容时，将得到如图 5.3 所示的内容。

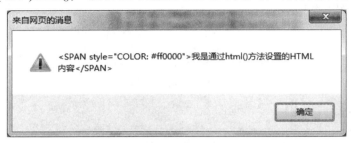

图 5.3　重新设置 HTML 内容后获取到的结果

**◯注意**

html()方法与 html(val)不能用于 XML 文档，但是可以用于 XHTML 文档。

下面我们通过一个具体的例子，说明对元素的文本内容与 HTML 内容操作的区别。

【例 5.2】　获取和设置元素的文本内容与 HTML 内容。（实例位置：光盘\TM\sl\5\2）

（1）创建一个名称为 index.html 的文件，在该文件的<head>标记中应用下面的语句引入 jQuery 库。

```
<script type="text/javascript" src="../js/jquery-1.11.1.min.js"></script>
```

（2）在页面的<body>标记中，添加两个<div>标记，这两个<div>标记除了 id 属性不同外，其他均相同，关键代码如下：

```
应用 text()方法设置的内容
<div id="div1">
<span id="clock">当前时间：2014-07-06  星期日  13:20:10</span>
</div>
<br />应用 html()方法设置的内容
<div id="div2">
<span id="clock">当前时间：2014-07-06  星期日  13:20:10</span>
</div>
```

（3）在引入 jQuery 库的代码下方编写 jQuery 代码，实现为<div>标记设置文本内容和 HTML 内容，并获取设置后的文本内容和 HTML 内容，具体代码如下：

```
<script type="text/javascript">
   $(document).ready(function(){
       $("#div1").text("<span style='color:#FF0000'>我是通过 text()方法设置的 HTML 内容</span>");
       $("#div2").html("<span style='color:#FF0000'>我是通过 html()方法设置的 HTML 内容</span>");
       alert("通过 text()方法获取：\r\n"+$("div").text()+"\r\n 通过 html()方法获取：\r\n"+$("div").html());
   });
</script>
```

运行本实例，将显示如图 5.4 所示的运行结果。从该运行结果，我们可以看出，应用 text()设置文本内容时，即使内容中包含 HTML 代码，也将被认为是普通文本，并不能作为 HTML 代码被浏览器解析，而应用 html()设置的 HTML 内容中所包含的 HTML 代码就可以被浏览器解析。因此，文本"我是通过 html()方法设置的 HTML 内容"是红色的，而通过 text()方法设置的 HTML 文本则是按照原样显示的。

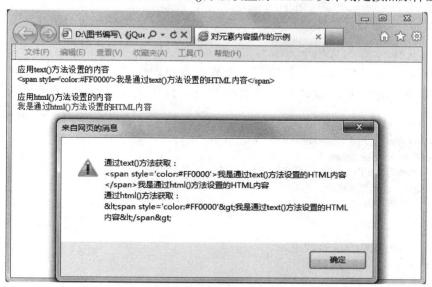

图 5.4　获取和设置元素的文本内容与 HTML 内容

## 5.2.2　对元素值操作

jQuery 提供了 3 种对元素值操作的方法，如表 5.1 所示。

表 5.1　对元素的值进行操作的方法

| 方　　法 | 说　　明 | 示　　例 |
| --- | --- | --- |
| val() | 用于获取第一个匹配元素的当前值，返回值可能是一个字符串，也可能是一个数组。例如当 select 元素有两个选中值时，返回结果就是一个数组 | $("#username").val();　　//获取 id 为 username 的元素的值 |
| val(val) | 用于设置所有匹配元素的值 | $("input:text").val("新值")　　//为全部文本框设置值 |
| val(arrVal) | 用于为 check、select 和 radio 等元素设置值，参数为字符串数组 | $("select").val(['列表项 1','列表项 2']);　　//为下拉列表框设置多选值 |

【例 5.3】　为多行列表框设置并获取值。（**实例位置：光盘\TM\sl\5\3**）

（1）创建一个名称为 index.html 的文件，在该文件的<head>标记中应用下面的语句引入 jQuery 库。

```
<script type="text/javascript" src="../js/jquery-1.11.1.min.js"></script>
```

（2）在页面的<body>标记中，添加一个包含 3 个列表项的可多选的多行列表框，默认为后两项被选

99

中，代码如下：

```
<select name="like" size="3" multiple="multiple" id="like">
    <option>列表项 1</option>
    <option selected="selected">列表项 2</option>
    <option selected="selected">列表项 3</option>
</select>
```

（3）在引入 jQuery 库的代码下方编写 jQuery 代码，应用 jQuery 的 val(arrVal)方法将其第一个和第二个列表项设置为选中状态，并应用 val()方法获取该多行列表框的值，具体代码如下：

```
<script type="text/javascript">
    $(document).ready(function(){
        $("select").val(['列表项 1','列表项 2']);
        alert($("select").val());
    });
</script>
```

运行后将显示如图 5.5 所示的效果。

图 5.5　获取到的多行列表框的值

# 5.3　对 DOM 节点进行操作

了解 JavaScript 的读者应该知道，通过 JavaScript 可以实现对 DOM 节点的操作，例如查找节点、创建节点、插入节点、复制节点或是删除节点，不过操作起来比较复杂。jQuery 为了简化开发人员的工作，也提供了对 DOM 节点进行操作的方法，下面进行详细介绍。

## 5.3.1　创建节点

在 DOM 操作中，常常需要动态创建 HTML 内容，使文档在浏览器中的样式发生变化，从而达到各种交互目的。创建节点分为 3 种：创建元素节点、创建文本节点和创建属性节点。

### 1．创建元素节点

例如要创建两个<p>元素节点，并且要把它们作为<div>元素节点的子节点添加到 DOM 节点树上，完成这个任务需要两个步骤。

（1）创建两个新的<p>元素。

（2）将这两个新元素插入到文档中。

第（1）步可以使用 jQuery 的工厂函数$()来完成，格式如下：

```
$(html)
```

$(html)方法可以根据传入的 HTML 标记字符串，创建一个 DOM 对象，并且将这个 DOM 对象包装成一个 jQuery 对象后返回。

首先，创建两个<p>元素，jQuery 代码如下：

```
var $p_1 = $("<p></p>");          //创建第 1 个 p 元素
var $p_2 = $("<p></p>");          //创建第 2 个 p 元素，文本为空
```

然后将这两个新的元素插入到文档中，可以使用 jQuery 中的 append()等方法（将在 5.3.3 节中介绍）具体的 jQuery 代码如下：

```
$("div").append($p_1);            //将第 1 个 p 元素添加到 div 中，使它能在页面中显示
$("div").append($p_2);            //也可以采用链式写法：$("div").append($p_1).append($p_2);
```

运行代码后，新创建的<p>元素将被添加到页面当中。

### 2. 创建文本节点

两个<p>元素节点已经创建完毕并插入到文档中了，此时需要为它们添加文本内容。具体的 jQuery 代码如下：

```
var $p_1 = $("<p>明日科技</p>");     //创建第 1 个 p 元素，包含元素节点和文本节点，文本节点为"明日科技"
var $p_2 = $("<p>明日图书</p>");     //创建第 2 个 p 元素，包含元素节点和文本节点，文本节点为"明日图书"
$("div").append($p_1);           //将第 1 个 p 元素添加到 div 中，使它能在页面中显示
$("div").append($p_2);           //将第 2 个 p 元素添加到 div 中，使它能在页面中显示
```

创建文本节点就是在创建元素节点时直接把文本内容写出来，然后使用 append()等方法将它们添加到文档中。运行代码后，新创建的<p>元素将被添加到页面当中，如图 5.6 所示。

### 3. 创建属性节点

创建属性节点与创建文本节点类似，也是直接在创建元素节点时一起创建。具体 jQuery 代码如下：

```
var $p_1 = $("<p title='明日科技'>明日科技</p>");        //创建第 1 个 p 元素，包含元素节点和文本节点和属性
节点，其中 "title='明日科技'" 就是属性节点
var $p_2 = $("<p title='明日图书'>明日图书</p>");        //创建第 2 个 p 元素，包含元素节点和文本节点和属性
节点，其中 "title='明日图书'就是属性节点
$("div").append($p_1);                              //将第 1 个 p 元素添加到 div 中，使它能在页面中显示
$("div").append($p_2);                              //将第 2 个 p 元素添加到 div 中，使它能在页面中显示
```

运行以上代码，将鼠标移至文字"明日科技"上，可以看到 title 信息，效果如图 5.7 所示。

图 5.6　创建文本节点

图 5.7　创建属性节点

## 5.3.2  查找节点

通过 jQuery 提供的选择器可以轻松实现查找页面中的任何节点。关于 jQuery 的选择器我们已经在第 4 章中进行了详细介绍，读者可以参考第 4 章"使用 jQuery 选择器"了解如何查找节点。

## 5.3.3  插入节点

在创建节点时，我们应用了 append()方法将定义的节点内容插入到指定的元素。实际上，该方法是用于插入节点的方法。除了 append()方法外，jQuery 还提供了几种插入节点的方法。这一节我们将详细介绍。在 jQuery 中，插入节点可以分为在元素内部插入和在元素外部插入两种，下面分别进行介绍。

### 1.  在元素内部插入

在元素内部插入就是向一个元素中添加子元素和内容。jQuery 提供了如表 5.2 所示的在元素内部插入的方法。

表 5.2  在元素内部插入的方法

| 方　　法 | 说　　明 | 示　　例 |
|---|---|---|
| append(content) | 为所有匹配的元素的内部追加内容 | \<p id="B"\>编程词典\</p\><br>$("#B").append("\<p\>A\</p\>");　//向 id 为 B 的元素中追加一个段落<br>结果：\<p id="B"\>编程词典\<p\>A\</p\>\</p\> |
| appendTo(content) | 将所有匹配元素添加到另一个元素的元素集合中 | \<p id="B"\>编程词典\</p\><br>\<p id="A"\>明日图书\</p\><br>$("#B").appendTo("#A");　//将 id 为 B 的元素追加到 id 为 A 的元素后面，也就是将 B 元素移动到 A 元素的后面<br>结果：\<p id="A"\>明日图书\<p id="B"\>编程词典\</p\>\</p\> |
| prepend(content) | 为所有匹配的元素的内部前置内容 | \<p id="B"\>编程词典\</p\><br>$("#B").prepend("\<p\>A\</p\>");　//向 id 为 B 的元素内容前添加一个段落<br>结果：\<p id="B"\>\<p\>A\</p\>编程词典\</p\> |
| prependTo(content) | 将所有匹配元素前置到另一个元素的元素集合中 | \<p id="A"\>明日图书\</p\><br>\<p id="B"\>编程词典\</p\><br>$("#B").prependTo("#A");　//将 id 为 B 的元素添加到 id 为 A 的元素前面，也就是将 B 元素移动到 A 元素的前面<br>结果：\<p id="A"\>\<p id="B"\>编程词典\</p\>明日图书\</p\> |

从表中可以看出 append()方法与 prepend()方法类似，所不同的是 prepend()方法将添加的内容插入

到原有内容的前面。

appendTo()实际上是颠倒了 append()方法，例如下面这句代码：

```
$("<p>A</p>").appendTo("#B");          //将指定内容添加到 id 为 B 的元素中
```

等同于：

```
$("#B").append("<p>A</p>");          //将指定内容添加到 id 为 B 的元素中
```

不过，append()方法并不能移动页面上的元素，而 appendTo()方法是可以的，例如下面的代码：

```
$("#B").appendTo("#A");          //移动 B 元素到 A 元素的后面
```

append()方法是无法实现该功能的，注意两者的区别。

**说明**

　　prepend()方法是向所有匹配元素内部的开始处插入内容的最佳方法。prepend()方法与 prependTo()的区别同 append()方法与 appendTo()方法的区别。

【例 5.4】　向<div>元素插入节点。（**实例位置：光盘\TM\sl\5\4**）

（1）创建一个名称为 index.html 的文件，在该文件的<head>标记中应用下面的语句引入 jQuery 库。

```
<script type="text/javascript" src="../js/jquery-1.11.1.min.js"></script>
```

（2）在页面的<body>标记中，添加一个空的<div>元素，代码如下：

```
<div></div>
```

（3）在引入 jQuery 库的代码下方编写 jQuery 代码，创建两个<p>节点，分别使用 append()和 appendTo()方法将这两个<p>节点插入到<div>元素中，具体代码如下：

```
$(document).ready(function(){
    var $p_1 = $("<p>明日图书</p>");          //创建第 1 个 p 元素
    var $p_2 = $("<p>编程词典</p>");          //创建第 2 个 p 元素
    $div = $("div");                          //获取 div 元素对象
    $div.append($p_1);                        //将第 1 个 p 元素添加到 div 中
    $p_2.appendTo($div);                      //将第 2 个 p 元素添加到 div 中
});
```

运行后将显示如图 5.8 所示的效果。

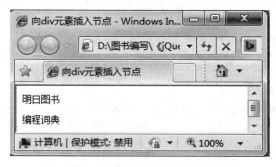

图 5.8　向元素内插入节点

### 2．在元素外部插入

在元素外部插入就是将要添加的内容添加到元素之前或元素之后。jQuery 提供了如表 5.3 所示的在元素外部插入的方法。

表5.3　在元素外部插入的方法

| 方　　法 | 说　　明 | 示　　例 |
|---|---|---|
| after(content) | 在每个匹配的元素之后插入内容 | \<p id="B">编程词典\</p><br>$("#B").after("\<p>A\</p>");　//向 id 为 B 的元素的后面添加一个段落<br>结果：　\<p id="B">编程词典\</p>\<p>A\</p> |
| insertAfter(content) | 将所有匹配的元素插入到另一个指定元素的元素集合的后面 | \<p id="B">编程词典\</p><br>$("\<p>test\</p>").insertAfter("#B");　//将要添加的段落插入到 id 为 B 的元素的后面<br>结果：　\<p id="B">编程词典\</p>\<p>test\</p> |
| before(content) | 在每个匹配的元素之前插入内容 | \<p id="B">编程词典\</p><br>$("#B"). before ("\<p>A\</p>");　//向 id 为 B 的元素内容前添加一个段落<br>结果：\<p>A\</p> \<p id="B">编程词典\</p> |
| insertBefore(content) | 把所有匹配的元素插入到另一个指定元素的元素集合的前面 | \<p id="A">明日图书\</p><br>\<p id="B">编程词典\</p><br>$("#B").insertBefore("#A");　//将 id 为 B 的元素添加到 id 为 A 的元素前面，也就是将 B 元素移动到 A 元素的前面<br>结果：\<p id="B">编程词典\</p>\<p id="A">明日图书\</p> |

## 5.3.4　删除、复制与替换节点

在页面上只执行插入和移动元素的操作是远远不够的，在实际开发的过程中还经常需要删除、复制和替换相应的元素。下面将介绍如何应用 jQuery 实现删除、复制和替换节点。

### 1．删除节点

jQuery 提供了 3 种删除节点的方法，分别是 remove()、detach()和 empty()方法。

**1）remove()方法**

remove()方法用于从 DOM 中删除所有匹配的元素，传入的参数用于根据 jQuery 表达式来筛选元素。

当使用 remove()方法删除某个节点之后，该节点所包含的所有后代节点将同时被删除。remove()方法的返回值是一个指向已被删除的节点的引用，以后也可以继续使用这些元素。例如以下代码：

```
var $p_2 = $("div p:eq(1)").remove();        //获取第 2 个<p>节点后，将它从页面中删除
$("div").append($p_2);                        //把删除的节点重新添加到 div 中
```

【例 5.5】　使用 remove()方法删除节点。（**实例位置：光盘\TM\sl\5\5**）

（1）创建一个名称为 index.html 的文件，在该文件的\<head>标记中应用下面的语句引入 jQuery 库。

```
<script type="text/javascript" src="../js/jquery-1.11.1.min.js"></script>
```

（2）在页面的<body>标记中，添加一个<div>元素，在<div>元素下创建 2 个<p>节点，并且为<p>节点赋予属性 title，具体代码如下：

```
<div>
<p title="明日科技">明日科技</p>
<p title="明日图书">明日图书</p>
</div>
```

（3）在引入 jQuery 库的代码下方编写 jQuery 代码，删除<div>元素下的第 2 个<p>节点，具体代码如下：

```
$(document).ready(function(){
    $("div p").remove("p[title != 明日科技]");   //删除<p>元素中属性不等于"明日科技"的元素
});
```

运行后将显示如图 5.9 所示的效果。

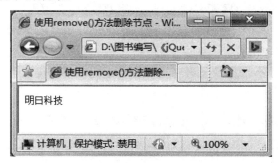

图 5.9　删除节点

**2）detach()方法**

detach ()方法和 remove()方法一样，也是删除 DOM 中匹配的元素。需要注意的是，这个方法不会把匹配的元素从 jQuery 对象中删除，因此，在将来仍然可以使用这些匹配元素。与 remove 不同的是，所有绑定的事件或附加的数据都会保留下来。

请看如下实例：

```
$("div p").click(function(){
    alert($(this).text());
});
var $p_2 = $("div p:eq(1)").detach();      //删除元素
$p_2.appendTo("div");
```

由此可以看出，使用 detach()方法删除元素之后，再执行"$p_2.appendTo("div");"重新追加此元素，之前绑定的事件还在，而如果是使用 remove()方法删除元素，再重新追加元素，之前绑定的事件将失效。

【例 5.6】　使用 detach()方法删除节点。（**实例位置：光盘\TM\sl\5\6**）

使用 detach()方法将例 5.5 中页面<div>元素的第 2 个<p>元素删除，具体代码如下：

```
    var $p_2 = $("div p:eq(1)").detach();        // 删除元素
```

之后再使用 appendTo()方法将已删除的<p>节点添加到<div>元素中，具体代码如下：

```
$p_2.appendTo("div");
```

可以看到，该元素又显示在页面中，页面运行效果如图 5.10 所示。

图 5.10　使用 detach()方法删除节点

### 3）empty()方法

严格地说，empty()方法并不是删除元素节点，而是将节点清空，该方法可以清空元素中所有的后代节点。具体 jQuery 代码如下：

```
$("div p:eq(1)").empty();   // 获取第 2 个 p 元素后，清空该元素中的内容
```

运行此段代码后，第 2 个<p>元素的内容被清空了，但第 2 个<p>元素还在，即<p title="明日图书"></p>。

### 2．复制节点

jQuery 提供了 clone()方法用于复制节点，该方法有两种形式，一种是不带参数，用于复制匹配的 DOM 元素并且选中这些复制的副本；另一种是带有一个布尔型的参数，当参数为 true 时，表示复制匹配的元素以及其所有的事件处理并且选中这些复制的副本，当参数为 false 时，表示不复制元素的事件处理。

【例 5.7】　复制节点。（**实例位置：光盘\TM\sl\5\7**）

（1）创建一个名称为 index.html 的文件，在该文件的<head>标记中应用下面的语句引入 jQuery 库。

```
<script type="text/javascript" src="../js/jquery-1.11.1.min.js"></script>
```

（2）在页面的<body>标记中，添加一个<div>元素，在<div>元素下创建两个<p>节点，并且为<p>节点赋予属性 title，具体代码如下：

```
<div>
<p title="明日科技">明日科技</p>
<p title="明日图书">明日图书</p>
</div>
```

（3）在引入 jQuery 库的代码下方编写 jQuery 代码，删除<div>元素下的第 2 个<p>节点，具体代码如下：

```
<script type="text/javascript">
    $(function() {
        $("div p:eq(1)").bind("click",function() {          //为按钮绑定单击事件
            $(this).clone().insertAfter(this);              //复制自己但不复制事件处理
        });
    });
</script>
```

运行本实例，多次单击"明日图书"可以显示如图 5.11 所示的效果。

图 5.11　复制节点

上面的效果，是一直单击第一个"明日图书"产生的，如果单击其他的"明日图书"所在的<p>元素，是不能继续复制节点的，因为没有复制元素的事件。如果需要同时复制元素的事件处理，可以给 clone()方法传递 true 参数，即 clone(true)。

### 3．替换节点

jQuery 提供了两个替换节点的方法，分别是 replaceAll(selector)和 replaceWith(content)。其中，replaceAll(selector)方法用于使用匹配的元素替换掉所有 selector 匹配到的元素；replaceWith(content)方法用于将所有匹配的元素替换成指定的 HTML 或 DOM 元素。这两种方法的功能相同，只是两者的表现形式不同。

【例 5.8】 替换节点。（实例位置：光盘\TM\sl\5\8）

（1）创建一个名称为 index.html 的文件，在该文件的<head>标记中应用下面的语句引入 jQuery 库。

```
<script type="text/javascript" src="../js/jquery-1.11.1.min.js"></script>
```

（2）在页面的<body>标记中，添加两个指定 id 的<div>元素，具体代码如下：

```
div1:
<div id="div1"></div>
div2:
```

107

```
<div id="div2"></div>
```

（3）在引入 jQuery 库的代码下方编写 jQuery 代码，分别使用 replaceWith()方法和 replaceAll()方法替换指定<div>元素的内容，具体代码如下：

```
<script type="text/javascript">
    $(document).ready(function() {
//替换 id 为 div1 的<div>元素
        $("#div1").replaceWith("<div>replaceWith()方法的替换结果</div>");
//替换 id 为 div2 的<div>元素
         $("<div>replaceAll()方法的替换结果</div>").replaceAll("#div2");
});
</script>
```

运行本实例，可以看到如图 5.12 所示的效果。

图 5.12　替换节点

## 5.3.5　遍历节点

在操作 DOM 元素时，有时需要对同一标记的全部元素进行统一的操作。传统 JavaScript 中，是首先获取元素的总长度，之后通过 for 循环语句来访问其中的某个元素，书写的代码较多，相对比较复杂。在 jQuery 中，可以直接使用 each()方法来遍历元素，它的语法格式为：

```
each(callback)
```

callback 是一个函数，该函数可以接受一个形参 index，这个形参是遍历元素的序号，序号为从 0 开始。如果要访问元素中的属性，可以借助形参 index 配合 this 关键字来实现元素属性的设置或获取。

【例 5.9】　使用 each()方法 img 遍历元素。（**实例位置：光盘\TM\sl\5\9**）

（1）创建一个名称为 index.html 的文件，在该文件的<head>标记中应用下面的语句引入 jQuery 库。

```
<script type="text/javascript" src="../js/jquery-1.11.1.min.js"></script>
```

（2）在页面的<body>标记中，使用<img>标签添加 5 张图片，代码如下：

```
<img height=60 src="images/01.jpg" width=80 />
<img height=60 src="images/02.jpg" width=80 />
<img height=60 src="images/03.jpg" width=80 />
<img height=60 src="images/04.jpg" width=80 />
<img height=60 src="images/05.jpg" width=80 />
```

（3）在引入 jQuery 库的代码下方编写 jQuery 代码，使用 each()方法遍历 img 全部图片，给每一张图片添加一个 title 属性，即鼠标文字移动到图片上面时的提示信息，具体代码如下：

```
$("img").each(function(index){
        $(this).attr("title","第"+(index+1)+"张图片");
})
```

运行后将显示如图 5.13 所示的效果。

图 5.13 获取到的多行列表框的值

## 5.3.6 包裹节点

在 jQuery 中不仅替换元素节点，还可以使用 wrap()方法根据需求将某个节点用其他标记包裹起来。对节点的包裹也是 DOM 操作中很重要的一项，wrap()方法的语法格式为：

```
$("p").wrap("<b></b>");            // 用<b>标签把<p>元素包裹起来
```

得到如下结果：

```
<b><p>明日科技</p></b>
```

包裹节点也可以使用 wrapAll()方法和 wrapInner()方法。

### 1. wrapAll()方法

wrapAll()方法会将所有匹配元素用一个元素来包裹。它与 wrap()方法不同，wrap()方法是将所有元素进行单独的包裹。

【例 5.10】 使用 wrapAll() 方法包裹所有 p 元素。（实例位置：光盘\TM\sl\5\10）

（1）创建一个名称为 index.html 的文件，在该文件的<head>标记中应用下面的语句引入 jQuery 库。

```
<script type="text/javascript" src="../js/jquery-1.11.1.min.js"></script>
```

（2）在页面的<body>标记中，创建两个<p>元素以及一个<ul>元素，令<ul>元素下包含 3 个<li>元素，代码如下：

```
<p>明日图书</p>
<p>明日编程词典</p>
<ul>
    <li title="Java Web 编程词典">Java Web 编程词典</li>
    <li title="PHP 编程词典">PHP 编程词典</li>
    <li title="VC 编程词典">VC 编程词典</li>
</ul>
```

（3）在引入 jQuery 库的代码下方编写 jQuery 代码，使用 wrapAll() 方法包裹全部<p>元素，具体代码如下：

```
$(document).ready(function(){
        $("p").wrapAll("<b></b>");
    });
```

运行后可以看到，全部<p>元素都被<b></b>包裹，运行结果如图 5.14 所示。

图 5.14　包裹元素节点

# 5.4　对元素属性进行操作

jQuery 提供了如表 5.4 所示的对元素属性进行操作的方法。

表 5.4　对元素属性进行操作的方法

| 方　　法 | 说　　明 | 示　　例 |
|---|---|---|
| attr(name) | 获取匹配的第一个元素的属性值（无值时返回 undefined） | $("img").attr('src');　//获取页面中第一个 img 元素的 src 属性的值 |

| 方　　法 | 说　　明 | 示　　例 |
|---|---|---|
| attr(key,value) | 为所有匹配的元素设置一个属性值（value 是设置的值） | $("img").attr("title","草莓正在生长");　//为图片添加一标题属性，属性值为"草莓正在生长" |
| attr(key,fn) | 为所有匹配的元素设置一个函数返回的属性值（fn 代表函数） | //将元素的名称作为其 value 属性值<br>$("#fn").attr("value", function() {<br>return this.name ;　//返回元素的名称<br>}); |
| attr(properties) | 为所有匹配元素以集合（{名:值,名:值}）形式同时设置多个属性 | //为图片同时添加两个属性，分别是 src 和 title<br>$("img").attr({src:"test.gif",title:"图片示例"}); |
| removeAttr(name) | 为所有匹配元素删除一个属性 | $("img"). removeAttr("title");　//移除所有图片的 title 属性 |

在表 5.4 中所列的这些方法中，key 和 name 都代表元素的属性名称，properties 代表一个集合。

# 5.5　对元素的 CSS 样式操作

在 jQuery 中，对元素的 CSS 样式操作可以通过修改 CSS 类或者 CSS 的属性来实现。下面进行详细介绍。

## 5.5.1　通过修改 CSS 类实现

在网页中，如果想改变一个元素的整体效果，例如，在实现网站换肤时，就可以通过修改该元素所使用的 CSS 类来实现。在 jQuery 中，提供了如表 5.5 所示的几种用于修改 CSS 类的方法。

表 5.5　修改 CSS 类的方法

| 方　　法 | 说　　明 | 示　　例 |
|---|---|---|
| addClass(class) | 为所有匹配的元素添加指定的 CSS 类名 | $("div").addClass("blue line");　//为全部 div 元素添加 blue 和 line 两个 CSS 类 |
| removeClass(class) | 从所有匹配的元素中删除全部或者指定的 CSS 类 | $("div"). removeClass("line");　//删除全部 div 元素中添加的 line CSS 类 |
| toggleClass(class) | 如果存在（不存在）就删除（添加）一个 CSS 类 | $("div").toggleClass("yellow");　//当匹配的 div 元素中存在 yellow CSS 类，则删除该类，否则添加该 CSS 类 |
| toggleClass(class,switch) | 如果 switch 参数为 true 则加上对应的 CSS 类，否则就删除，通常 switch 参数为一个布尔型的变量 | $("img").toggleClass("show",true);　//为 img 元素添加 CSS 类 show<br>$("img").toggleClass("show",false);　//为 img 元素删除 CSS 类 show |

说明

使用 addClass()方法添加 CSS 类时，并不会删除现有的 CSS 类。同时，在使用上表所列的方法时，其 class 参数都可以设置多个类名，类名与类名之间用空格分开。

### 5.5.2 通过修改 CSS 属性实现

如果需要获取或修改某个元素的具体样式（即修改元素的 style 属性），jQuery 也提供了相应的方法，如表 5.6 所示。

表 5.6 获取或修改 CSS 属性的方法

| 方 法 | 说 明 | 示 例 |
|---|---|---|
| css(name) | 返回第一个匹配元素的样式属性 | $("div").css("color"); //获取第一个匹配的 div 元素的 color 属性值 |
| css(name,value) | 为所有匹配元素的指定样式设置值 | $("img").css("border","1px solid #000000"); //为全部 img 元素设置边框样式 |
| css(properties) | 以{属性：值，属性：值，……}的形式为所有匹配的元素设置样式属性 | $("tr").css({<br>    "background-color":"#0A65F3",//设置背景颜色<br>    "font-size":"14px",        //设置字体大小<br>    "color":"#FFFFFF"          //设置字体颜色<br>}); |

说明

使用 css()方法设置属性时，既可以解释连字符形式的 CSS 表示法（如 background-color），也可以解释大小写形式的 DOM 表示法（如 backgroundColor）。

# 5.6　综合实例：实现我的开心小农场

通过 jQuery 可以很方便地对 DOM 节点进行操作，下面就通过"我的开心小农场"实例，来说明通过 jQuery 操作 DOM 节点的具体应用。

本实例的需求主要有以下两点：

（1）在页面中引入农场图片，单击"播种""生长""开花""结果"按钮时，在农场中显示相应效果。

（2）在 IE6 之前版本的浏览器下，png 格式图片有背景，将其处理为透明效果。

运行本实例，将显示如图 5.15 所示的效果，单击"播种"按钮，将显示如图 5.16 所示的效果，单击"生长"按钮，将显示如图 5.17 效果，单击"开花"按钮，将显示如图 5.18 的效果，单击"结果"按钮，将显示一棵结满果实的草莓秧。

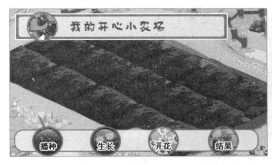

图 5.15　页面的默认运行结果　　　　　　图 5.16　单击"播种"按钮的结果

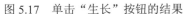

图 5.17　单击"生长"按钮的结果　　　　　图 5.18　单击"开花"按钮的结果

【例 5.11】　我的开心小农场。（实例位置：光盘\TM\sl\5\11）

（1）创建一个名称为 index.html 的文件，在该文件的<head>标记中应用下面的代码解决 PNG 图片背景不透明的问题。

```html
<!-- 使用 jQuery 解决 PNG 图片背景不透明的问题 -->
<script src="../js/jquery-1.11.1.min.js"></script>
<script src="../js/jquery.pngFix.js"></script>
<script src="../js/jquery.pngFix.pack.js"></script>
<script type="text/javascript">
    $(document).ready(function(){
        $("#bg").pngFix();
    });
</script>
```

（2）在页面的<body>标记中，添加一个显示农场背景的<div>标记，并且在该标记中添加 4 个<span>标记，用于设置控制按钮，代码如下：

```html
<div id="bg">
    <span id="seed"></span>
    <span id="grow"></span>
    <span id="bloom"></span>
    <span id="fruit"></span>
</div>
```

（3）编写 CSS 代码，控制农场背景、控制按钮和图片的样式，具体代码参见光盘。

（4）编写 jQuery 代码，分别为播种、生长、开花和结果按钮绑定单击事件，并在其单击事件中应用操作 DOM 节点的方法控制作物的生长，具体代码如下：

```
<script type="text/javascript">
    $(document).ready(function(){
        $("#seed").bind("click",function(){            //绑定播种按钮的单击事件
            $("#temp").remove();                        //移除 img 元素
            $("#bg").prepend("<span id='temp'><img src='images/seed.png' /></span>");
        });
        $("#grow").bind("click",function(){            //绑定生长按钮的单击事件
            $("#temp").remove();                        //移除 img 元素
            $("#bg").append("<span id='temp'><img src='images/grow.png' /></span>");
        });
        $("#bloom").bind("click",function(){           //绑定开花按钮的单击事件
$("#temp").replaceWith("<span id='temp'><img src='images/bloom.png' /></span>");
        });
        $("#fruit").bind("click",function(){           //绑定结果按钮的单击事件
    $("<span id='temp'><img src='images/fruit.png' /></span>").replaceAll("#temp");
        });
    $("#seed,#grow,#bloom,#fruit").bind("click",function(){   //为多个按钮绑定单击事件
            $("#temp").pngFix();                        //控制 IE6 下 PNG 图片背景透明
            $("#temp").css({"position":"absolute","top":"85px","left":"195"});
        });
    });
</script>
```

**注意**

$("tr:odd")和$("tr:even")选择器中索引是从 0 开始的，因此第一行是偶数行。

## 5.7　小　　结

本章首先介绍了应用 jQuery 对元素的内容、值、属性和 CSS 进行操作，以及通过 jQuery 对 DOM 节点进行操作，包括查找节点、创建节点、插入节点、删除节点、复制节点、替换节点和包裹节点等。最后以开心农场作为案例，来加深对 DOM 操作的理解。

## 5.8　练习与实践

（1）获取一个文本框的 value 值。（答案位置：光盘\TM\sl\5\12）

（2）在<span>元素中插入图片。（答案位置：光盘\TM\sl\5\13）

（3）为页面中的第一个 p 元素增加"first"样式。（答案位置：光盘\TM\sl\5\14）

# 第2篇

# 核心技术

本篇介绍 jQuery 中的事件处理、jQuery 中的动画效果、使用 jQuery 处理图片和幻灯片、使用 jQuery 操作表单、使用 jQuery 操作表格和树、Ajax 在 jQuery 中的应用等。学习完这一部分，读者应该能够掌握 jQuery 的核心知识，并能够开发一些小型网页。

# 第 6 章

## jQuery 中的事件处理

（ ▶ 视频讲解：54 分钟 ）

人们常说"事件是脚本语言的灵魂"，事件使页面具有了动态性和响应性，如果没有事件将很难完成页面与用户之间的交互。在传统的 JavaScript 中内置了一些事件响应的方式，但是 jQuery 增强、优化并扩展了基本的事件处理机制。

通过阅读本章，您可以：

▶▶ 了解页面加载响应事件

▶▶ 掌握事件绑定

▶▶ 掌握模拟用户操作

▶▶ 掌握事件冒泡

▶▶ 掌握事件捕获

▶▶ 掌握事件对象

# 6.1　JavaScript 事件处理

## 6.1.1　事件与事件名称

事件是一些可以通过脚本响应的页面动作。当用户按下鼠标键或者提交一个表单，甚至在页面上移动鼠标时，事件就会出现。事件处理是一段 JavaScript 代码，总是与页面中的特定部分以及一定的事件相关联。当与页面特定部分关联的事件发生时，事件处理器就会被调用。

绝大多数事件的命名都是描述性的，很容易理解。例如 click、submit、mouseover 等，通过名称就可以猜测其含义。但也有少数事件的名称不易理解，例如 blur（英文的字面意思为"模糊"），表示一个域或者一个表单失去焦点。通常，事件处理器的命名原则是，在事件名称前加上前缀 on。例如，对于 click 事件，其处理器名为 onClick。

## 6.1.2　JavaScript 的常用事件

为了便于读者查找 JavaScript 中的常用事件，下面以表格的形式对各事件进行说明。JavaScript 的相关事件如表 6.1 所示。

表 6.1　JavaScript 的相关事件

| | 事　　件 | 说　　明 |
|---|---|---|
| 鼠标键盘事件 | onclick | 鼠标单击时触发此事件 |
| | ondblclick | 鼠标双击时触发此事件 |
| | onmousedown | 按下鼠标时触发此事件 |
| | onmouseup | 鼠标按下后松开鼠标时触发此事件 |
| | onmouseover | 当鼠标移动到某对象范围的上方时触发此事件 |
| | onmousemove | 鼠标移动时触发此事件 |
| | onmouseout | 当鼠标离开某对象范围时触发此事件 |
| | onkeypress | 当键盘上某个键被按下并且释放时触发此事件 |
| | onkeydown | 当键盘上某个按键被按下时触发此事件 |
| | onkeyup | 当键盘上某个按键被按下后松开时触发此事件 |
| 页面相关事件 | onabort | 图片在下载时被用户中断时触发此事件 |
| | onbeforeunload | 当前页面的内容将要被改变时触发此事件 |
| | onerror | 出现错误时触发此事件 |
| | onload | 页面内容完成时触发此事件（也就是页面加载事件） |
| | onresize | 当浏览器的窗口大小被改变时触发此事件 |
| | onunload | 当前页面将被改变时触发此事件 |

| | 事　件 | 说　　明 |
|---|---|---|
| 表单相关事件 | onblur | 当前元素失去焦点时触发此事件 |
| | onchange | 当前元素失去焦点并且元素的内容发生改变时触发此事件 |
| | onfocus | 当某个元素获得焦点时触发此事件 |
| | onreset | 当表单中 RESET 的属性被激活时触发此事件 |
| | onsubmit | 一个表单被递交时触发此事件 |
| 滚动字幕事件 | onbounce | 在 Marquee 内的内容移动至 Marquee 显示范围之外时触发此事件 |
| | onfinish | 当 Marquee 元素完成需要显示的内容后触发此事件 |
| | onstart | 当 Marquee 元素开始显示内容时触发此事件 |
| 编辑事件 | onbeforecopy | 当页面当前被选择内容将要复制到浏览者系统的剪贴板之前触发此事件 |
| | onbeforecut | 当页面中的一部分或全部内容被剪切到浏览者系统剪贴板时触发此事件 |
| | onbeforeeditfocus | 当前元素将要进入编辑状态时触发此事件 |
| | onbeforepaste | 将内容从浏览者的系统剪贴板粘贴到页面上时触发此事件 |
| | onbeforeupdate | 当浏览者粘贴系统剪贴板中的内容时通知目标对象 |
| | oncontextmenu | 当浏览者单击鼠标右键出现菜单时或者通过键盘的按键触发页面菜单时触发此事件 |
| | oncopy | 当页面当前的被选择内容被复制后触发此事件 |
| | oncut | 当页面当前的被选择内容被剪切时触发此事件 |
| | ondrag | 当某个对象被拖动时触发此事件（活动事件） |
| | ondragend | 当鼠标拖动结束时触发此事件，即鼠标的按钮被释放时 |
| | ondragenter | 当对象被鼠标拖动进入其容器范围内时触发此事件 |
| | ondragleave | 当对象被鼠标拖动的对象离开其容器范围内时触发此事件 |
| | ondragover | 当被拖动的对象在另一对象容器范围内拖动时触发此事件 |
| | ondragstart | 当某对象将被拖动时触发此事件 |
| | ondrop | 在一个拖动过程中，释放鼠标键时触发此事件 |
| | onlosecapture | 当元素失去鼠标移动所形成的选择焦点时触发此事件 |
| | onpaste | 当内容被粘贴时触发此事件 |
| | onselect | 当文本内容被选择时触发此事件 |
| | onselectstart | 当文本内容的选择将开始发生时触发此事件 |
| 数据绑定事件 | onafterupdate | 当数据完成由数据源到对象的传送时触发此事件 |
| | oncellchange | 当数据来源发生变化时触发此事件 |
| | ondataavailable | 当数据接收完成时触发此事件 |
| | ondatasetchanged | 数据在数据源发生变化时触发此事件 |
| | ondatasetcomplete | 当数据源的全部有效数据读取完毕后触发此事件 |

续表

| | 事　件 | 说　明 |
|---|---|---|
| 数据绑定事件 | onerrorupdate | 当使用 onBeforeUpdate 事件触发取消了数据传送时，代替 onAfterUpdate 事件 |
| | onrowenter | 当前数据源的数据发生变化并且有新的有效数据时触发此事件 |
| | onrowexit | 当前数据源的数据将要发生变化时触发此事件 |
| | onrowsdelete | 当前数据记录将被删除时触发此事件 |
| | onrowsinserted | 当前数据源将要插入新数据记录时触发此事件 |
| 外部事件 | onafterprint | 当文档被打印后触发此事件 |
| | onbeforeprint | 当文档即将打印时触发此事件 |
| | onfilterchange | 当某个对象的滤镜效果发生变化时触发此事件 |
| | onhelp | 当浏览者单击 F1 或者浏览器的帮助菜单时触发此事件 |
| | onpropertychange | 当对象的属性之一发生变化时触发此事件 |
| | onreadystatechange | 当对象的初始化属性值发生变化时触发此事件 |

【例 6.1】　在页面中单击某个位置，会弹出对话框，显示被触发的事件类型。（**实例位置：光盘 \TM\sl\6\1**）

（1）创建一个名称为 index.html 的文件。

（2）在页面的<body>标记中，定义 onmousedown 事件的处理函数为 getEventType()，参数 event 是 Event 对象。具体代码如下：

```
<body onmousedown="getEventType(event)">
<h3 class="title">JavaScript 事件类型</h3>
<p>在页面中单击某个位置，会弹出对话框，显示被触发的事件类型。</p>
</body>
```

（3）在页面的<head>标记内，编写 getEventType()函数，调用 alert()方法显示 event.type 属性，代码如下：

```
<script type="text/javascript">
function getEventType(){
    alert(event.type);        // 弹出提示框，显示事件类型
}
</script>
```

运行本实例，单击页面主体位置，运行结果如图 6.1 所示。

图 6.1　弹出事件类型提示框

## 6.1.3　event 对象

JavaScript 的 event 对象用来描述 JavaScript 的事件，它主要作用于 IE 和 NN4 以后的各个浏览器版本中。event 对象代表事件状态，如事件发生的元素、键盘状态、鼠标位置和鼠标按钮状态。一旦事件发生，便会生成 event 对象，如单击一个按钮，浏览器的内存中就产生相应的 event 对象。

event 对象具有以下属性。

（1）altLeft 属性

用于设置或获取左 Alt 键的状态。检索左 Alt 键的当前状态，返回值 true 表示关闭，false 为不关闭。

语法：

```
[window.]event. altLeft
```

由于 altLeft 属性是 boolean 值，因此可以将该属性应用到 if 语句中，根据获取的值不同而执行不同的操作。

（2）ctrlLeft 属性

用于设置或获取左 Ctrl 键的状态。检索左 Ctrl 键的当前状态，返回值 true 表示关闭，false 为不关闭。

语法：

```
[window.]event. ctrlLeft
```

由于 ctrlLeft 属性是 boolean 值，因此可以将该属性应用到 if 语句中，根据获取的值不同而执行不同的操作。

（3）shiftLeft 属性

用于设置或获取左 Shift 键的状态。检索左 Shift 键的当前状态，返回值 true 表示关闭，false 为不关闭。

语法：

[window.]event. shiftLeft

由于这 3 个属性的值同样也都是 boolean 类型的，所以也可以将它们组合成一个条件在 if 语句中应用，并且也可以和 altKey、ctrlKey 和 shiftKey 属性同时使用。

（4）button 属性

用于设置或获取事件发生时用户所单击的鼠标键。

语法：

[window.]event.button

该属性的值如表 6.2 所示。

表 6.2　button 属性的值和说明

| 值 | 说　明 |
| --- | --- |
| 0 | 表示没有按键 |
| 1 | 单击左键（主键） |
| 2 | 单击右键 |
| 3 | 同时按下左键和右键 |
| 4 | 单击中间键 |
| 5 | 同时按下左键和中间键 |
| 6 | 同时按下右键和中间键 |
| 7 | 同时按下左键、中间键和右键 |

当用户按下多个键时，每次按键都激活一个 onmousedown 事件。如果用户首先单击左键，则 onmousedown 事件激活，event.button 属性值为 1；如果此时单击右键，那么 onmousedown 事件再次发生，但 event.button 属性值为 3。如果脚本同时按下两个按键执行特殊动作，那么就应该忽略单一按键动作，因为在处理过程中很可能激活单键事件，从而干扰目标行为。

注意

　　button 属性仅用于 onmousedown、onmouseup 和 onmousemove 事件。对于其他事件，无论鼠标状态如何，都返回 0（例如：onclick）。

（5）clientX 属性

用于获取鼠标在浏览器窗口中的 X 坐标，该属性是一个只读属性，即只能获取到鼠标的当前位置，不能改变鼠标的位置。

语法：

[window.]event. clientX

（6）clientY 属性

用于获取鼠标在浏览器窗口中的 Y 坐标，该属性是一个只读属性，即只能获取到鼠标的当前位置，不能改变鼠标的位置。

语法：

[window.]event. clientY

（7）X 属性

用于设置或获取鼠标指针位置相对于 CSS 属性中有 position 属性的上级元素的 X 轴坐标。如果没有 CSS 属性中有 position 属性的上级元素，默认以 body 元素作为参考对象。

语法：

[window.]event. X

如果鼠标事件触发后，鼠标移出窗口外，则返回的值为–1。这是个只读属性，只能通过它获取鼠标的当前位置，却不能用它来更改鼠标的位置。

（8）Y 属性

用于设置或获取鼠标指针位置相对于 CSS 属性中有 position 属性的上级元素的 Y 轴坐标。如果没有 CSS 属性中有 position 属性的上级元素，默认以 body 元素作为参考对象。

语法：

[window.]event. Y

如果鼠标事件触发后，鼠标移出窗口外，则返回的值为–1。这是个只读属性，只能通过它获取鼠标的当前位置，却不能用它来更改鼠标的位置。

（9）cancelBubble 属性

用于检测是否接受上层元素的事件的控制。如果该属性的值是 false，则允许被上层元素的事件控制；否则值为 true，不被上层元素的事件控制。

语法：

[window.] event.cancelBubble[ = cancelBubble]

该属性的值是一个可读写的布尔值，默认值是 false。

（10）srcElement 属性

用于设置或获取触发事件的对象。srcElement 属性是事件初始目标的 HTML 元素对象引用。由于事件通过元素容器层次气泡，可以在任何一个层次进行处理，因此由一个属性指向产生初始事件的元素是很有帮助的。

语法：

[window.]event. srcElement

通过该属性可以读、写属于该元素的属性，并调用它的任何方法。

【例 6.2】将 altKey、ctrlKey 和 shiftKey 属性进行组合，组成一个综合的条件，应用 if 语句判断当 Ctrl 键、Shift 键和 Alt 键同时被按下时执行一个操作。（**实例位置：光盘\TM\sl\6\2**）

（1）创建一个名称为 index.html 的文件。

（2）在页面的<head>标记内，编写 example ()函数，判断 Ctrl、Shift 和 Alt 按键是否被同时按下，如果同时按下，则弹出提示对话框并且将页面跳转至 index_ok.html 文件。令用户按下键盘按键时调用 example ()函数，代码如下：

```
<script>
function example(){                      // 创建自定义函数
    // 应用 if 语句判断 Ctrl 键、Shift 键和 Alt 键是否同时被按下
    if(window.event.ctrlKey && window.event.altKey && window.event.shiftKey){
        // 如果 Ctrl 键、Shift 键和 Alt 键同时被按下,则执行下面的内容
        alert('明日科技,给您拜年了!');              // 弹出一个对话框
        window.location.href='index_ok.html';     // 连接到一个文件
    }
}
document.onkeydown=example;               // 应用 onkeydown 事件输出自定义函数 example 中的内容
</script>
```

运行本实例，单击页面主体位置，运行结果如图 6.2 所示。

图 6.2　altKey、ctrlKey 和 shiftKey 属性的综合应用

# 6.2　页面加载响应事件

$(document).ready()方法是事件模块中最重要的一个函数，它极大地提高了 Web 响应速度。$(document)是获取整个文档对象，从这个方法名称来理解，就是获取文档就绪的时候。方法的书写格式为：

```
$(document).ready(function() {
    //在这里写代码
});
```

可以简写成：

```
$().ready(function() {
    //在这里写代码
});
```

当$()不带参数时，默认的参数就是 document，所以$()是$(document)的简写形式。

还可以进一步简写成：

```
$(function() {
//在这里写代码
});
```

虽然语法可以更短一些，但是不提倡使用简写的方式，因为较长的代码更具可读性，也可以防止与其他方法混淆。

通过上面的介绍我们可以看出，在 jQuery 中，可以使用$(document).ready()方法代替传统的 window.onload()方法，不过两者之间还是有些细微的区别，主要表示在以下两方面。

☑ 在一个页面上可以无限制地使用$(document).ready()方法，各个方法间并不冲突，会按照在代码中的顺序依次执行。而 window.onload()方法在一个页面中只能使用一次。

☑ 在一个文档完全下载到浏览器时（包括所有关联的文件，例如图片、横幅等）就会响应 window.onload()方法。而$(document).ready()方法是在所有的 DOM 元素完全就绪以后就可以调用，不包括关联的文件。例如在页面上还有图片没有加载完毕但是 DOM 元素已经完全就绪，这样就会执行$(document).ready()方法，在相同条件下 window.onload()方法是不会执行的，它会继续等待图片加载，直到图片及其他的关联文件都下载完毕后才执行。显然，把网页解析为 DOM 元素的速度要比把页面中的所有关联文件加载完毕的速度快得多。

但是，使用$(document).ready()方法时要注意一点，因为只要 DOM 元素就绪就可以执行该方法，所以可能出现元素的关联文件尚未下载完全的情况，例如与图片有关的 DOM 元素已经就绪，但是图片还没有加载完，若此时要获取图片的高度或宽度属性是未必会有效的。要解决这个问题，可以使用 jQuery 中的另一个关于页面加载的方法：load()方法。load()方法会在元素的 onload 事件中绑定一个处理函数，如果这个处理函数绑定到 window 对象上，则会在所有内容加载完毕后触发，如果绑定在元素上，则会在元素的内容加载完毕后触发。具体代码如下：

```
$(window).load(function(){
// 在这里写代码
});
```

以上代码等价于：

```
window.onload = function(){
// 在这里写代码
}
```

# 6.3　jQuery 中的事件

只有页面加载显然是不够的，程序在其他的时候也需要完成某个任务。比如鼠标单击（onclick）事件、敲击键盘（onkeypress）事件以及失去焦点（onblur）事件等。在不同的浏览器中事件名称是不同的，例如在 IE 中的事件名称大部分都含有 on，如 onkeypress()事件，但是在火狐浏览器却没有这个事件名称，jQuery 帮助我们统一了所有事件的名称。jQuery 中的事件如表 6.3 所示。

表 6.3　jQuery 中的事件

| 方　　法 | 说　　明 |
| --- | --- |
| blur() | 触发元素的 blur 事件 |
| blur(fn) | 在每一个匹配元素的 blur 事件中绑定一个处理函数，在元素失去焦点时触发，既可以是鼠标行为也可以是使用 Tab 键离开的行为 |
| change() | 触发元素的 change 事件 |
| change(fn) | 在每一个匹配元素的 change 事件中绑定一个处理函数，在元素的值改变并失去焦点时触发 |
| click() | 触发元素的 click 事件 |
| click(fn) | 在每一个匹配元素的 click 事件中绑定一个处理函数，在元素上单击时触发 |
| dblclick() | 触发元素的 dblclick 事件 |
| dblclick(fn) | 在每一个匹配元素的 dblclick 事件中绑定一个处理函数，在某个元素上双击触发 |
| error() | 触发元素的 error 事件 |
| error(fn) | 在每一个匹配元素的 error 事件中绑定一个处理函数，当 JavaSprict 发生错误时，会触发 error()事件 |
| focus() | 触发元素的 focus 事件 |
| focus(fn) | 在每一个匹配元素的 focus 事件中绑定一个处理函数，当匹配的元素获得焦点时触，通过鼠标单击或者 Tab 键触发 |
| keydown() | 触发元素的 keydown 事件 |
| keydown(fn) | 在每一个匹配元素的 keydown 事件中绑定一个处理函数，当键盘按下时触发 |
| keyup() | 触发元素的 keyup 事件 |
| keyup(fn) | 在每一个匹配元素的 keyup 事件中绑定一个处理函数，会在按键释放时触发 |
| keypress() | 触发元素的 keypress 事件 |
| keypress(fn) | 在每一个匹配元素的 keypress 事件中绑定一个处理函数，单击按键时触发（即按下并抬起同一个按键） |
| load(fn) | 在每一个匹配元素的 load 事件中绑定一个处理函数，匹配的元素内容完全加载完毕后触发 |
| mousedown(fn) | 在每一个匹配元素的 mousedown 事件中绑定一个处理函数，鼠标在元素上单击后触发 |
| mousemove(fn) | 在每一个匹配元素的 mousemove 事件中绑定一个处理函数，鼠标在元素上移动时触发 |

续表

| 方　法 | 说　明 |
|---|---|
| mouseout(fn) | 在每一个匹配元素的 mouseout 事件中绑定一个处理函数，鼠标从元素上离开时触发 |
| mouseover(fn) | 在每一个匹配元素的 mouseover 事件中绑定一个处理函数，鼠标移入对象时触发 |
| mouseup(fn) | 在每一个匹配元素的 mouseup 事件中绑定一个处理函数，鼠标单击对象释放时 |
| resize(fn) | 在每一个匹配元素的 resize 事件中绑定一个处理函数，当文档窗口改变大小时触发 |
| scroll(fn) | 在每一个匹配元素的 scroll 事件中绑定一个处理函数，当滚动条发生变化时触发 |
| select() | 触发元素的 select()事件 |
| select(fn) | 在每一个匹配元素的 select 事件中绑定一个处理函数，当用户在文本框（包括 input 和 textarea）选中某段文本时触发 |
| submit() | 触发元素的 submit 事件 |
| submit(fn) | 在每一个匹配元素的 submit 事件中绑定一个处理函数，表单提交时触发 |
| unload(fn) | 在每一个匹配元素的 unload 事件中绑定一个处理函数，在元素卸载时触发该事件 |

这些都是对应的 jQuery 事件，和传统的 JavaScript 中的事件几乎相同，只是名称不同。方法中的 fn 参数，表示一个函数，事件处理程序就写在这个函数中。

# 6.4　事件绑定

在页面加载完毕时，程序可以通过为元素绑定事件完成相应的操作。在 jQuery 中，事件绑定通常可以分为为元素绑定事件、移除绑定事件和绑定一次性事件处理 3 种情况，下面分别进行介绍。

## 6.4.1　为元素绑定事件

在 jQuery 中，为元素绑定事件可以使用 bind()方法，该方法的语法结构如下：

```
bind(type,[data],fn)
```

☑　type：事件类型，jQuery 中的事件（表 6.1 中所列举的事件）。

☑　data：可选参数，作为 event.data 属性值传递给事件对象的额外数据对象。大多数的情况下不使用该参数。

☑　fn：绑定的事件处理程序。

例如，为普通按钮绑定一个单击事件，用于在单击该按钮时，弹出提示对话框，可以使用下面的代码：

```
$("input:button").bind("click",function(){alert('您单击了按钮');});
```

【例 6.3】　为 h3 元素绑定 click 事件。（实例位置：光盘\TM\sl\6\3）

（1）创建一个名称为 index.html 的文件，在该文件的&lt;head&gt;标记中应用下面的语句引入 jQuery 库。

```
<script type="text/javascript" src="../js/jquery-1.11.1.min.js"></script>
```

（2）在页面的&lt;head&gt;标记内，添加样式代码，代码如下：

```
<style>
#content{
    text-indent:2em;
    display:none;
}
</style>
```

（3）在页面的&lt;body&gt;标记中，添加一个 id 为 first 的&lt;div&gt;标记，里面包含一个 class 为 title 的&lt;h2&gt;元素和一个 id 为 content 的&lt;div&gt;元素，具体代码如下：

```
<div id="first">
<h3 class="title">什么是编程词典？</h3>
<div id="content">
明日编程词典系列软件是由近百位软件开发专业人士联手打造；
...中间省略部分文字
编程词典个人版，珍藏版现已震撼热卖！
</div>
</div>
```

（4）在引入 jQuery 库的代码下方编写 jQuery 代码，实现为 id 为 first 的&lt;div&gt;标记下的 h3 元素绑定 click 事件，使其被单击的时候显示下方隐藏&lt;div&gt;元素的内容，具体代码如下：

```
<script type="text/javascript">
    $(document).ready(function(){
        $("#first h3.title").bind("click",function(){
            $(this).next().show();
        })
    });
</script>
```

运行本实例，在如图 6.3 所示页面上单击文字"什么是编程词典？"之后，可以看到如图 6.4 所示页面。

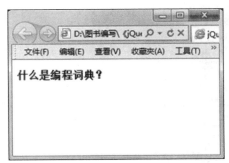
图 6.3　为 h3 元素绑定 click 事件

图 6.4　触发 click 事件显示隐藏 div 内容

**127**

## 6.4.2　移除绑定

在 jQuery 中，为元素移除绑定事件可以使用 unbind()方法，该方法的语法结构如下：

```
unbind([type],[data])
```

- ☑　type：可选参数，用于指定事件类型。
- ☑　data：可选参数，用于指定要从每个匹配元素的事件中反绑定的事件处理函数。

例如，要移除为普通按钮绑定的单击事件，可以使用下面的代码：

```
$("input:button").unbind("click");
```

说明

在 unbind()方法中，两个参数都是可选的，如果不填参数，将会删除匹配元素上所有绑定的事件。

【例 6.4】　为 h3 元素移除绑定的 mouseover 事件。（**实例位置：光盘\TM\sl\6\4**）

（1）创建一个名称为 index.html 的文件，在该文件的<head>标记中应用下面的语句引入 jQuery 库。

```
<script type="text/javascript" src="../js/jquery-1.11.1.min.js"></script>
```

（2）在页面的<head>标记内，添加样式代码，代码如下：

```
<style>
#content{
    text-indent:2em;
    display:none;
}
</style>
```

（3）在页面的<body>标记中，添加一个 id 为 first 的<div>标记，里面包含一个 class 为 title 的<h2>元素和一个 id 为 content 的<div>元素，具体代码如下：

```
<div id="first">
<h3 class="title">什么是编程词典？ </h3>
<div id="content">
明日编程词典系列软件是由近百位软件开发专业人士联手打造；
...中间省略部分文字
编程词典个人版，珍藏版现已震撼热卖！
</div>
</div>
```

（4）在引入 jQuery 库的代码下方编写 jQuery 代码，实现为 id 为 first 的<div>标记下的 h3 元素绑定 click 事件和 mouseover 事件，使其被单击的时候显示下方隐藏<div>元素的内容，鼠标移入时显示"我绑定了 mouseover 事件"具体代码如下：

```
<script type="text/javascript">
    $(document).ready(function(){
    $("#first h3.title").bind("click",function(){
            $(this).next().show();
    }).bind("mouseover",function(){
            $(this).append("<p>我绑定了 mouseover 事件</p>");
    })
});
</script>
```

运行本实例，在页面上将鼠标移入到文字"什么是编程词典"上，然后单击文字"什么是编程词典？"，最终效果如图 6.5 所示。

由此可见 h3 元素既绑定了 click 事件又绑定了 mouseover 事件，每次鼠标覆盖到"什么是编程词典"，这段文字时就会增加一个<p>元素。这时，在绑定事件下面加上一个移除绑定事件，来移除 mouseover 绑定，代码如下：

```
$("#first h3.title").unbind("mouseover");
```

再次运行本实例，运行结果如图 6.6 所示，由此可见，mouseover 事件已被移除。

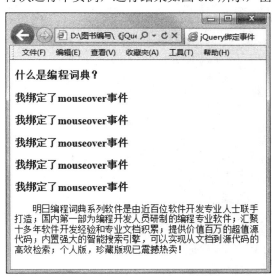

图 6.5　为 h3 元素绑定 click 和 mouseover 事件

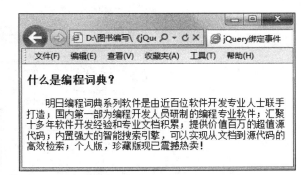

图 6.6　移除 mouseover 事件绑定

## 6.4.3　绑定一次性事件处理

在 jQuery 中，为元素绑定一次性事件处理可以使用 one()方法。one()方法为每一个匹配元素的特定事件（像 click）绑定一个一次性的事件处理函数。在每个对象上，这个事件处理函数只会被执行一次。其他规则与 bind()函数相同。这个事件处理函数会接收到一个事件对象，可以通过它来阻止（浏览器）

默认的行为。如果既想取消默认的行为，又想阻止事件起泡，这个事件处理函数必须返回 false。该方法的语法结构如下：

```
one(type,[data],fn)
```

- ☑ type：用于指定事件类型。
- ☑ data：可选参数，作为 event.data 属性值传递给事件对象的额外数据对象。
- ☑ fn：绑定到每个匹配元素的事件上面的处理函数。

【例 6.5】 为 h3 元素移除绑定的 mouseover 事件。（实例位置：光盘\TM\sl\6\5）

将例 6.4 的使用 bind 方法绑定的 mouseover 事件改为一次性事件，具体代码如下：

```
<script type="text/javascript">
    $(document).ready(function(){
    $("#first h3.title").bind("click",function(){
            $(this).next().show();
    }).bind("mouseover",function(){
            $(this).append("<p>我绑定了 mouseover 事件</p>");
    })
});
</script>
```

运行本实例，在页面上将鼠标移入到文字"什么是编程词典"上，之后单击文字"什么是编程词典？"，最终效果如图 6.7 所示。

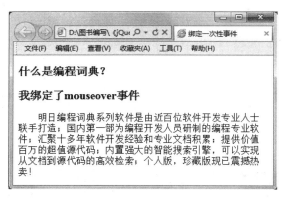

图 6.7　为 h3 元素绑定 click 和 mouseover 事件

通过本实例可以看出，无论鼠标覆盖多少次文字"什么是编程词典？"，都只增加了一个<p>元素节点。这就是 one()方法同 bind()方法的区别之处。

# 6.5　模拟用户操作

在 jQuery 中提供了模拟用户的操作触发事件、模仿悬停事件和模拟鼠标连续单击事件等 3 种模拟用户操作的方法，下面分别进行介绍。

## 6.5.1　模拟用户的操作触发事件

在 jQuery 中一般常用 triggerHandler()方法和 trigger()方法来模拟用户的操作触发事件。例如可以使用下面的代码来触发 id 为 button 按钮的 click 事件。

```
$("#button").trigger("click");
```

TriggerHandle()方法的语法格式与 trigger()方法完全相同。所不同的是：triggerHandler()方法不会导致浏览器同名的默认行为被执行，而 trigger()方法会导致浏览器同名的默认行为的执行。例如使用 trigger()触发一个名称为 submit 的事件，同样会导致浏览器执行提交表单的操作。要阻止浏览器的默认行为，只需返回 false。另外，使用 trigger()方法和 triggerHandler()方法还可以触发 bind()绑定的自定义事件，并且还可以为事件传递参数。

【例 6.6】　在页面载入完成就执行按钮的 click 事件，但是并不需要用户自己操作。（**实例位置：光盘\TM\sl\6\6**）

（1）创建一个名称为 index.html 的文件，在该文件的<head>标记中应用下面的语句引入 jQuery 库。

```
<script type="text/javascript" src="../js/jquery-1.11.1.min.js"></script>
```

（2）在页面的<body>标记中，添加一个 button 按钮，具体代码如下：

```
<input type="button" name="button" id="button" value="普通按钮" />
```

（3）在引入 jQuery 库的代码下方编写 jQuery 代码，为按钮绑定 click 事件，弹出参数 msg1 和 msg2 连接到一起的字符串，再使用 trigger()方法模拟 click 事件，具体代码如下：

```
<script type="text/javascript">
$(document).ready(function() {
    $("input:button").bind("click",function(event,msg1,msg2){
        alert(msg1+msg2);                        //弹出提示对话框
    }).trigger("click",["欢迎访问","明日科技"]);   //页面加载触发单击事件
});
</script>
```

运行本实例，效果如图 6.8 所示。

图 6.8　触发 click 事件

注意

trigger()方法触发事件的时候会触发浏览器的默认行为，但是 triggerHandler()方法不会触发浏览器的默认行为。

## 6.5.2 模仿悬停事件

模仿悬停事件是指模仿鼠标移动到一个对象上面又从该对象上面移出的事件，可以通过 jQuery 提供的 hover(over,out)方法实现。hover()方法的语法结构如下：

hover(over,out)

☑ over：用于指定当鼠标在移动到匹配元素上时触发的函数。

☑ out：用于指定当鼠标在移出匹配元素上时触发的函数。

当鼠标移动到一个匹配的元素上面时，会触发指定的第一个函数。当鼠标移出这个元素时，会触发指定的第二个函数。而且，会伴随着对鼠标是否仍然处在特定元素中的检测（例如，处在 div 中的图像），如果是，则会继续保持"悬停"状态，而不触发移出事件。

【例 6.7】 模仿悬停事件。（实例位置：光盘\TM\sl\6\7）

第（1）、（2）步与实例 6.2 相同，第（3）步，在引入 jQuery 库的代码下方编写 jQuery 代码，为 class 为 title 的<h3>元素添加 hover 事件，鼠标移动到该元素时，触发第一个函数，显示<div>的内容；鼠标移除时，触发第二个函数，隐藏<div>的内容。

具体代码如下：

```
<script type="text/javascript">
    $(document).ready(function(){
        $("#first h3.title").hover(function(){          // 切换事件
            $(this).next().show();                       // 显示 div 内容
        },function(){
            $(this).next().hide();                       // 隐藏 div 内容
        })
    });
</script>
```

运行本实例，运行结果如图 6.9 所示。

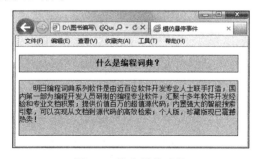

图 6.9 模仿悬停事件

# 6.6　事件捕获与事件冒泡

事件捕获和事件冒泡都是一种事件模型，DOM 标准规定应该同时使用这两个模型：首先事件要从 DOM 树顶层的元素到 DOM 树底层的元素进行捕获，然后再通过事件冒泡返回到 DOM 树的顶层。

在标准事件模型中，事件处理程序既可以注册到事件捕获阶段，也可以注册到事件冒泡阶段。但是并不是所有的浏览器都支持标准的事件模型，大部分浏览器默认都把事件注册在事件冒泡阶段，所以 jQuery 始终会在事件冒泡阶段注册事件处理程序。

## 6.6.1　什么是事件捕获与事件冒泡

下面我们就通过一个例子来展示什么是事件冒泡，什么是事件捕获，以及事件冒泡与事件捕获的区别。

【例 6.8】　通过一个形象的元素结构，展示事件冒泡模型。（实例位置：光盘\TM\sl\6\8）

（1）创建一个名称为 index.html 的文件，在该文件的<head>标记中应用下面的语句引入 jQuery 库。

```
<script type="text/javascript" src="../js/jquery-1.11.1.min.js"></script>
```

（2）在下面这个页面结构中，<span>是<p>的子元素，而<p>又是<div>的子元素。

```
<body>
    <div class="test1">
        <b>div 元素</b>
        <p class="test2">
            <b>p 元素</b>
            <span><b>span 元素</b></span>
        </p>
    </div>
</body>
```

（3）为元素添加 CSS 样式，这样就能更清晰看清页面的层次结构：

```
<style type="text/css">
        .redBorder{/*红色边框*/
        border:1px solid red;
        }
        .test1{          /*div 元素的样式*/
            width:240px;
            height:150px;
            background-color:#cef;
            text-align:center;
        }
        .test2{          /*p 元素的样式*/
```

```
            width:160px;
            height:100px;
            background-color:#ced;
            text-align:center;
            line-height:20px;
            margin:10px auto;
        }
    span{        /*span 元素的样式*/
            width:100px;
            height:35px;
            background-color:#fff;
            padding:20px 20px 20px 20px;
        }
        body{font-size:12px;}
</style>
```

页面结构如图 6.10 所示。

（4）为这 3 个元素添加 mouseout 和 mouseover 事件，当鼠标在元素上悬停时为元素加上红色边框，当鼠标离开时，移除红色边框。如果鼠标悬停在<span>元素上时，会不会触发<p>元素和<div>元素的 mouseover 事件呢？毕竟鼠标的光标都在这三个元素之上。图 6.11、图 6.12 和图 6.13 分别展示了鼠标在不同元素上悬停时的效果。

图 6.10　页面结构

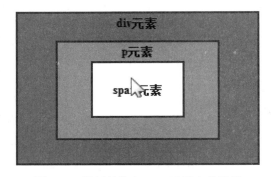

图 6.11　鼠标悬停在 span 元素上的效果

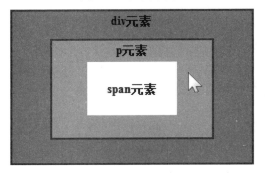

图 6.12　鼠标悬停在 p 元素上的效果

图 6.13　鼠标悬停在 div 元素上的效果

在上面的运行结果中可以看到当鼠标在 span 元素上时，3 个元素都被加上了红色边框。说明在响应 span 元素的 mouseover 事件的同时，其他两个元素的 mouseover 事件也被响应。触发 span 元素的事件时，浏览器最先响应的将是 span 元素的事件，其次是 p 元素，最后是 div 元素。在浏览器中事件响应的顺序如图 6.14 所示。这种事件的响应顺序，就叫做事件冒泡。事件冒泡是从 DOM 树的顶层向下进行事件响应。

另一种相反的策略就是事件捕获，事件捕获是从 DOM 树的底层向上进行事件响应，事件捕获的顺序如图 6.15 所示。

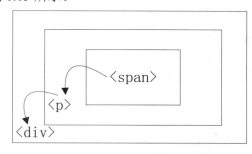
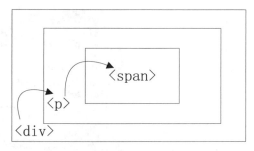

图 6.14　事件冒泡（由具体到一般）　　　图 6.15　事件捕获（由一般到具体）

## 6.6.2　事件对象

通常情况下在不同浏览器中获取事件对象是比较困难的。针对这个问题，jQuery 进行了必要的处理，使得在任何浏览器中都能轻松获取事件对象以及事件对象的一些属性。

在程序中使用事件对象非常简单，只要为函数添加一个参数即可，具体 jQuery 代码如下：

```
$("element").bind("click",function(event){          // event：事件对象
        // 省略部分代码
})
```

当单击"element"元素时，事件对象就被创建，该事件对象只有事件处理函数才可以访问到。事件处理函数执行完毕后，事件对象就被销毁了。

## 6.6.3　阻止事件冒泡

事件冒泡会经常导致一些令开发人员头疼的问题，所以必要的时候，需要阻止事件的冒泡。要解决这个问题，就必须访问事件对象。事件对象提供了一个 stopPropagation()方法，使用该方法可以阻止事件冒泡。

**注意**

stopPropagation()方法只能阻止事件冒泡，它相当于传统的 JavaScript 中操作原始的 event 事件对象的 event.cancelBubble=true 来取消冒泡。

要阻止例 6.8 的程序的事件冒泡，可以在每个事件处理程序中加入一句代码，例如：

```
$(".test1").mouseover(function(event){
```

```
        $(".test1").addClass("redBorder");
        event.stopPropagation();                    //阻止冒泡事件
});
```

由于 stopPropagation()方法是跨浏览器的，所以不必担心它的兼容性。

添加了阻止事件冒泡代码的例 6.8 运行效果如图 6.16 所示。

图 6.16　阻止事件冒泡后的效果

当鼠标在 span 元素上时，只有 span 元素被加上了红色边框，说明只有 span 元素响应 mouseover 事件，程序成功阻止了事件冒泡。

## 6.6.4　阻止浏览器默认行为

网页中的元素有自己的默认行为，例如，在表单验证的时候，表单的某些内容没有通过验证，但是在单击了提交按钮以后表单还是会提交。这时就需要阻止浏览器的默认操作。在 jQuery 中，应用 preventDefault()方法可以阻止浏览器的默认行为。

在事件处理程序中加入如下代码就可以阻止默认行为：

```
event. preventDefault ()                    //阻止浏览器默认操作
```

如果想同时停止事件冒泡和浏览器默认行为，可以在事件处理程序中返回 false。即：

```
return false;                    //阻止事件冒泡和浏览器默认操作
```

这是同时调用 stopPropagation()和 preventDefault()方法的一种简要写法。

【例 6.9】　阻止表单的提交。（实例位置：光盘\TM\sl\6\9）

（1）创建一个名称为 index.html 的文件，在该文件的<head>标记中应用下面的语句引入 jQuery 库。

```
<script type="text/javascript" src="../js/jquery-1.11.1.min.js"></script>
```

（2）在页面的<body>标记中，创建一个 form 表单，内含用户名文本框与提交按钮，具体代码如下：

```
<form action="index.html" method="post">
    用户名：<input type="text" id="username" /><br/>
    <input type="submit" value="注册" id="subbtn" />
</form>
```

（3）在引入 jQuery 库的代码下方编写 jQuery 代码，如果用户输入的用户名为空，则弹出提示，并且阻止表单提交，具体代码如下：

```
<script type="text/javascript">
$(document).ready(function(){
    $("#subbtn").bind("click",function(event){
        var username = $("#username").val();
        if(username == ""){
            alert("用户名不能为空！");              // 弹出提示信息
            $("#username").focus();                 // 将焦点移至文本框中
            event.preventDefault();                 // 阻止表单提交的默认行为
        }
    })
});
</script>
可以将本实例中的 event.preventDefault();改写为：
return false;
```

也可以将例 6.8 中阻止事件冒泡的

```
event.stopPropagation();
```

改写为：

```
return false;
```

## 6.6.5　事件对象的属性

在 jQuery 中对事件属性也进行了封装，使得事件处理在各大浏览器下都可以正常运行而不需要对浏览器类型进行判断。

### 1. event.type

这个属性是用来获取事件的类型。例如以下代码：

```
$("a").click(function(event){
    alert(event.type);                  // 获取事件类型
    return false;                       // 阻止链接跳转
})
```

该段代码运行后会输出："click"。

### 2. event.preventDefault()

该方法是阻止默认的事件行为，event.stopPrepagation()方法是用来阻止事件冒泡，这两个方法在前面已讲解过，在此不再赘述。

### 3. event.target

event.target 的作用是获取到触发事件的元素。jQuery 对其进行封装之后，避免了各个浏览器不同标准之间的差异。

### 4. event.relatedTarget

relatedTarget 事件属性返回与事件的目标节点相关的节点。

对于 mouseover 事件来说，该属性是鼠标指针移到目标节点上时所离开的那个节点。

对于 mouseout 事件来说，该属性是离开目标时，鼠标指针进入的节点。

对于其他类型的事件来说，这个属性是没有用的。

### 5. event.pageX 和 event.pageY

该方法的作用是获取到光标相对于页面的 x 坐标和 y 坐标。不使用 jQuery 时，在 IE 浏览器中是使用 event.x 和 event.y，而在 firefox 浏览器中是用 event.pageX 和 event.pageY。若页面上有滚动条，则要加上滚动条的宽度或高度。

【例 6.10】　Event 对象。（实例位置：光盘\TM\sl\6\10）

（1）创建一个名称为 index.html 的文件，在该文件的<head>标记中应用下面的语句引入 jQuery 库。

```
<script type="text/javascript" src="../js/jquery-1.11.1.min.js"></script>
```

（2）在页面的<body>标记中，创建一个 id 为 ediv 的<div>元素，令它的文本内容为"Event 对象"，具体代码如下：

```
<div id="ediv">Event 对象</div>
```

（3）在引入 jQuery 库的代码下方编写 jQuery 代码，当鼠标移入到<div>元素中时，弹出光标相对于页面的 x 坐标和 y 坐标，具体代码如下：

```
<script type="text/javascript">
$(document).ready(function(){
    $("#ediv").mouseover(function(event){
        // 获取鼠标相对于页面的坐标
        alert("当前鼠标的位置是："+event.pageX+",
"+event.pageY);
    })
});
</script>
```

运行本实例，效果如图 6.17 所示。

图 6.17　获取当前鼠标的坐标位置

### 6. event.which

该属性指示按下了哪个按键或按钮。该按键既可以是鼠标的按键也可以是键盘的按键。

```
$("a").mousedown(function(event){
    alert(event.which);              // 1 为鼠标左键；2 为鼠标中间键；3 为鼠标右键
})
```

以下代码为获取键盘按键：

```
$("input").keyup(function(event){
    alert(event.which);              // 获取事件类型
})
```

# 6.7　小　　结

本章以循序渐进的方式讲解了 jQuery 中的事件。从最开始的页面加载响应事件讲起，进而介绍了 ready()方法；接下来介绍了如何为元素绑定事件以及移除绑定事件；接下来介绍了模拟用户操作。最后详细讲解了事件捕获与事件冒泡。通过一些简单的事件应用实例，让读者加深对事件处理的理解。

# 6.8　练习与实践

（1）为按钮绑定单击事件，令其弹出页面中 id 为 username 的文本框的值。（答案位置：光盘\TM\sl\6\11）

（2）以上一练习为基础，模拟用户单击按钮。（答案位置：光盘\TM\sl\6\12）

（3）在<p>元素中创建超链接，鼠标悬停时，令<p>元素高亮显示；鼠标移开时，高亮显示消失（添加背景色）。（答案位置：光盘\TM\sl\6\13）

# 第 7 章

## jQuery 中的动画效果

（ ▶ 视频讲解：45 分钟 ）

每个前端开发人员都要考虑如何能最大化地优化页面的用户体验度。jQuery 中提供了众多的动画与特效的处理方法，为提高页面的用户体验度带来了极大的方便。只要书写少量代码，就可以实现页面元素的淡入淡出、滑动效果，也可以实现自定义的动画特效。

通过阅读本章，您可以：

▶▶ 掌握隐藏和显示匹配元素

▶▶ 掌握切换元素的可见状态

▶▶ 掌握淡入淡出的动画效果

▶▶ 掌握滑动动画效果

▶▶ 掌握自定义动画效果

# 7.1　隐藏匹配元素

使用 hide()方法可以隐藏匹配的元素。hide()方法相当于将元素 CSS 样式属性 display 的值设置为 none，它会记住原来的 display 的值。hide()方法有两种语法格式，一种是不带参数的形式，用于实现不带任何效果的隐藏匹配元素，其语法格式如下：

```
hide()
```

例如，要隐藏页面中的全部图片，可以使用下面的代码：

```
$("img").hide();
```

另一种是带参数的形式，用于以优雅的动画隐藏所有匹配的元素，并在隐藏完成后可选地触发一个回调函数，其语法格式如下：

```
hide(speed,[callback])
```

☑　speed：可选参数，元素从可见到隐藏的速度。可以是数字，也就是元素经过多少毫秒（1000 毫秒=1 秒）后完全隐藏。也可以是默认参数 slow（600 毫秒）、normal（400 毫秒）和 fast（200 毫秒）。

☑　callback：可选参数，用于指定隐藏完成后要触发的回调函数。

例如，要在 300 毫秒内隐藏页面中的 id 为 ad 的元素，可以使用下面的代码：

```
$("#ad").hide(300);
```

 **说明**

　　jQuery 的任何动画效果，都可以使用默认的 3 个参数，slow（600 毫秒）、normal（400 毫秒）和 fast（200 毫秒）。在使用默认参数时需要加引号，例如 show("fast")，使用自定义参数时，不需要加引号，例如 show(300)。

# 7.2　显示匹配元素

使用 show()方法可以显示匹配的元素。show()方法相当于将元素 CSS 样式属性 display 的值设置为 block 或 inline，或除了 none 以外的值，它会恢复为应用 display:none 之前的可见属性。show()方法有两种语法格式，一种是不带参数的形式，用于实现不带任何效果的显示匹配元素，其语法格式如下：

```
show()
```

例如，要显示页面中的全部图片，可以使用下面的代码：

```
$("img").show();
```

另一种是带参数的形式，用于以优雅的动画显示所有匹配的元素，并在显示完成后可选择地触发一个回调函数，其语法格式如下：

```
show(speed,[callback])
```

☑ speed：可选参数，元素从可见到隐藏的速度。可以是数字，也就是元素经过多少毫秒（1000毫秒=1 秒）后完全显示。也可以是默认参数 slow（600 毫秒）、normal（400 毫秒）和 fast（200毫秒）。

☑ callback：可选参数，用于指定显示完成后要触发的回调函数。

例如，要在 300 毫秒内显示页面中的 id 为 ad 的元素，可以使用下面的代码：

```
$("#ad").show(300);
```

**【例 7.1】**　　使用 hide 方法和 show 方法实现一个自动隐藏式菜单。（**实例位置：光盘\TM\sl\7\1**）

（1）创建一个名称为 index.html 的文件，在该文件的<head>标记中应用下面的语句引入 jQuery 库。

```
<script type="text/javascript" src="../js/jquery-1.11.1.min.js"></script>
```

（2）在页面的<body>标记中，首先添加一个图片，id 属性为 flag，用于控制菜单显示，然后，添加一个 id 为 menu 的<div>标记，用于显示菜单，最后在<div>标记中添加用于显示菜单项的<ul>和<li>标记，关键代码如下：

```
<div id="menu">
<ul>
    <li><a href="www.mingribook.com">图书介绍</a></li>
    <li><a href="www.mingribook.com">新书预告</a></li>
    ……  <!--省略了其他菜单项的代码-->
    <li><a href="www.mingribook.com">联系我们</a></li>
</ul>
</div>
<img   src="images/title.gif" width="30" height="80" id="flag" />
```

（3）编写 CSS 样式，用于控制菜单的显示样式，具体代码请参见光盘。

（4）在引入 jQuery 库的代码下方编写 jQuery 代码，当鼠标移入到"隐藏菜单"图片上时，如果未显示菜单，则将菜单显示出来，当鼠标移出菜单时，将菜单隐藏，具体代码如下：

```
<script type="text/javascript">
    $(document).ready(function(){
        $("#flag").mouseover(function(){
            if($("#menu").is(':hidden')){          //判断菜单是否为隐藏状态
                $("#menu").show(300);              //如果隐藏，则将菜单显示
            }
        });
        $("#menu").hover(null,function(){
```

```
            $("#menu").hide(300);                    //隐藏菜单
        });
    });
</script>
```

上面的代码中，绑定鼠标的移出事件时，使用了 hover()方法，而没有使用 mouseout()方法，这是因为使用 mouseout()方法时，当鼠标在菜单上移动时，菜单将在显示与隐藏状态下反复切换，这是由于 jQuery 的事件捕获与事件冒泡造成的，但是 hover()方法有效地解决了这一问题。

运行本实例，将显示如图 7.1 所示的效果，将鼠标移到"隐藏菜单"图片上时，将显示如图 7.2 所示的菜单，将鼠标从该菜单上移出后，又将显示为图 7.1 所示的效果。

图 7.1　鼠标移出隐藏菜单的效果　　　　图 7.2　鼠标移入隐藏菜单的效果

## 7.3　切换元素的可见状态

使用 toggle()方法可以实现切换元素的可见状态，也就是如果元素是可见的，切换为隐藏；如果元素是隐藏的，切换为可见的。toggle()方法的语法格式如下：

```
toggle();
```

【例 7.2】　通过单击普通按钮隐藏和显示全部 div 元素。（实例位置：光盘\TM\sl\7\2）

（1）创建一个名称为 index.html 的文件，在该文件的<head>标记中应用下面的语句引入 jQuery 库。

```
<script type="text/javascript" src="../js/jquery-1.11.1.min.js"></script>
```

（2）在页面的<body>标记中，创建两个<div>元素，具体代码如下：

```
<div>明日科技</div>
<div>明日图书</div>
```

（3）在引入 jQuery 库的代码下方编写 jQuery 代码，用来切换全部 div 元素的隐藏和显示状态，具体代码如下：

```
<script type="text/javascript">
$(document).ready(function(){
    $("input[type='button']").click(function(){
        $("div").toggle();                //切换有所有 div 元素的显示状态
    });
});
</script>
```

运行本实例，单击如图 7.3 所示"切换状态"按钮，可以看到，2 个 div 元素的内容都被隐藏，如图 7.4 所示，此时再单击一下"切换状态"按钮，可以看到，2 个 div 元素的内容再次显示出来。

图 7.3  页面初始状态

图 7.4  隐藏掉 div 内容

# 7.4  淡入淡出的动画效果

如果在显示或隐藏元素时不需要改变元素的高度和宽度，只单独改变元素的透明度的时候，就需要使用淡入淡出的动画效果了。jQuery 中提供了如表 7.1 所示的实现淡入淡出动画效果的方法。

表 7.1  实现淡入淡出动画效果的方法

| 方  法 | 说  明 | 示  例 |
|---|---|---|
| fadeIn(speed,[callback]) | 通过增大不透明度实现匹配元素淡入的效果 | $("img").fadeIn(300);   //淡入效果 |
| fadeOut(speed,[callback]) | 通过减小不透明度实现匹配元素淡出的效果 | $("img").fadeOut(300); //淡出效果 |
| fadeTo(speed,opacity,[callback]) | 将匹配元素的不透明度以渐进的方式调整到指定的参数 | $("img").fadeTo(300,0.15);   //在 0.3 秒内将图片淡入淡出至 15%不透明 |

这 3 种方法都可以为其指定速度参数，参数的规则与 hide()方法和 show()方法的速度参数一致。在使用 fadeTo()方法指定不透明度时，参数只能是 0 到 1 之间的数字，0 表示完全透明，1 表示完全不透

144

明，数值越小图片的可见性就越差。

【例 7.3】　把例 7.1 的实例修改成带淡入淡出动画的隐藏菜单。（**实例位置：光盘\TM\sl\7\3**）
在引入 jQuery 库的代码下方编写 jQuery 代码，实现菜单的淡入淡出效果，具体代码如下：

```javascript
<script type="text/javascript">
    $(document).ready(function(){
        $("#flag").mouseover(function(){
            $("#menu").fadeIn(700);            //淡入效果
        });
        $("#menu").hover(null,function(){
            $("#menu").fadeOut(700);           //淡出效果
        });
    });
</script>
```

修改后的运行效果如图 7.5 所示。

图 7.5　载入淡入淡出效果的自动隐藏式菜单

# 7.5　滑　动　效　果

在 jQuery 中，提供了 slideDown()方法（用于滑动显示匹配的元素）、slideUp()方法（用于滑动隐藏匹配的元素）和 slideToggle()方法（用于通过高度的变化动态切换元素的可见性）来实现滑动效果。下面分别进行介绍。

## 7.5.1　滑动显示匹配的元素

使用 slideDown()方法可以向下增加元素高度动态显示匹配的元素。slideDown()方法会逐渐向下增

145

加匹配的隐藏元素的高度，直到元素完全显示为止。slideDown()方法的语法格式如下：

```
slideDown([speed],[callback])
```

- ☑ speed：可选参数，元素从隐藏到可见的速度。可以是数字，也就是元素经过多少毫秒（1000
  毫秒=1 秒）后完全显示。也可以是默认参数 slow（600 毫秒）、normal（400 毫秒）和 fast
  （200 毫秒）。
- ☑ callback：可选参数，用于指定显示完成后要触发的回调函数。

例如，要在 300 毫秒内滑动显示页面中的 id 为 ad 的元素，可以使用下面的代码：

```
$("#ad").slideDown(300);
```

【例 7.4】 滑动显示 id 为 ad 的 div 元素。（**实例位置：光盘\TM\sl\7\4**）

（1）创建一个名称为 index.html 的文件，在该文件的<head>标记中应用下面的语句引入 jQuery 库。

```
<script type="text/javascript" src="../js/jquery-1.11.1.min.js"></script>
```

（2）在页面中创建两个<div>元素，其中 id 为 ad 的<div>元素是外层<div>元素的子元素，并且内容是隐藏的，具体代码如下：

```
<div>
<div id="ad" style="display:none;">
吉林省明日科技有限公司
</div>
明日图书
</div>
```

（3）在引入 jQuery 库的代码下方编写 jQuery 代码，实现滑动显示效果，具体代码如下：

```
<script type="text/javascript">
    $(document).ready(function(){
        $("#ad").slideDown(600);
    });
</script>
```

运行效果如图 7.6 所示。

图 7.6 滑动显示效果

## 7.5.2  滑动隐藏匹配的元素

使用 slideUp()方法可以向上减少元素高度动态隐藏匹配的元素。slideUp()方法会逐渐向上减少匹配的显示元素的高度，直到元素完全隐藏为止。slideUp()方法的语法格式如下：

```
slideUp([speed],[callback])
```

☑ speed：可选参数，元素从可见到隐藏的速度。可以是数字，也就是元素经过多少毫秒（1000 毫秒=1 秒）后完全隐藏。也可以是默认参数 slow（600 毫秒）、normal（400 毫秒）和 fast（200 毫秒）。

☑ callback：可选参数，用于指定隐藏完成后要触发的回调函数。

【例 7.5】 滑动隐藏 id 为 ad 的 div 元素。（**实例位置：光盘\TM\sl\7\5**）

在引入 jQuery 库的代码下方编写 jQuery 代码，实现滑动隐藏效果，具体代码如下：

```html
<script type="text/javascript">
    $(document).ready(function(){
        $("#ad").slideUp(600);
    });
</script>
```

运行效果如图 7.7 所示。

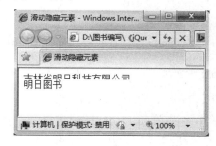 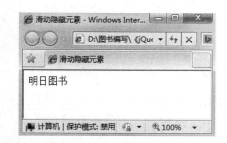

图 7.7  滑动隐藏效果

## 7.5.3  通过高度的变化动态切换元素的可见性

通过 slideToggle()方法可以实现通过高度的变化动态切换元素的可见性。在使用 slideToggle()方法时，如果元素是可见的，就通过减小高度使全部元素隐藏，如果元素是隐藏的，就增加元素的高度使元素最终全部可见。slideToggle()方法的语法格式如下：

```
slideToggle([speed],[callback])
```

☑ speed：可选参数，元素从可见到隐藏的速度。可以是数字，也就是元素经过多少毫秒（1000 毫秒=1 秒）后完全显示或隐藏。也可以是默认参数 slow（600 毫秒）、normal（400 毫秒）和 fast（200 毫秒）。

147

☑  callback：可选参数，用于指定动画完成时触发的回调函数。

例如，要实现单击 id 为 flag 的图片时，控制菜单的显示或隐藏（默认为不显示，奇数次单击时显示，偶数次单击时隐藏），可以使用下面的代码：

```
$("#flag").click(function(){
     $("#menu").slideToggle(300);              //显示/隐藏菜单
});
```

【例 7.6】 将例 7.3 中的效果改为通过单击图片控制菜单的显示或隐藏。（实例位置：光盘\TM\sl\7\6）

在引入 jQuery 库的代码下方编写 jQuery 代码，实现滑动显示效果，具体代码如下：

```
<script type="text/javascript">
    $(document).ready(function(){
    $("#flag").click(function(){
          $("#menu").slideToggle(300);          //显示/隐藏菜单
});
    });
</script>
```

## 7.5.4　实战模拟：伸缩式导航菜单

通过一个具体的实例介绍应用 jQuery 实现滑动效果的具体应用。

【例 7.7】 伸缩式导航菜单。（实例位置：光盘\TM\sl\7\7）

（1）创建一个名称为 index.html 的文件，在该文件的<head>标记中应用下面的语句引入 jQuery 库。

```
<script type="text/javascript" src="../js/jquery-1.11.1.min.js"></script>
```

（2）在页面的<body>标记中，首先添加一个<div>标记，用于显示导航菜单的标题，然后，添加一个<dl>标记，用于显示主菜单项及其子菜单项，其中主菜单项由<dt>标记定义，子菜单项由<dd>标记定义，最后再添加一个<div>标记，用于显示导航菜单的结尾，关键代码如下：

```
<div id="top"></div>
<dl>
     <dt>员工管理</dt>
     <dd>
          <div class="item">添加员工信息</div>
          <div class="item">管理员工信息</div>
     </dd>
     <dt>招聘管理</dt>
     <dd>
          <div class="item">浏览应聘信息</div>
          <div class="item">添加应聘信息</div>
          <div class="item">浏览人才库</div>
     </dd>
     <dt>薪酬管理</dt>
```

```
<dd>
    <div class="item">薪酬登记</div>
    <div class="item">薪酬调整</div>
    <div class="item">薪酬查询</div>
</dd>
<dt class="title"><a href="#">退出系统</a></dt>
</dl>
<div id="bottom"></div>
```

（3）编写 CSS 样式，用于控制导航菜单的显示样式，具体代码请参见光盘。

（4）在引入 jQuery 库的代码下方编写 jQuery 代码，首先隐藏全部子菜单，然后再为每个包含子菜单的主菜单项添加 click 事件，当主菜单为隐藏时，滑动显示主菜单，否则，滑动隐藏主菜单，具体代码如下：

```
<script type="text/javascript">
$(document).ready(function(){
    $("dd").hide(); //隐藏全部子菜单
    $("dt[class!='title']").click(function(){
        if($(this).next().is(":hidden")){
        //  slideDown:通过高度变化（向下增长）来动态地显示所有匹配的元素
        $(this).css("backgroundImage","url(images/title_hide.gif)");        //改变主菜单的背景
            $(this).next().slideDown("slow");
        }else{
        $(this).css("backgroundImage","url(images/title_show.gif)");        //改变主菜单的背景
            $(this).next().slideUp("slow");
        }
    });
});
</script>
```

运行本实例，将显示如图 7.8 所示的效果，单击某个主菜单时，将展开该主菜单下的子菜单，例如，单击"招聘管理"主菜单，将显示如图 7.9 所示的子菜单。通常情况下，"退出系统"主菜单没有子菜单，所以单击"退出系统"主菜单将不展开对应的子菜单，而是激活一个超级链接。

图 7.8　未展开任何菜单的效果　　图 7.9　展开"招聘管理"主菜单的效果

# 7.6　自定义的动画效果

前面已经介绍了 3 种类型的动画效果，但是有些时候，开发人员会需要一些更加高级的动画效果，这时候就需要采取高级的自定义动画来解决这个问题。在 jQuery 中，要实现自定义动画效果，主要应用 animate()方法创建自定义动画，应用 stop()方法停止动画。下面分别进行介绍。

## 7.6.1　使用 animate()方法创建自定义动画

animate()方法的操作更加自由，可以随意控制元素的属性，实现更加绚丽的动画效果。animate()方法的基本语法格式如下：

```
animate(params,speed,callback)
```

☑　params：表示一个包含属性和值的映射，可以同时包含多个属性，例如{left:"200px",top:"100px"}。
☑　speed：表示动画运行的速度，参数规则同其他动画效果的 speed 一致，它是一个可选参数。
☑　callback：表示一个回调函数，当动画效果运行完毕后执行该回调函数，它也是一个可选参数。

**【例 7.8】**　将元素在页面移动一圈。（**实例位置：光盘\TM\sl\7\8**）

（1）创建一个名称为 index.html 的文件，在该文件的<head>标记中应用下面的语句引入 jQuery 库。

```
<script type="text/javascript" src="../js/jquery-1.11.1.min.js"></script>
```

（2）在页面的<body>标记中，首先添加一个<div>标记，在<div>标记中放置一张图片，代码如下：

```
<div id="fish"><img src="images/fish.jpg" /></div>
```

（3）在引入 jQuery 库的代码下方编写 jQuery 代码，让图片先向右移动，再向下移动，最终返回原点，具体代码如下：

```
<script type="text/javascript">
$(document).ready(function(){
    $("#fish").animate({left:300},1000)
    .animate({top:200},1000)
    .animate({left:0},200)
    .animate({top:0},200);
});
</script>
```

**注意**

在使用 animate()方法时，必须设置元素的定位属性 position 为 relative 或 absolute，元素才能动起来。如果没有明确定义元素的定位属性，并试图使用 animate()方法移动元素时，它们只会静止不动。

**说明**

在 animate()方法中可以使用属性 opacity 来设置元素的透明度。

如果在{left:"400px"}中的 400px 之前加上 "+=" 就表示在当前位置累加，"-=" 就表示在当前位置累减。

## 7.6.2　使用 stop()方法停止动画

stop()方法也属于自定义动画函数，它会停止匹配元素正在运行的动画，并立即执行动画队列中的下一个动画。stop()方法的语法格式如下：

```
stop(clearQueue,gotoEnd)
```

☑ clearQueue：表示是否清空尚未执行完的动画队列（值为 true 时表示清空动画队列）。
☑ gotoEnd：表示是否让正在执行的动画直接到达动画结束时的状态（值为 true 时表示直接到达动画结束时状态）。

【例 7.9】 停止正在执行的动画效果，清空动画序列并直接到达动画结束时的状态。（**实例位置：光盘\TM\sl\7\9**）

第（1）、（2）步同例 7.8，在引入 jQuery 库的代码下方编写 jQuery 代码，加入停止动画的代码，具体代码如下：

```
<script type="text/javascript">
$(document).ready(function(){
    $("#fish").animate({left:300},1000)
    .animate({top:200},1000)
    .animate({left:0},200)
    .animate({top:0},200);
    $("#btn").click(function(){
            $("#fish").stop(true,true);          //停止动画效果
    });
});
</script>
```

## 7.6.3　判断元素是否处于动画状态

使用 animate()方法时，当用户快速在某个元素上执行 animate()动画时，就会出现动画累积。解决这个问题的方法是判断元素是否正处于动画状态，如果不处于动画状态才为元素添加新的动画，否则则不添加。具体代码如下：

```
if(!$(element).is(":animated")){          // 判断元素是否处于动画状态
```

```
        // 如果没有处于动画状态，则添加新的动画
}
```

判断是否处于动画状态这个方法在 animate()动画中会经常使用到，读者需要特别注意和掌握。

## 7.6.4  延迟动画的执行

在动画执行的过程中，经常会对动画进行延迟操作，需要使用到 delay()方法，下面通过一个具体的实例来演示它的使用方法。

【例 7.10】  延迟执行动画。（**实例位置：光盘\TM\sl\7\10**）

第（1）、（2）步同例 7.8，在引入 jQuery 库的代码下方编写 jQuery 代码，加入延迟动画执行的代码，具体代码如下：

```
<script type="text/javascript">
$(document).ready(function(){
    $("#fish").animate({left:300},1000)
    .delay(300)
    .animate({top:200},1000)
    .delay(1500)
    .animate({left:0},200)
    .animate({top:0},200);
    $("#btn").click(function(){
            $("#fish").stop(true,true);          //停止动画效果
    });
});
</script>
```

delay()方法允许将队列中的函数延迟执行，它既可以推迟动画队列中函数的执行，也可以用于自定义队列。

# 7.7  综合实例：实现图片传送带效果

所谓图片传送带是指在页面的指定位置固定显示一定数量的图片（其他图片隐藏），单击最左边的图片时，全部图片均向左移动一张图片的位置，单击最右边的图片时，全部图片均向右移动一张图片的位置，这样既可以查看到全部图片，又能节省页面空间，比较实用。运行本实例，将显示如图 7.10 所示的效果，将鼠标移动到左边的图片上，将显示如图 7.11 所示的箭头，单击向左箭头将向左移动一张图片；将鼠标移动到右边的图片上时，将显示向右的箭头，单击向右箭头将向右移动一张图片；单击中间位置的图片，可以打开新窗口查看该图片的原图。

图 7.10　鼠标不在任何图片上的效果　　　　图 7.11　将鼠标移动到第一张图片的效果

 **说明**

图片传送带效果还可以通过 jQuery 插件来实现，通过插件实现起来更加容易，而且效果更加丰富。

程序开发步骤如下：

（1）创建一个名称为 index.html 的文件，在该文件的\<head\>标记中应用下面的语句引入 jQuery 库。

```
<script type="text/javascript" src="../js/jquery-1.11.1.min.js"></script>
```

（2）在页面的\<body\>标记中，首先添加一个\<div\>标记，用于显示导航菜单的标题，然后，添加一个\<dl\>标记，用于显示主菜单项及其子菜单项，其中主菜单项由\<dt\>标记定义，子菜单项由\<dd\>标记定义，最后再添加一个\<div\>标记，用于显示导航菜单的结尾，关键代码如下：

```
<div id="container">
<div class="box">
    <a href="images/01.jpg"><img height=60 src="images/01.jpg" width=80></a>
    <a href="images/02.jpg"><img height=60 src="images/02.jpg" width=80></a>
    <a href="images/03.jpg"><img height=60 src="images/03.jpg" width=80></a>
    <a href="images/04.jpg"><img height=60 src="images/04.jpg" width=80></a>
    <a href="images/05.jpg"><img height=60 src="images/05.jpg" width=80></a>
    <a href="images/06.jpg"><img height=60 src="images/03.jpg" width=80></a>
</div>
</div>
```

（3）编写 CSS 样式，用于控制图片传送带容器及图片的样式，具体代码请参见光盘。

（4）在引入 jQuery 库的代码下方编写 jQuery 代码，实现图片传送带效果，具体代码如下：

```
<script type="text/javascript">
$(document).ready(function() {
    var spacing = 90;                  //定义保存间距的变量
    function createControl(src) {      //定义创建控制图片的函数
```

```
    return $('<img/>')
      .attr('src', src)                                  //设置图片的来源
       .attr("width",80)
       .attr("height",60)
       .addClass('control')
       .css('opacity', 0.6)                              //设置透明度
       .css('display', 'none');                          //默认为不显示
}
var $leftRollover = createControl('images/left.gif');     //创建向左移动的控制图片
var $rightRollover = createControl('images/right.gif');   //创建向左移动的控制图片
$('#container').css({                                     //改变图像传送带容器的 CSS 样式
  'width': spacing * 3,
  'height': '70px',
  'overflow': 'hidden'                                    //溢出时隐藏
}).find('.box a').css({
  'float': 'none',
  'position': 'absolute',                                 //设置为绝对布局
  'left': 1000                                            //将左边距设置为 1000，目的是不显示
});
var setUpbox = function() {
  var $box = $('#container .box a');
  $box.unbind('click mouseenter mouseleave');            //移除绑定的事件
  /*****************************左边的图片*****************************/
  $box.eq(0)
     .css('left', 0)
     .click(function(event) {
       $box.eq(0).animate({'left': spacing}, 'fast');    //为第一张图片添加动画
       $box.eq(1).animate({'left': spacing * 2}, 'fast'); //为第二张图片添加动画
       $box.eq(2).animate({'left': spacing * 3}, 'fast'); //为第三张图片添加动画
       $box.eq($box.length - 1)
         .css('left', -spacing)                          //设置左边距
         .animate({'left': 0}, 'fast', function() {
           $(this).prependTo('#container .box');
           setUpbox();
         });                                             //添加动画
       event.preventDefault();                           //取消事件的默认动作
     }).hover(function() {                               //设置鼠标的悬停事件
       $leftRollover.appendTo(this).fadeIn(200);         //显示向左移动的控制图片
     }, function() {
       $leftRollover.fadeOut(200);                       //隐藏向左移动的控制图片
     });
  /*****************************右边的图片*****************************/
  $box.eq(2)
     .css('left', spacing * 2)                           //设置左边距
     .click(function(event) {                            //绑定单击事件
       $box.eq(0)                                        //获取左边的图片，也就是第一张图片
         .animate({'left': -spacing}, 'fast', function() {
           $(this).appendTo('#container .box');
           setUpbox();
```

```
        });                                        //添加动画
        $box.eq(1).animate({'left': 0}, 'fast');    //添加动画
        $box.eq(2).animate({'left': spacing}, 'fast');  //添加动画
        $box.eq(3)
            .css('left', spacing * 3)              //设置左边距
            .animate({'left': spacing * 2}, 'fast');  //添加动画
        event.preventDefault();                     //取消事件的默认动作
    }).hover(function() {                            //设置鼠标的悬停事件
        $rightRollover.appendTo(this).fadeIn(200);  //显示向右移动的控制图片
    }, function() {
        $rightRollover.fadeOut(200);                //隐藏向右移动的控制图片
    });
    /*********************中间的图片*********************************/
    $box.eq(1).css('left', spacing);               //设置中间图片的左边距
    };
    setUpbox();
    $("a").attr("target","_blank");                 //查看原图时，在新的窗口中打开
});
</script>
```

# 7.8　小　　结

　　本章讲解了 jQuery 中的动画。首先从最简单的动画方法 show() 和 hide() 讲起，接下来介绍了如何切换元素的可见状态。之后为读者讲解了 fadeIn() 和 fadeOut() 方法以及 slideUp() 和 slideDown() 方法，告诉读者通过这些方法也能达到同样的动画效果。最后介绍了最重要的 animate() 方法，使用这个方法不仅能实现之前讲解的所有动画效果，也可以实现自定义动画。另外，在制作动画的过程中，要特别注意动画的执行顺序。最后通过实现图片的传送带实例让读者进一步加深了对动画的理解。

# 7.9　练习与实践

（1）单击按钮，实现 div 内容的隐藏。（答案位置：光盘\TM\sl\7\12）

（2）单击标题，实现隐藏内容的淡出显示。（答案位置：光盘\TM\sl\7\13）

（3）写出使用 animate() 方法代替 slideDown() 方法的代码。（答案位置：光盘\TM\sl\7\14）

# 第 8 章

## 使用 jQuery 处理图片和幻灯片

（ 📹 视频讲解：32 分钟 ）

Internet 上如果没有图片，会是非常乏味的。我们在 Web 上以图片的形式接收大量信息，将其加上边框、图标、渐变等设计元素，可以帮助我们更好地定义网页的交互。如果这些元素与 jQuery 结合使用，则会起到画龙点睛的效果。本章就来使用 jQuery 实现一些使用原生的 JavaScript 不易实现的相对新颖的特效和功能。

通过阅读本章，您可以：

▶▶ 掌握 Lightbox 的使用

▶▶ 掌握 ColorBox 的使用

▶▶ 掌握使用 Jcrop 剪裁图片

▶▶ 实现交叉图片淡入淡出显示

▶▶ 图片滚动显示

# 8.1　jQuery 操作图片

## 8.1.1　Lightbox

　　Lightbox 是一个提供全功能图片查看器的 JavaScript 库，它提供了在线图片库、图像覆盖和图片集导航功能。它可用于任何现代的浏览器，因此用户不需要下载特别的组件，或担心浏览器的更新。Lightbox 的效果类似于 WinXP 操作系统的注销/关机对话框，除去屏幕中心位置的对话框，其他的区域都以淡出的效果逐渐变为银灰色以增加对比度，此时除了对话框内的表单控件，没有其他区域可以获取焦点。它的效果如图 8.1 所示。

图 8.1　lightbox 效果

### 1．Lightbox 的下载和使用

　　与其他的 JavaScript 库一样，设置 lightbox 非常简单，以下是详细步骤。

Lightbox 的下载地址为 http://lokeshdhakar.com/projects/lightbox2，单击 DOWNLOAD 按钮即可下载。本书中使用的 lightbox 的版本为 2.7.1。

将下载好的 lightbox-2.7.1.zip 文件解压，可以看到 lightbox 文件夹。目录结构如图 8.2 所示。

其中，lightbox.js 文件在 js 文件夹中，如图 8.3 所示。

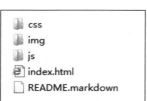

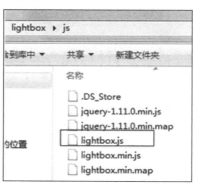

图 8.2　lightbox 目录结构　　　　图 8.3　lightbox.js 文件位置

【例 8.1】　Lightbox 实例。（实例位置：光盘\TM\sl\8\1）

（1）创建一个名称为 index.html 的文件，在该文件的<head>标记中应用下面的语句引入 lightbox 中的 screen.css 与 lightbox.css 文件，代码如下：

```
<link rel="stylesheet" href="../css/screen.css">
<link rel="stylesheet" href="../css/lightbox.css">
```

（2）引入 lightbox 中的 lightbox.js 文件与 jQuery 文件，代码如下：

```
<script src="../js/jquery-1.11.1.min.js"></script>
<script src="../js/lightbox.js"></script>
```

（3）在页面中创建一个<div>元素，在该<div>元素中放置 2 组图片，第一组放置 2 个独立的图片，第二组放置图片集合。具体代码如下：

```
<section id="examples" class="examples-section">
        <div class="container">
            <h2>Lightbox 实例</h2>
            <h3>两张独立的图片</h3>
            <div class="image-row">
                <a class="example-image-link" href="../img/demopage/image-1.jpg" data-lightbox=
"example-1"> <img class="example-image" src="../img/demopage/image-1.jpg" alt="image-1" /></a>
                <a class="example-image-link" href="../img/demopage/image-2.jpg" data-lightbox=
"example-2" data-title="Optional caption."><img class="example-image" src="../img/demopage/image-2.jpg"
alt="image-1"/></a>
            </div>

            <hr />

            <h3 style="clear: both;">图片集</h3>
```

```
<div class="image-row">
    <div class="image-set">
        <a class="example-image-link" href="../img/demopage/image-3.jpg" data-lightbox=
"example-set" data-title="Click the right half of the image to move forward."><img class="example-image"
src="../img/demopage/thumb-3.jpg" alt=""/></a>
        <a class="example-image-link" href="../img/demopage/image-4.jpg" data-lightbox=
"example-set" data-title="Or press the right arrow on your keyboard."><img class="example-image"
src="../img/demopage/thumb-4.jpg" alt="" /></a>
        <a class="example-image-link" href="../img/demopage/image-5.jpg" data-lightbox=
"example-set" data-title="The next image in the set is preloaded as you're viewing."><img class=
"example-image" src="../img/demopage/thumb-5.jpg" alt="" /></a>
        <a class="example-image-link" href="../img/demopage/image-6.jpg" data-lightbox=
"example-set" data-title="Click anywhere outside the image or the X to the right to close."><img class=
"example-image" src="../img/demopage/thumb-6.jpg" alt="" /></a>
    </div>
    </div>
    </div>
</section>
```

运行本实例，可以看到如图 8.4 所示的效果。

图 8.4　Lightbox 效果

在以上代码中，使用<a>标签连接原图片，并且指定 data-lightbox 属性，使用<img>标签指向缩略图。其中链接和图片的样式都在 screen.css 文件中。

159

## 2．Lightbox 插件——ColorBox

对于常规性需求，Lightbox 是实用的。但是，随着功能的发展，它的局限性就显现出来了。目前，有很多优秀的 Lightbox 插件，功能十分丰富。有些注重控制文件大小，有些专注于跨浏览器的支持，有些关注扩展性，有些针对特定的博客平台。

在此，我们选择 ColorBox 这款插件，它是一款弹出层、轻量级的内容播放插件，效果极佳，它基于 jQuery1.3，功能非常强大。ColorBox 插件支持图片、图片组、Ajax 和 iframe 等内容，可以自定义 CSS 样式，不需要改写 ColorBox 库文件就可以重写展示效果，并且支持加载预处理提示等。

Colorbox 的官方下载地址为：http://jacklmoore.com/colorbox。

【例 8.2】 ColorBox 实例。（实例位置：光盘\TM\sl\8\2）

（1）将下载好的 colorbox 文件 example2 中的 colorbox.css 文件复制到实例文件夹中。

（2）创建一个名称为 index.html 的文件，在该文件的<head>标记中应用下面的语句引入 CSS 文件、jQuery 文件和 ColorBox 文件，代码如下：

```
<link rel="stylesheet" href="colorbox.css" />
    <script src="../js/jquery-1.11.1.min.js"></script>
    <script src="../js/jquery.colorbox.js"></script>
```

（3）在页面中引入 4 组可以单击的图片，用来展示不同的效果。具体代码如下：

```
<h1>Colorbox 实例</h1>
    <h2>弹性效果</h2>
    <p><a class="group1" href="../img/content/2_01.png">图片 1</a></p>
    <p><a class="group1" href="../img/content/2_02.png">图片 2</a></p>
    <p><a class="group1" href="../img/content/2_03.png">图片 3</a></p>

    <h2>淡入淡出效果</h2>
    <p><a class="group2" href="../img/content/2_01.png">图片 1</a></p>
    <p><a class="group2" href="../img/content/2_02.png">图片 2</a></p>
    <p><a class="group2" href="../img/content/2_03.png">图片 3</a></p>

    <h2>无过渡效果+固定宽和高（占屏幕 75%）</h2>
    <p><a class="group3" href="../img/content/2_01.png">图片 1</a></p>
    <p><a class="group3" href="../img/content/2_02.png">图片 2</a></p>
    <p><a class="group3" href="../img/content/2_03.png">图片 3</a></p>

    <h2>图片自动播放</h2>
    <p><a class="group4"   href="../img/content/2_01.png">图片 1</a></p>
    <p><a class="group4"   href="../img/content/2_02.png">图片 2</a></p>
    <p><a class="group4"   href="../img/content/2_03.png">图片 3</a></p>
```

（4）编写 jQuery 代码，设置第一组图片为弹性效果，第二组图片为淡入淡出效果，第三组图片宽度与高度为屏幕的 75%，第四组图片自定义播放。具体代码如下：

```
$(document).ready(function(){
    $(".group1").colorbox({rel:'group1'});
    $(".group2").colorbox({rel:'group2', transition:"fade"});
```

```
$(".group3").colorbox({rel:'group3', transition:"none", width:"75%", height:"75%"});
$(".group4").colorbox({rel:'group4', slideshow:true});
});
```

运行本实例，单击页面链接，可以看到如图 8.5~图 8.8 所示的效果。

图 8.5　弹性效果

图 8.6　淡入淡出效果

图 8.7 固定宽和高

图 8.8 图片自动播放

【例 8.3】 特定样式的 ColorBox 实例。（实例位置：光盘\TM\sl\8\3）

（1）将下载下来的 colorbox 实例 example5 中的 colorbox.css 文件复制到实例文件夹中。

（2）创建一个名称为 index.html 的文件，在该文件的<head>标记中应用下面的语句引入 CSS 文件、jQuery 文件和 ColorBox 文件，代码如下：

```
<link rel="stylesheet" href="colorbox.css" />
    <script src="../js/jquery-1.11.1.min.js"></script>
    <script src="../js/jquery.colorbox.js"></script>
```

（3）在页面中引入 4 组可以单击的图片，用来展示不同的效果。具体代码如下：

```
<h1>编程词典珍藏版</h1>
    <h2>弹性效果</h2>
    <p><a class="group1" href="../img/content/2_01.png" title="编程词典珍藏版">图片 1</a></p>
    <p><a class="group1" href="../img/content/2_02.png" title="海量超值资源">图片 2</a></p>
    <p><a class="group1" href="../img/content/2_03.png" title="让你大开眼界">图片 3</a></p>

    <h2>淡入淡出的效果</h2>
    <p><a class="group2" href="../img/content/2_01.png" title="编程词典珍藏版">图片 1</a></p>
    <p><a class="group2" href="../img/content/2_02.png" title="海量超值资源">图片 2</a></p>
    <p><a class="group2" href="../img/content/2_03.png" title="让你大开眼界">图片 3</a></p>

    <h2>固定宽度和高度</h2>
    <p><a class="group3" href="../img/content/2_01.png" title="编程词典珍藏版">图片 1</a></p>
    <p><a class="group3" href="../img/content/2_02.png" title="海量超值资源">图片 2</a></p>
    <p><a class="group3" href="../img/content/2_03.png" title="让你大开眼界">图片 3</a></p>

    <h2>图片自动播放</h2>
    <p><a class="group4"   href="../img/content/2_01.png" title="编程词典珍藏版">图片 1</a></p>
    <p><a class="group4"   href="../img/content/2_02.png" title="海量超值资源">图片 2</a></p>
    <p><a class="group4"   href="../img/content/2_03.png" title="让你大开眼界">图片 3</a></p>
```

（4）编写 jQuery 代码，设置第一组图片为弹性效果，第二组图片为淡入淡出效果，第三组图片宽度与高度为屏幕的 75%，第四组图片自定义播放。具体代码如下：

```
$(document).ready(function(){
    $(".group1").colorbox({rel:'group1'});
    $(".group2").colorbox({rel:'group2', transition:"fade"});
    $(".group3").colorbox({rel:'group3', transition:"none", width:"75%", height:"75%"});
    $(".group4").colorbox({rel:'group4', slideshow:true});
});
```

运行本实例，单击页面链接，可以看到如图 8.9~图 8.12 所示的效果。

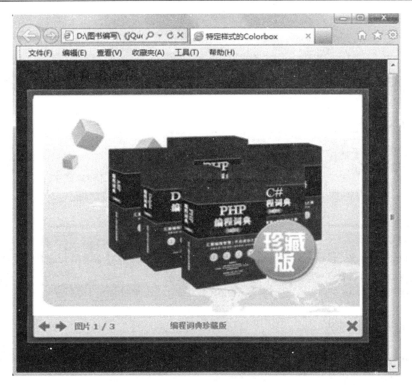

图 8.9　弹性效果

图 8.10　淡入淡出效果

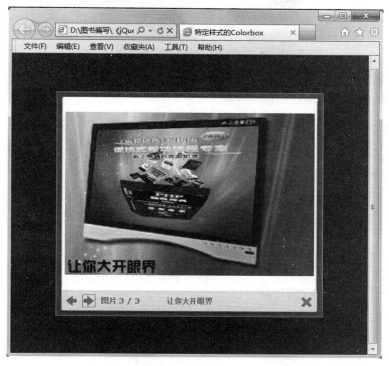

图 8.11　固定宽度和高度效果

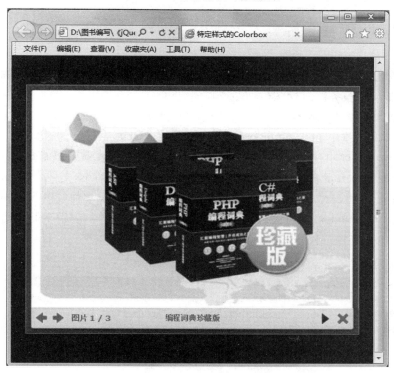

图 8.12　自动播放效果

此处需要注意的一点是，图片计数部分默认是英文的，如图 8.13 所示。

图 8.13　默认效果

我们需要修改 jquery.colorbox.js 文件的 60-66 行，将

```
// internationalization
        current: "image {current} of {total}",
        previous: "previous",
        next: "next",
        close: "close",
        xhrError: "This content failed to load.",
        imgError: "This image failed to load.",
```

改为：

```
// internationalization
        current: "图片 {current} / {total}",
        previous: "上一张",
        next: "下一张",
        close: "关闭",
        xhrError: "内容加载失败",
        imgError: "图片加载失败",
```

## 8.1.2　使用 Jcrop 剪裁图片

图像剪裁是一个经常用到的功能，实现原理也较为简单，就是在本地选择好所需裁剪图片的坐标，将坐标发送到服务器，由服务器执行图片剪裁操作。

Jcrop 是一个功能强大的 jQuery 图像剪裁插件，结合后端程序（如 PHP）可以快速实现图片剪裁的功能。Jcrop 的下载地址为：http://jcrop.org/download。

【例 8.4】　jQuery+Jcrop+PHP 实现图片剪裁。（**实例位置：光盘\TM\sl\8\4**）

（1）将下载下来的 Jcrop 中 js 文件夹的 jquery.Jcrop.js 复制到 js 文件夹中，将 css 文件夹中的 jquery.Jcrop.css 文件复制到 css 文件夹中，将 demo.css 以及 main.css 文件复制到 demo_files 文件夹中。

（2）创建一个名称为 index.php 的文件，在该文件的<head>标记中应用下面的语句引入 CSS 文件、jQuery 文件和 ColorBox 文件，代码如下：

```
<script src="../js/jquery-1.11.1.min.js"></script>
  <script src="../js/jquery.Jcrop.js"></script>
  <link rel="stylesheet" href="demo_files/main.css" type="text/css" />
  <link rel="stylesheet" href="demo_files/demos.css" type="text/css" />
  <link rel="stylesheet" href="../css/jquery.Jcrop.css" type="text/css" />
```

（3）在页面中引入待剪裁图片，以及 4 个隐藏域，用来保存待截取的切面的坐标以及宽度和高度。具体代码如下：

```
<div class="container">
```

```
<div class="row">
<div class="span12">
<div class="jc-demo-box">
<div class="page-header">
<h1>jQuery+Jcrop+PHP 实现图片剪裁</h1>
</div>
          <!-- 待剪裁图片 -->
          <img src="demo_files/011.jpg" id="cropbox" />
          <form action="crop.php" method="post" onsubmit="return checkCoords();">
               <input type="hidden" id="x" name="x" />
               <input type="hidden" id="y" name="y" />
               <input type="hidden" id="w" name="w" />
               <input type="hidden" id="h" name="h" />
               <input type="submit" value="剪裁图片" class="btn btn-large btn-inverse" />
          </form>
     </div>
     </div>
     </div>
     </div>
```

（4）编写 jQuery 代码，使用 Jcrop() 方法执行选框选定时的事件，将切面的 x 坐标、y 坐标、宽度、高度分别赋值给第（3）步中的 4 个 hidden 隐藏域。具体代码如下：

```
$(function(){
    $('#cropbox').Jcrop({
    aspectRatio: 1,
    onSelect: updateCoords      // 选框选定时的事件
    });
});

// 简单的事件处理程序，响应自 onSelect 事件
// 将切面的 x 坐标、y 坐标、宽度、高度分别赋值给 4 个 hidden 隐藏域
function updateCoords(c)
{
  $('#x').val(c.x);
  $('#y').val(c.y);
  $('#w').val(c.w);
  $('#h').val(c.h);
};
```

（5）编写单击按钮时触发的 onclick 事件函数 checkCoords()，检验是否选中了要剪裁的图片区域。代码如下：

```
function checkCoords()
    {
    if (parseInt($('#w').val())) return true;
    alert('请选择您要剪裁的图片区域！');
    return false;
    }
```

（6）编写后台 PHP 代码，定义剪裁的目标宽度与高度，定义图片质量，创建源图片资源，复制图像并且剪切图像，最后创建剪裁之后的图片显示到页面上。具体代码如下：

```php
<?php
if ($_SERVER['REQUEST_METHOD'] == 'POST')
{
    $target_width = $target_height = 200;                          //定义剪裁的目标宽度与高度
    $jpeg_quality = 90;                                            //定义图片质量

    $src = 'demo_files/011.jpg';                                   //定义源图片位置
    $img_r = imagecreatefromjpeg($src);                            //创建图像
    $dst_r = ImageCreateTrueColor( $target_width, $target_height );  //创建真彩图像资源

    imagecopyresampled($dst_r,$img_r,0,0,$_POST['x'],$_POST['y'],   //重新采样复制部分图像并调整大小
    $target_width,$target_height,$_POST['w'],$_POST['h']);

    header('Content-type: image/jpeg');
    imagejpeg($dst_r,null,$jpeg_quality);                          //创建剪切之后的图像
    exit;
}
?>
```

运行本实例，选中要剪裁的区域，如图 8.14 所示，之后单击"剪裁图片"按钮，可以看到如图 8.15 所示效果。

图 8.14　选中待剪裁区域　　　　　　　　　　　　　　　图 8.15　剪裁结果

【例 8.5】　带预览图的 Jcrop 剪裁。（实例位置：光盘\TM\sl\8\5）

（1）创建一个名称为 index.html 的文件，在该文件的<head>标记中应用下面的语句引入 CSS 文件、jQuery 文件和 ColorBox 文件，代码如下：

```
<script src="../js/jquery-1.11.1.min.js"></script>
<script src="../js/jquery.Jcrop.js"></script>
```

（2）在页面中创建 class 为 container 的容器\<div\>，在其中创建 id 为 preview-pane 的\<div\>元素以及 class 为 preview-container 的\<div\>元素，在其中引入待剪裁图片。具体代码如下：

```
<div class="container">
<div class="row">
<div class="span12">
<div class="jc-demo-box">
<div class="page-header">
<h1>带预览图的 Jcrop 剪裁</h1>
</div>
  <img src="demo_files/bccd.png" id="target" />
  <div id="preview-pane">
    <div class="preview-container">
      <img src="demo_files/bccd.png" class="jcrop-preview" alt="Preview" />
    </div>
  </div>
<div class="clearfix"></div>
</div>
</div>
</div>
</div>
```

（3）编写 jQuery 代码，使用 Jcrop()方法执行选框选定时的事件、选框改变时的事件以及移动选框时的事件，让获取的预览图在旁边位置显示出来。具体代码如下：

```
$(function($){
    var jcrop_api,
        boundx,
        boundy,
        $preview = $('#preview-pane'),
        $pcnt = $('#preview-pane .preview-container'),
        $pimg = $('#preview-pane .preview-container img'),
        xsize = $pcnt.width(),
        ysize = $pcnt.height();
    console.log('init',[xsize,ysize]);
    $('#target').Jcrop({
      onChange: updatePreview,
      onSelect: updatePreview,
      aspectRatio: xsize / ysize
    },function(){
      // 获取图片的真实尺寸
      var bounds = this.getBounds();
      boundx = bounds[0];
```

```
    boundy = bounds[1];
    jcrop_api = this;
    // 移动预览图
    $preview.appendTo(jcrop_api.ui.holder);
});
function updatePreview(c)
{
 if (parseInt(c.w) > 0)
   {
     var rx = xsize / c.w;
     var ry = ysize / c.h;

     $pimg.css({
       width: Math.round(rx * boundx) + 'px',
       height: Math.round(ry * boundy) + 'px',
       marginLeft: '-' + Math.round(rx * c.x) + 'px',
       marginTop: '-' + Math.round(ry * c.y) + 'px'
     });
   }
 };
});
```

运行本实例，选中要剪裁的区域，可以看到截取图像的预览图，如图 8.16 所示。

图 8.16　显示预览图

# 8.2　jQuery 实现幻灯片切换效果

## 8.2.1　交叉渐变幻灯片

### 1．滚动渐变器

我们首先讲解一个基本渐变器——滚动渐变器，它和悬停特效很像，用来在两个状态之间切换。

将两个图片都放在一个 span 中，悬停图片位于第一个图片的顶部，在用户鼠标经过之前，一直隐藏，当鼠标经过的时候，隐藏的图片淡入。

【例 8.6】　图片渐变切换。（实例位置：光盘\TM\sl\8\6）

（1）创建一个名称为 index.html 的文件，在该文件的<head>标记中应用下面的语句引入 jQuery 文件，代码如下：

```
<script src="../js/jquery-1.11.1.min.js"></script>
```

（2）在页面中创建<span>元素，里面包含 2 张图片，具体代码如下：

```
<span id="fader">
<img src="images/03.jpg" class="to" />
<img src="images/04.jpg" class="to"/>
</span>
```

（3）编写 CSS 样式，具体代码请参见光盘。

（4）编写 jQuery 代码，在鼠标经过和离开时，让图片在两个状态之间执行渐变。具体代码如下：

```
$(function($){
    $("#fade").hover(function(){
            $(this).find("img:eq(1)").stop(true,true).fadeIn();
    },function(){
            $(this).find("img:eq(1)").fadeOut();
    })
});
```

运行本实例，将鼠标放在第一张图片上可以看到如图 8.17 所示效果，当鼠标离开，可以看到如图 8.18 所示效果。

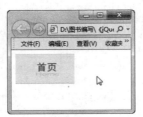

图 8.17　鼠标经过时的效果　　图 8.18　鼠标离开时的效果

上述代码中使用了 stop 命令来停止动画，我们将它的两个参数都设置为 true，这样任何排队的动画都会被清除，直到跳到最后的状态，即完全淡出的状态，之后才能执行淡入。这样可以防止在鼠标快速移动过程中发生阻塞。

**说明**

本实例的特效效果适合实现导航按钮。

两张图片之间的交叉渐变是比较容易实现的：总是一张图片淡入，另一张图片淡出。如果图片数量增多，在一个图片库中实现图片轮换，就稍微复杂一些了，我们需要计算出接下来显示哪张图片，并且保证显示完最后一张图片之后再重新显示第一张。

### 2. 淡入淡出的渐变

在 jQuery 中实现图片库轮换的常见技巧是，隐藏当前图片之外的其他图片，从而模拟出交叉渐变的效果。在切换的时候，只要隐藏当前图片，然后淡出下一张图片即可。

【例 8.7】 jQuery 实现图片库轮换效果。（**实例位置：光盘\TM\sl\8\7**）

（1）创建一个名称为 index.html 的文件，在该文件的<head>标记中应用下面的语句引入 jQuery 文件，代码如下：

```
<script src="../js/jquery-1.11.1.min.js"></script>
```

（2）在页面中创建<div>元素，里面包含 5 张图片，设置其中一张图片为可见的，其余图片隐藏，具体代码如下：

```
<div id="pics">
    <img src="images/02.gif" alt="个人版" class="show" />
    <img src="images/04.jpg" alt="个人版" class="hide"/>
    <img src="images/06.jpg" alt="珍藏版" class="hide"/>
    <img src="images/011.jpg" alt="企业版" class="hide"/>
    <img src="images/111.gif" alt="程序员专业开发资源库" class="hide"/>
</div>
```

（3）编写 jQuery 代码，实现图片轮换效果。具体代码如下：

```
$(function(){
    slideShow();
});
function slideShow(){
    var $current = $("#pics .show");                      //获取 class 为 show 的元素对象
    var $next = $current.next().length?$current.next():$current.siblings().first();    // 得到当前图片
对象的下一个元素对象
    $current.hide().removeClass("show");                  //将当前元素隐藏并移除 show 样式
    $next.fadeIn().addClass("show");                      //下一个元素对象淡入并增加 show 样式
    setTimeout(slideShow,2000);                           //每 2000 毫秒执行一次 slideShow 方法
};
```

运行本实例，将鼠标放在第一张图片上可以看到如图 8.19 所示效果。

图 8.19　图片轮换效果

上述代码中，为寻找下一个要显示的图片，这里使用了三元运算表达式：如果元素有下一个兄弟元素，那么选中它；如果没有下一个兄弟元素，则选择第一张图片，这样就实现了图片的循环显示。最后，隐藏当前图片，淡入下一张并且将 show 这个样式从当前元素切换到下一个元素并设置 2 秒之后再调用 slideShow() 方法。

### 3. 使用 innerFade 插件实现高级渐变

innerFade 插件可以让任意列表形式的内容依次淡入淡出切换显示，也可以上下切换显示。内容可以是文字、图片等。支持各式标签：列表标签<ul>、<li>或是<div>、<p>标签都可以，可以轻松实现如新闻或公告内容的自动随机切换显示，或是图片幻灯片的播放显示等效果。

它的下载地址是 http://medienfreunde.com/lab/innerfade。

下面我们将实例 8.7 的效果使用插件来实现。

【例 8.8】　使用 innerFade 插件实现高级渐变效果。（**实例位置：光盘\TM\sl\8\8**）

（1）创建一个名称为 index.html 的文件，在该文件的<head>标记中应用下面的语句引入 innerFade 插件中的 CSS 文件，代码如下：

```
<link rel="stylesheet" href="../css/reset.css"  type="text/css" media="all" />
<link rel="stylesheet" href="../css/fonts.css"  type="text/css" media="all" />
```

（2）在<head>标记中应用下面的语句引入 jQuery 文件与 innerFade 插件文件，代码如下：

```
<script type="text/javascript" src="../js/jquery-1.11.1.min.js"></script>
<script type="text/javascript" src="../js/jquery.innerfade.js"></script>
```

（3）在页面中创建<ul>元素，在<li>元素中包含 5 张图片，具体代码如下：

```
<ul id="portfolio">
    <li>
        <a href="http://www.mrbccd.com" target="_blank"><img src="images/01.gif" alt="个人版" /></a>
    </li>
    <li>
        <a href="http://www.mrbccd.com" target="_blank"><img src="images/02.jpg" alt="个人版" /></a>
```

```
        </li>
        <li>
            <a href="http://www.mrbccd.com" target="_blank"><img src="images/03.jpg" alt="珍藏版" /></a>
        </li>
        <li>
            <a href="http://www.mrbccd.com" target="_blank"><img src="images/04.jpg" alt="企业版" /></a>
        </li>
        <li>
            <a href="http://www.mrbccd.com" target="_blank"><img src="images/05.gif" alt="程序员专业开发资
源库" /></a>
        </li>
</ul>
```

（4）编写 jQuery 代码，实现图片高级渐变效果。具体代码如下：

```
$(document).ready(
        function(){
            $('#pics').innerfade({
                speed: 'slow',                  //图片淡入速度
                timeout: 2000,                  //图片切换速度
                type: 'sequence',               //按照顺序显示图片
                containerheight: '220px'        //容器高度
            });
        }
);
```

运行本实例，将鼠标放在第一张图片上可以看到如图 8.20 所示效果。

图 8.20　图片高级渐变效果

174

## 8.2.2　滚动幻灯片

交叉渐变不是一组图片过渡的唯一方式，我们还可以将全部图片放在一个容器内，然后使用一个包裹元素隐藏全部图片，只留一张或几张图片可以看到。如果想要显示另外的图片，则将元素滚动到指定的位置即可。

### 1. 图片滚动显示

【例 8.9】　图片滚动显示。（实例位置：光盘\TM\sl\8\9）

（1）在<head>标记中应用下面的语句引入 jQuery 文件，代码如下：

```
<script type="text/javascript" src="../js/jquery-1.11.1.min.js"></script>
```

（2）在页面中创建<div>元素，在该<div>元素中再创建一个<div>元素作为容器，其中包含 5 张图片，具体代码如下：

```
<div id="pics">
    <div id="inner">
        <img src="images/01.gif" alt="个人版" />
        <img src="images/02.jpg" alt="个人版" />
        <img src="images/03.jpg" alt="珍藏版" />
        <img src="images/04.jpg" alt="企业版" />
        <img src="images/05.gif" alt="程序员专业开发资源库" />
    </div>
</div>
```

（3）编写 jQuery 代码，实现图片滚动效果。具体代码如下：

```
$(document).ready(function(){
        $('#inner').click(function(){
                var scrollAmount = $(this).width() - $(this).parent().width();    // 滚动长度        ❶
                var left = $(this).css('left');
                var currentPos = Math.round(Math.abs(parseFloat(left != "auto" ? left:0)));    ❷ // 当前位置
                var remainScroll = scrollAmount - currentPos;            ❸ // 剩余转动距离
                var nextScroll = Math.floor($(this).parent().width());        ❹ // 转动到下一张图片的距离
                if(remainScroll < nextScroll){
                        nextScroll = remainScroll;
                }
                if(currentPos < scrollAmount){
                        $(this).animate({'left':'-=' + nextScroll},'slow');            // 向左转动 nextScroll 数量的距离
                }else{            // 转过了 scrollAmount 长度之后
                        $(this).animate({'left':'0'},'fast');                // 转到起始位置，速度为 fast
                }
        });
});
```

运行本实例，可以看到，一次滚动一张图片的位置，待全部图片滚动完毕后，将回滚到图片开始

处，如图 8.21 所示效果。

图 8.21　图片滚动效果

代码中的重要说明：

- ☑ ❶scrollAmount，首先计算出有多少空间可以滚动，用变量 scrollAmount 表示。这里需要注意一点，就是容器的宽度，我们有 5 张图片需要滚动，因此将容器的宽度设置为图片宽度的 5 倍。
- ☑ ❷currentPos。即当前位置。Math.abs()将当前的滚动位置转变为整数，因为向左滚动意味着将元素移动到负数区域。这里需要注意的一点是，$(this).css('left')默认值为 auto，对其强制转换的值为 NaN，因此此处对其进行了判断，当它的值为 auto 时，将 currentPos 的值设置为 0，若不为 auto，那么 currentPos 的值为$(this).css('left')。
- ☑ ❸remainScroll。知道了转动的空间，也知道了距离为多远，再确定滚动多远就比较容易了，即：

```
var remainScroll = scrollAmount - currentPos;
```

- ☑ ❹ nextScroll。Math.floor()可以对图片向下取整数，nextScroll 为滚动到下一张图片的距离。

如果剩余空间少于需要滚动的距离，那么令 nextScroll = remainScroll；如果滚动还未到达图片末尾（当前位置小于可滚动的总体宽度），则向左滚动 nextScroll 距离，否则滚至图片的开始位置。

### 2．使用 scrollTo 插件实现图片滚动

ScrollTo 是一款基于 jQuery 的滚动插件，当单击页面链接时，可以平滑地滚动到页面指定位置。适用于在一些页面内容比较多、页面长度比较大的场合。ScrollTo 插件可以帮助我们实现图片滚动功能，我们就可以集中精力添加更多的功能，它的下载地址为：http://github.com/flesler/jquery.scrollTo。

【例 8.10】　使用 scrollTo 插件实现图片的随机滚动。（实例位置：光盘\TM\sl\8\10）

（1）在<head>标记中应用下面的语句引入 jQuery 文件与 scrollTo 插件文件，代码如下：

```
<script type="text/javascript" src="../js/jquery-1.11.1.min.js"></script>
<script type="text/javascript" src="../js/jquery.scrollto.js"></script>
```

（2）在页面中创建容器<div>元素 container，在该<div>元素中再创建一个存放全部图片的<div>元素 scroller，其中包含 5 张图片，具体代码如下：

```
<div id="container">
    <div id="scroll">
        <img src="images/01.gif" alt="个人版" />
        <img src="images/02.jpg" alt="个人版" />
        <img src="images/03.jpg" alt="珍藏版" />
        <img src="images/04.jpg" alt="企业版" />
        <img src="images/05.gif" alt="程序员专业开发资源库" />
    </div>
</div>
```

（3）编写 CSS 样式，将可视区域设为一张图片大小，其余图片隐藏，将存放图片的<div>元素宽度设置为 5 个图片的宽度和，具体代码如下：

```
<style>
    #container{
        width:755px;
        height:320px;
        margin-bottom:15px;
    }
    #scroll{
        width:3775px;
        height:4530px;
        overflow:hidden;
    }
    #scroll img{
        float:left;
    }
</style>
```

（4）编写 jQuery 代码，实现图片随机滚动效果。具体代码如下：

```
$(document).ready(function(){
        $('#container').click(function(){
            var numbers = $(this).find('div>img').length;            //获取图片个数
            var next = Math.floor(Math.random()*numbers);            //随机出一张图片的索引
            $(this).scrollTo('#scroll>img:eq('+next+')',{duration:1000});    //滚动到随机出的图片
        });
    });
```

运行本实例，可以看到图片的随机滚动，滚动效果如图 8.22~图 8.24 所示。

图 8.22 起始图片

图 8.23 图片滚动

图 8.24 滚动结束

# 8.3　综合实例：使用 jQuery 制作下拉菜单

我们经常会用到下拉菜单功能，鼠标经过导航图片，显示下拉菜单；当鼠标离开时，下拉菜单再隐藏。实例运行效果如图 8.25 所示。

图 8.25　下拉菜单

【例 8.11】　使用 jQuery 制作下拉菜单。（**实例位置：光盘\TM\sl\8\11**）

（1）在<head>标记中应用下面的语句引入 jQuery 文件，代码如下：

```
<script type="text/javascript" src="../js/jquery-1.11.1.min.js"></script>
```

（2）在页面中创建容器<div>元素，在该<div>元素中利用<ul>、<li>元素制作菜单，具体代码如下：

```
<div id="Nav">
            <ul class="mu">
                <li><a class="go" href="http://www.mrbccd.com" title="编程词典">编程词典</a>
                <blockquote><div class="ChildNavIn"><a class="First" href="#" target="_blank">PHP 编程
词典</a><a class="" href="#" target="_blank">Java 编程词典</a><a class="" href="#" target="_blank">VB 编程
词典</a><a class="" href="#" target="_blank">VC 编程词典</a><a class="" href="#" target="_blank">C#编程词
典</a><a class="" href="#" target="_blank">ASP.NET 编程词典</a><a class="" href="#" target="_blank">Java
Web 编程词典</a></div></blockquote>
                </li>
            </ul>

    <div class="clear"></div>
</div>
```

（3）编写 jQuery 代码，在鼠标移动到"编程词典"菜单上时，显示下拉菜单；当鼠标移开时，隐藏下拉菜单。具体代码如下：

```
$(function(){
    $(".mu li").hover(function(){
```

```
        $(this).find("blockquote").slideDown('fast');          // 滑动显示下拉菜单
    }, function(){
    $(this).find("blockquote").slideUp('fast');                // 滑动隐藏下拉菜单
    });
});
```

# 8.4　小　　结

本章讲解了 jQuery 中操作图片以及实现幻灯片效果。在图片操作部分首先讲解了 lightbox 的下载和使用，展示了 Lightbox 的各种效果，之后介绍了 Lightbox 的 ColorBox 插件。最后介绍了如何使用 Jcrop 插件来剪裁图片。第二部分为读者讲解了 jQuery 操作图片实现幻灯片效果的方法，其中包括交叉渐变效果和实现滚动幻灯片的效果。最后通过综合实例的讲解，让读者对本章内容在实际项目当中的应用了解得更加深刻。

# 8.5　练习与实践

（1）制作编程词典图片的 Lightbox 效果。（答案位置：光盘\TM\sl\8\12）
（2）使用 ColorBox 实现图片切换效果。（答案位置：光盘\TM\sl\8\13）

# 第 9 章

## 使用 jQuery 操作表单

（ 🎥 视频讲解：57 分钟 ）

表单操作是 JavaScript 的常见操作，而 jQuery 是一个十分简单易用的 JavaScript 库，因此，熟练掌握 jQuery 对表单的操作是网页开发人员必备的技能。本章将详细讲解如何使用 jQuery 对表单进行操作。

通过阅读本章，您可以：

▶▶ 了解 HTML 表单

▶▶ 掌握操作文本框和文本域

▶▶ 掌握操作单选按钮和复选框

▶▶ 掌握操作下拉框

▶▶ 掌握表单验证

# 9.1 HTML 表单概述

　　表单通常设计在一个 HTML 文档中，当用户填写完信息后进行提交操作，将表单的内容从客户端的浏览器传送到服务器上，经过服务器处理程序后，再将用户所需信息传送回客户端的浏览器上，这样网页就具有了交互性。HTML 表单是 HTML 页面与浏览器实现交互的重要手段。

　　表单的主要功能是收集信息，具体说是收集浏览者的信息。例如在网上注册一个账号，就必须按要求填写完成网站提供的表单网页，如用户名、密码、联系方式等信息，如图 9.1 所示。在网页中，最常见的表单形式主要包括文本框、单选按钮、复选框、按钮等。

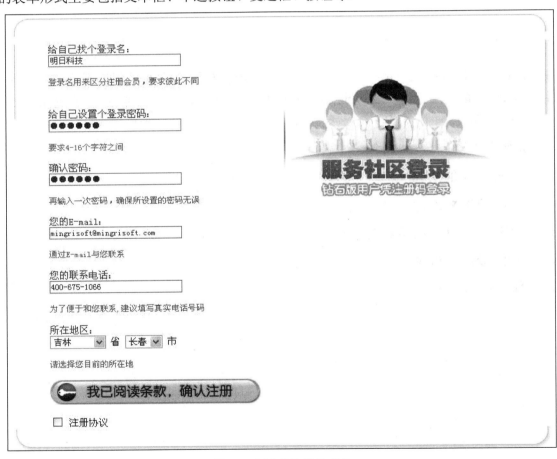

图 9.1　用来做注册的表单

## 9.1.1　表单属性

表单是网页上的一个特定区域。这个区域是由一对<form>标记定义的。在<form>与</form>之间的一切都属于表单的内容。

每个表单元素开始于 form 元素，可以包含所有的表单控件，还有任何必需的伴随数据，如控件的标签、处理数据的脚本或程序的位置等。在表单的<form>标记中，还可以设置表单的基本属性，包括表单的名称、处理程序、传送方式等。一般情况下，表单 action 属性和传送方法 method 是必不可少的参数。

### 1. action 属性

action 属性是指定处理表单提交数据的脚本文件。该文件可以是 JSP、ASP.NET 或 PHP 脚本文件等。具体语法如下：

```
<form action="URL">……</form>
```

☑　URL：表单提交的地址。

**说明**

在 action 属性中指定处理脚本文件时可以指定文件在 Web 服务器上的路径。可以是绝对路径，也可以是相对路径。

### 2. 表单名称 name 属性

名称属性 name 用于给表单命名。这一属性不是表单的必需属性，但是为了防止表单信息在提交到后台处理程序时出现混乱，一般要设置一个与表单功能符合的名称。例如登录的表单可以命名为 loginForm。不同的表单尽量用不同的名称，以避免混乱。具体语法如下：

```
<form name="form_name">……</form>
```

☑　form_name：表单名称。

### 3. 提交方式 method 属性

表单的 method 属性用来定义处理程序从表单中获得信息的方式，可取值为 get 或 post，它决定了表单中已收集的数据是用什么方式提交到服务器的。具体语法如下：

```
<form method="method">……</form>
```

☑　method：提交方式，它的值可以为 get 或 post。

**说明**

　　Method=get: 使用这种方式提交表单时，输入的数据会附加在 URL 之后，由客户端直接发送至服务器，所以速度上会比 post 快。缺点是数据长度不能够太长，在没有指定 method 的情形下，一般都会视 get 为默认值。

　　Method=post: 使用这种设置时，表单数据是与 URL 分开发送的，用户端的计算机会通知服务器来读取数据，所以通常没有数据长度上的限制，缺点是速度上会比 get 慢。

### 4. 编码方式 enctype 属性

表单中的 enctype 参数用于设置表单信息提交的编码方式。具体语法如下：

```
<form enctype="value">……</form>
```

☑　value：取值如表 9.1 所示。

表 9.1　enctype 属性的取值范围

| 取　　值 | 描　　述 |
| --- | --- |
| test/plain | 以纯文本的形式传送 |
| application/x-www-form-urlencoded | 默认的编码形式 |
| multipart/form-data | MIME 编码，上传文件的表单必须选择该项 |

### 5. 目标显示方式 target 属性

target 属性用来指定目标窗口的打开方式。表单的目标窗口往往用来显示表单的返回信息，例如是否成功提交了表单的内容、是否出错等。具体语法如下：

```
<form target="target_win">……</form>
```

☑　target_win：取值如表 9.2 所示。

表 9.2　target 属性的取值范围

| 取　　值 | 描　　述 |
| --- | --- |
| _blank | 将返回信息显示在新打开的浏览器窗口中 |
| _parent | 将返回信息显示在父级浏览器窗口中 |
| _self | 将返回信息显示在当前浏览器窗口中 |
| _top | 将返回信息显示在顶级浏览器窗口中 |

## 9.1.2　输入标记<input>

输入标记<input>是表单中最常用的标记之一。常用的文本域、按钮等都使用这个标记。具体语法如下：

```
<form>
    <input name="field_name" type="type_name">
</form>
```

- ☑ field_name：控件名称。
- ☑ type_name：控件类型，所包含的控件类型如表 9.3 所示。

表 9.3　输入类控件的 type 可选值

| 取　　值 | 描　　述 |
| --- | --- |
| text | 文本框 |
| password | 密码域，用户在页面输入时不显示具体的内容，以*代替 |
| radio | 单选按钮 |
| checkbox | 复选框 |
| button | 普通按钮 |
| submit | 提交按钮 |
| reset | 重置按钮 |
| image | 图形域，也称为图像提交按钮 |
| hidden | 隐藏域，隐藏域将不显示在页面上，只将内容传递到服务器中 |
| file | 文件域 |

### 1．文本框 text

text 属性值用来设定在表单的文本域中，输入任何类型的文本、数字或字母。输入的内容以单行显示。具体语法如下：

```
<input type="text" name="field_name" maxlength=max_value size=size_value value="field_value">
```

文字域属性的含义如表 9.4 所示。

表 9.4　文字域属性

| 取　　值 | 描　　述 |
| --- | --- |
| name | 文本框的名称 |
| maxlength | 文本框的最大输入字符数 |
| size | 文本框的宽度（以字符为单位） |
| value | 文本框的默认值 |

【例 9.1】　在页面中使用文本框，做一个人口调查的页面。（**实例位置：光盘\TM\sl\9\1**）

```
<form>
<h3 align="center">人口调查</h3>
<!-- 设置表示姓名的文本域 -->
```

185

```
    姓名：<input type=" text"  name=" username"  size=20 ><br />  <!-- 设置表示姓名的文本域长度为 4
最大输入字符数为 1 -->
    性别：<input type=" text"  name=" sex"  size=4 maxlength=1 >  
        <!-- 设置表示年龄的文本域长度为 4 最大输入字符数为 3 -->
    年龄：<input  type=" text"  name=" age"  size=4 maxlength=3 > <br />
        <!-- 设置表示地址的文本域长度为 50，文本域中默认值为吉林省长春市-->
    居住地址：<input type=" text"  name=" address"  size=50 value="吉林省长春市">
</form>
```

运行效果如图 9.2 所示。

图 9.2　在页面中添加文字域

### 2．密码域 password

在表单中还有一种文本域的形式为密码域，输入到文本域中的文字均以星号"*"或圆点显示。具体语法如下：

```
<input type="password" name="field_name" maxlength=max_value size=size_value >
```

密码域属性的含义如表 9.5 所示。

表 9.5　密码域属性

| 取　　值 | 描　　述 |
|---|---|
| name | 密码域的名称 |
| maxlength | 密码域的最大输入字符数 |
| size | 密码域的宽度（以字符为单位） |
| value | 密码域的默认值 |

【例 9.2】　　在网络中常常有需要修改密码的时候，现在使用密码域，创建一个修改密码的页面。（实例位置：光盘\TM\sl\9\2）

```
< form>
<h3 align="center">修改密码</h3>
用  户  名：<input type="text" name="username" size=15><br>
```

原  密  码：<input type="password" name="oldpassword" maxlength=8 size=15><br>
新    密    码： <input type="password" name= "newpassword1" maxlength=8 size=15><br>
确认新密码：<input type="password" name="newpassword2" maxlength=8 size=15　>
</ form>

运行效果如图 9.3 所示。

### 3．单选按钮 radio

在网页中，单选按钮用来让浏览者进行单一选择，在页面中以圆框表示。单选按钮必须设置参数 value 的值。而对于一个选择中的所有单选按钮来说，往往要设定同样的名称，这样在传递时才能更好地对某一个选择内容的取值进行判断。具体语法如下：

`<input type="radio" name="field_name" checked value="value">`

☑　checked：表示此项为默认选中。

☑　value：表示选中项目后传送到服务器端的值。

**【例 9.3】**　在页面中使用单选按钮，做一个外来人员登记页面。（**实例位置：光盘\TM\sl\9\3**）

```
<form>
<h3 align="center">外来人员登记表</h3>
姓名：<input type="text" name="username" size=15 /><br>
性别：<input type="radio" name="field_name" checked value="男"/>男
<input type="radio" name="field_name" value="女" />女  <br>
身份证号：<input type="text" name="IDcard" size=20 /> <br>
原因：<input type="text" name="causation" size=50　/>
</form>
```

运行效果如图 9.4 所示。

图9.3　在页面中添加密码域

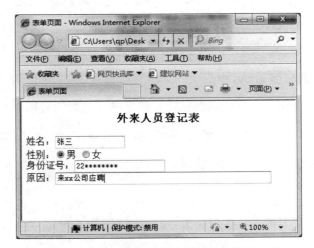

图9.4　在页面中使用单选按钮

### 4．复选框 checkbox

浏览者填写表单时，有一些内容可以通过让浏览者进行选择的形式来实现。例如常见的网上调查，首先提出调查的问题，然后让浏览者在若干个选项中进行选择。又例如收集个人信息时，要求在个人爱好的选项中进行选择等。复选框能够进行项目的多项选择，以一个方框表示。具体语法如下：

```
<input type="checkbox" name="field_name" checked value="value">
```

☑ checked：表示此项为默认选中。
☑ value：表示选中项目后传送到服务器端的值。

**【例 9.4】** 在页面中使用复选框，选择你所喜欢的运动。（**实例位置：光盘\TM\sl\9\4**）

```
<form>
<h3 align="center">选择你喜欢的运动</h3>
<input type="checkbox" name="hobby" value="游泳">游泳
<input type="checkbox" name="hobby" value="足球">足球
<input type="checkbox" name="hobby" value="篮球">篮球<br/>
<input type="checkbox" name="hobby" value="滑冰">滑冰
<input type="checkbox" name="hobby" value="滑雪">滑雪
<input type="checkbox" name="hobby" value="乒乓球">乒乓球
</ form>
```

图 9.5　在页面中使用复选框

运行效果如图 9.5 所示。

### 5．普通按钮 button

在网页中按钮也很常见，在提交页面、恢复选项时常常用到。普通按钮一般情况下要配合脚本来进行表单处理。具体语法如下：

```
<input type="button" name="field_name" value="button_text">
```

☑ field_name：普通按钮的名称。
☑ button_text：按钮上显示的文字。

### 6．提交按钮 submit

提交按钮是一种特殊的按钮，在单击该类按钮时可以实现表单内容的提交。具体语法如下：

```
<input type="submit" name="field_name" value="submit_text">
```

☑ field_name：提交按钮的名称。
☑ submit_text：按钮上显示的文字。

**【例 9.5】** 在页面中分别创建一个普通按钮和一个提交按钮，普通按钮用来关闭该页面，提交按钮用来提交表单。（**实例位置：光盘\TM\sl\9\5**）

```
<!-- 表单提交到一个邮箱地址 -->
<form   action="mailto:mingrisoft@mingrisoft.com">
<!-- 使用 submit 提交表单 -->
提交按钮：<input type="submit" value="提交表单页面" /><br />       <!-- onclick 为鼠标单击事件, window.close()
```

```
为关闭该页面的方法 -->
普通按钮：<input type="button" value="关闭当前页面" onclick="window.close();" />
</form>
```

运行效果如图 9.6 所示。

图 9.6　单击普通按钮的效果

## 9.1.3　文本域标记&lt;textarea&gt;

在 HTML 中还有一种特殊定义的文本样式，称为文字域或文本域。它与文字字段的区别在于可以添加多行文字，从而可以输入更多的文本。这类控件在一些留言板中最为常见。具体语法如下：

```
<textarea name="textname" value="text_value" rows=rows_value cols=cols_value value="value">
```

这些属性的含义如表 9.6 所示。

表 9.6　文本域标记属性

| 文本域标记属性 | 描　　述 |
| --- | --- |
| name | 文本域的名称 |
| rows | 文本域的行数 |
| cols | 文本域的列数 |
| value | 文本域的默认值 |

【例 9.6】　创建一个留言板页面，使用在页面中使用文本域。（实例位置：光盘\TM\sl\9\6）

```
<form>
<h3 align="center">留言板</h3>
标题：<input type="text" name="username" size=50><br /><br />
```

```
<!-- 设置一个文本域，设置该文本域的行数为 10 列数为 70 -->
内容：<br /><textarea name="word" rows=10 cols=70></textarea>
</form>
```

运行效果如图 9.7 所示。

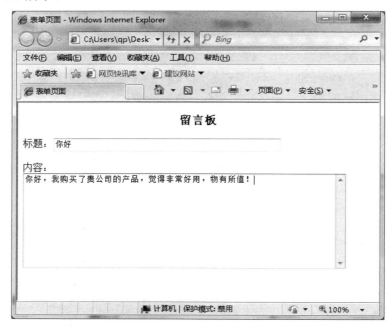

图 9.7　在页面中使用文本域

## 9.1.4　菜单和列表标记

　　菜单列表类的控件主要用来进行选择给定答案中的一种，这类选择往往答案比较多，使用单选按钮比较浪费空间。可以说，菜单列表类的控件主要是为了节省页面空间而设计的。菜单和列表都是通过<select>和<option>标记来实现的。

　　菜单是一种最节省空间的方式，正常状态下只能看到一个选项，单击按钮打开菜单后才能看到全部的选项。

　　列表可以显示一定数量的选项，如果超出了这个数量，会自动出现滚动条，浏览者可以通过拖动滚动条来观看各选项。具体语法如下：

```
<select name='select_name' size=select_size multiple>
    <option value="option_value" selected>选项</option>
<option value="option_value" >选项</option>
</select>
```

这些属性的含义如表 9.7 所示。

表 9.7　菜单和列表标记属性

| 菜单和列表标记属性 | 描　述 |
| --- | --- |
| name | 菜单和列表的名称 |
| size | 显示的选项数目 |
| multiple | 列表中的项目多卷 |
| value | 选项值 |
| selected | 默认选项 |

【例 9.7】　利用<select>标签创建一个用来做学生业余生活调查的页面。（**实例位置：光盘 \TM\sl\9\7**）

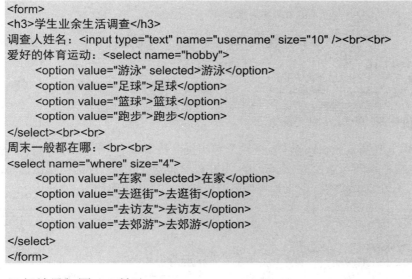

图 9.8　学生业余生活调查

运行效果如图 9.8 所示。

# 9.2　使用 jQuery 操作表单元素

## 9.2.1　操作文本框

文本框是表单中最基本也是最常见的元素，在 jQuery 中，获取文本框的值，方法如下：

```
var textCon = $("#id").val();
```

或者

```
var textCon = $("#id").attr("value");
```

设置文本框的值，可以使用 attr()方法，代码如下：

```
$("#id").attr("value", "要设定的值");
```

设置文本框不可编辑的方法如下：

```
$("#id").attr("disabled", "disabled");
```

设置文本框可编辑的方法如下：

```
$("#id").removeAttr("disabled");
```

【例 9.8】　获取文本框的值以及切换编辑状态。（实例位置：光盘\TM\sl\9\8）

（1）创建一个名称为 index.html 的文件，在该文件的<head>标记中应用下面的语句引入 jQuery 库。

```
<script type="text/javascript" src="../js/jquery-1.11.1.min.js"></script>
```

（2）在页面的<body>标记中，一个文本框，用来输入用户名，以及两个按钮，其中一个是提交按钮，另外一个是普通按钮，关键代码如下：

```
用户名：<input type="text" name="testInput" id="testInput" /> <br/><br/>
<input type="submit" name="vbtn" id="vbtn" value="提交" />  
<input type="button" name="dbtn" id="dbtn" value="修改" />
```

（3）在引入 jQuery 库的代码下方编写 jQuery 代码，实现当单击提交按钮时，如果文本框内容不为空，则弹出文本框的值，并且将文本框的编辑状态变为 disabled，如果文本框没有内容，则给出提示信息；当单击修改按钮时，如果文本框为不可编辑状态，则将其变为可编辑状态，具体代码如下：

```
$(document).ready(function(){
    $("#vbtn").click(function(){
        if($("#testInput").val() != ""){
            alert($("#testInput").val());                    // 弹出文本框的值
            $("#testInput").attr("disabled","disabled");      // 将文本框变为不可编辑状态
        }else{
            alert("请输入文本内容！");
            $("#testInput").focus();                          // 将焦点设置到文本框处
            return false;
        }
    });
    $("#dbtn").click(function(){
        if($("#testInput").attr("disabled") == "disabled"){
            $("#testInput").removeAttr("disabled");           // 移除文本框的 disabled 属性
        }
    });
})
```

运行本实例，输入用户名，单击"提交"按钮，将显示如图 9.9 所示的运行结果，单击"确定"按钮可以看到，文本框变为不可编辑状态，如图 9.10 所示。提交完毕后，单击"修改"按钮可以看到，文本框变为可编辑状态，如图 9.11 所示。

图 9.9 获取文本框的值

图 9.10 文本框不可编辑

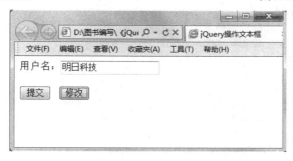

图 9.11 文本框可编辑

## 9.2.2 操作文本域

文本域的属性设置、值的获取以及编辑状态的修改与文本框都相同。本节介绍文本域的实际应用。

### 1. 文本域的高度变化

【例 9.9】 制作一个高度可变的评论框。（实例位置：光盘\TM\sl\9\9）

（1）创建一个名称为 index.html 的文件，在该文件的<head>标记中应用下面的语句引入 jQuery 库。

```
<script type="text/javascript" src="../js/jquery-1.11.1.min.js"></script>
```

（2）在页面的<body>标记中，放置一个评论框，即文本域，在评论框的上方放置两个按钮，用来控制评论框的高度，关键代码如下：

```
<div class="message">
    <div class="msg_top">
        <input type="button" value="放大" id="bigBtn"/>  <input type="button" value="缩小" id="smallBtn"/>
    </div>
    <div class="tt">
        <textarea id="content" rows="4" cols="35">明日编程词典系列软件是由近百位软件开发专业人士联手打造，国内第一部为编程开发人员研制的编程专业软件。
        </textarea>
    </div>
</div>
```

（3）该文件的 CSS 样式请详见光盘。

（4）在引入 jQuery 库的代码下方编写 jQuery 代码，实现当单击"放大"按钮时，判断评论框是否处于动画中，如果没处于动画中，则判断评论框的高度是否小于350px，小于350px 则在原来基础上增加 70px；单击缩小时，仍然先判断评论框是否处于动画中，如果没有处于动画中，则判断评论框的高度是否大于70px，大于 70px，则将评论框高度在原来基础上减少 70px，具体代码如下：

```
$(document).ready(function(){
    var $content = $("#content");                    // 获取文本域对象
    $("#bigBtn").click(function(){                    // 放大按钮单击事件
        if(!$content.is(":animated")){                // 是否处于动画中
            if($content.height() < 350){
                // 将文本域高度在原来的基础上增加 70
                $content.animate({height:"+=70"},500);
            }
        }
    })
    $("#smallBtn").click(function(){                  // 缩小按钮单击事件
    if(!$content.is(":animated")){                    // 是否处于动画中
        if($content.height() > 70){
            // 将文本域高度在原来的基础上减少 70
            $content.animate({height:"-=70"},500);
        }
    }
    })
})
```

运行本实例，单击"放大"按钮之后，可以看到如图 9.12 所示效果，单击"缩小"按钮之后，可以看到如图 9.13 所示效果。

图 9.12　评论框放大效果

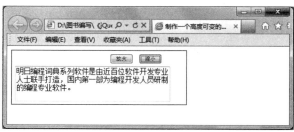

图 9.13　评论框缩小效果

### 2．文本域的滚动条高度变化

【例 9.10】　制作一个高度可变的评论框。（实例位置：光盘\TM\sl\9\10）

（1）创建一个名称为 index.html 的文件，在该文件的&lt;head&gt;标记中应用下面的语句引入 jQuery 库。

```
<script type="text/javascript" src="../js/jquery-1.11.1.min.js"></script>
```

（2）在页面的&lt;body&gt;标记中，放置一个评论框，即文本域，在评论框的上方放置两个按钮，用来控制滚动条滚动，关键代码如下：

```
<div class="message">
    <div class="msg_top">
        <input type="button" value="向上" id="upBtn"/>  <input type="button" value="向下"
id="downBtn"/>
    </div>
    <div class="tt">
        <textarea id="content" rows="4" cols="35">明日编程词典系列软件是由近百位软件开发专业人士联手
打造，……<!—省略部分文字 →
        </textarea>
    </div>
</div>
```

（3）该文件的 CSS 样式请详见光盘。

（4）在引入 jQuery 库的代码下方编写 jQuery 代码，实现当单击"向上"或"向下"按钮时，滚动条
滚动到指定位置，具体代码如下：

```
$(document).ready(function(){
    var $content = $("#content");                    // 获取文本域对象
    $("#upBtn").click(function(){                     // 向上按钮单击事件
        if(!$content.is(":animated")){                // 是否处于动画中
            if($content.height() < 350){
                $content.animate({scrollTop:"-=40"},500);
            }
        }
    })
    $("#downBtn").click(function(){                   // 向下按钮单击事件
    if(!$content.is(":animated")){                    // 是否处于动画中
        if($content.height() > 40){
            $content.animate({scrollTop:"+=40"},500);
        }
    }
    })
})
```

运行本实例，单击"向下"按钮之后，可以看到如图 9.14 所示效果，单击"向上"按钮之后，可
以看到如图 9.15 所示效果。

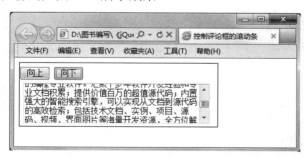

图 9.14　评论框向下滚动效果

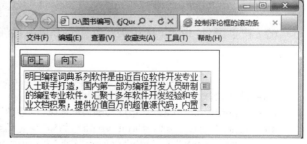

图 9.15　评论框向上滚动效果

### 9.2.3　操作单选按钮和复选框

通常，对单选按钮和复选框的常用操作都类似，都是选中、取消选中、判断选择状态等。

**1. 选中单选按钮和复选框**

使用 attr()方法或 prop()方法可以设置选中的单选按钮和复选框，用法如下：

```
$("#id").attr("checked",true);
```

或者

```
$("#id").prop("checked",true);
```

**2. 取消选中单选按钮和复选框**

取消选中的单选按钮和复选框的设置，用法如下：

```
$("#id").removeAttr("checked");
```

或者

```
$("#id").prop("checked",false);
```

**3. 判断选择状态**

判断单选按钮和复选框的选择状态，用法如下：

```
if($("#id")..prop("checked") == true){
        // 省略部分代码
}
```

为什么可以使用两种方法来设置按钮的选中状态呢？由于使用 attr()方法有时会出现不一致的行为，因此从 jQuery1.6 开始新增了 prop()方法。根据 jQuery 官方的建议具有 true 和 false 两个值的属性，如：checked、selected 或者 disabled，使用 prop()方法，其他情况使用 attr()方法。

【例 9.11】　使用按钮控制单选框的选中状态。（**实例位置：光盘\TM\sl\9\11**）

（1）创建一个名称为 index.html 的文件，在该文件的<head>标记中应用下面的语句引入 jQuery 库。

```
<script type="text/javascript" src="../js/jquery-1.11.1.min.js"></script>
```

（2）在页面的<body>标记中，放置两个单选按钮，再创建两个 button 按钮控制单选按钮的选中状态，代码如下：

```
<form>
<h3>选择你喜欢吃的水果</h3>
<input type="radio" name="fruit" value="香蕉" />香蕉
<input type="radio" name="fruit" value="葡萄" />葡萄<br/>
<input type="button" id="bbtn" value="香蕉" /> <input type="button" id="gbtn" value="葡萄" />
</form>
```

（3）在引入 jQuery 库的代码下方编写 jQuery 代码，当单击普通按钮"香蕉"时，选中"香蕉"单选框，当单击普通按钮"葡萄"时，选中"葡萄"单选框，具体代码如下：

```
$(function(){
    $("#bbtn").click(function(){
            $("input:radio").eq(0).prop("checked",true);        // 选中香蕉
    });
    $("#gbtn").click(function(){
            $("input:radio").eq(1).prop("checked",true);        // 选中葡萄
    });
})
```

运行本实例，可以看到如图 9.16 所示效果。

图 9.16　操作单选按钮

【例 9.12】　控制复选框的全选、全不选和反选。（实例位置：光盘\TM\sl\9\12）

（1）创建一个名称为 index.html 的文件，在该文件的<head>标记中应用下面的语句引入 jQuery 库。

```
<script type="text/javascript" src="../js/jquery-1.11.1.min.js"></script>
```

（2）在页面的<body>标记中，创建 form 表单，在表单中放置一组复选框，再创建 4 个按钮，分别控制复选框的全选、全不选、反选和表单的提交，代码如下：

```
<form>
<h3 align="center">选择你喜欢的运动</h3>
<input type="checkbox" name="hobby" value="游泳">游泳
<input type="checkbox" name="hobby" value="足球">足球
<input type="checkbox" name="hobby" value="篮球">篮球
<input type="checkbox" name="hobby" value="滑冰">滑冰
<input type="checkbox" name="hobby" value="滑雪">滑雪
<input type="checkbox" name="hobby" value="乒乓球">乒乓球<br/><br/>
<input type="button" id="checkAll" value="全选"> <input type="button" id="unCheckAll" value="全不选"> 
<input type="button" id="revBtn" value="反选"> <input type="button" id="subBtn" value="提交"> 
</form>
```

（3）在引入 jQuery 库的代码下方编写 jQuery 代码，控制复选框的全选、全不选、反选以及表单提交，具体代码如下：

```
$(function(){
```

```
$("#checkAll").click(function(){
    $("input[type=checkbox]").prop("checked",true);
})
$("#unCheckAll").click(function(){
    $("input[type=checkbox]").removeAttr("checked");
})

$("#revBtn").click(function(){
    $("input[type=checkbox]").each(function(){
        this.checked = !this.checked;
    });
})
$("#subBtn").click(function(){
    var msg = "你喜欢的运动是：\r\n";
    $("input[type=checkbox]:checked").each(function(){
        msg+=$(this).val()+"\r\n";
    });
    alert(msg);
})
})
```

运行本实例，可以看到如图 9.17 所示效果。

图 9.17　操作复选框

通过运行本实例可以看到，全选操作就是将复选框全部选中，因此，为"全选"按钮绑定单击事件，将全部 type 属性为 checkbox 的<input>元素的 checked 属性设置为 true。同理全不选操作是将全部 type 属性为 checkbox 的<input>元素的 checked 属性移除。

反选操作相对复杂一些，需要遍历每个复选框,将元素的 checked 属性设置为与当前值的相反的值。注意，此处的

```
this.checked = !this.checked;
```

使用的是原生 JavaScript 的 DOM 方法，"this"为 JavaScript 对象，而非 jQuery 对象，这样书写更加简洁易懂。

最后是"提交"按钮的功能，将选中项的值弹出，获取复选框的值可以通过 val()方法实现。

## 9.2.4　操作下拉框

通常对下拉框的常用操作包括读取和设置控件的值、向下拉菜单中添加菜单项、清空下拉菜单等。

### 1. 读取下拉框的值

读取下拉框的值可以使用 val()方法，它的用法如下：

```
var selVal = $("#id").val();
```

### 2. 设置下拉框的选中项

使用 attr()方法设置下拉框的选中项，用法如下：

```
$("#id").attr("value",选中项的值);
```

### 3. 清空下拉菜单

可以使用 empty()方法清空下拉菜单，用法如下：

```
($("#id").empty();
```

### 4. 向下拉菜单中添加菜单项

可以使用 append()方法向下拉菜单中添加菜单项，用法如下：

```
($("#id").append("<option value='值'>文本</option>");
```

【例 9.13】　jQuery 操作下拉框。（实例位置：光盘\TM\sl\9\13）

（1）创建一个名称为 index.html 的文件，在该文件的<head>标记中应用下面的语句引入 jQuery 库。

```
<script type="text/javascript" src="../js/jquery-1.11.1.min.js"></script>
```

（2）在页面的<body>标记中，创建 2 个下拉框以及 4 个功能按钮，代码如下：

```
<div class="first">
    <select multiple name="hobby" id="hobby" class="sel">
        <option value="游泳">游泳</option>
        <option value="足球">足球</option>
        <option value="篮球">篮球</option>
        <option value="跑步">跑步</option>
        <option value="滑冰">滑冰</option>
        <option value="乒乓球">乒乓球</option>
        <option value="游泳">游泳</option>
        <option value="跳远">跳远</option>
        <option value="跳高">跳高</option>
```

```
        </select>
        <div class="sd">
            <button id="add">添加>></button><br/><br/>
            <button id="add_all">全部添加>></button>
        </div>
    </div>
    <div class="second">
        <select multiple name="other" id="other" class="sel"></select>
        <div class="sd">
            <button id="to_left"><<删除</button><br/><br/>
            <button id="all_to_left"><<全部删除</button>
        </div>
    </div>
</div>
```

（3）编写 CSS 样式，具体内容请参见光盘。

（4）在引入 jQuery 库的代码下方编写 jQuery 代码，单击"添加"按钮，将下拉列表框中选中的选项添加给另一个下拉列表框；单击"全部添加"按钮，将全部选项添加到另一个下拉列表框，双击某个下拉选项，将其添加至另一个下拉列表框中，具体代码如下：

```
$(function(){
    $("#add").click(function(){
        var $options = $("#hobby option:selected");      // 获取左边选中项
        $options.appendTo("#other");                      // 追加到右边
    })
    $("#add_all").click(function(){
        var $options = $("#hobby option");                // 获取全部选项
        $options.appendTo("#other");                      // 追加到右边
    })
    $("#hobby").dblclick(function(){                      // 鼠标双击事件
        var $options = $("option:selected",this);         // 获取选中项
        $options.appendTo("#other");                      // 追加到右边
    })
    $("#to_left").click(function(){
        var $options = $("#other option:selected");       // 获取右边选中项
        $options.appendTo("#hobby");                      // 追加到左边
    })
    $("#all_to_left").click(function(){
        var $options = $("#other option");                // 获取全部选项
        $options.appendTo("#hobby");                      // 追加到左边
    })
    $("#other").dblclick(function(){                     // 鼠标双击事件
        var $options = $("option:selected",this);         // 获取选中项
        $options.appendTo("#hobby");                      // 追加到左边
    })
})
```

运行本实例，可以看到如图 9.18 所示效果。

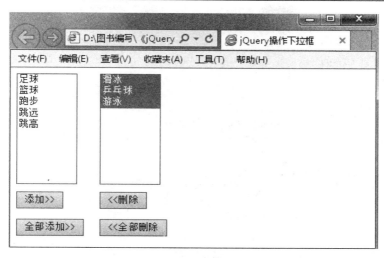

图 9.18　操作列表框

## 9.2.5　表单验证

表单是 HTML 中非常重要的部分，几乎每个网页上都有表单，例如用户提交的信息，查询信息等。在表单中，表单验证也是至关重要的。

【例 9.14】　表单验证。（实例位置：光盘\TM\sl\9\14）

（1）创建一个名称为 index.html 的文件，在该文件的<head>标记中应用下面的语句引入 jQuery 库。

```
<script type="text/javascript" src="../js/jquery-1.11.1.min.js"></script>
```

（2）在页面的<body>标记中，创建一个 form 表单，用来实现用户注册，给予必填的字段样式"required"，关键代码如下：

```
<form>
        <h3 align="center">用户注册</h3>
        <div class="dt"> 用 户 名： <input type="text" id="username" name="username" size=20
class="required" /></div>
        <div class="dt"> 密    码： <input type="password" id="pwd" name="pwd" size=20
class="required" /></div>
        <div class="dt">性  别： <input  type="text" id="sex" name="sex" size=4 maxlength=3
/></div>
        <div class="dt">年  龄： <input type="text" id="age" name="age" size=4 maxlength=3
/></div>
        <div class="dt">
            <input type="submit" name="sub" value="注册" />
        </div>
    </form>
```

（3）该文件的 CSS 样式详见光盘。

（4）在引入 jQuery 库的代码下方编写 jQuery 代码，设置 form 表单下 input 元素的样式，为 required

的元素添加一个红色的"*"号，表示必填。当光标的焦点从"用户名"移出时，需要判断用户名是否符合验证规则，因此要给元素添加失去焦点事件，即 blur。用 blur 事件判断用户名和密码不能为空，并且密码不能小于 6 位，具体代码如下：

```
$(function(){
    $("form :input.required").each(function(){
        var $required = $("<strong class='star'>*</strong>");  // 创建元素
        $(this).parent().append($required);                    // 将其追加到文档中
    })
    $("form :input").blur(function(){
        if($(this).is("#username")){        // 判断元素 id 是否为用户名的文本框
            if($(this).val() == ""){        // 判断用户名是否为空
                alert("用户名不能为空！");
            }
        }
        if($(this).is("#pwd")){             // 判断是否为密码框
            if($(this).val() == ""){        // 判断密码是否为空
                alert("密码不能为空！");
            }
            if(this.value.length < 8){      // 判断密码的长度是否小于 8
                alert("密码不能小于 8 位，请重新输入！");
            }
        }
    })
})
```

图 9.19 表单验证

运行本实例，输入用户名为 mr，密码为 mrsoft，可以看到如图 9.19 所示效果。

# 9.3 综合实例：删除记录时的提示效果

在删除数据时，通常会给出友好的用户提示信息，待用户确认后，再删除数据。这种提示信息可以使用 JavaScript 的 confirm 确认框实现，也可以用 div+css 自己制作，之后通过 jQuery 来操作 div 元素的显示与隐藏。

【例 9.15】 删除记录时的提示效果。（**实例位置：光盘\TM\sl\9\15**）

本实例的需求如下：

（1）单击"删除"按钮时，显示删除提示框，用户可以单击"确认"或"取消"按钮，也可以单击右上角的 ![按钮] 来关闭提示框。

（2）当单击"确认"按钮时，删除记录并且提示框消失。当单击"取消"按钮时，提示框消失。

运行本实例，可以看到如图 9.20 所示界面。

当用户单击"删除"按钮后，出现如图 9.21 所示删除提示框。

单击"确定"按钮，可以看到该记录已被删除，如图 9.22 所示。

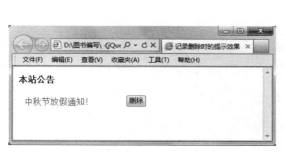

图 9.20　删除记录前

图 9.21　提示删除对话框

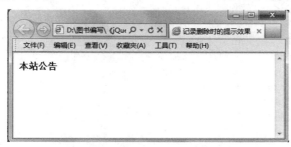

图 9.22　删除记录

程序开发步骤如下：

（1）创建一个名称为 index.html 的文件，在该文件的\<head\>标记中应用下面的语句引入 jQuery 库。

```
<script type="text/javascript" src="../js/jquery-1.11.1.min.js"></script>
```

（2）在\<body\>下创建\<div\>元素显示通知记录，制作删除提示框并隐藏，具体代码如下：

```
<h4>本站公告</h4>
<form action="" name="form" method="post">
<div class="notice">
    <span><a href="#" title="中秋节放假通知">中秋节放假通知！</a></span>
    <span class="bss"> <input type="button" value="删除" id="delBtn"/></span>
</div>

<div class="delDialog">
    <div class="title">
        <img src="images/del.png"/>删除提示
    </div>
    <div class="content">
        <img src="images/warning.png" />
        <span>您确定要删除这条记录吗？</span>
    </div>
<div>
    <input id="confirmBtn" type="button" value="确 定" class="btn" />  <input id="cancelBtn"
type="button" value="取消" class="btn" />
</div>
```

```
</div>
</form>
```

（3）编写 CSS 样式，具体代码参见光盘。

（4）在引入 jQuery 库的代码下方编写 jQuery 代码，实现单击"删除"按钮时，弹出删除框。单击删除对话框中的"确认"按钮，删除记录，单击"取消"按钮，提示框消失。具体代码如下：

```
$(function(){
    $("#delBtn").click(function(){
        $(".delDialog").show();
    })
    $(".title img").click(function(){
        $(".delDialog").hide();
    })
    $("#cancelBtn").click(function(){
        $(".delDialog").hide();
    })
    $("#confirmBtn").click(function(){
        $(".notice").remove();
        $(".delDialog").hide();
    })
})
```

# 9.4 小　　结

本章首先介绍了什么是 HTML 表单，以及表单元素的使用，表单是交互式网站的很重要的应用之一，它可以实现交互功能。接下来重点讲解了 jQuery 对表单进行一些常用的操作。最后通过表单删除记录时的提示效果实例让读者对表单认识更加深刻。相信在实际开发中，本章这些案例也能成为大家的好帮手。

# 9.5 练习与实践

（1）使用 jQuery 方法设置文本框不可用。（答案位置：光盘\TM\sl\9\16）
（2）使用一个按钮控制复选框的全选和全不选。（答案位置：光盘\TM\sl\9\17）
（3）选中下拉列表中最后一项。（答案位置：光盘\TM\sl\9\18）

# 第 10 章

## 使用 jQuery 操作表格和树

（ 🎥 视频讲解：31 分钟 ）

在 HTML 中，表格和列表也是会被经常使用到的。本章将对如何使用 jQuery 操作表格和树进行详细的讲解。

通过阅读本章，您可以：

▶▶ 掌握表格的隔行换色

▶▶ 掌握表格的展开与关闭

▶▶ 掌握表格内容的筛选

▶▶ 熟悉如何通过 jQuery 操作树

# 10.1 jQuery 表格

在 div+css 页面布局之前，网页布局几乎都是应用表格完成的。现在 CSS 已经成熟，表格的使用终于可以回归到显示表格型数据上来。下面介绍表格的常用操作。

## 10.1.1 控制表格颜色显示

表格颜色的显示主要有两种状态，分别是隔行换色、表格行的高亮显示，下面分别进行讲解。

### 1. 隔行换色

实现表格的隔行换色，首先需要为表格的奇数行和偶数行设定样式，之后使用 jQuery 为表格的奇数行和偶数行分别添加样式，代码如下：

```
$("tr:odd").addClass("odd");      // 为表格奇数行添加样式
$("tr:even").addClass("even");    // 为表格偶数行添加样式
```

**注意**

　　$("tr:odd")和$("tr:even")选择器中索引是从 0 开始的，因此第一行是偶数行。

【例 10.1】　表格的隔行换色。（实例位置：光盘\TM\sl\10\1）

（1）创建一个名称为 index.html 的文件，在该文件的<head>标记中应用下面的语句引入 jQuery 库。

```
<script type="text/javascript" src="../js/jquery-1.11.1.min.js"></script>
```

（2）在页面的<body>标记中，创建一个 6 行 2 列的表格，其中第 1 行是表头部分，关键代码如下：

```
<table border="1" align="center">
  <caption>JavaScript 开发非常之旅套系图书</caption>
  <thead bgcolor="#B2B2B2" align="center" valign="bottom">
    <tr>
      <th>书名</th>
      <th>出版单位</th>
    </tr>
  </thead>
<tbody>
  <tr>
    <td width="185">JavaScript 从入门到精通</td>
    <td width="220">吉林省明日科技有限公司</td>
  </tr>
  <tr>
```

```
      <td>JavaScript 自学视频教程</td>
      <td>吉林省明日科技有限公司</td>
   </tr>
   <tr>
      <td>JavaScript 程序设计</td>
      <td>吉林省明日科技有限公司</td>
   </tr>
   <tr>
      <td>jQuery 开发基础教程</td>
      <td>吉林省明日科技有限公司</td>
   </tr>
   <tr>
      <td>jQuery 从入门到精通</td>
      <td>吉林省明日科技有限公司</td>
   </tr>
   </tbody>
</table>
```

（3）编写 CSS 样式，详细请参见光盘。

（4）在引入 jQuery 库的代码下方编写 jQuery 代码，实现表格的隔行换色，除去表头部分，奇数行为黄色，偶数行为浅蓝色。具体代码如下：

```
$(function(){
    $("tbody>tr:odd").addClass("odd");      // 为表格奇数行添加样式
    $("tbody>tr:even").addClass("even");    // 为表格偶数行添加样式
})
```

运行本实例，可以看到如图 10.1 所示运行结果。

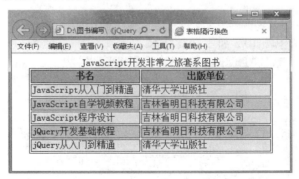

图 10.1　表格的隔行换色

**说明**

使用 $("tbody>tr:odd") 是因为 $("tr:odd") 会将表头也算进去，因此需要排除表格头部<thead>中的 <tr>。

### 2. 控制表格行的高亮显示

实现表格某一行的高亮显示，可以使用 contains 选择器实现，例如实现 "JavaScript 程序设计" 这一行高亮显示，代码如下：

```
$("tr:contains('程序设计')").addClass("selected");
```

效果如图 10.2 所示。

| 书名 | 出版单位 |
|---|---|
| JavaScript从入门到精通 | 清华大学出版社 |
| JavaScript自学视频教程 | 吉林省明日科技有限公司 |
| JavaScript程序设计 | 吉林省明日科技有限公司 |
| jQuery开发基础教程 | 吉林省明日科技有限公司 |
| jQuery从入门到精通 | 清华大学出版社 |

图 10.2　指定行高亮显示

【例 10.2】　鼠标单击表格行高亮显示。（**实例位置：光盘\TM\sl\10\2**）

本实例中的表格与例 10.1 中的相同，编写样式.selected，代码如下：

```
.selected{
    background:pink;
}
```

编写 jQuery 代码，令鼠标单击某一行，使该行高亮显示，并且清除该行相邻元素的高亮显示，具体代码如下：

```
$(function(){
    $("tbody>tr").click(function(){
        // 使鼠标单击的行高亮显示，并且清除其兄弟元素的高亮显示
        $(this).addClass("selected").siblings().removeClass("selected");
    })
})
```

运行本实例，可以看到如图 10.3 所示运行结果。

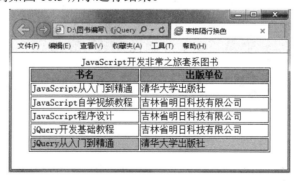

图 10.3　表格行的高亮显示

## 10.1.2　表格的展开与关闭

表格的展开与关闭在网页开发中也经常会被使用到，本节通过具体实例来讲解。

【例 10.3】　表格的展开与关闭。（实例位置：光盘\TM\sl\10\3）

（1）创建一个名称为 index.html 的文件，在该文件的<head>标记中应用下面的语句引入 jQuery 库。

```
<script type="text/javascript" src="../js/jquery-1.11.1.min.js"></script>
```

（2）在例 10.1 创建的表格中添加分类，为分类行增加 id，主要代码如下：

```
<table border="1" align="center" width="405">
  <caption>JavaScript 开发非常之旅套系图书</caption>
  <thead bgcolor="#B2B2B2" align="center" valign="bottom">
      <tr>
        <th width="185">书名</th>
        <th width="220">出版单位</th>
      </tr>
  </thead>
  <tbody>
  <tr class="type" id="t1">
    <td colspan="2">JavaScript 书籍</td>
  </tr>
  <tr class="line_t1">
    <td width="185">JavaScript 从入门到精通</td>
    <td width="220">吉林省明日科技有限公司</td>
  </tr>
  <tr class="line_t1">
    <td>JavaScript 自学视频教程</td>
    <td>吉林省明日科技有限公司</td>
  </tr>
  <tr class="line_t1">
    <td>JavaScript 程序设计</td>
    <td>吉林省明日科技有限公司</td>
  </tr>

  <tr class="type" id="t2">
    <td colspan="2">jQuery 书籍</td>
  </tr>
  <tr class="line_t2">
    <td>jQuery 开发基础教程</td>
    <td>吉林省明日科技有限公司</td>
  </tr>
  <tr class="line_t2">
    <td>jQuery 从入门到精通</td>
    <td>吉林省明日科技有限公司</td>
  </tr>
  </tbody>
</table>
```

（3）编写 CSS 样式，详细请参见光盘。

（4）在引入 jQuery 库的代码下方编写 jQuery 代码，实现单击分类行控制该行分类的展开与演示，具体代码如下：

```
$(function(){
    $("tr.type").click(function(){      // 获取分类父行
        // 获取本分类下的行元素
            $(this).toggleClass("selected").siblings(".line_"+this.id).toggle();
        })
})
```

运行本实例，在如图 10.4 所示页面中单击"jQuery 书籍"分类，可以看到如图 10.5 所示运行结果。

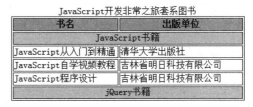

图 10.4　表格的隔行换色　　　　　　　图 10.5　表格的收缩效果

其中需要注意的是，给每个<tr>元素设置属性是非常重要的，读者可以在上面 HTML 代码中看出一些端倪，即给每个分类的行设置了 class="type"样式，同时也给它们设置了 id，而它们下边的行，只是设置了 class 样式，并且这个样式的值是以"line_"开头，后面连接的是分类行的 id 值，这样设计便于获取分类行的子元素，进而设置子元素的展开与收缩效果。

## 10.1.3　表格内容的筛选

之前讲到要高亮显示"JavaScript 程序设计"这一行，可以使用 contains 选择器来完成，而使用它再结合 jQuery 的 filter()方法则可以实现对表格内容的过滤。

【例 10.4】　筛选表格中的指定内容。（实例位置：光盘\TM\sl\10\4）

（1）创建一个名称为 index.html 的文件，在该文件的<head>标记中应用下面的语句引入 jQuery 库。

```
<script type="text/javascript" src="../js/jquery-1.11.1.min.js"></script>
```

（2）创建表格，在表头增加搜索框，具体代码如下：

```
<table width="260" border="1" align="center">
  <thead align="center" valign="bottom">
  <tr>
    <td colspan="2">搜索：<input type="texr" name="keyword" id="keyword" /></td>
  </tr>
     <tr bgcolor="#B2B2B2">
    <td>姓名</td>
    <td>成绩</td>
  </tr>
  </thead>
  <tbody align="center" bgcolor="#FFFF88">
  <tr>
    <td>王帅</td>
```

```
        <td>97</td>
    </tr>
    <tr>
        <td>李雷</td>
        <td>91</td>
    </tr>
    <tr>
        <td>高天</td>
        <td>97</td>
    </tr>
    <tr>
        <td>赵卫</td>
        <td>84</td>
    </tr>
    <tr>
        <td>王强</td>
        <td>97</td>
    </tr>
    <tr>
        <td>陈美</td>
        <td>88</td>
    </tr>
    </tbody>
</table>
```

（3）在引入 jQuery 库的代码下方编写 jQuery 代码，实现当键盘按键被松开时，如果文本框内容不为空，则筛选包含文本框内容的行，具体代码如下：

```
$(function(){
    $("#keyword").keyup(function(){
        if($("#keyword").val() != ''){
            $("table tbody tr").hide().filter(":contains('"+($(this).val())+"')").show();    // 显示指定元素
        }
    })
})
```

运行本实例，在搜索框中输入"王"，可以看到如图 10.6 所示运行结果。

上面的代码中的下面一行代码用来将&lt;tbody&gt;下的全部&lt;tr&gt;元素隐藏，再将内容包含关键字的行显示。如果不加最后的.keyup()方法，内容筛选完毕后，刷新页面，页面会闪动一下，先显示全部内容，再显示筛选之后的内容，效果不太理想。因此，要解决这个问题，只需要在 DOM 元素刚加载完毕时，为表单元素绑定事件并且立即触发该事件。

| 搜索: | 王 |
| --- | --- |
| 姓名 | 成绩 |
| 王帅 | 97 |
| 王强 | 97 |

图 10.6　筛选表内容

```
$("table tbody tr").hide().filter(":contains('"+($(this).val())+"')").show();
```

# 10.2 使用 jQuery 操作树

树是一种数据结构，它实际上是一个嵌套的列表。下面通过一个实例看一下树的基本结构。

**【例 10.5】** 基本的树状结构。（**实例位置：光盘\TM\sl\10\5**）

在<body>标签中添加嵌套的列表，添加简单的 CSS 样式，形成树状结构。具体代码如下：

```
<h2>编程语言图书</h2>
<ul class="menu">
    <li><u>PHP 类</u></li>
    <ul>
        <li>PHP 从入门到精通</li>
        <li>PHP 开发实战宝典</li>
        <li>PHP 典型模块大全</li>
    </ul>
    <li><u>JAVA 类</u></li>
    <ul>
        <li>JAVA 项目开发实战</li>
        <li>JAVA 从入门到实践</li>
        <li>JAVA 开发实战</li>
    </ul>
    <li><u>C 语言类</u></li>
    <ul>
        <li>C 语言从入门到精通</li>
        <li>C 语言从入门到实践</li>
    </ul>
    <li><u>数据库类</u></li>
    <ul>
        <li>MySQL 数据库编程</li>
        <li>Oracle 数据库编程</li>
    </ul>
</ul>
```

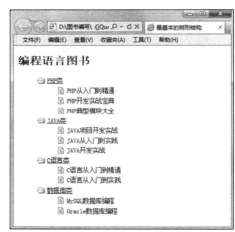

图 10.7 基本的树状结构

运行本实例，可以看到如图 10.7 所示运行结果。

## 10.2.1 使用 jQuery 操作树

使用 jQuery 处理树的关键就是确保 HTML 一致，这样才能打开和关闭正确的分支。

**【例 10.6】** 使用 jQuery 操作树。（**实例位置：光盘\TM\sl\10\6**）

在上例基础上添加 jQuery 代码来操作树，使单击分类节点时，隐藏子结点，同时分类文件夹图标关闭；再次单击相同节点时，再显示子结点，同时分类文件夹图标打开。具体代码如下：

```
$(document).ready(function(){
```

```
$(".menu>li").click(function(){
        $(this).toggleClass("close").next().toggle();
    })
});
```

运行本实例，可以看到如图 10.8 和 10.9 所示运行结果。

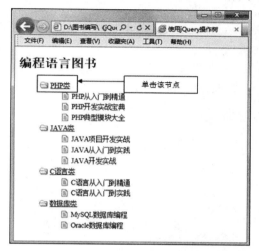

图 10.8　单击分类节点之前

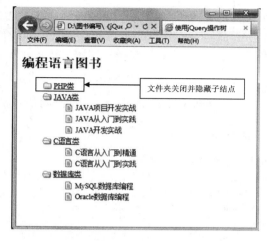

图 10.9　单击分类节点之后

其中 toggleClass()方法用来切换 class 的值，本实例中要给分类节点切换文件夹打开和关闭状态，因此切换 close 这个样式。

## 10.2.2　通过事件委托处理树

事件委托是 jQuery 中适用的一个主题，但在处理大型树的时候尤其重要。它的思想是，不在每个树上的节点上应用事件处理程序，只应用一个事件处理程序拦截单击，然后明确单击的目标，再对目标采取行动。举个例子，比如有 5 个同事预计在今天收到快递，为签收快递，有两个办法：一是这 5 个同事都在公司门口等待快递前来；二是委托给前台同事代签。实际生活中，我们大多采用第二种方式。前台的同事收到快递后，会判断快递的收件人是谁，会按照收件人的要求签收、付款等。这种方案的优势在于，即使单位来了新员工，不论数量多少，前台的同事都可以收到快递后代为签收。

为了更好地理解事件委托的方式以及重要性，我们还是以例 10.6 为例来说明。如果我们要在上方显示"分类>>图书"这样的形式，如果为每个列表项都添加一个 click 事件处理程序。

```
$(".menu>li").click(function(){
        …
})
```

如果有成百上千个节点的话，就会得到成百上千个处理程序，这对性能会有很大影响，因为页面上发生单击事件时，浏览器需要检查每个处理程序。而如果使用事件委托，只需要给列表的父元素添加一个事件处理程序，然后访问事件的目标，确定实际单击了哪个元素即可。事件的 target 属性就是实际的 DOM 元素，需要封装在 jQuery 选择器内以获得 jQuery 对象。

```
$(".menu").click(function(e){
    $("#category").text($(e.target).text());
})
```

列表的行为，就像每个项目都有自己的处理程序一样，需要注意的一点是，事件委托之所以有效是因为事件冒泡。事件会向上冒泡，直到父元素的处理程序捕捉到它们。如果阻止了事件冒泡（比如使用 e.stopPropagation()或 return false），就会出现问题。

**【例 10.7】** 通过事件委托处理树。（**实例位置：光盘\TM\sl\10\7**）

（1）创建一个名称为 index.html 的文件，在该文件的<head>标记中应用下面的语句引入 jQuery 库。

```
<script type="text/javascript" src="../js/jquery-1.11.1.min.js"></script>
```

（2）在页面的<body>标记中，构建图书的分类信息，关键代码如下：

```
<h2>编程语言图书</h2>
<div id="cate_content"></div>
<ul class="menu">
    <li class="cate"><u>PHP 类</u></li>
    <ul>
        <li>PHP 从入门到精通</li>
        <li>PHP 开发实战宝典</li>
        <li>PHP 典型模块大全</li>
    </ul>
    <li class="cate"><u>JAVA 类</u></li>
    <ul>
        <li>JAVA 项目开发实战</li>
        <li>JAVA 从入门到实践</li>
        <li>JAVA 开发实战</li>
    </ul>
    <li class="cate"><u>C 语言类</u></li>
    <ul>
        <li>C 语言从入门到精通</li>
        <li>C 语言从入门到实践</li>
    </ul>
    <li class="cate"><u>数据库类</u></li>
    <ul>
        <li>MySQL 数据库编程</li>
        <li>Oracle 数据库编程</li>
    </ul>
</ul>
```

（3）编写 CSS 样式，详细请参见光盘。

（4）在引入 jQuery 库的代码下方编写 jQuery 代码，获取分类节点的文本值以及子结点的文本值，为div 元素设置文本内容，具体代码如下：

```
$(document).ready(function(){
    $(".menu").click(function(e){
```

```
            var bookname = $(e.target).text();                    // 获取被单击的节点的文本值
            var msg = "";
            if($(e.target).parent().hasClass("cate")){             // 当单击分类节点时
                msg = bookname;
            }else{                                                 // 当单击子结点时
                var category = $(e.target).parent().prev().text(); // 获取父元素的前一个元素的文本值
                msg = category+">>"+bookname;
            }
            $("#cate_content").text(msg);                          // 为 div 元素设置文本值
        })
});
```

运行本实例，可以看到如图 10.10 所示运行结果。

图 10.10　通过事件委托处理树

在本实例中，当单击分类节点时，$(e.target)对象为<u>元素，因此在判断是否为分类节点的时候使用到了它的父元素（即 li 元素）的 class 值是否为 cate，如果是则为分类节点，否则是它的子结点。当单击子结点时，使用了 "$(e.target).parent().prev().text();" 来获取分类节点的文本值。因为$(e.target)对象是<li>元素，它的 parent()是<ul>元素，<ul>元素前面的那个元素<li>的文本值为分类信息。

# 10.3　综合实例：jQuery 对表格的综合操作

本节对 jQuery 对表格的操作进行了综合的总结，通过本实例让读者对 jQuery 对表格的操作更加熟悉。

【例 10.8】　对表格的综合操作。（实例位置：光盘\TM\sl\10\8）

（1）创建一个名称为 index.html 的文件，在该文件的<head>标记中应用下面的语句引入 jQuery 库。

```
<script type="text/javascript" src="../js/jquery-1.11.1.min.js"></script>
```

（2）在页面的<body>标记中，创建 7 个 table 表格，分别进行不同操作，关键代码如下：

```
<table id="table1">
    <tr><th colspan="4">表 1：鼠标移动行变色</th></tr>
     <tr><td>《C#参考大全》</td><td>《C#开发实战》</td><td>《C#从入门到实践》</td><td>《C#典型模块
大全》</td></tr>
    <tr><td>《PHP 参考大全》</td><td>《PHP 开发实战》</td><td>《PHP 从入门到实践》</td><td>《PHP
典型模块大全》</td></tr>
    <tr><td>《Java 参考大全》</td><td>《Java 开发实战》</td><td>《Java 从入门到实践》</td><td>《Java
典型模块大全》</td></tr>
</table>
<br/><br/>
<table id="table2">
   <thead>
        <tr><th colspan="4">表 2：隔行换色</th></tr>
    </thead>
    <tbody>
        <tr><td>《C#参考大全》</td><td>《C#开发实战》</td><td>《C#从入门到实践》</td><td>《C#典型模
块大全》</td></tr>
        <tr><td>《PHP 参考大全》</td><td>《PHP 开发实战》</td><td>《PHP 从入门到实践》</td><td>《PHP
典型模块大全》</td></tr>
        <tr><td>《Java 参考大全》</td><td>《Java 开发实战》</td><td>《Java 从入门到实践》</td><td>《Java
典型模块大全》</td></tr>
        <tr><td>《VC 参考大全》</td><td>《VC 开发实战》</td><td>《VC 从入门到实践》</td><td>《VC
典型模块大全》</td></tr>
    </tbody>
</table>
<br/><br/>
<table id="table3">
    <thead>
        <tr><th colspan="4">表 3：隐藏第 4 行</th></tr>
    </thead>
     <tbody>
        <tr><td>《C#参考大全》</td><td>《C#开发实战》</td><td>《C#从入门到实践》</td><td>《C#典型模
块大全》</td></tr>
        <tr><td>《PHP 参考大全》</td><td>《PHP 开发实战》</td><td>《PHP 从入门到实践》</td><td>《PHP
典型模块大全》</td></tr>
        <tr><td>《Java 参考大全》</td><td>《Java 开发实战》</td><td>《Java 从入门到实践》</td><td>《Java
典型模块大全》</td></tr>
        <tr><td>《VC 参考大全》</td><td>《VC 开发实战》</td><td>《VC 从入门到实践》</td><td>《VC
典型模块大全》</td></tr>
    </tbody>
</table>
<br/><br/>
<table id="table4">
    <thead>
        <tr><th colspan="4">表 4：隐藏第 4 列</th></tr>
    </thead>
```

```
    <tbody>
        <tr><td>《C#参考大全》</td><td>《C#开发实战》</td><td>《C#从入门到实践》</td><td>《C#典型模
块大全》</td></tr>
        <tr><td>《PHP 参考大全》</td><td>《PHP 开发实战》</td><td>《PHP 从入门到实践》</td><td>《PHP
典型模块大全》</td></tr>
        <tr><td>《Java 参考大全》</td><td>《Java 开发实战》</td><td>《Java 从入门到实践》</td><td>《Java
典型模块大全》</td></tr>
        <tr><td>《VC 参考大全》</td><td>《VC 开发实战》</td><td>《VC 从入门到实践》</td><td>《VC
典型模块大全》</td></tr>
    </tbody>
</table>
<br/><br/>
<table id="table5">
    <thead>
        <tr><th colspan="4">表 5：删除第一行之外的所有行</th></tr>
    </thead>
    <tbody>
        <tr><td>《C#参考大全》</td><td>《C#开发实战》</td><td>《C#从入门到实践》</td><td>《C#典型模
块大全》</td></tr>
        <tr><td>《PHP 参考大全》</td><td>《PHP 开发实战》</td><td>《PHP 从入门到实践》</td><td>《PHP
典型模块大全》</td></tr>
        <tr><td>《Java 参考大全》</td><td>《Java 开发实战》</td><td>《Java 从入门到实践》</td><td>《Java
典型模块大全》</td></tr>
        <tr><td>《VC 参考大全》</td><td>《VC 开发实战》</td><td>《VC 从入门到实践》</td><td>《VC
典型模块大全》</td></tr>
    </tbody>
</table>
<br/><br/>
<table id="table6">
    <thead>
        <tr><th colspan="4">表 6：删除第一列之外的所有列</th></tr>
    </thead>
    <tbody>
        <tr><td>《C#参考大全》</td><td>《C#开发实战》</td><td>《C#从入门到实践》</td><td>《C#典型模
块大全》</td></tr>
        <tr><td>《PHP 参考大全》</td><td>《PHP 开发实战》</td><td>《PHP 从入门到实践》</td><td>《PHP
典型模块大全》</td></tr>
        <tr><td>《Java 参考大全》</td><td>《Java 开发实战》</td><td>《Java 从入门到实践》</td><td>《Java
典型模块大全》</td></tr>
        <tr><td>《VC 参考大全》</td><td>《VC 开发实战》</td><td>《VC 从入门到实践》</td><td>《VC
典型模块大全》</td></tr>
    </tbody>
</table>
<br/><br/>
<table id="table7">
    <thead>
        <tr><th colspan="4">表 7：设置第 2 行第 1 列的值；在第 2 行后面插入一行</th></tr>
    </thead>
    <tbody>
```

```
        <tr><td>《C#参考大全》</td><td>《C#开发实战》</td><td>《C#从入门到实践》</td><td>《C#典型模
块大全》</td></tr>
        <tr><td>《PHP 参考大全》</td><td>《PHP 开发实战》</td><td>《PHP 从入门到实践》</td><td>《PHP
典型模块大全》</td></tr>
        <tr><td>《Java 参考大全》</td><td>《Java 开发实战》</td><td>《Java 从入门到实践》</td><td>《Java
典型模块大全》</td></tr>
        <tr><td>《VC 参考大全》</td><td>《VC 开发实战》</td><td>《VC 从入门到实践》</td><td>《VC
典型模块大全》</td></tr>
    </tbody>
</table>
```

（3）在引入 jQuery 库的代码下方编写 jQuery 代码，对第一个表格进行鼠标移动行变色操作；对第 2
个表格进行隔行换色操作；对第 3 个表格进行隐藏第 4 行操作；对第 4 个表格进行隐藏第 4 列操作；对第
5 个表格进行删除第 1 行之外的所有行操作；对第 6 个表格进行删除第一列之外的所有列操作；对最后一
个表格进行修改某一列的值以及插入一整行的操作，具体代码如下：

```
$(function(){
// 鼠标移动行变色
    $("#table1 tr").hover(function(){
        $(this).children("td").addClass("hover")
    },function(){
        $(this).children("td").removeClass("hover")
    })
// 奇偶行不同颜色
    $("#table2 tbody tr:odd").css("background-color", "#bbf");
    $("#table2 tbody tr:even").css("background-color","#ffc");
    $("#table2 tbody tr:odd").addClass("odd")
    $("#table2 tbody tr:even").addClass("even")
// 隐藏一行
    $("#table3 tbody tr:eq(3)").hide();
// 隐藏一列
    $("#table4 tr").each(function(){$("td:eq(3)",this).hide()});
// 删除除第一行外的所有行
    $("#table5 tr:not(:nth-child(1))").remove();
// 删除除第一列外的所有列
    $("#table6 tr td:not(:nth-child(1))").remove();
//设置 table7,第 2 个 tr 的第一个 td 的值。
    $("#table7 tr:eq(1) td:nth-child(1)").html("我是插入的值");
    //获取 table7,第 2 个 tr 的第一个 td 的值。
    $("#table7 tr:eq(1) td:nth-child(1)").html();
//在第二个 tr 后插入一行
    $("<tr><td>我是插入的行</td><td>《VB 开发实战》</td><td>《VB 从入门到实践》</td><td>《VB 典型模块
大全》</td></tr>").insertAfter($("#table7 tr:eq(1)"));
})
```

运行本实例，可以看到如图 10.11 所示运行结果。

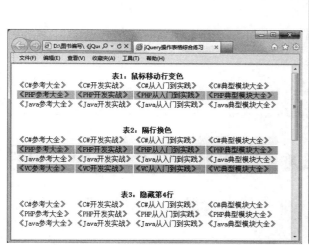
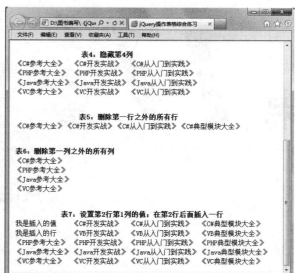

图 10.11　对表格的综合操作

**说明**

nth-child(number)用来直接匹配第 number 个元素，参数 number 须大于 0。
li:nth-child(3){background:blue}　　/* 把第 3 个 li 的背景颜色设置为蓝色*/

# 10.4　小　　结

本章首先讲解了 jQuery 对表格的操作，通过控制表格颜色、表格的展开与关闭、内容筛选以及插入、删除行和列的内容进行了详细讲解，接下来对树进行了详细的介绍，包括使用 jQuery 如何操作树以及如何通过事件委托操作树，并且通过具体实例形象地讲解了 jQuery 树。

# 10.5　练习与实践

（1）制作 3 行 3 列的表格，在表格的末尾插入一行，之后删除表格的第一行。（**答案位置：光盘 \TM\sl\10\9**）

（2）使用 jQuery 制作表格，令其隔行换色。（**答案位置：光盘\TM\sl\10\10**）

# 第11章

## Ajax 在 jQuery 中的应用

( 📹 视频讲解：51 分钟 )

Ajax 的出现，拉开了无刷新更新页面的帷幕，并且有代替传统 Web 方式和通过隐藏框架进行异步提交的趋势，是 Web 开发应用的一个重要里程碑。本章将对 Ajax 在 jQuery 中的应用进行详细讲解。

通过阅读本章，您可以：

▶▶ 了解 Ajax 技术

▶▶ 了解 Ajax 的开发模式

▶▶ 掌握安装 Web 运行环境

▶▶ 掌握使用 load() 方法载入 HTML 文档

▶▶ 掌握使用 $.get() 和 $.post() 方法请求数据

▶▶ 掌握 $.getScript() 方法以及 $.getJSON() 方法

▶▶ 掌握使用 $.ajax() 方法请求数据

▶▶ 掌握使用 serialize() 方法序列化表单

▶▶ 了解 Ajax 的全局事件

# 11.1　Ajax 技术简介

## 11.1.1　Ajax 概述

Ajax 是 Asynchronous JavaScript and XML 的缩写，意思是异步的 JavaScript 和 XML。Ajax 并不是一门新的语言或技术，它是 JavaScript、XML、CSS、DOM 等多种已有技术的组合，可以实现客户端的异步请求操作，从而实现在不需要刷新页面的情况下与服务器进行通信，减少了用户的等待时间，减轻了服务器和带宽的负担，提供更好的服务响应。

## 11.1.2　Ajax 开发模式

在传统的 Web 应用模式中，页面中用户的每一次操作都将触发一次返回 Web 服务器的 HTTP 请求，服务器进行相应的处理（获得数据、运行与不同的系统会话）后，返回一个 HTML 页面给客户端。Web 应用的传统模型如图 11.1 所示。

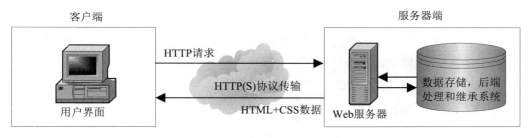

图 11.1　Web 应用的传统模型

而在 Ajax 应用中，页面中用户的操作将通过 Ajax 引擎与服务器端进行通信，然后将返回结果提交给客户端页面的 Ajax 引擎，再由 Ajax 引擎来决定将这些数据插入到页面的指定位置。Web 应用的 Ajax 模型如图 11.2 所示。

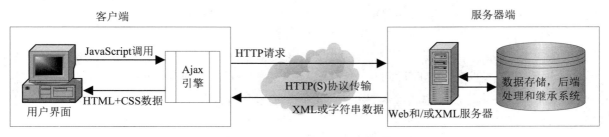

图 11.2　Web 应用的 Ajax 模型

**221**

从图 11.1 和图 11.2 中可以看出，对于每个用户的行为，在传统的 Web 应用模型中，将生成一次 HTTP 请求，而在 Ajax 应用开发模型中，将变成对 Ajax 引擎的一次 JavaScript 调用。在 Ajax 应用开发模型中可以通过 JavaScript 实现在不刷新整个页面的情况下，对部分数据进行更新，从而降低网络流量，给用户带来更好的体验。

## 11.1.3　Ajax 技术的优点

与传统的 Web 应用不同，Ajax 在用户与服务器之间引入一个中间媒介（Ajax 引擎），从而消除了网络交互过程中的处理——等待——处理——等待的缺点，从而大大改善了网站的视觉效果。下面我们就来看看使用 Ajax 的优点有哪些。

（1）可以把一部分以前由服务器负担的工作转移到客户端，利用客户端闲置的资源进行处理，减轻服务器和带宽的负担，节约空间和成本。

（2）无刷新更新页面，从而使用户不用再像以前一样在服务器处理数据时，只能在死板的白屏前焦急的等待。Ajax 使用 XMLHttpRequest 对象发送请求并得到服务器响应，在不需要重新载入整个页面的情况下，就可以通过 DOM 及时将更新的内容显示在页面上。

（3）可以调用 XML 等外部数据，进一步促进页面显示和数据的分离。

（4）基于标准化的并被广泛支持的技术，不需要下载插件或者小程序，即可轻松实现桌面应用程序的效果。

（5）Ajax 没有平台限制。Ajax 把服务器的角色由原本传输内容转变为传输数据，而数据格式则可以是纯文本格式和 XML 格式，这两种格式没有平台限制。

## 11.1.4　Ajax 技术的缺点

同其他事物一样，Ajax 也不尽是优点，也有缺点，它的不足之处主要体现在以下两点。

（1）浏览器对 XMLHttpRequest 对象的支持不足

从 IE5.0 版本开始才支持 XMLHttpRequest 对象，Mozilla、Netscape 等浏览器支持 XMLHttpRequest 的时间更加在其后。为使 Ajax 在各个浏览器中都能够正常运行，开发者必须花费大量精力去编码，从而实现各个浏览器兼容，这样就使得 Ajax 开发难度高于普通 Web 开发。

（2）破坏浏览器"前进"和"后退"按钮的正常行为

传统页面中，用户经常会习惯性使用浏览器自带的"前进"和"后退"按钮，但使用 Ajax 改变了这个 Web 浏览习惯。在动态更新页面的情况下，用户无法回到前一个页面的状态，因为浏览器仅能记下历史记录中的静态页面。用户通常希望单击"后退"按钮取消他们的前一次操作，在 Ajax 中，可能无法这样做。

# 11.2　安装 Web 运行环境——AppServ

Ajax 方法需要与 Web 服务器端进行交互，因此本节讲解安装 PHP 的运行环境——AppServ，它是 PHP 网页架站工具组合包，可以方便初学者快速完成建站，AppServ 所包含的软件有 Apache、PHP、MySQL、phpMyadmin 等。

AppServ 的下载地址为：http://www.appservnetwork.com。最新版本为 AppServ2.6.0，但是其中的 PHP 版本为 6.0-dev，不是稳定版，因此建议读者下载 AppServ2.5.10 版本。

应用 AppServ 集成化安装包搭建 PHP 开发环境的操作步骤如下：

（1）双击 appserv-win32-2.5.10.exe 文件，打开如图 11.3 所示的 AppServ 启动页面。

（2）单击 Next 按钮，打开如图 11.4 所示的 AppServ 安装协议页面。

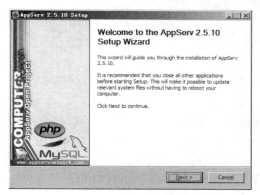

图 11.3　AppServ 启动页面

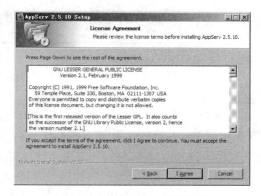

图 11.4　AppServ 安装协议

（3）单击 I Agree 按钮，打开如图 11.5 所示的页面。在该页面中可以设置 AppServ 的安装路径（默认安装路径一般为 C:\AppServ，建议读者改为其他盘），AppServ 安装完成后，Apache、MySQL、PHP 都将以子目录的形式存储到该目录下。

（4）单击 Next 按钮，打开如图 11.6 所示的页面，在该页面中可以选择要安装的程序和组件（默认为全选状态）。

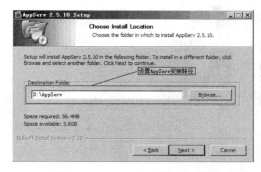

图 11.5　AppServ 安装路径选择

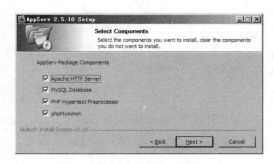

图 11.6　AppServ 安装选项

（5）单击 Next 按钮，打开如图 11.7 所示的页面，该页面主要设置 Apache 的端口号。

（6）单击 Next 按钮，打开如图 11.8 所示的页面。该页面主要对 MySQL 数据库的 root 用户的登录密码及字符集进行设置，这里将字符集设置为 GB2312 Simplified Chinese，表示 MySQL 数据库的字符集将采用简体中文形式。

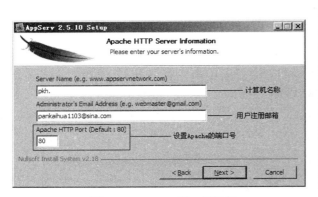

图 11.7　Apache 端口号设置

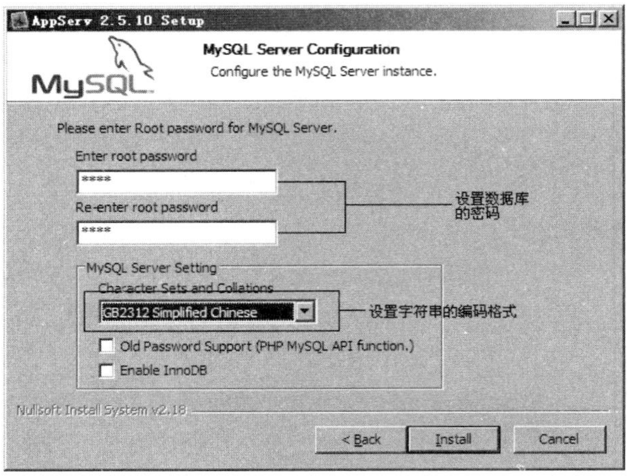

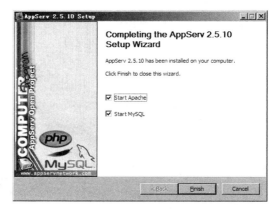

图 11.8　MySQL 设置

注意

服务器端口号的设置至关重要，它直接关系到 Apache 服务器是否能够启动成功。如果本机中的 80 端口被 IIS 或者迅雷占用，那么这里仍然使用 80 端口就不能完成服务器的配置。可通过修改这里的端口（例如，改为 82），或者修改 IIS 或迅雷的端口以解决该问题。

（7）单击 Install 按钮后开始安装，如图 11.9 所示。

（8）至此，AppServ 安装成功，如图 11.10 所示。

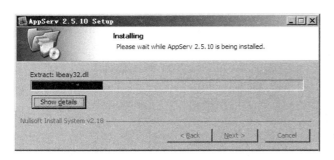

图 11.9　AppServ 安装页面

图 11.10　AppServ 安装完成页面

（9）安装好 AppServ 之后，整个目录默认安装在 D:\AppServ 路径下，此目录下包含 4 个子目录，如图 11.11 所示，用户可以将所有网页文件存放到 www 目录下。

（10）打开浏览器，在地址栏中输入"http://localhost/"或者"http://127.0.0.1/"，如果打开如图 11.12 所示的页面，则说明 AppServ 安装成功。

图 11.11　AppServ 目录结构

图 11.12　AppServ 测试页

# 11.3　通过 JavaScript 应用 Ajax

本节讲解一个用传统的 JavaScript 方式实现的 Ajax 实例，主要实现从服务器端获取文本的功能。

【例 11.1】　通过传统 JavaScript 的 Ajax 方式从服务器端获取文本。（**实例位置：光盘\TM\sl\11\1**）

（1）声明一个空对象来保存 XMLHttpRequest 对象，代码如下：

```
var xmlhttp = null;
```

（2）创建 XMLHttpRequest 对象，代码如下：

```
function createXMLHttpRequest(){
    if(window.ActiveXObject){                    // IE 浏览器
        xmlhttp = new ActiveXObject("Microsoft.XMLHTTP");
    }else if(window.XMLHttpRequest){             // 非 IE 浏览器
        xmlhttp = new XMLHttpRequest();
    }
}
```

（3）编写 startRequest()方法，使用 open()方法初始化 XMLHttpRequest 对象，指定 HTTP 方法和要使用的服务器 URL，代码如下：

```
var url = "index.php";                           // 要使用的服务器 URL
```

默认情况下，使用 XMLHttpRequest 对象发送的 HTTP 请求是异步的，但是可以显式把 async 参数设置为 true。

（4）XMLHttpRequest 对象提供了用于指定状态改变时所触发的事件处理器的属性 onreadystatechange。在 Ajax 中，每个状态改变时都会触发这个事件处理器，通常会调用一个 JavaScript 函数。当请求状态改变时，XMLHttpRequest 对象调用 onreadystatechange 属性注册的事件处理器。因此，在处理该响应之前，事件处理器应该首先检查 readyState 的值和 HTTP 状态。当请求完成（readyState

值为 4）并且响应已经成功（HTTP 状态值为 200）时，就可以调用一个 JavaScript 函数来处理该响应内容，代码如下：

```
xmlhttp.onreadystatechange = function(){
if(xmlhttp.readyState == 4 && xmlhttp.status == 200){
        alert(xmlhttp.responseText);
    }
}
```

（5）使用 send()方法提交请求，因为请求使用的是 HTTP 的 get 方式，因此可以在不指定参数或使用 null 参数的情况下调用 send()方法，代码如下：

```
xmlhttp.send(null);
```

（6）单击"获取服务端文本"按钮，可以看到网页上出现"我的第一个 Ajax 实例！"，运行效果如图 11.13 所示。

图 11.13　通过 JavaScript 应用 Ajax

以上就是使用传统的 JavaScript 的 Ajax 方式的所有细节，它不必将页面的全部内容发送给服务器，只需要将用到的部分发送即可。显然这种无刷新模式能给网站带来更好的用户体验。但是 XMLHttpRequest 对象的很多属性和方法对于想快速对 Ajax 技术入门的开发人员来说并不容易。而 jQuery 为我们提供了一些日常开发中经常需要用到的快捷操作，如 load、ajax、get、post、getJSON 等，可以使简单的工作变得更简单，复杂的工作变得不再复杂。

# 11.4　jQuery 中的 Ajax 应用

使用 jQuery 会使得 Ajax 变得简单，下面就开始介绍 jQuery 中的 Ajax。

jQuery 的 Ajax 工具包封装有 3 个层次，分别如下：

☑　最底层是 Ajax，封装了基础 Ajax 的一些操作，$.ajax()方法就是最底层的方法。

☑　第二层是 load()、$.get()、$.post()方法。

☑　第三层是$.getScript()和$.getJSON()方法。

## 11.4.1　load()方法

在传统的 JavaScript 中，需要使用 XMLHttpRequest 对象异步加载数据，而在 jQuery 中，使用 load() 方法可以方便快捷地实现获取异步数据的功能。它的语法格式为：

```
load(url[,data][,callback])
```

☑　url：请求 HTML 页面的 URL 地址。

☑　data：可选参数。发送至服务器的 key/value 数据。

☑　callback：可选参数。请求完成时的回调函数，无论请求是否成功。

### 1．载入 HTML 文档

【例 11.2】　使用 load()方法载入页面。（实例位置：光盘\TM\sl\11\2）

（1）首先创建要载入的文档 mr.html，代码如下：

```html
<div>
<p>明日科技</p>
<p>明日图书</p>
<p>明日编程词典</p>
</div>
```

（2）创建 index.html 页面，在页面上添加按钮以及 id 为 loadhtml 的<div>元素，代码如下：

```html
<input type="button" id="btn" value="载入页面"/>
<div id="loadhtml"></div>
```

（3）引入 jQuery 库并且在下方编写 jQuery 代码，使用 load()方法载入之前创建的 mr.html 页面，代码如下：

```html
<script type="text/javascript" src="../js/jquery-1.11.1.min.js"></script>
<script type="text/javascript">
$(document).ready(function(){
    $("#btn").click(function(){
        $("#loadhtml").load("mr.html");
    })
})
</script>
```

单击"载入页面"按钮，运行效果如图 11.14 所示。

可以看到，mr.html 页面的内容被成功载入到 index.html 中来。load()方法完成了本来很繁琐的工作，开发人员只要使用 jQuery 选择器指定 HTML 代码的目标位置，之后将要加载页面的 URL 传递给 load()方法即可。

图 11.14  使用 load 方法载入页面

### 2. 载入 HTML 文档中的指定元素

例 11.2 是载入整个 html 页面，如果只想加载某个页面中的部分元素，可以使用 load()方法的 URL 参数。load()方法的 URL 参数的语法结构为"url selector"。

【例 11.3】  载入 class 为 mingrisoft 的元素。（实例位置：光盘\TM\sl\11\3）

（1）首先创建要载入的文档 mr.html，代码如下：

```
<div>
<p class="mingrisoft">明日科技</p>
<p class="mingrisoft">明日图书</p>
<p class="mrbccd">明日编程词典</p>
</div>
```

（2）第（2）步同例 11.2 的第（2）步。

（3）在引入 jQuery 库的下方编写 jQuery 代码，使用 load()方法载入 mr.html 页面中 class 为 mingrisoft 的元素，代码如下：

```
<script type="text/javascript" src="../js/jquery-1.11.1.min.js"></script>
<script type="text/javascript">
$(document).ready(function(){
    $("#btn").click(function(){
        $("#loadhtml").load("mr.html .mingrisoft");
    })
})
</script>
```

单击"载入页面"按钮，运行效果如图 11.15 所示。

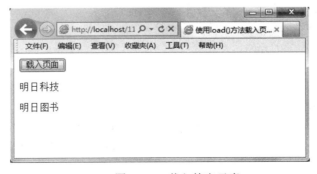

图 11.15  载入特定元素

### 3. 传递方式和回调参数

load()方法的传递方式是根据传递的参数 data 来指定的。如果没有传递参数，默认采用 GET 方式传递，否则将自动转换为 POST 方式。例如如下代码，无参数传递，则是 GET 方式。

```
$("#loadhtml").load("mr.php",function(responseText,status,XMLHttpRequest){
        // 省略部分代码
    });
```

而下面的代码有参数传递，因此是 POST 方式。

```
$("#loadhtml").load("mr.php",{name: "轻鸿",age: "30"},function(responseText,status,XMLHttpRequest){
        // 省略部分代码
    });
```

## 11.4.2　使用$.get()方法请求数据

$.get()方法使用 GET 方式进行异步请求，它的语法格式为：

```
$.get(url[,data][,callback][,type])
```

参数说明：
- ☑ url：请求的 HTML 页面的 URL 地址。
- ☑ data：可选参数，发送到服务器的数据。
- ☑ callback：可选参数。规定当请求成功时运行的函数。
- ☑ type：可选参数。预计的服务器响应的数据类型。默认地，jQuery 将智能判断。

【例 11.4】　使用$.get()方法请求数据。（**实例位置：光盘\TM\sl\11\4**）

（1）创建 index.html，构建 form 表单，主要代码如下：

```
<form name="form" action="">
        用户名：<input type="text" id="username" /><br/><br/>
        内容：<textarea id="content"></textarea><br/><br/>
<input type="button" id="button" value="提交"/><br/><br/>
        <div id="responseText"></div>
</form>
```

（2）给按钮添加 click 事件，确定请求页面的 URL 地址，获取姓名与年龄的内容作为参数传递到 index.php 页面，代码如下：

```
$("#button").click(function(){
        $.get("index.php",{username:$("#username").val(),age:$("#age").val()},回调函数);
})
```

（3）如果服务器端成功返回数据，那么可以通过回调函数将返回的数据显示到页面上。其中，回调函数有 2 个参数，代码格式如下：

```
function(data, status){
```

```
// data：服务端返回的内容，可以是 XML、JSON、HTML 文档等
// status：请求状态
});
```

需要注意的是，与 load()方法不同，回调函数只有当数据成功返回时才能被调用。

（4）创建 index.php 文件，获取页面传递过来的数据，保存到$dataArray 数组中，之后使用 json_encode()方法将数组转换为 json 对象并返回。具体代码如下：

```php
<?php
if(!empty($_GET['username']) && !empty($_GET['content'])){
        $username = $_GET['username'];
        $content = $_GET['content'];
        $dataArray = array("username"=>$username,"content"=>$content);
        $jsonStr = json_encode($dataArray);
        echo $jsonStr;
    }
?>
```

（5）由于服务端返回的是 JSON 格式，因此需要对返回的数据进行处理，在上面的代码中，将$.get()方法的第 4 个参数（type）设置为 json，表示服务器返回的数据格式，之后编写回调函数，将页面上 id 为 responseText 的<div>元素内容设置为提交的用户名以及用户留言的内容。具体代码如下：

```
function(data,textStatus){
    // 将用户提交的用户名与留言内容显示
    $("#responseText").html("用户名："+data.username+"<br/>留言内容："+data.content);
}
```

在页面输入用户名与留言内容，之后单击提交按钮，运行效果如图 11.16 所示。

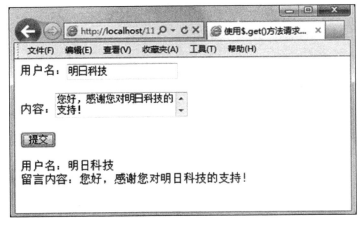

图 11.16　运行结果

## 11.4.3　使用$.post()方法请求数据

$.post()方法的使用方式与$.get()方法是相同的，不过它们之间仍有以下区别：

（1）GET 方式。用 GET 方式可以传送简单数据，一般大小限制在 2KB 以下，数据追加到 url 中发送。也就是说，GET 请求会将参数跟在 URL 后面进行传递。最重要的是，它会被客户端浏览器缓存起来，这样，别人就可以从浏览器的历史记录中读取到客户数据，比如账号、密码等。因此，某些情况下，GET 方法会带来严重隐患。

（2）POST 方式。使用 POST 方式时，浏览器将表单字段元素以及数据作为 HTTP 消息实体内容发送给 Web 服务器，而不是作为 URL 地址参数进行传递，可以避免数据被浏览器缓存起来，比 GET 方式更加安全。而且使用 POST 方式传递的数据量要比使用 GET 方式传送的数据量也要大得多。

【例 11.5】 使用$.post()方法请求数据。（实例位置：光盘\TM\sl\11\5）

本实例的<form>表单内容与例 11.4 相同，不同的是提交 ajax 请求，使用的是$.post 方法，即

```
$.post("index.php",{username:$("#username").val(),content:$("#content").val()},function(data,textStatus){
// 将用户提交的用户名与留言内容显示
$("#responseText").html("用户名："+data.username+"<br/>留言内容："+data.content);
    },"json");
```

在 index.php 文件中，获取页面传递过来的数据使用$_POST 方法，具体代码如下：

```
<?php
    if(!empty($_POST['username']) && !empty($_POST['content'])){
        $username = $_POST['username'];
        $content = $_POST['content'];
        $dataArray = array("username"=>$username,"content"=>$content);
        $jsonStr = json_encode($dataArray);
        echo $jsonStr;
    }
?>
```

## 11.4.4　$.getScript()方法加载 js 文件

在页面中获取 js 文件的内容有很多种方法，比如：

```
<script type="text/javascript" src="js/jquery.js"></script>
```

或者

```
$("<script type='text/javascript' src='js/jquery.js'>"</script>).appendTo("head");
```

但这样的调用方法都不是最理想的。在 jQuery 中，通过全局函数 getScript()加载 js 文件后，不仅可以像加载 HTML 片段一样简单方便，而且 JavaScript 文件会自动执行，大大提高了页面的执行效率。具体代码如下：

```
$("#btn").click(function(){
    $.getScript("js/jquery.js");
})
```

与其他 Ajax 方法相同，$.getScript()方法也有回调函数，它会在 js 文件成功载入后执行。

【例 11.6】 使用$.getScript()方法加载 js 文件。（实例位置：光盘\TM\sl\11\6）

（1）创建 index.html 页面，在页面中加入一个 button 按钮和两个<div>元素，主要代码如下：

```
<input type="button" id="btn" value="改变背景色"/>
<div class="mr">明日科技</div>
<div class="mr">明日图书</div>
```

（2）创建 test.js 文件，内容为：

```
alert("test.js 加载成功！");
```

（3）在 index.html 中加载 test.js 文件，加载完毕后，执行回调函数，给 button 按钮添加 click 事件，使得单击按钮时，改变 class 为 mr 的<div>元素的背景色，具体代码如下：

```
$(document).ready(function(){
    $.getScript("test.js",function(){
        $("#btn").click(function(){
            $(".mr").css("backgroundColor","lightblue");
        })
    })
})
```

运行本实例，可以看到页面弹出"test.js 文件加载成功！"，如图 11.17 所示，之后单击"改变背景色"按钮，可以看到，class 为 mr 的<div>元素的背景颜色发生了改变，效果如图 11.18 所示。

图 11.17 加载 js 文件

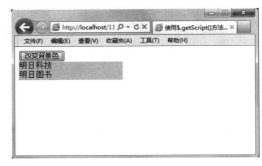

图 11.18 改变背景颜色

## 11.4.5 $.getJSON()方法加载 JSON 文件

JSON 可以将 JavaScript 对象中表示的一组数据转换为字符串，然后就可以在函数之间轻松地传递这个字符串，这种格式很方便计算机的读取，因此受到开发者的青睐。在 jQuery 中，$.getJSON()方法用于加载 JSON 文件，它与$.getScript()方法的用法相同。

例如要加载 test.json 文件，具体代码如下：

```
$("#btn").click(function(){
    $.getJSON("test.json",回调函数);
})
```

【例 11.7】 使用$.getJSON()方法加载 JSON 文件。（实例位置：光盘\TM\sl\11\7）

（1）创建 index.html 页面，在页面中加入一个 id 为 json 的<div>空元素，代码如下：

232

```
<div id="json"></div>
```

（2）创建 test.json 文件，内容为：

```
[
    {
        "name":"轻鸿",
        "sex":"女",
        "email":"mingrisoft@mingrisoft.com"
    },
    {
        "name":"无语",
        "sex":"女",
        "email":"mxxx@163.com"
    }
]
```

说明

　　Test.json 文件中的数据，首尾用 "[" 和 "]" 括起来，表示这是一个含有 2 个对象的数组。

　　（3）在 index.html 中加载 test.json 文件，加载完毕后，执行回调函数，首先定义一个空的字符串 htmlStr，使用$.each()方法遍历返回的数据 data，以一个回调函数作为第 2 个参数，回调函数有 2 个参数，第 1 个是对象的成员或数组的索引，第 2 个为对应的变量或内容，将拼接结果保存在 htmlStr 字符串当中。最后，将该 HTML 片段作为 div 元素的内容，具体代码如下：

```
$.getJSON("test.json",function(data){
        var htmlStr = "";
        $.each(data,function(index,info){
            htmlStr+="姓名：　"+info['name']+"<br/>";
            htmlStr+="性别：　"+info['sex']+"<br/>";
            htmlStr+="邮箱：　"+info['email']+"<br/><br/>";
        })
        $("#json").html(htmlStr);
    })
```

运行本实例，最终效果如图 11.19 所示。

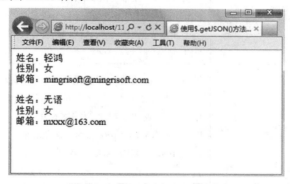

图 11.19　加载 JSON 文件

## 11.4.6　使用$.ajax()方法请求数据

除了可以使用全局性函数 load()、$.get()、$.post()实现页面的异步调用和与服务器交互数据外，在 jQuery 中还有一个功能更为强大的最底层的方法$.ajax()，该方法不仅可以方便地实现上述 3 个全局函数完成的功能，而且可以更多地关注实现过程中的细节。它的结构为：

`$.ajax(options);`

其中，参数 options 为$.ajax()方法中的请求设置，格式为 key/value，既包含发送请求的参数，也含有服务器响应后回调的数据。常用的参数如表 11.1 所示。

表 11.1　$.ajax()方法中的参数列表

| 参 数 名 称 | 类　　型 | 说　　明 |
| --- | --- | --- |
| url | String | 发送请求的地址（默认为当前页面） |
| type | String | 数据请求方式（post 或 get），默认为 get |
| data | String 或 Object | 发送到服务器的数据。如果不是字符串则自动转换成字符串格式，如果是 get 请求方式，那么该字符串将附在 url 之后。 |
| dataType | String | 服务器返回的数据类型。如果没有指定，jQuery 将自动根据 HTTP 包 MIME 信息自动判断，服务器返回的数据根据自动判断结果进行解析，传递给回调函数，可用类型如下：<br>html：返回纯文本的 HTML 信息，包含的 Script 标记会在插入页面时被执行。<br>script：返回纯文本 JavaScript 代码<br>text：返回纯文本字符串<br>xml：返回可被 jQuery 处理的 XML 文档<br>json：返回 JSON 格式的数据 |
| beforeSend | Function | 该函数用于发送请求前修改 XMLHttpRequest 对象，其中参数就是 XMLHttpRequest 对象，由于该函数本身是 jQuery 事件，因此如果函数返回 false，则表示取消本次事件。<br>function(XMLHttpRequest){<br>　　this; // 调用本次 Ajax 请求时传递的 options 参数<br>} |
| complete | Function | 请求完成后调用的回调函数，该函数无论数据发送成功或失败都会调用，其中有 2 个参数，一个是 XMLHttpRequest 对象，另一个是 textStatus，用来描述成功请求类型的字符串。<br>function(XMLHttpRequest,textStatus){<br>　　this; // 调用本次 Ajax 请求时传递的 options 参数<br>} |

| 参 数 名 称 | 类　　型 | 说　　　明 |
|---|---|---|
| success | Function | 请求成功后调用的回调函数，该函数有两个参数，一个是根据 dataType 处理后服务器返回的数据，另一个是 textStatus，用来描述状态的字符串。<br>function(data,textStatus){<br>　　// data 可能是 xmlDoc、jsonObj、html、text 等<br>　　this; // 调用本次 Ajax 请求时传递的 options 参数<br>} |
| error | Function | 请求失败后调用的回调函数，该函数有三个参数，第一个是 XMLHttpRequest 对象，第二个是出错信息 strError，第三个是捕捉到的错误对象 strObject<br>function(XMLHttpRequest, strError,strObject){<br>　　// 通常情况下 strError 和 strObject 只有一个包含信息<br>　　this; // 调用本次 Ajax 请求时传递的 options 参数<br>} |
| global | Boolean | 是否响应全局事件，默认是 true，表示响应，如果设置成 false，表示不响应，全局事件$.ajaxStart 等将不响应 |
| timeout | Number | 请求超时的时间（毫秒），该设置将覆盖$.ajaxSetup()方法的全局设置。 |

【例 11.8】　使用$.get()方法请求数据。（**实例位置：光盘\TM\sl\11\8**）

本实例的<form>表单内容与例 11.4 相同，不同的是提交 ajax 请求，使用的是$.ajax 方法，即：

```
$.ajax({type:"GET",
    url:"index.php",
        data:{username:$("#username").val(),content:$("#content").val()},
        dataType:"json",
        success:function(data,textStatus){
        // 将用户提交的用户名与留言内容显示
        $("#responseText").html("用户名："+data.username+"<br/>留言内容："+data.content);
        }
});
```

## 11.4.7　使用 serialize()方法序列化表单

通过前面内容的讲解，可以看到，在实际项目应用中，经常需要使用表单来提供数据，例如注册、登录、评论等。常规方法是将表单内容提交到指定页面，这个过程中，整个浏览器都会被刷新。而使用 Ajax 技术能够异步提交表单。

在使用全局函数$.get()和$.post()向服务器传递参数时，其中的参数是通过名称属性逐个搜索输入字段的方式进行传输的，例如：

```
$.post("index.php",{username:$("#username").val(),content:$("#content").val()},function(data,textStatus){
// 省略部分代码
})
```

如果表单的输入字段过多，那么显然这种方式就比较麻烦。为了解决这个问题，jQuery 引入 serialize() 方法，与其他方法一样，serialize() 方法也是作用于一个 jQuery 对象，它可以将 DOM 元素内容序列化为字符串，用于 Ajax 请求。

【例 11.9】 使用 serialize() 方法序列化表单。（实例位置：光盘\TM\sl\11\9）

（1）创建 index.html，构建 form 表单，在此处给表单控件加入 name 属性，并给<form>元素赋予一个 id 值。主要代码如下：

```
<form id="testForm" action="">
    用户名：<input type="text"    name="username"/><br/><br/>
    性别：<input type="text"    name="sex"/><br/><br/>
    年龄：<input type="text"    name="age"/><br/><br/>
    邮箱：<input type="text"    name="email"/><br/><br/>
    地址：<input type="text"    name="address"/><br/><br/>
    内容：<textarea id="content" name="content"></textarea><br/><br/>
    <input type="button" id="button" name="button" value="提交"/><br/><br/>
    <div id="responseText"></div>
</form>
```

（2）引入 jquery 文件，并且在下方编写 jQuery 代码，使用$.post()方法提交表单，传值。具体代码如下：

```
$(document).ready(function(){
        $("#button").click(function(){
                $.post("index.php",$("#testForm").serialize(), // 序列化表单
                function(data){
                        var html = "";
                        html+="用户名："+data.username+"<br/>";
                        html+="性别："+data.sex+"<br/>";
                        html+="年龄："+data.age+"<br/>";
                        html+="邮箱："+data.email+"<br/>";
                        html+="地址："+data.address+"<br/>";
                        html+="内容："+data.content+"<br/>";
                         $("#responseText").html(html);          // 将用户提交的用户名与留言内容显示
                },"json");
        })
    })
```

在页面填入信息，单击提交按钮，运行效果如图 11.20 所示。

图 11.20　序列化表单

由此可以看出，使用 serialize()方法非常便捷，不用手动书写传入参数。其中，给<form>元素加上 id 值是便于获取 form 表单对象，进而调用该对象的 serialize()方法。

# 11.5　Ajax 的全局事件

## 11.5.1　Ajax 全局事件的参数及功能

在 jQuery 当中，存在 6 个全局性事件。详细说明如表 11.2 所示。

表 11.2　Ajax 的全局事件

| 事 件 名 称 | 参　　数 | 说　　　明 |
| --- | --- | --- |
| ajaxComplete(callback) | callback | Ajax 请求完成时执行的函数 |
| ajaxError(callback) | callback | Ajax 请求发生错误时执行的函数，其中捕捉到的错误可以作为最后一个参数进行传递 |
| ajaxSend(callback) | callback | Ajax 请求发送前执行的函数 |
| ajaxStart(callback) | callback | Ajax 请求开始时执行的函数 |
| ajaxStop(callback) | callback | Ajax 请求结束时执行的函数 |
| ajaxSuccess(callback) | callback | Ajax 请求成功时执行的函数 |

## 11.5.2　ajaxStart 与 ajaxStop 全局事件

在 jQuery 当中使用 Ajax 获取异步数据时，会经常使用到 ajaxStart 和 ajaxStop 这两个全局事件。当请求开始时，会触发 ajaxStart()方法的回调函数，往往用于编写一些准备性工作，例如提示"数据正在获取中……"；当请求结束时会触发 ajaxStop()方法的回调函数，这一事件往往与前者相配合，说明请求的最后进展状态，例如网站中获取图片的速度较慢，在图片加载过程中可以给用户提供一些友好的提示和反馈信息，常用的提示信息为"图片加载中……"，待图片加载完毕后隐藏该提示。

【例 11.10】　使用 ajaxStart 与 ajaxStop 全局事件添加提示信息。（**实例位置：光盘\TM\sl\11\10**）

（1）在例 11.9 的页面中加入一个<div>元素作为信息提示，具体代码为：

```
<div id="msg">数据正在发送……</div>
```

（2）为 document 元素绑定 ajaxStart 事件，在 ajax 请求开始时，提示用户"数据正在发送……"，之后为 document 元素绑定 ajaxStop 事件，在请求结束后，修改提示信息为"数据获取成功"并将提示信息隐藏。具体代码如下：

```
$(document).ajaxStart(function(){
        $("#msg").show();      // 显示数据
    })
    $(document).ajaxStop(function(){
        $("#msg").html(" 数 据 获 取 成 功 ").slideUp(200);
// 改变提示信息并隐藏信息提示
    })
```

运行程序，效果如图 11.21 所示。

图 11.21　Ajax 的全局事件

# 11.6　综合实例：Ajax 实现留言板即时更新

在实际应用中，经常会使用到留言板功能，本实例实现留言板即时更新功能，具体要求如下：

（1）创建留言页面，使用户留言可以异步提交。

（2）将用户提交的留言即时显示出来。

**【例 11.11】** Ajax 实现留言板即时更新。（**实例位置：光盘\TM\sl\11\11**）

运行本实例，在如图 11.22 所示页面中输入留言信息，单击"填写留言"按钮，可以看到提交的评论即时显示到了当前页面。

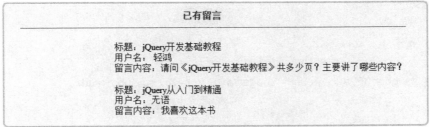

图 11.22　留言板留言即时更新显示

程序开发步骤如下：

（1）创建一个名称为 index.html 的文件，在该文件的<head>标记中应用下面的语句引入 jQuery 库。

```
<script type="text/javascript" src="../js/jquery-1.11.1.min.js"></script>
```

（2）编写 CSS 样式，用于控制导航菜单的显示样式，具体代码请参见光盘。

（3）在页面的<body>标记中，首先添加一个 form 表单，让用户填写用户名、标题以及留言内容。之后创建一个显示用户提交留言的 id 为 ddiv 的<div>元素，代码如下：

```
<form action=""  method="post" name="form1" id="form1">
    <tr>
```

239

```
        <td width="761" align="center" bgcolor="#F9F8EF"><table width="749" border="0" align="center"
cellpadding="0"  cellspacing="0"  style="BORDER-COLLAPSE: collapse">
        <tr>
          <td width="749" height="57" background="images/a_03.jpg">  </td>
        </tr>
        <tr>
          <td  height="36"  colspan="3"  align="left"  background="images/a_05.jpg"  bgcolor="#F9F8EF"
scope="col">        姓  名：
            <input  name="username" id="username" value=" " maxlength="64" type="text" />
          </td>
        </tr>
        <tr>
          <td height="36" colspan="3" align="left" background="images/a_05.jpg" bgcolor=
"#F9F8EF">        标　题：
            <input maxlength="64" size="30" name="title"   type="text"/>
          </td>
        </tr>
        <tr>
          <td height="126" colspan="3" align="left" background="images/a_05.jpg" bgcolor=
"#F9F8EF">        内  容：
            <textarea name="content" cols="60" rows="8" id="content" style=
"background:url(./images/mrbccd.gif)"></textarea>

                    <table width="734" border="0" align="center" cellpadding="0" cellspacing="0">
            <tr>
              <td  width="703"  height="40"  align="center"><input  name="button"  type="button"  id="button"
value="填写留言"/>
            </tr>
          </table>
            </td>
        </tr>
        <tr>
          <td height="35" background="images/a_07.jpg">  </td>
        </tr>
      </table>
      </td>
    </tr>
    </form>
<div class="dhead"></div>
<div id="ddiv"></div>
<div class="dfoot"></div>
```

（4）在引入 jQuery 库的代码下方编写 jQuery 代码，为按钮增加 click 事件，使其被单击时通过
Ajax 方式发送请求，待服务器端成功返回内容后，在回调函数中，将用户提交的信息保存到一个新的
<div>元素中，将该<div>元素追加到 id 为 ddiv 的<div>元素中，具体代码如下：

```
$(document).ready(function(){
    $("#button").click(function(){
        $.post("index.php",$("#form1").serialize(),function(data){
```

```
        $("#ddiv").append("<div class='dcon'>标题："+data.title+"<br/>用户名："+data.username+"<br/>
留言内容："+data.content);        // 将用户提交的用户名与留言内容显示
        },"json");
    })
})
```

# 11.7　小　　结

本章首先介绍了什么是 Ajax 技术以及 Ajax 技术的优缺点，之后讲解了如何搭建 Web 环境，以便执行服务端程序。接下来重点讲解了 jQuery 中的 Ajax 技术的使用，包括使用 load()方法、$.get()方法、$.post()方法以及$.ajax()方法。还讲解了如何加载 js 文件以及 JSON 文件。最后介绍了使用 serialize()方法序列化表单以及 Ajax 的全局事件。通过留言板的即时更新这一实例来强化读者对 jQuery 与 Ajax 结合使用的理解。

# 11.8　练习与实践

（1）利用$.ajax()方法获取服务端的文字信息。（答案位置：光盘\TM\sl\11\12）

（2）利用 load()方法获取服务端的文字信息。（答案位置：光盘\TM\sl\11\13）

（3）利用$.post()方法获取服务端的文字信息。（答案位置：光盘\TM\sl\11\14）

# 高级应用

本篇介绍 jQuery UI 插件的使用、常用的第三方 jQuery 插件、jQuery 必知的工具函数、jQuery 的开发技巧、jQuery 的性能优化、jQuery 在 HTML5 中的应用、jQuery Mobile 等。学习完这一部分，能够熟练使用 jQuery 的各种插件及工具函数，并能够掌握一些 jQuery 的高级应用（如 HTML5 中的应用或者移动应用）。

# 第*12*章

## jQuery UI 插件的使用

（ 📹 视频讲解：**70分钟** ）

jQuery UI 是一个以 jQuery 为基础的用户体验与交互库，它是由 jQuery 官方维护的一类提高网站开发效率的插件库。本章将对 jQuery UI 插件的使用进行详细讲解。

通过阅读本章，您可以：

▶▶ 掌握 jQuery UI 插件的特点、下载以及使用方法

▶▶ 了解 jQuery UI 插件的工作原理

▶▶ 了解常用的 jQuery UI 插件及使用

▶▶ 掌握使用 jQuery 实现许愿墙功能

# 12.1　初识 jQuery UI 插件

jQuery UI 是一个建立在 jQuery JavaScript 库上的插件和交互库，开发人员可以使用它创建高度交互的 Web 应用程序。本节将对 jQuery UI 及其插件进行简单的介绍。

## 12.1.1　jQuery UI 概述

jQuery UI 是以 jQuery 为基础的开源 JavaScript 网页用户界面代码库，它包含底层用户交互、动画、特效和可更换主题的可视控件，其主要特点如下：

- ☑　简单易用。继承 jQuery 简易使用特性，提供高度抽象接口，短期改善网站易用性。
- ☑　开源免费。采用 MIT & GPL 双协议授权，轻松满足自由产品至企业产品各种授权需求。
- ☑　广泛兼容。兼容各主流桌面浏览器。包括 IE 6+、Firefox 2+、Safari 3+、Opera 9+、Chrome 1+。
- ☑　轻便快捷。组件间相对独立，可按需加载，避免浪费带宽拖慢网页打开速度。
- ☑　美观多变。提供近 20 种预设主题，并可自定义多达 60 项可配置样式规则，提供 24 种背景纹理选择。
- ☑　开放公开。从结构规划到代码编写，全程开放，文档、代码、讨论，人人均可参与。
- ☑　强力支持。Google 为发布代码提供 CDN 内容分发网络支持。
- ☑　完整汉化。开发包内置包含中文在内的 40 多种语言包。

## 12.1.2　jQuery UI 的下载

使用 jQuery UI 之前，首先需要进行下载，下载步骤如下：

（1）在网页浏览器中输入 www.jqueryui.com，进入如图 12.1 所示的页面。

图 12.1　jQuery UI 主页面

（2）单击 Custom Download 按钮，进入 jQuery UI 的 Download Builder 页面（jqueryui.com/download/），如图 12.2 所示。Download Builder 页面中可供下载的内容包括 jQuery UI 版本、核心（UI Core）、交互部件（Interactions）、小部件（Widgets）和效果库（Effects）。

图 12.2　Download Builder 页面

说明

jQuery UI 中的一些组件依赖于其他组件，当选中这些组件时，它所依赖的其他组件也都会自动被选中。

在 Download Builder 页面中提供的 jQuery UI 版本有：

☑ jQuery UI 1.11.1：要求 jQuery 1.6 及以上版本。
☑ jQuery UI 1.10.4：要求 jQuery 1.6 及以上版本。
☑ jQuery UI 1.9.2：要求 jQuery 1.6 及以上版本。

（3）在 Download Builder 页面的最底部，可以看到一个下拉列表框，列出了一系列为 jQuery UI 插件预先设计的主题，您可以从这些提供的主题中选择一个，如图 12.3 所示。

图 12.3　选择 jQuery UI 主题

（4）单击 Download 按钮，即可下载选择的 jQuery UI，在这里我们选择 jQuery UI 1.11.1。

## 12.1.3　jQuery UI 的使用

jQuery UI 下载完成后，将得到一个包含所选组件的自定义 zip 文件（jquery-ui-1.11.1.custom.zip），解压该文件，效果如图 12.4 所示。

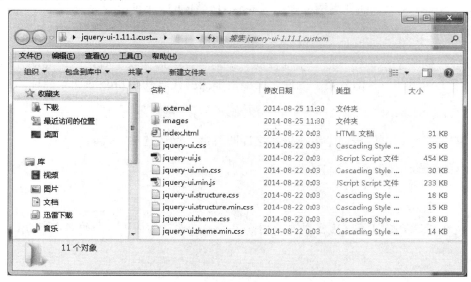

图 12.4　jQuery UI 包含的文件

在 HTML 网页中使用 jQuery UI 插件时，需要将图 12.4 中的所有文件及文件夹（即解压之后的 jquery-ui-1.11.1.custom 文件夹）复制到 HTML 网页所在的文件夹下，然后在 HTML 网页的<head>区域添加 jquery-ui.css 文件、jquery-ui.js 文件及 external/jquery 文件夹下 jquery.js 文件的引用，代码如下：

```
<link rel="stylesheet" href="jquery-ui-1.11.1.custom/jquery-ui.css" />
<script src="jquery-ui-1.11.1.custom/external/jquery/jquery.js"></script>
<script src="jquery-ui-1.11.1.custom/jquery-ui.js"></script>
```

一旦引用了上面 3 个文件，开发人员即可向 HTML 网页中添加 jQuery UI 插件。比如，要在 HTML 网页中添加一个滑块插件，即可使用下面代码实现：

HTML 代码如下：

```
<div id="slider"></div>
```

调用滑块插件的 JavaScript 代码如下：

```
<script>
    $(function(){
        $("#slider").slider();
    });
</script>
```

## 12.1.4  jQuery UI 的工作原理

jQuery UI 包含了许多维持状态的插件，因此，它与典型的 jQuery 插件使用模式略有不同。jQuery UI 的插件提供了通用的 API，因此，只要学会了使用其中一个插件，即可知道如何使用其他的插件。本节以进度条（progressbar）插件为例，介绍 jQuery UI 插件的工作原理。

### 1．安装

为了跟踪插件的状态，首先介绍一下插件的生命周期。当插件安装时，生命周期开始，只需要在一个或多个元素上调用插件，即安装了插件。比如，下面的代码开始 progressbar 插件的生命周期：

```
$( "#elem" ).progressbar();
```

另外，在安装时，还可以传递一组选项，这样即可重写默认选项，代码如下：

```
$( "#elem" ).progressbar({ value: 20 });
```

**说明**

安装时传递的选项数目多少可根据自身的需要而定。选项是插件状态的组成部分，所以也可以在安装后再进行设置选项。

### 2．方法

插件初始化之后，开发人员可以查询它的状态，或者在插件上执行动作。所有初始化后的动作都以方法调用的形式进行。在插件上调用一个方法，可以向 jQuery 插件传递方法的名称。例如，在进度条（progressbar）插件上调用 value 方法，可以使用下面代码：

```
$( "#elem" ).progressbar( "value" );
```

如果方法接受参数，可以在方法名后传递参数。例如，下面代码将参数 40 传递给 value 方法：

```
$( "#elem" ).progressbar( "value", 40 );
```

每个 jQuery UI 插件都有它自己的一套基于插件所提供功能的方法。然而，有些方法是所有插件都共同具有的，下面分别进行讲解。

（1）option 方法。option 方法主要用来在插件初始化之后改变选项。例如，通过调用 option 方法改变 progressbar（进度条）的 value 为 30，代码如下：

```
$( "#elem" ).progressbar( "option", "value", 30 );
```

**注意**

上面代码与初始化插件时调用 value 方法设置选项的方法（$( "#elem" ).progressbar( "value", 40 );）有所不同，这里是调用 option 方法将 value 选项修改为 30。

另外，也可以通过给 option 方法传递一个对象，一次更新多个选项。代码如下：

```
$( "#elem" ).progressbar( "option", {
    value: 100,
    disabled: true
});
```

（2）disable 方法。disable 方法用来禁用插件，它等同于将 disabled 选项设置为 true。例如，下面代码用来将进度条设置为禁用状态：

```
$( "#elem" ).progressbar( "disable" );
```

（3）enable 方法。enable 方法用来启用插件，它等同于将 disabled 选项设置为 false。例如，下面代码用来将进度条设置为启用状态：

```
$( "#elem" ).progressbar( "enable" );
```

（4）destroy 方法。destroy 方法用来销毁插件，使插件返回到最初的标记，这意味着插件生命周期的终止。例如，下面代码销毁进度条插件：

```
$( "#elem" ).progressbar( "destroy" );
```

一旦销毁了一个插件，就不能在该插件上调用任何方法，除非再次初始化这个插件。

（5）widget 方法。widget 方法用来生成包装器元素，或与原始元素断开连接的元素。例如，下面的代码中，widget 将返回生成的元素，因为在进度条（progressbar）实例中，没有生成的包装器，widget 方法返回原始的元素。

```
$( "#elem" ).progressbar( "widget" );
```

### 3．事件

所有的 jQuery UI 插件都有跟它们各种行为相关的事件，用于在状态改变时通知用户。对于大多数的插件，当事件被触发时，名称以插件名称为前缀。例如，绑定进度条（progressbar）的 change 事件，一旦值发生变化时就触发，代码如下：

```
$( "#elem" ).bind( "progressbarchange", function() {
    alert( "进度条的值发生了改变!" );
});
```

每个事件都有一个相对应的回调，作为选项进行呈现。开发人员可以使用进度条（progressbar）的 change 选项进行回调，这等同于绑定 progressbarchange 事件。代码如下：

```
$( "#elem" ).progressbar({
    change: function() {
        alert( "进度条的值发生了改变!" );
    }
});
```

## 12.1.5　jQuery UI 中的插件

jQuery UI 包含了许多维持状态的插件（Widget），通常称为 jQuery UI 插件。它是专门由 jQuery 官方维护的 UI 方向的插件，主要包括折叠面板（Accordion）、自动完成（Autocomplete）、按钮（Button）、日期选择器（Datepicker）、对话框（Dialog）、菜单（Menu）、进度条（Progressbar）、滑块（Slider）、旋转器（Spinner）、标签页（Tabs）和工具提示框（Tooltip）等。

jQuery UI 与 jQuery 的主要区别是：

（1）jQuery 是一个 js 库，主要提供的功能是选择器，属性修改和事件绑定等。

（2）jQuery UI 是在 jQuery 的基础上，利用 jQuery 的扩展性设计的插件，提供了一些常用的界面元素。例如对话框、拖动行为、改变大小行为等。

# 12.2　jQuery UI 的常用插件

## 12.2.1　折叠面板（Accordion）的使用

折叠面板（Accordion）用来在一个有限的空间内显示用于呈现信息的可折叠的内容面板。单击头部，展开或者折叠被分为各个逻辑部分的内容。另外，开发人员可以选择性地设置当鼠标悬停时是否切换各部分的打开或者折叠状态。

折叠面板（Accordion）标记需要一对标题和内容面板。比如，创建一系列的标题（H3 标签）和内容（div 标签）。代码如下：

```
<div id="accordion">
  <h3>First header</h3>
  <div>First content panel</div>
  <h3>Second header</h3>
  <div>Second content panel</div>
</div>
```

使用折叠面板时，如果焦点在标题（header）上，下面的键盘命令可用：

☑　UP/LEFT：移动焦点到上一个标题（header）。如果在第一个标题（header）上，则移动焦点到最后一个标题（header）上。

☑　DOWN/RIGHT：移动焦点到下一个标题（header），如果在最后一个标题（header）上，则移动焦点到第一个标题（header）上。

☑　HOME：移动焦点到第一个标题（header）上。

☑　END：移动焦点到最后一个标题（header）上。

☑　SPACE/ENTER：激活与获得焦点的标题（header）相关的面板（panel）。

☑　当焦点在面板（panel）中时，下面的键盘命令可用：

☑　CTRL+UP：移动焦点到相关的标题（header）。

**注意**

在使用 jQuery UI 插件时，需要有一些功能性的 CSS，否则将无法工作。如果您创建了一个自定义的主题，请使用插件指定的 CSS 文件作为起点，下面将不再说明。

折叠面板（Accordion）的常用选项及说明如表 12.1 所示。

表 12.1　折叠面板（Accordion）的常用选项及说明

| 选 项 | 类 型 | 说 明 |
|---|---|---|
| active | Boolean 或 Integer | 设置默认展开的主题选择，默认值为 1 |
| animate | Boolean 或 Number 或 String 或 Object | 设置折叠时的效果，默认为 slide；也可以自定义动画。如果设置为 false，表示不设置折叠时的效果 |
| collapsible | Boolean | 所有部分是否都可以马上关闭，允许折叠激活的部分 |
| disabled | Boolean | 如果设置为 true，则禁用该 accordion |
| event | String | accordion 头部会作出反应的事件，用以激活相关的面板。可以指定多个事件，用空格间隔 |
| header | Selector | 标题元素的选择器，通过主要 accordion 元素上的.find()进行应用。内容面板必须是紧跟在与其相关的标题后的同级元素 |
| heightStyle | String | 控制 accordion 和每个面板的高度。 |
| icons | Object | 标题要使用的图标，与 jQuery UI CSS 框架提供的图标（Icons）匹配。设置为 false 则不显示图标 |

折叠面板（Accordion）的常用方法及说明如表 12.2 所示。

表 12.2　折叠面板（Accordion）的常用方法及说明

| 方 法 | 说 明 |
|---|---|
| destroy() | 完全移除 accordion 功能。这会把元素返回到它的预初始化状态 |
| disable() | 禁用 accordion |
| enable() | 启用 accordion |
| option( optionName ) | 获取当前与指定的 optionName 关联的值 |
| option() | 获取一个包含键/值对的对象。键/值对表示当前 accordion 选项哈希 |
| option( optionName, value ) | 设置与指定的 optionName 关联的 accordion 选项的值 |
| option( options ) | 为 accordion 设置一个或多个选项 |
| refresh() | 处理任何在 DOM 中直接添加或移除的标题和面板，并重新计算 accordion 的高度。结果取决于内容和 heightStyle 选项 |
| widget() | 返回一个包含 accordion 的 jQuery 对象 |

折叠面板（Accordion）的常用事件及说明如表 12.3 所示。

表 12.3　折叠面板（Accordion）的常用事件及说明

| 事　件 | 说　明 |
|---|---|
| activate( event, ui ) | 面板被激活后触发（在动画完成之后）。如果 accordion 之前是折叠的，则 ui.oldHeader 和 ui.oldPanel 将是空的 jQuery 对象。如果 accordion 正在折叠，则 ui.newHeader 和 ui.newPanel 将是空的 jQuery 对象 |
| beforeActivate( event, ui ) | 面板被激活前直接触发。可以取消以防止面板被激活。如果 accordion 当前是折叠的，则 ui.oldHeader 和 ui.oldPanel 将是空的 jQuery 对象。如果 accordion 正在折叠，则 ui.newHeader 和 ui.newPanel 将是空的 jQuery 对象 |
| create( event, ui ) | 当创建 accordion 时触发。如果 accordion 是折叠的，ui.header 和 ui.panel 将是空的 jQuery 对象 |

【例 12.1】　使用 Accordion 实现一个折叠面板。（实例位置：光盘\TM\sl\12\1）

（1）创建一个名称为 index.html 的文件，在该文件的<head>标记中应用下面的语句引入 jQuery UI 库、jQuery 库以及 jQuery UI 的 CSS 样式文件。代码如下：

```
<link rel="stylesheet" href="../js/jquery-ui-1.11.1.custom/jquery-ui.css" />
<script src="../js/jquery-ui-1.11.1.custom/external/jquery/jquery.js"></script>
<script src="../js/jquery-ui-1.11.1.custom/jquery-ui.js"></script>>
```

（2）在页面的<body>标记中，添加需要折叠显示的面板。最外层是 id 为 accordion 的<div>元素，在它内部包含 3 组<h3>元素和<div>元素，每组为一个需要折叠的项。代码如下：

```
<div class="ui-widget-content" style="width:350px;">
  <div id="accordion">
    <h3>教材</h3>
    <div>
      <p>jQuery 开发基础教程</p>
      <p>ASP.NET 开发应用与实战</p>
      <p>PHP 开发应用与实战</p>
    </div>
    <h3>编程词典</h3>
    <div>
      <p>PHP 编程词典</p>
      <p>ASP.NET 编程词典</p>
      <p>Java Web 编程词典</p>
    </div>
    <h3>范例宝典</h3>
    <div>
    <p>程序开发范例宝典（第 4 版）</p>
      <ul>
        <li>ASP.NET</li>
        <li>PHP</li>
        <li>Java Web</li>
      </ul>
    </div>
  </div>
</div>
```

（3）在引入 jQuery 库的代码下方编写 jQuery 代码，实现面板的折叠，具体代码如下：

```
$(function() {
    $( "#accordion" ).accordion({
        heightStyle: "fill"
    });
});
```

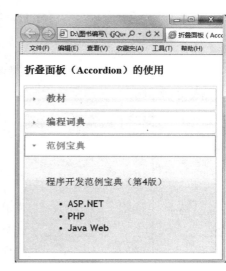

运行本实例，效果如图 12.5 所示。

在上述代码中，对于<div id="accordion">里面的元素，可以使用任意的标记，比如上面的<h3>可以换成<h1>、<h2>等其他标记，或者通过 Header 选项来配置。

Accordion 是由块级元素组成，因此在水平方向占据父元素的宽度，为了在高度方向也能充满其父容器，可以通过配置 heightStyle 为 fill。heightStyle 可以使用的值如下：

☑　auto：所有面板使用都使用最高的那个面板的高度。

☑　fill：根据父容器的高度来填充。

☑　content：每个面板的高度取决于其内容。

图 12.5　折叠面板（Accordion）应用实例

另外需要注意的一点是，Accordion 组件在默认情况下总有一项内容是展开的，如果要支持所有部分都可以折叠，需要配置 collapsible 属性。例如：

```
$( "#accordion" ).accordion({
    collapsible: true
});
```

## 12.2.2　自动完成（Autocomplete）插件的使用

自动完成（Autocomplete）插件用来根据用户输入的值进行搜索和过滤，让用户快速找到并从预设值列表中选择。自动完成插件类似"百度"的搜索框，当用户在输入框中输入时，自动完成插件提供相应的建议。

说明

自动完成（Autocomplete）插件的数据源，可以是一个简单的 JavaScript 数组，使用 source 选项提供给自动完成（Autocomplete）插件即可；也可以是从数据库中动态获取到的数据。

自动完成部件（Autocomplete）使用 jQuery UI CSS 框架来定义它的外观样式。如果需要使用自动完成部件指定的样式，则可以使用下面的 CSS class 名称：

☑　ui-autocomplete：用于显示匹配用户的菜单（menu）。

☑　ui-autocomplete-input：自动完成部件（Autocomplete Widget）实例化的 input 元素。

自动完成（Autocomplete）的常用选项及说明如表 12.4 所示。

表 12.4　自动完成（Autocomplete）的常用选项及说明

| 选　项 | 类　型 | 说　明 |
|---|---|---|
| appendTo | Selector | 菜单应该被附加到哪一个元素。当该值为 null 时，输入域的父元素将检查 ui-front class。如果找到带有 ui-front class 的元素，菜单将被附加到该元素。如果未找到带有 ui-front class 的元素，不管值为多少，菜单将被附加到 body |
| autoFocus | Boolean | 如果设置为 true，当菜单显示时，第一个条目将自动获得焦点 |
| delay | Integer | 按键和执行搜索之间的延迟，以毫秒计。对于本地数据，采用零延迟是有意义的（更具响应性），但对于远程数据会产生大量的负荷，同时降低了响应性 |
| disabled | Boolean | 如果设置为 true，则禁用该 autocomplete |
| minLength | Integer | 执行搜索前用户必须输入的最小字符数。对于仅带有几项条目的本地数据，通常设置为零，但是当单个字符搜索会匹配几千项条目时，设置个高数值是很有必要的 |
| position | Object | 标识建议菜单的位置 |
| source | Array 或 String 或 Function( Object request, Function response( Object data ) ) | 定义要使用的数据，必须指定 |

自动完成（Autocomplete）的常用方法及说明如表 12.5 所示。

表 12.5　自动完成（Autocomplete）的常用方法及说明

| 方　法 | 说　明 |
|---|---|
| close() | 关闭 Autocomplete 菜单。当与 search 方法结合使用时，可用于关闭打开的菜单 |
| destroy() | 完全移除 autocomplete 功能。这会把元素返回到它的预初始化状态 |
| disable() | 禁用 autocomplete |
| enable() | 启用 autocomplete |
| option( optionName ) | 获取当前与指定的 optionName 关联的值 |
| option() | 获取一个包含键/值对的对象，键/值对表示当前 autocomplete 选项哈希 |
| option( optionName, value ) | 设置与指定的 optionName 关联的 autocomplete 选项的值 |
| option( options ) | 为 autocomplete 设置一个或多个选项 |
| search( [value ] ) | 触发 search 事件，如果该事件未被取消则调用数据源。当被单击时，可被类似选择框按钮用来打开建议。当不带参数调用该方法时，则使用当前输入的值。可带一个空字符串和 minLength: 0 进行调用，来显示所有的条目 |
| widget() | 返回一个包含菜单元素的 jQuery 对象。虽然菜单项不断地被创建和销毁。菜单元素本身会在初始化时创建，并不断重复使用 |

自动完成（Autocomplete）的常用事件及说明如表 12.6 所示。

表 12.6　自动完成（Autocomplete）的常用事件及说明

| 事　　件 | 说　　明 |
|---|---|
| change( event, ui ) | 如果输入域的值改变则触发该事件 |
| close( event, ui ) | 当菜单隐藏时触发。不是每一个 close 事件都伴随着 change 事件 |
| create( event, ui ) | 当创建 autocomplete 时触发 |
| focus( event, ui ) | 当焦点移动到一个条目上（未选择）时触发。默认的动作是把文本域中的值替换为获得焦点的条目的值，即使该事件是通过键盘交互触发的。取消该事件会阻止值被更新，但不会阻止菜单项获得焦点 |
| open( event, ui ) | 当打开建议菜单或者更新建议菜单时触发 |
| response( event, ui ) | 在搜索完成后菜单显示前触发。用于建议数据的本地操作，其中自定义的 source 选项回调不是必需的。该事件总是在搜索完成时触发，如果搜索无结果或者禁用了 Autocomplete，导致菜单未显示，该事件一样会被触发 |
| search( event, ui ) | 在搜索执行前满足 minLength 和 delay 后触发。如果取消该事件，则不会提交请求，也不会提供建议条目 |
| select( event, ui ) | 当从菜单中选择条目时触发。默认的动作是把文本域中的值替换为被选中的条目的值。取消该事件会阻止值被更新，但不会阻止菜单关闭 |

【例 12.2】　智能查询列表。（实例位置：光盘\TM\sl\12\2）

（1）创建一个名称为 index.html 的文件，在该文件的<head>标记中应用下面的语句引入 jQuery UI 库、jQuery 库以及 jQuery UI 的 CSS 样式文件。代码如下：

```
<link rel="stylesheet" href="../js/jquery-ui-1.11.1.custom/jquery-ui.css" />
<script src="../js/jquery-ui-1.11.1.custom/external/jquery/jquery.js"></script>
<script src="../js/jquery-ui-1.11.1.custom/jquery-ui.js"></script>
```

（2）在页面的<body>标记中，添加一个 ID 属性值为 tags 的文本框，用来输入要查询的关键字。代码如下：

```
<div class="ui-widget">
  <label for="tags">输入查询关键字：</label>
  <input type="text" id="tags">
</div>
```

（3）在引入 jQuery 库的代码下方编写 jQuery 代码，实现自动完成功能。其中，datas 为要使用的数据。具体代码如下：

```
$(function() {
    var datas = [
        "iPhone 4",
        "iPhone 4S",
        "iPhone 5",
        "iPhone 5S",
        "iPhone 6",
        "Nokia 1020",
        "Nokia 1320",
        "Nokia 1520",
```

```
        "华为 Ascend P7",
        "华为 Ascend P6",
        "华为 荣耀 6",
        "华为 荣耀 3X",
        "华为 荣耀 3C",
        "三星 S5",
        "三星 Note3",
        "三星 Note2",
        "三星 S4",
        "三星 S3"
    ];
    $( "#tags" ).autocomplete({
        source: datas
    });
});
```

运行本实例，在文本框中输入一个要查询的手机品牌，即可将该品牌旗下的热门机型以滚动列表的形式显示出来，效果如图 12.6 所示。

图 12.6　自动完成（Autocomplete）插件应用实例

说明

如果查询列表过长，可以通过为设置 Autocomplete 的 max-height 来防止菜单太长。

## 12.2.3　按钮（Button）的使用

按钮（Button）用来使用带有适当悬停（hover）和激活（active）样式的可主题化按钮来加强标准表单元素（比如按钮、输入框等）。可用于按钮的标记实例主要有 button 元素或者类型为 submit 的 input 元素。

除了基本的按钮，单选按钮和复选框（input 类型为 radio 和 checkbox）也可以转换为按钮。为了分组单选按钮，Button 也提供了一个额外的小部件，名为 Buttonset。Buttonset 通过选择一个容器元素（包含单选按钮）并调用.buttonset()来使用。Buttonset 也提供了可视化分组，因此当有一组按钮时可以考虑使用它。

按钮部件（Button Widget）使用 jQuery UI CSS 框架来定义它的外观样式。如果需要使用按钮指定的样式，则可以使用下面的 CSS class 名称：

☑ ui-button：表示按钮的 DOM 元素。该元素会根据 text 和 icons 选项添加下列 class 之一：ui-button-text-only、ui-button-icon-only、ui-button-icons-only、ui-button-text-icons。

☑ ui-button-icon-primary：用于显示按钮主要图标的元素。只有当主要图标在 icons 选项中提供时才呈现。

☑ ui-button-text：在按钮的文本内容周围的容器。

☑ ui-button-icon-secondary：用于显示按钮的次要图标。只有当次要图标在 icons 选项中提供时才呈现。

☑ ui-buttonset：Buttonset 的外层容器。

按钮（Button）的常用选项及说明如表 12.7 所示。

表 12.7　按钮（Button）的常用选项及说明

| 选　　项 | 类　　型 | 说　　明 |
| --- | --- | --- |
| disabled | Boolean | 如果设置为 true，则禁用该 button |
| icons | Object | 要显示的图标，包括带有文本的图标和不带有文本的图标。默认情况下，主图标显示在标签文本的左边，副图标显示在右边 |
| label | String | 要显示在按钮中的文本。当未指定时（null），则使用元素的 HTML 内容，或者如果元素是一个 submit 或 reset 类型的 input 元素，则使用它的 value 属性，或者如果元素是一个 radio 或 checkbox 类型的 input 元素，则使用相关的 label 元素的 HTML 内容 |
| text | Boolean | 是否显示标签。当设置为 false 时，不显示文本，但是此时必须启用 icons 选项，否则 text 选项将被忽略 |

按钮（Button）的常用方法及说明如表 12.8 所示。

表 12.8　按钮（Button）的常用方法及说明

| 方　　法 | 说　　明 |
| --- | --- |
| destroy() | 完全移除 button 功能。将会把元素返回到它的预初始化状态 |
| disable() | 禁用 button |
| enable() | 启用 button |
| option( optionName ) | 获取当前与指定的 optionName 关联的值 |
| option() | 获取一个包含键/值对的对象，键/值对表示当前 button 选项哈希 |
| option( optionName, value ) | 设置与指定的 optionName 关联的 button 选项的值 |
| option( options ) | 为 button 设置一个或多个选项 |
| refresh() | 刷新按钮的视觉状态。用于在以编程方式改变原生元素的选中状态或禁用状态后更新按钮状态 |
| widget() | 返回一个包含 button 的 jQuery 对象 |

按钮（Button）的常用事件及说明如表 12.9 所示。

表 12.9　按钮（Button）的常用事件及说明

| 事　　件 | 说　　明 |
| --- | --- |
| create( event, ui ) | 当创建按钮 button 时触发 |

【例 12.3】　分别使用 button 元素和类型为 submit 的 input 元素制作按钮。（**实例位置：光盘 \TM\sl\12\3**）

（1）创建一个名称为 index.html 的文件，在该文件的<head>标记中应用下面的语句引入 jQuery UI 库、jQuery 库以及 jQuery UI 的 CSS 样式文件。代码如下：

```
<link rel="stylesheet" href="../js/jquery-ui-1.11.1.custom/jquery-ui.css" />
<script src="../js/jquery-ui-1.11.1.custom/external/jquery/jquery.js"></script>
<script src="../js/jquery-ui-1.11.1.custom/jquery-ui.js"></script>
```

（2）在页面的<body>标记中，添加一个<button>元素和一个类型为 submit 的<input>元素，代码如下：

```
<button>一个 button 元素</button>
<input type="submit" value="一个提交按钮">
```

（3）在引入 jQuery 库的代码下方编写 jQuery 代码，将 button 元素和提交按钮都变为按钮风格的 jQuery Button 组件。具体代码如下：

```
$(function() {
    $( "input[type=submit],button" )
    .button()
    .click(function( event ) {
      event.preventDefault();
    });
});
```

运行本实例，效果如图 12.7 所示。

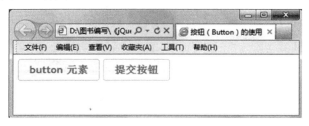

图 12.7　按钮（Button）应用实例

## 12.2.4　日期选择器（Datepicker）的使用

日期选择器（Datepicker）主要用来从弹出框或在线日历中选择一个日期。使用该插件时，可以自定义日期的格式和语言，也可以限制可选择的日期范围等。

默认情况下，当相关的文本域获得焦点时，在一个小的覆盖层打开日期选择器。对于一个内联的日历，只需简单地将日期选择器附加到 div 或者 span 上。

当日期选择器打开时，下面的键盘命令可用：

- ☑ PAGE UP：移到上一个月。
- ☑ PAGE DOWN：移到下一个月。
- ☑ CTRL+PAGE UP：移到上一年。
- ☑ CTRL+PAGE DOWN：移到下一年。
- ☑ CTRL+HOME：移到当前月份。如果日期选择器是关闭的则打开。
- ☑ CTRL+LEFT：移到上一天。
- ☑ CTRL+RIGHT：移到下一天。
- ☑ CTRL+UP：移到上一周。
- ☑ CTRL+DOWN：移到下一周。
- ☑ ENTER：选择聚焦的日期。
- ☑ CTRL+END：关闭日期选择器，并清除日期。
- ☑ ESCAPE：关闭日期选择器，不做任何选择。

该插件调用的语法格式如下：

```
$(".selector").datepicker(options);
```

其中，.selector 表示 DOM 元素，一般指文本框。由于该插件的作用是提供日期选择，因此常与一个文本框绑定，将选择后的日期显示在该文本框中。

选项 options 是一个对象，与前面章节中插件的 options 一样，通过改变其参数对应的值，从而实现插件功能的变化。datepicker 插件中 options 常用参数如表 12.10 所示。

表 12.10　日期选择器（Datepicker）的常用方法及说明

| 参 数 名 称 | 说　　明 |
|---|---|
| changeMonth | 布尔值。如果为 true，则在标题处出现一个下拉列表，可以选择月份。默认为 false |
| changeYear | 布尔值。如果为 true，则在标题处出现一个下拉列表，可以选择年份。默认为 false |
| showButtonPanel | 布尔值。如果为 true，则在日期的下面显示一个面板，包含两个按钮：一个为"今天"，另一个为"关闭"。默认值为 false，表示不显示 |
| closeText | 设置关闭按钮上的文字信息。设置该项的前提是，showButtonPanel 的值必须为 true，否则不能显示效果 |
| dateFormat | 设置显示在文本框中的日期格式，可以设置为{dateFormat: 'yy-mm-dd'}，表示日期的格式为年-月-日，如 2014-10-09 |
| defaultDate | 设置一个默认日期值，如{defaultDate +6}，表示弹出日期选择窗口后，默认的日期是在当前日期上加上 6 天 |
| showAnim | 设置显示弹出或隐藏日期选择窗口的方式。可以设置的方式有"show""slideDown""fadeIn"，或者为""，表示没有弹出日期选择窗口的方式 |
| showWeek | 布尔值。如果为 true，则可以显示每天对应的星期，默认为 false |
| yearRange | 设置年份的范围，如{yearRange:'2000：2014'}，表示年份下拉列表框的最小值为 2000，最大值为 2014。默认值为 c-10:c+10，当前年份的前后 10 年 |

日期选择器部件（Datepicker）使用 jQuery UI CSS 框架来定义它的外观样式。如果需要使用日期

选择器指定的样式，则可以使用下面的 CSS class 名称：

☑ ui-datepicker：日期选择器的外层容器。如果日期选择器是内联的，该元素会另外带有一个 ui-datepicker-inline class。如果设置了 isRTL 选项，该元素会另外带有一个 ui-datepicker-rtl class。

☑ ui-datepicker-header：日期选择器的头部容器。

☑ ui-datepicker-prev：用于选择上一月的控件。

☑ ui-datepicker-next：用于选择下一月的控件。

☑ ui-datepicker-title：日期选择器包含月和年的标题容器。

☑ ui-datepicker-month：月的文本显示，如果设置了 changeMonth 选项则显示<select>元素。

☑ ui-datepicker-year：年的文本显示，如果设置了 changeYear 选项则显示<select>元素。

☑ ui-datepicker-calendar：包含日历的表格。

☑ ui-datepicker-week-end：周末的单元格。

☑ ui-datepicker-other-month：发生在某月但不是当前月天数的单元格。

☑ ui-datepicker-unselectable：用户不可选择的单元格。

☑ ui-datepicker-current-day：已选中日期的单元格。

☑ ui-datepicker-today：当天日期的单元格。

☑ ui-datepicker-buttonpane：当设置 showButtonPanel 选项时使用按钮面板（buttonpane）。

☑ ui-datepicker-current：用于选择当天日期的按钮。

如果 numberOfMonths 选项用于显示多个月份，则使用一些额外的 class：

☑ ui-datepicker-multi：一个多月份日期选择器的最外层容器。该元素会根据要显示的月份个数另外带有 ui-datepicker-multi-2、ui-datepicker-multi-3 或 ui-datepicker-multi-4 class 名称。

☑ ui-datepicker-group：分组内单独的选择器。该元素会根据它在分组中的位置另外带有 ui-datepicker-group-first、ui-datepicker-group-middle 或 ui-datepicker-group-last class 名称。

**注意**

不支持在 <input type="date"> 上创建日期选择器，因为会造成与本地选择器的 UI 冲突。

【例 12.4】 日期选择器的使用。（实例位置：光盘\TM\sl\12\4）

（1）创建一个名称为 index.html 的文件，在该文件的<head>标记中应用下面的语句引入 jQuery UI 库、jQuery 库以及 jQuery UI 的 CSS 样式文件。代码如下：

```
<link rel="stylesheet" href="../js/jquery-ui-1.11.1.custom/jquery-ui.css" />
<script src="../js/jquery-ui-1.11.1.custom/external/jquery/jquery.js"></script>
<script src="../js/jquery-ui-1.11.1.custom/jquery-ui.js"></script>
```

（2）在页面的<body>标记中，添加一个 id 为"datepicker"的文本框，之后添加一个下拉列表选项，用来设置日期的显示格式。代码如下：

```
<p>日期：<input type="text" id="datepicker"></p>
<p>格式选项：<br>
  <select id="format">
    <option value="mm/dd/yy">mm/dd/yyyy 格式</option>
```

```
        <option value="yy-mm-dd">yyyy-mm-dd 格式</option>
        <option value="d M, y">短日期格式 - d M, y</option>
        <option value="DD, d MM, yy">长日期格式 - DD, d MM, yy</option>
    </select>
</p>
```

（3）在引入 jQuery 库的代码下方编写 jQuery 代码，指定日期选择器以及日期的显示格式。具体代码如下：

```
$(function() {
    $( "#datepicker" ).datepicker({
        showButtonPanel: true,
        numberOfMonths: 2,
        changeMonth: true,
        changeYear: true,
        showWeek: true,
        firstDay: 1
    });
    $( "#format" ).change(function() {
        $( "#datepicker" ).datepicker( "option", "dateFormat", $( this ).val() );
    });
});
```

运行本实例，在"日期"文本框中单击鼠标，弹出日期选择器，效果如图 12.8 所示。

选择某个日期之后，在"格式选项"下拉列表中选择所选日期的显示格式，即可以选中的格式将日期显示在"日期"文本框中，效果如图 12.9 所示。

图 12.8 日期选择器（Datepicker）应用实例

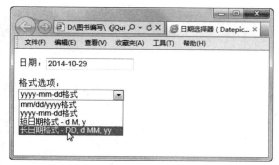

图 12.9 以指定格式显示日期

## 12.2.5 对话框（Dialog）的使用

对话框（Dialog）是一个悬浮窗口，包括一个标题栏和一个内容区域。对话框窗口可以移动，重新调整大小，默认情况下通过 ✕ 图标关闭。通过 dialog 插件，不仅可以完成传统 JavaScript 语言中

alert()函数与 confirm()函数的功能，而且界面优雅、功能丰富、操作简便。调用该插件的语法格式代码如下：

```
$(".selector").dialog(options)
```

其中，.selector 表示 DOM 元素，一般指定一个<div>标记用于显示弹出对话框的内容和设置的按钮，选项 options 是一个对象，它常用的参数如表 12.11 所示。

表 12.11　选项 options 中的常用参数

| 参 数 名 称 | 说　　　明 |
| --- | --- |
| autoOpen | 布尔值。如果为 false，不显示对话框，默认为 true |
| bgiframe | 布尔值。如果为 true，代表如果在 IE6 下，弹出的对话框可以遮盖住页面中类似<select>标记的下拉列表框。默认为 false |
| buttons | 设置对话框中的按钮，如{"buttons",{"确定":function(){$(this).dialog("close");}}}表示设置一个文本内容为"确定"的按钮，单击该按钮可以将对话框关闭 |
| closeOnEscape | 布尔值。如果为 false，表示不使用 Esc 快捷键关闭对话框，默认为 true |
| draggable | 布尔值。表示是否可以拖动对话框，默认为 true |
| hide | 设置对话框关闭时的动画效果，可以设置为 slide 等效果，默认为 null |
| modal | 设置对话框是否以模式的方式显示。这里"模式"是指页面背景变灰不允许操作、焦点锁定对话框的效果，默认为 false |
| show | 设置对话框显示时的动画效果，相关说明同参数 hide |
| title | 设置对话框中主题部分的文字，如"系统通知"，默认值为空 |
| position | 设置对话框弹出时在页面中的位置。可以设置为 top、bottom、left、right、center，默认值为 center |

 **说明**

（1）如果内容长度超过最大高度，滚动条会自动出现；
（2）使用对话框插件（Dialog）时，底部按钮栏和半透明的模式覆盖层是最常见的添加选项。

对话框部件（Dialog）使用 jQuery UI CSS 框架来定义它的外观样式。如果需要使用对话框指定的样式，则可以使用下面的 CSS class 名称：

☑　ui-dialog：对话框的外层容器。
☑　ui-dialog-titlebar：包含对话框标题和关闭按钮的标题栏。
☑　ui-dialog-title：对话框文本标题周围的容器。
☑　ui-dialog-titlebar-close：对话框的关闭按钮。
☑　ui-dialog-content：对话框内容周围的容器。这也是部件被实例化的元素。
☑　ui-dialog-buttonpane：包含对话按钮的面板。只有当设置了 buttons 选项时才呈现。
☑　ui-dialog-buttonset：按钮周围的容器。

【例 12.5】　使用模态对话框创建新用户。（实例位置：光盘\TM\sl\12\5）

（1）创建一个名称为 index.html 的文件，在该文件的<head>标记中应用下面的语句引入 jQuery UI

库、jQuery 库以及 jQuery UI 的 CSS 样式文件。代码如下：

```
<link rel="stylesheet" href="../js/jquery-ui-1.11.1.custom/jquery-ui.css" />
<script src="../js/jquery-ui-1.11.1.custom/external/jquery/jquery.js"></script>
<script src="../js/jquery-ui-1.11.1.custom/jquery-ui.js"></script>
```

（2）在页面的<body>标记中，创建"已有用户"表格以及"创建新用户"的按钮。代码如下：

```
<table id="users" class="ui-widget ui-widget-content">
    <thead>
      <tr class="ui-widget-header ">
        <th>名字</th>
        <th>邮箱</th>
        <th>密码</th>
      </tr>
    </thead>
    <tbody>
      <tr>
        <td>mingrikeji</td>
        <td>mingrikeji@mr.com</td>
        <td>mingrikeji</td>
      </tr>
    </tbody>
  </table>
</div>
<button id="create-user">创建新用户</button>
```

（3）编写 CSS 样式，具体代码请参见光盘。

（4）在引入 jQuery 库的代码下方编写 jQuery 代码，获取输入的文本框对象，保存到数组中。之后编写更新对话框提示信息的函数。具体代码如下：

```
$(function() {
    var $name = $( "#name" );                 // id 为 "name" 的 input 对象
     $email = $( "#email" );                   // id 为 "email" 的 input 对象
     $password = $( "#password" );             // id 为 "password" 的 input 对象
     allFields = $( [] ).add( $name ).add( $email ).add( $password );      // 将以上 3 个 jquery 对象添加到
allFields 中
     $tips = $( ".validateTips" );             // class 为 validateTips 的对象，即提示信息文本所在的对象
    // 更新提示信息
     function updateTips( t ) {
        $tips
          .text( t )
          .addClass( "ui-state-highlight" );
        setTimeout(function() {
          $tips.removeClass( "ui-state-highlight", 1500 );
        }, 500 );
     }
});
```

（5）编写函数 checkLength()和 checkRegexp()。checkLength()用来检测输入信息的长度是否满足条件，checkRegexp()用来检测输入信息是否满足指定条件。具体代码如下：

```
/*
    检测输入信息的长度
    o 为要检测的 input 对象
    n 为提示信息中文本框字段的名称
    min 为所需长度的最小值,
    max 为所需长度的最大值
*/
function checkLength( o, n, min, max ) {
    if ( o.val().length > max || o.val().length < min ) {
        o.addClass( "ui-state-error" );
        updateTips( "" + n + " 的长度必须在 " +
            min + " 和 " + max + " 之间。" );
        return false;
    } else {
        return true;
    }
}
/*
    使用正则表达式检测输入内容
    o 为要检测的 input 对象
    regexp 为要使用的正则表达式
    n 为要修改的提示信息
*/
function checkRegexp( o, regexp, n ) {
    if ( !( regexp.test( o.val() ) ) ) {
        o.addClass( "ui-state-error" );
        updateTips( n );
        return false;
    } else {
        return true;
    }
}
```

（6）制作 dialog 对话框。具体代码如下：

```
$( "#dialog-form" ).dialog({
        autoOpen: false,          // 不自动显示对话框
        height: 300,              // 设置对话框的高度为 300
        width: 350,               // 设置对话框的宽度为 350
        modal: true,              // 以模式方式打开对话框。即页面背景变灰
        buttons: {                // 设置按钮
          "创建一个帐户": function() {
            var bValid = true;
```

```
        allFields.removeClass( "ui-state-error" );

        bValid = bValid && checkLength( $name, "用户名", 3, 16 );          // 用户名为 3～16 位
        bValid = bValid && checkLength( $email, "邮箱", 6, 80 );           // 邮箱为 6～80 位
        bValid = bValid && checkLength( $password, "密码", 5, 16 );        // 密码为 5～16 位
        bValid = bValid && checkRegexp( $name, /^[a-z]([0-9a-z_])+$/i, "用户名必须由 a-z、0-9、下划线组
成，且必须以字母开头。" );
        if ( bValid ) {
          $( "#users tbody" ).append( "<tr>" +
            "<td>" + $name.val() + "</td>" +
            "<td>" + $email.val() + "</td>" +
            "<td>" + $password.val() + "</td>" +
          "</tr>" );
          $( this ).dialog( "close" );                                    // 关闭对话框
        }
      },
      "取消": function() {                                                 // 单击"取消"时
        $( this ).dialog( "close" );                                      // 关闭对话框
      }
    },
    close: function() {
      allFields.val( "" ).removeClass( "ui-state-error" );
    }
  });
  // 单击按钮时打开对话框
  $( "#create-user" )
    .button()
    .click(function() {
      $( "#dialog-form" ).dialog( "open" );
    });
```

运行本实例，在页面中显示已有的用户，效果如图 12.10 所示。

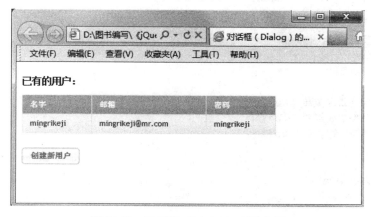

图 12.10　对话框（Dialog）应用实例

单击图 12.10 中的"创建新用户"按钮，弹出一个"创建新用户"模态对话框，在该对话框中可实现创建新用户的功能，效果如图 12.11 所示。

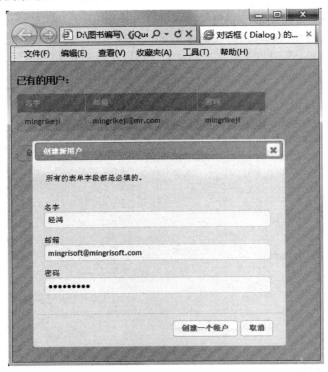

图 12.11　"创建新用户"模态对话框

## 12.2.6　菜单（Menu）的使用

菜单（Menu）可以用任何有效的标记创建，只要元素有严格的父/子关系且每个条目都有一个锚。最常用的元素是无序列表（<ul>），例如：

```
<ul id="menu">
  <li><a href="#">菜单 1</a></li>
  <li><a href="#">菜单 2</a></li>
  <li><a href="#">菜单 3</a>
    <ul>
      <li><a href="#">二级菜单 1</a></li>
      <li><a href="#">二级菜单 2</a></li>
      <li><a href="#">二级菜单 3</a></li>
    </ul>
  </li>
  <li><a href="#">菜单 4</a></li>
</ul>
```

说明

（1）如果使用一个非<ul>/<li>的结构，为菜单和菜单条目使用相同的元素，请使用 menus 选项来区分两个元素，例如 menus: "div.menuElement"。

（2）可以通过向元素添加 ui-state-disabled class 来禁用任何菜单条目。

（3）分隔符元素可通过包含未链接的菜单条目来创建，菜单条目只能是空格/破折号。

菜单部件（Menu）使用 jQuery UI CSS 框架来定义它的外观样式。如果需要使用菜单指定的样式，则可以使用下面的 CSS class 名称：

- ☑　ui-menu：菜单的外层容器。如果菜单包含图标，该元素会另外带有一个 ui-menu-icons class。
- ☑　ui-menu-item：单个菜单项的容器。
- ☑　ui-menu-icon：通过 icons 选项进行子菜单图标设置。
- ☑　ui-menu-divider：菜单项之间的分隔符元素。

调用菜单部件（Menu）的语法格式为：

```
$(".selector").menu(options);
```

其中，参数 options 是一个对象，它的常用参数用表 12.12 所示。

表 12.12　选项 options 中的常用参数

| 参 数 名 称 | 说 明 |
|---|---|
| disable | 定义菜单项是否不可用。如果为 true，表示不可用，整体菜单变为灰色。父菜单可以单击，但与之对应的子菜单不显示，默认值为 false |
| icons | 定义父菜单指向子菜单的图标。值为 jQuery UI CSS 文件中的样式类别名称，默认值为 "{submenu: 'ui-icon-carat-1-e'}"，submenu 表示子菜单项目 |
| menus | 定义父菜单、子菜单的框架元素。该属性的默认值是 ul，也可以设置其他的元素。如 div，代码为 "{menus: 'div'}" |
| position | 设置子菜单相对父菜单的位置。该属性的默认值是 "{my: 'left top' ,at: 'right top'}" |
| select | 菜单选中事件。当一个菜单选项被选中时触发该事件，通过事件回调函数中的 ui 参数可以获取当前被单击的选项内容。如 "ui.item.html()" |
| create | 菜单创建事件。当菜单创建完成时触发该事件，当执行该事件的回调函数时，表明菜单已创建成功 |

【例 12.6】　制作一个带有默认配置、禁用条目和嵌套菜单的菜单。（**实例位置：光盘\TM\sl\12\6**）程序开发步骤如下：

（1）创建一个名称为 index.html 的文件，在该文件的<head>标记中应用下面的语句引入 jQuery UI 库、jQuery 库以及 jQuery UI 的 CSS 样式文件。代码如下：

```
<link rel="stylesheet" href="../js/jquery-ui-1.11.1.custom/jquery-ui.css" />
<script src="../js/jquery-ui-1.11.1.custom/external/jquery/jquery.js"></script>
<script src="../js/jquery-ui-1.11.1.custom/jquery-ui.js"></script>
```

（2）在页面的<body>标记中，创建菜单。代码如下：

```
<ul id="menu">
  <li>
    <a href="#">光盘</a>
    <ul>
      <li class="ui-state-disabled"><a href="#">光盘使用说明</a></li>
      <li><a href="#">源码</a></li>
      <li><a href="#">PPT 课件</a></li>
    </ul>
  </li>
  <li>
    <a href="#">文档</a>
    <ul>
      <li>
        <a href="#">第一章</a>
        <ul>
          <li><a href="#">1.1    网络程序开发体系结构</a></li>
          <li><a href="#">1.2    Web 简介</a></li>
          <li><a href="#">1.3    Web 开发技术</a></li>
        </ul>
      </li>
      <li>
        <a href="#">第二章</a>
        <ul>
          <li><a href="#">2.1    JavaScript 简述</a></li>
          <li><a href="#">2.2    编写 JavaScript 的工具</a></li>
          <li><a href="#">2.3    编写第一个 JavaScript 程序</a></li>
        </ul>
      </li>
    </ul>
  </li>
</ul>
```

（3）在引入 jQuery 库的代码下方编写 jQuery 代码，调用插件的 menu()方法将插件与页面元素相绑定。具体代码如下：

```
$(function() {
    $( "#menu" ).menu();
});
```

运行本实例，效果如图 12.12 所示。

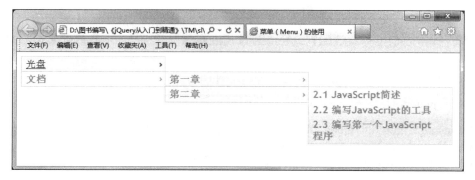

图 12.12　菜单（Menu）应用实例

## 12.2.7　进度条（Progressbar）的使用

进度条（Progressbar）被设计来显示进度的当前完成百分比，它通过 CSS 编码灵活调整大小，默认会缩放到适应父容器的大小。

一个确定的进度条只能在系统可以准确更新当前状态的情况下使用。一个确定的进度条不会从左向右填充，然后循环回到空；如果不能计算实际状态，则使用不确定的进度条以便提供用户反馈。

调用进度条部件（Progressbar）的语法格式为：

```
$(".selector").progressbar(options);
```

options 的常用参数如表 12.13 所示。

表 12.13　选项 options 中的常用参数

| 参数名称 | 说　明 |
| --- | --- |
| disable | 是否隐藏。默认值为 false |
| value | 进度条显示的数字（0-100），默认值为 0 |
| max | 进度条的最大值。默认值为 100 |
| create | 加载进度条的时候触发该事件 |
| change | 进度条改变时触发该事件 |
| complete | 加载到 100 的时候触发该事件 |

进度条部件（Progressbar）使用 jQuery UI CSS 框架来定义它的外观样式。如果需要使用进度条指定的样式，则可以使用下面的 CSS class 名称：

- ☑ ui-progressbar：进度条的外层容器。该元素会为不确定的进度条另外添加一个 ui-progressbar-indeterminate class。
- ☑ ui-progressbar-value：该元素代表进度条的填充部分。
- ☑ ui-progressbar-overlay：用于为不确定的进度条显示动画的覆盖层。

【例 12.7】使用进度条（Progressbar）制作一个自定义更新的进度条。（实例位置：光盘\TM\sl\12\7）

（1）创建一个名称为 index.html 的文件，在该文件的\<head>标记中应用下面的语句引入 jQuery UI 库、jQuery 库以及 jQuery UI 的 CSS 样式文件。代码如下：

```
<link rel="stylesheet" href="../js/jquery-ui-1.11.1.custom/jquery-ui.css" />
<script src="../js/jquery-ui-1.11.1.custom/external/jquery/jquery.js"></script>
<script src="../js/jquery-ui-1.11.1.custom/jquery-ui.js"></script>
```

（2）在页面的\<body>标记中，创建一个\<div>元素显示进度条的值 value，另一个\<div>元素显示 "value%"。代码如下：

```
<div id="progressbar"><div class="progress-label">加载...</div></div>
```

（3）在<head>标记中编写 CSS 样式，具体代码如下：

```css
<style>
  .ui-progressbar {
    position: relative;
  }
  .progress-label {
    position: absolute;
    left: 50%;
    top: 4px;
    font-weight: bold;
    text-shadow: 1px 1px 0 #fff;
  }
</style>
```

（4）在引入 jQuery 库的代码下方编写 jQuery 代码，在 id 为 progressbar 的<div>元素中显示进度条的值 value，在另一个<div>元素中显示进度条的进度，即 value%。具体代码如下：

```javascript
$(function() {
    var $progressbar = $( "#progressbar" );
      $progressLabel = $( ".progress-label" );
    $progressbar.progressbar({
      value: false,
      change: function() {                                        // 进度条改变时触发
        $progressLabel.text( $progressbar.progressbar( "value" ) + "%" );   // 进度条文字显示 value%
      },
      complete: function() {                                      // 进度条加载到 100 时
        $progressLabel.text( "完成！" );                           // 进度条显示"完成！"
      }
    });

    function progress() {
      var val = $progressbar.progressbar( "value" ) || 0;         // 进度条的 value 值
      $progressbar.progressbar( "value", val + 1 );               // 给进度条的 value 值加 1
      if ( val < 99 ) {                                           // 当 value 小于 99 时
        setTimeout( progress, 100 );        // 100 毫秒之后执行一次 progress 函数
      }
    }
    setTimeout( progress, 3000 );            // 3000 毫秒之后执行一次 progress 函数
});
```

运行本实例，进度条自动进行加载，效果如图 12.13 所示。

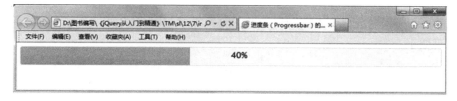

图 12.13　进度条（Progressbar）的显示

## 12.2.8　滑块（Slider）的使用

滑块（Slider）主要用来拖动手柄选择一个数值。基本的滑块是水平的，有一个单一的手柄，可以用鼠标或箭头键进行左右移动。

滑块部件（Slider）会在初始化时创建带有 class ui-slider-handle 的手柄元素，用户可以通过在初始化之前创建并追加元素，同时向元素添加 ui-slider-handle class 来指定自定义的手柄元素。它只会创建匹配 value/values 长度所需的数量的手柄。例如，如果指定 values: [ 1, 5, 18 ]，且创建一个自定义手柄，插件将创建其他两个。

调用滑块部件（Slider）的语法格式为：

```
$(".selector").slider(options);
```

options 的常用参数如表 12.14 所示。

表 12.14　选项 options 中的常用参数

| 参 数 名 称 | 说　　明 |
| --- | --- |
| disable | 禁用当前滑块 |
| enable | 启用当前滑块 |
| value | 获取或设置当前滑动条的值 |
| values | 获取或设置当前滑动条的所有滑块的值 |
| max | 设置滑块的最大值 |
| min | 设置滑块的最小值 |
| range | 用于设置一个范围内的值。如果设置为 true，会自动创建 2 个滑块，一个最大，一个最小 |
| step | 在最大值和最小值中间设置滑块的步长。该值必须被 max-min 平分 |
| destroy | 销毁当前滑块对象 |
| animate | 设置是否在拖动滑块时执行动画效果 |
| orientation | 滑动的方向。通常不需要设置此选项，程序会自动识别。如果未正确识别，则可以设置为"horizontal"（水平）或"vertical"（垂直） |
| start | 当滑块开始滑动时，触发该事件 |
| slide | 当滑块滑动时触发该事件 |
| change | 当滑块滑动且值发生改变时触发该事件 |
| stop | 当滑块停止滑动时，触发该事件 |

滑块部件（Slider Widget）使用 jQuery UI CSS 框架来定义它的外观样式。如果需要使用滑块指定的样式，则可以使用下面的 CSS class 名称：

☑ ui-slider：滑块控件的轨道。该元素会根据滑块的 orientation 另外带有一个 ui-slider-horizontal 或 ui-slider-vertical class。

☑ ui-slider-handle：滑块手柄。

☑ ui-slider-range：当设置 range 选项时使用的已选范围。如果 range 选项设置为"min"或"max"，则该元素会分别另外带有一个 ui-slider-range-min 或 ui-slider-range-max class。

【例 12.8】 本实例通过组合 3 个滑块实现一个简单的 RGB 颜色选择器。（**实例位置：光盘 \TM\sl\12\8**）

（1）创建一个名称为 index.html 的文件，在该文件的<head>标记中应用下面的语句引入 jQuery UI 库、jQuery 库以及 jQuery UI 的 CSS 样式文件。代码如下：

```
<link rel="stylesheet" href="../js/jquery-ui-1.11.1.custom/jquery-ui.css" />
<script src="../js/jquery-ui-1.11.1.custom/external/jquery/jquery.js"></script>
<script src="../js/jquery-ui-1.11.1.custom/jquery-ui.js"></script>
```

（2）在页面的<body>标记中，创建 3 个<div>元素显示滑动条，另一个<div>元素显示颜色值。代码如下：

```
<p class="ui-state-default ui-corner-all ui-helper-clearfix" style="padding:4px;">
  <span class="ui-icon ui-icon-pencil" style="float:left; margin:-2px 5px 0 0;"></span>
  颜色选择器
</p>
<div id="red"></div>
<div id="green"></div>
<div id="blue"></div>
<div id="swatch" class="ui-widget-content ui-corner-all"></div>
```

（3）在<head>标记中编写 CSS 样式，具体代码如下：

```
<style>
  #red, #green, #blue {
    float: left;
    clear: left;
    width: 300px;
    margin: 15px;
  }
  #swatch {
    width: 120px;
    height: 100px;
    margin-top: 18px;
    margin-left: 350px;
    background-image: none;
  }
  #red .ui-slider-range { background: #ef2929; }
  #red .ui-slider-handle { border-color: #ef2929; }
  #green .ui-slider-range { background: #8ae234; }
  #green .ui-slider-handle { border-color: #8ae234; }
  #blue .ui-slider-range { background: #729fcf; }
  #blue .ui-slider-handle { border-color: #729fcf; }
</style>
```

（4）在引入 jQuery 库的代码下方编写 jQuery 代码，设置每个滑块的滑动方向、最大值、最小值以及滑动和滑块的值改变时触发的函数。设置滑块的初始值具体代码如下：

```
$(function() {
    $( "#red, #green, #blue" ).slider({
        orientation: "horizontal",
        range: "min",
        max: 255,
        value: 127,
        slide: refreshSwatch,        //滑块滑动时触发 refreshSwatch 函数
        change: refreshSwatch        //滑块的值改变时触发 refreshSwatch 函数
    });
    // 设置滑块初始颜色值
    $( "#red" ).slider( "value", 255 );
    $( "#green" ).slider( "value", 140 );
    $( "#blue" ).slider( "value", 60 );
});
```

（5）编写 RGB 颜色转换为十六进制颜色的函数 hexFromRGB()。具体代码如下：

```
function hexFromRGB(r, g, b) {
    // 将颜色值转换成十六进制数值保存在数组中
    var hex = [
        r.toString( 16 ),
        g.toString( 16 ),
        b.toString( 16 )
    ];
    $.each( hex, function( nr, val ) {
        if ( val.length === 1 ) {        //如果 val 长度为 1
            hex[ nr ] = "0" + val;       //在 hex[nr]前补 0
        }
    });
    return hex.join( "" ).toUpperCase();  //返回颜色值
}
```

（6）编写更新颜色值的函数 refreshSwatch()。具体代码如下：

```
function refreshSwatch() {
    var red = $( "#red" ).slider( "value" );      // 红色滑动条的值
    green = $( "#green" ).slider( "value" );       // 绿色滑动条的值
    blue = $( "#blue" ).slider( "value" );         // 蓝色滑动条的值
    hex = hexFromRGB( red, green, blue );          // 转换为颜色值
    $( "#swatch" ).css( "background-color", "#" + hex );  // 给 id 为 swatch 的元素设置背景颜色为 hex
}
```

运行本实例，在网页中拖动表示红色、绿色和蓝色的 3 个滑块，可以看到右侧的颜色实时变化，效果如图 12.14 所示。

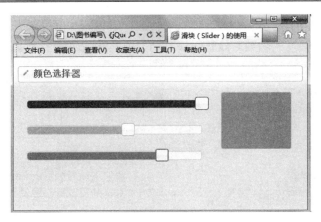

图 12.14　滑块（Slider）应用实例

## 12.2.9　微调按钮（Spinner）的使用

微调按钮（Spinner）的主要作用是通过向上或者向下的按钮和箭头键处理，为输入数值增强文本输入功能，它允许用户直接输入一个值，或通过键盘、鼠标、滚轮旋转改变一个已有的值。当与全球化（Globalize）结合时，用户甚至可以旋转显示不同地区的货币和日期。

微调按钮（Spinner）使用两个按钮将文本输入覆盖为当前值的递增值和递减值。旋转器增加了按键事件，以便可以用键盘完成相同的递增和递减。旋转器代表全球化（Globalize）的数字格式和解析。

另外，微调按钮（Spinner）与其他本地化工具结合后，还可以支持多语言环境下的货币和日期的输入，功能强大，使用方便。它的调用格式如下：

```
$(".selector").spinner(options);
```

与绝大部分的 jQuery UI 插件相同，微调按钮（Spinner）的调用方法中，options 是一个可选项对象。它的常用属性值如表 12.15 所示。

表 12.15　项 options 中的常用参数

| 参 数 名 称 | 说　明 |
| --- | --- |
| disabled | 定义插件是否不可用。如果为 true，表示不可用，整体变为灰色，不能进行任何的页面操作，默认值为 false |
| max | 设置插件中输入框允许输入的最大值。如果该值存在，则所有输入的数值都不大于该数值 |
| min | 设置插件中输入框允许输入的最小值。如果该值存在，则所有输入的数值都不小于该数值 |
| step | 设置当单击插件微调按钮或上下方向键时，增加或减少的步长。默认值为 1，也可以修改默认属性值。如"{step:2}"，即为将步长设置为 2 |
| value | 设置或获取插件的当前值，它是一个方法名 |
| change | 插件的值变化事件。当输入框的值已经改变并且焦点不在输入框时触发该事件，单击微调按钮或方向键时不触发该事件，因为焦点还在输入框中 |
| spin | 插件的值改变事件。单击微调按钮或方向键修改插件值时，都将触发该事件。在事件回调函数中，根据 ui.value 获取当前的插件值 |

微调按钮（Spinner）使用 jQuery UI CSS 框架来定义它的外观样式。如果需要使用旋转器指定的样式，则可以使用下面的 CSS class 名称：

☑　ui-spinner：旋转器的外层容器。

☑　ui-spinner-input：旋转器部件（Spinner Widget）实例化的<input>元素。

☑　ui-spinner-button：用于递增或递减旋转器值的按钮控件。向上按钮会另外带有一个 ui-spinner-up class，向下按钮会另外带有一个 ui-spinner-down class。

**说明**

不支持在<input type="number">上创建选择器，因为会造成与本地旋转器的 UI 冲突。

【例 12.9】 捐款表格的实现。（**实例位置：光盘\TM\sl\12\9**）

（1）创建一个名称为 index.html 的文件，在该文件的<head>标记中应用下面的语句引入 jQuery UI 库、jQuery 库以及 jQuery UI 的 CSS 样式文件。代码如下：

```
<link rel="stylesheet" href="../js/jquery-ui-1.11.1.custom/jquery-ui.css" />
<script src="../js/jquery-ui-1.11.1.custom/external/jquery/jquery.js"></script>
<script src="../js/jquery-ui-1.11.1.custom/jquery-ui.js"></script>
```

（2）在页面的<body>标记中，添加可选的货币形式下拉列表以及捐款数量。其中，捐款数量使用微调按钮（Spinner）实现。代码如下：

```
<p>
  <label for="currency">选择捐款币种：</label>
  <select id="currency" name="currency">
    <option value="en-US">美元 $</option>
    <option value="ja-JP">人民币 ￥</option>
  </select>
</p>
<p>
  <label for="spinner">设置捐款额：</label>
  <input id="spinner" name="spinner" value="10">
</p>
```

（3）在引入 jQuery 库的代码下方编写 jQuery 代码，设置微调按钮的最小值、最大值以及步长。具体代码如下：

```
$(function() {
    $( "#spinner" ).spinner({
        min: 10,         // 最小值为 10
        max: 2500,       // 最大值为 2500
        step: 10,        // 步长为 10
    });
});
```

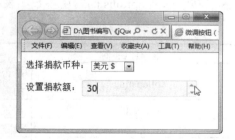

运行本实例，单击捐款额后面的上下箭头，可以改变捐款的额度，效果如图 12.15 所示。

图 12.15　旋转器（Spinner）应用实例

## 12.2.10　选项卡（Tabs）的使用

选项卡（Tabs）是一种多面板的单内容区，每个面板与列表中的标题相关，单击选项卡，可以切换显示不同的逻辑内容。

选项卡（Tabs）有一组必须使用的特定标记，以便选项卡能正常工作，分别如下：

☑　选项卡（Tabs）必须在一个有序的（&lt;ol&gt;）或无序的（&lt;ul&gt;）列表中。

☑　每个标签页的 title 必须在一个列表项（&lt;li&gt;）的内部，且必须用一个带有 href 属性的锚（&lt;a&gt;）包裹。

☑　每个选项卡面板可以是任意有效的元素，但是它必须带有一个 id，该 id 与相关选项卡的锚中的哈希相对应。

当焦点在选项卡上时，下面的键盘命令可用：

☑　UP/LEFT：移动焦点到上一个选项卡。如果在第一个标签页上，则移动焦点到最后一个标签页。在一个短暂的延迟后激活获得焦点的选项卡。

☑　DOWN/RIGHT：移动焦点到下一个选项卡。如果在最后一个选项卡上，则移动焦点到第一个选项卡。在一个短暂的延迟后激活获得焦点的选项卡。

☑　HOME：移动焦点到第一个选项卡。在一个短暂的延迟后激活获得焦点的选项卡。

☑　END：移动焦点到最后一个选项卡。在一个短暂的延迟后激活获得焦点的选项卡。

☑　SPACE：激活与获得焦点的选项卡相关的面板。

☑　ENTER：激活或切换与获得焦点的选项卡相关的面板。

☑　ALT+PAGE UP：移动焦点到上一个选项卡，并立即激活。

☑　ALT+PAGE DOWN：移动焦点到下一个选项卡，并立即激活。

☑　当焦点在面板上时，下面的键盘命令可用：

☑　CTRL+UP：移动焦点到相关的选项卡。

☑　ALT+PAGE UP：移动焦点到上一个选项卡，并立即激活。

☑　ALT+PAGE DOWN：移动焦点到下一个选项卡，并立即激活。

选项卡（Tabs）的调用语法如下：

```
tabs(options);
```

其中选项 options 的常用参数如表 12.16 所示。

表 12.16　选项 options 中的常用参数

| 参　数　名　称 | 说　　明 |
| --- | --- |
| collapsible | 是否可以折叠选项卡的内容。布尔值，如果为 true，允许用户可以折叠选项卡的内容。即首次单击展开，再单击关闭。默认为 false |
| disabled | 设置不可用选项卡。如{disabled:[1,2]}，表示选项卡中第 1 项和第 2 项不可用 |
| event | 设置触发切换选项卡的事件。默认值为 click，也可以设置为 mousemove |
| fx | 设置切换选项卡时的一些动画效果 |
| selected | 设置被选中选项卡的 index。如：{selected:2}，表示第 2 项选项卡被选中 |

选项卡（Tabs）使用 jQuery UI CSS 框架来定义它的外观样式。如果需要使用标签页指定的样式，则可以使用下面的 CSS class 名称：

☑ ui-tabs：选项卡的外层容器。当设置了 collapsible 选项时，该元素会另外带有一个 ui-tabs-collapsible class。

☑ ui-tabs-nav：选项卡列表。

☑ 导航中激活的列表项会带有一个 ui-tabs-active class。内容通过 Ajax 调用加载的列表项会带有一个 ui-tabs-loading class。

☑ ui-tabs-anchor：用于切换面板的锚。

☑ ui-tabs-panel：与选项卡相关的面板，只有与其对应的选项卡激活时才可见。

**【例 12.10】** 本实例使用选项卡（Tabs）制作了一个关于各种网页语言介绍的选项卡，用户可以通过单击选中的选项卡来切换内容的关闭/打开状态，另外，当鼠标在选项卡上悬停时，也可以切换各部分的打开/关闭状态。（**实例位置：光盘\TM\sl\12\10**）

（1）创建一个名称为 index.html 的文件，在该文件的\<head\>标记中应用下面的语句引入 jQuery UI 库、jQuery 库以及 jQuery UI 的 CSS 样式文件。代码如下：

```html
<link rel="stylesheet" href="../js/jquery-ui-1.11.1.custom/jquery-ui.css" />
<script src="../js/jquery-ui-1.11.1.custom/external/jquery/jquery.js"></script>
<script src="../js/jquery-ui-1.11.1.custom/jquery-ui.js"></script>
```

（2）在页面的\<body\>标记中，制作选项卡页面。代码如下：

```html
<div id="tabs">
  <ul>
    <li><a href="#tabs-1">ASP.NET</a></li>
    <li><a href="#tabs-2">PHP</a></li>
    <li><a href="#tabs-3">Java Web</a></li>
  </ul>
  <div id="tabs-1">
    <p><strong>二次单击标签页可以隐藏内容</strong></p>
    <p>ASP.NET 是 Microsoft 公司推出的新一代建立动态 Web 应用程序开发平台，可以把程序开发人员的工作
效率提升到与其他技术无法比拟的程度，与 Java、PHP、ASP 3.0、Perl 等相比，ASP.NET 具有方便性、灵活性、
性能优、生产效率高、安全性高、完整性强及面向对象等特性，是目前主流的网站编程技术之一。</p>
  </div>
  <div id="tabs-2">
    <p><strong>二次单击标签页可以隐藏内容</strong></p>
    <p>PHP 是全球最普及、应用最广泛的互联网开发语言之一。PHP 语言具有简单、易学、源码开放、可操纵
多种主流与非主流的数据库、支持面向对象的编程、支持跨平台的操作以及完全免费等特点，越来越受到广大程
序员的青睐和认同。</p>
  </div>
  <div id="tabs-3">
    <p><strong>二次单击标签页可以隐藏内容</strong></p>
    <p>Java 是 Sun 公司推出的能够跨越多平台的、可移植性最高的一种面向对象的编程语言。也是目前最先进、
特征最丰富、功能最强大的计算机语言。利用 Java 可以编写桌面应用程序、Web 应用程序、分布式系统、嵌入
式系统应用程序等，从而使其成为应用范围最广泛的开发语言，特别是在 Web 程序开发方面。</p>
  </div>
</div>
```

（3）在引入 jQuery 库的代码下方编写 jQuery 代码，设置选项卡效果。具体代码如下：

```
$(function() {
    $( "#tabs" ).tabs({
        collapsible: true,              // 允许折叠
        event: "mouseover"              // 设置触发切换选项卡的事件为 mouseover
    });
});
```

运行本实例，将鼠标移动到 PHP 选项卡上，运行结果如图 12.16 所示。

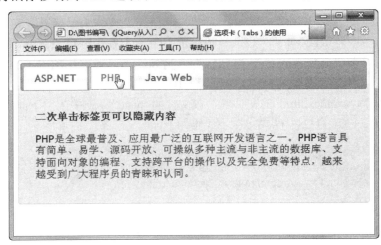

图 12.16　标签页（Tabs）应用实例

将鼠标移出，之后再次移动到 PHP 选项卡上，效果如图 12.17 所示。

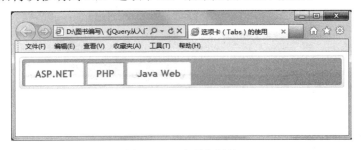

图 12.17　选项卡折叠

## 12.2.11　工具提示框（Tooltip）的使用

在 jQuery UI 中，使用 Tooltip 替代了原生的工具提示框，让它们可主题化，也允许进行各种自定义：

- ☑　显示除标题（title）外的其他内容。如脚本变量、Ajax 获取的远程内容等。
- ☑　自定义定位。例如，在元素上居中工具提示框。

☑　添加额外的样式来定制警告或错误区域的外观。

默认使用一个渐变的动画来显示和隐藏工具提示框，这种外观与简单的切换可见度相比更具灵性，这可以通过 show 和 hide 选项进行定制。

工具提示框功能强大，使用起来非常方便。调用格式如下：

```
$(".selector").tooltip(options);
```

在上述代码中，如果不设置提示内容的来源，默认值为元素的 title 属性值。另外，option 同样也是一个对象，常用的属性值如表 12.17 所示。

表 12.17　选项 options 中的常用参数

| 参 数 名 称 | 说　　明 |
| --- | --- |
| content | 设置工具提示的显示内容。省略该属性时，显示元素的 title 属性值。默认值为函数的返回值或 title 属性 |
| hide | 设置工具提示框隐藏时的效果，默认值为 null。该值可以是布尔值、数字、字符串和对象。如果为数字，在该值的时间内隐藏；如果为字符串，则按照该字符串的效果进行隐藏；如果为对象，则按照效果进行隐藏 |
| show | 设置工具提示框显示的效果。与 hide 属性相同，该属性可以接收多种类型的值并根据各种类型进行不同效果的显示 |
| tooltipClass | 设置或获取工具提示框的当前样式类别名称，默认值为 null |
| open | 工具提示框的方法。可以通过该方法以编程的方式打开一个工具提示栏。该方法常用于动态控制工具提示框隐藏或显示时使用 |
| create | 工具提示框创建事件。当一个工具提示框在创建时触发，通过事件的回调函数可以获取工具提示框的内容和各种状态值 |

工具提示框插件使用 jQuery UI CSS 框架来定义它的外观样式。如果需要使用工具提示框指定的样式，则可以使用下面的 CSS class 名称：

☑　ui-tooltip：工具提示框的外层容器。

☑　ui-tooltip-content：工具提示框的内容。

【例 12.11】　虚拟的视频播放器。（实例位置：光盘\TM\sl\12\11）

（1）创建一个名称为 index.html 的文件，在该文件的<head>标记中应用下面的语句引入 jQuery UI 库、jQuery 库以及 jQuery UI 的 CSS 样式文件。代码如下：

```
<link rel="stylesheet" href="../js/jquery-ui-1.11.1.custom/jquery-ui.css" />
<script src="../js/jquery-ui-1.11.1.custom/external/jquery/jquery.js"></script>
<script src="../js/jquery-ui-1.11.1.custom/jquery-ui.js"></script>
```

（2）编写 CSS 样式，具体代码请参见光盘。

（3）在页面的<body>标记中，添加一张图片模拟视频文件，在图片下方创建一组按钮，模拟"喜欢"、"收藏"和"分享"该视频。代码如下：

```
<div class="player" style="background-image:url(back.jpg)"></div>
<div class="tools">
  <span class="set">
```

```
    <button data-icon="ui-icon-circle-arrow-n" title="我喜欢这个视频">喜欢</button>
    <button data-icon="ui-icon-circle-arrow-s">我不喜欢这个视频</button>
  </span>
  <div class="set">
    <button data-icon="ui-icon-circle-plus" title="添加到播放列表">添加到</button>
    <button class="menu" data-icon="ui-icon-triangle-1-s">添加到收藏夹</button>
  </div>
  <button title="分享这个视频">分享</button>
  <button data-icon="ui-icon-alert">标记为不恰当</button>
</div>
```

（4）在引入 jQuery 库的代码下方编写 jQuery 代码，循环遍历<button>元素，制作带图标的按钮并设置按钮的文本，并使用 Tooltips 插件为按钮增加提示信息，具体代码如下：

```
$(function() {
    $( "button" ).each(function() {                    // 遍历<button>元素
      var button = $(this).button({
        icons: {
          primary: $(this).data("icon")                // 带图标
        },
        text: $(this).attr("title")?$( this ).attr("title"):""   // 按钮的 title 存在，文本为 title 值。否则为空
      });

    });

    $( document ).tooltip({
      show: {
        duration: "fast"      // 快速显示提示信息
      }
    });
  });
```

运行本实例，将鼠标悬停到网页下方的某一个按钮上，即可显示提示信息，效果如图 12.18 所示。

图 12.18　工具提示框（Tooltip）应用实例

## 12.2.12　自由拖拽类（draggable）的使用

自由拖拽类（draggable），可以使 DOM 元素跟随鼠标进行移动，通过设置方法中的 option 选项，实现各种拖动需求，调用的格式为：

```
$.(".selector")draggable(options);
```

其中选项 option 可以接受的参数值如表 12.18 所示。

表 12.18　选项 options 中的常用参数

| 参 数 名 称 | 说　　明 |
| --- | --- |
| helper | 被拖拽的对象。默认值为 original，即拖动自身。如果设置为 clone，那么以复制的形式进行拖动 |
| handle | 触发拖拽的对象，常用于 DOM 元素 |
| dragPrevention | 设置不触发拖拽的元素 |
| start | 当拖拽启动时触发的回调函数 function(e,ui)，其中参数 e 表示 event 事件，e.target 表示被拖拽的对象；参数 ui 表示与拖拽相关的对象 |
| stop | 停止拖拽时触发的回调函数。参数说明同 start |
| drag | 拖动过程中触发的回调函数，参数说明同 start |
| containment | 设置拖拽时的区域，可以设为 document、parent 和其他指定的元素和对象 |
| axis | 设置拖拽时的坐标，可以设为 x 或 y |
| zindex | 设置被拖拽时，helper 对象的 z-index 值 |
| opacity | 设置对象在拖拽过程中的透明度，范围是（0.0~1.0） |
| grid | 设置拖拽时的步长，如 grid:[35,45]，表示 x 坐标每次移动 35px，y 坐标每次移动 45px |
| scroll | 布尔值。如果为 true，表示对象在拖拽时，容器自动滚动，默认为 true |
| enable | 重新开启对象的拖动功能 |
| disable | 临时禁用拖动功能 |
| revent | 布尔值。如果为 true，表示对象被拖拽结束后，又会自动返回原地；如果为 false，则不会返回原地，默认为 false |
| destroy | 彻底移除对象上的拖动功能 |

【例 12.12】　许愿墙的实现。（**实例位置：光盘\TM\sl\12\12**）

程序开发步骤如下：

（1）创建一个名称为 index.html 的文件，在该文件的<head>标记中应用下面的语句引入 jQuery UI 库、jQuery 库以及 jQuery UI 的 CSS 样式文件。代码如下：

```
<link rel="stylesheet" href="../js/jquery-ui-1.11.1.custom/jquery-ui.css" />
<script src="../js/jquery-ui-1.11.1.custom/external/jquery/jquery.js"></script>
<script src="../js/jquery-ui-1.11.1.custom/jquery-ui.js"></script>
```

（2）编写 CSS 样式，具体代码请参见光盘。

（3）在页面的<body>标记中，加入许愿墙的页面显示。代码如下：

```
<body background="bg.jpg">
 <div id="wishmain">
    <div class="wish">
          ASP.NET 是 Microsoft 公司推出的新一代建立动态 Web 应用程序开发平台，可以把程序开发
人员的工作效率提升到与其他技术无法比拟的程度，与 Java、PHP、ASP 3.0、Perl 等相比，ASP.NET 具有方便
性、灵活性、性能优、生产效率高、安全性高、完整性强及面向对象等特性，是目前主流的网站编程技术之一。
    </div>
    <div class="wish">
          PHP 是全球最普及、应用最广泛的互联网开发语言之一。PHP 语言具有简单、易学、源码开
放、可操纵多种主流与非主流的数据库、支持面向对象的编程、支持跨平台的操作以及完全免费等特点，越来越
受到广大程序员的青睐和认同。
    </div>
    <div class="wish">
          Java 是 Sun 公司推出的能够跨越多平台的、可移植性最高的一种面向对象的编程语言。也是
目前最先进、特征最丰富、功能最强大的计算机语言。利用 Java 可以编写桌面应用程序、Web 应用程序、分布
式系统、嵌入式系统应用程序等，从而使其成为应用范围最广泛的开发语言，特别是在 Web 程序开发方面。
    </div>
    <div class="wish">
          Android 是 Google 公司推出的专为移动设备开发的平台。从 2007 年 11 月 5 日推出以来，在
短短的几年时间里就超越了称霸 10 年的诺基亚 Symbian 系统和最近崛起的苹果 iOS 系统，成为全球最受欢迎的
智能手机平台。应用 Android 不仅可以开发在手机或平板电脑等移动设备上运行的工具软件，而且可以开发 2D 甚
至 3D 游戏。
    </div>
    <div class="wish">
          Visual C++是微软公司推出的一个基于 Windows 环境的可视化编程工具。它是微软 Visual
Studio 家族的一个重量级产品。
    </div>
 </div>
</body>
```

（4）在父<div>元素下方编写 jQuery 代码，首先设置每个许愿条开始的随机位置以及随机背景颜色，
之后添加许愿条的拖拽功能，具体代码如下：

```
<script type="text/javascript">
var sx = $(document).width();    // 系统宽度
var sy = $(document).height();   // 系统高度

// 设置许愿条背景随机
function setback(){
    var arr = new Array('#7E7DD4','#A0D581','#E2BBA7','#E3ABC4','#CAB3E6');
    return arr[parseInt(Math.random()*5)];
}
// 设置许愿条开始随机位置
$(function(){
    $("#wishmain div").each(function(){
        var rx = parseInt(Math.random()*(sx-$(this).width()));
        var ry = parseInt(Math.random()*(sy-$(this).height()));
        $(this).css("background",setback());
```

```
        $(this).css({"top":ry+"px","left":rx+"px"});
    }).draggable({containment:'#wish',scroll:false});
});
</script>
```

运行本实例，实例效果如图 12.19 所示。

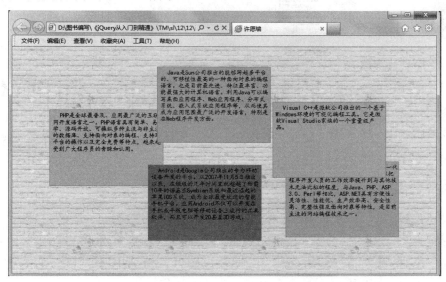

图 12.19　使用 jQuery 实现许愿墙

# 12.3　小　　结

jQuery UI 在 jQuery 库中占有非常重要的地位，本章首先介绍了什么是 jQuery UI 及它的工作原理。接下来介绍了常用的 jQuery UI 插件，相信读者可以通过本章内容的学习，掌握 jQuery UI 常用插件的用法，并且可以应用到实际项目开发中，减少代码的编写量，提高开发效率。

# 12.4　练习与实践

（1）使用 jQuery UI 制作显示一个月，并且不显示一年中第几个星期的日期选择器。（答案位置：光盘\TM\sl\12\13）

（2）使用 jQuery UI 实现图片的拖拽。（答案位置：光盘\TM\sl\12\14）

（3）使用 jQuery UI 制作一组单选按钮的集合。（答案位置：光盘\TM\sl\12\15）

# 第13章

## 常用的第三方 jQuery 插件的使用

（ 📹 视频讲解：46 分钟 ）

虽然使用 jQuery 自身的脚本库可以满足大部分的开发需求，但是由于它的开源性，现在很多的开发人员都基于 jQuery 本身的脚本库开发了更多、更实用的 jQuery 插件。本章将对常用的一些第三方 jQuery 插件的使用进行详细讲解。

通过阅读本章，您可以：

▶▶ 了解 jQuery 插件的基本概念及常用的一些第三方 jQuery 插件

▶▶ 掌握如何在网页中使用第三方 jQuery 插件

▶▶ 掌握使用 uploadify 插件实现多文件上传

▶▶ 掌握使用 zTree 插件实现树菜单

▶▶ 掌握使用 Nivo Slider 插件实现图片的切换显示

▶▶ 掌握使用 Pagination 插件实现数据的分页显示

▶▶ 掌握使用 jQZoom 插件实现图片放大镜

▶▶ 掌握使用 ColorPicker 插件制作颜色选择器

# 13.1　jQuery 插件概述

jQuery 插件是一种建立在 jQuery 库上的 JavaScript 脚本库，开发人员可以使用它创建高度交互的 Web 应用程序。本节将对 jQuery 插件进行介绍。

## 13.1.1　什么是 jQuery 插件

jQuery 插件是一种用来提高网站开发效率的、已经封装好的 JavaScript 脚本库，由于 jQuery 的开源特性，现在有很多第三方的 jQuery 插件可供开发人员直接使用。jQuery 插件的主要特点如下：

- ☑ 提高 Web 网站的开发效率；
- ☑ 高度集成，使用方便；
- ☑ 根据自身需求进行修改，增强扩展性；
- ☑ 界面美观。

## 13.1.2　常用的第三方 jQuery 插件

现在市面上的第三方 jQuery 插件有很多种，我们经常在逛论坛或者技术网站时看到"**个最值得收藏的 jQuery 插件""严重推荐**个 jQuery 插件""最实用 jQuery 插件下载"等帖子，这些帖子中都包含了很多种第三方的 jQuery 插件，而且还会提供简单的使用示例。表 13.1 中列出了笔者常用的一些第三方 jQuery 插件。

表 13.1　常用的 jQuery 插件

| 插　　件 | 说　　明 |
|---|---|
| uploadify | 带进度条的文件上传 |
| zTree | 树菜单插件 |
| Nivo Slider | 网页中的图片切换 |
| Pagination | 对网页中的数据进行分页显示 |
| Bootstrap Star Rating | 星星评分插件 |
| EasyZoom | 图片缩放插件 |
| lazyload | 图片延迟加载插件 |
| NotesForLightBox | 图片灯箱插件 |
| jcarousel | 图片幻灯片显示 |
| password-strength | 密码强度检测插件 |
| ColorPicker | 颜色拾取器插件 |
| jQZoom | 图片放大镜 |

说明

> 上面列出是常用的一些 jQuery 插件。当然，还有很多其他提高网站开发效率的 jQuery 插件，读者可以到各大技术论坛上搜索。

### 13.1.3  如何调用第三方 jQuery 插件

调用第三方 jQuery 插件的步骤如下：

（1）第三方 jQuery 插件是基于 jQuery 开发的。因此，在使用时，首先需要添加相应版本的 jQuery 库。例如，添加 1.11.1 版本的 jQuery 库，先将 1.11.1 版本的 jQuery 库 jquery-1.11.1.min.js 复制到网页文件夹中，然后在 HTML 网页中编写如下代码：

```
<script type="text/javascript" src="jquery-1.11.1.min.js"></script>
```

（2）然后添加要使用的第三方 jQuery 插件的 js 库及 css 样式文件。例如，添加 uploadify 插件的 JS 脚本文件及 CSS 样式文件。先将 uploadify 插件的 JS 脚本文件及 CSS 样式文件复制到网页文件夹中，然后在 HTML 网页中编写如下代码：

```
<link href="css/default.css" rel="stylesheet" type="text/css" />
<link href="css/uploadify.css" rel="stylesheet" type="text/css" />
<script type="text/javascript" src="scripts/swfobject.js"></script>
<script type="text/javascript" src="scripts/jquery.uploadify.v2.0.2.min.js"></script>
```

（3）完成以上步骤之后，即可通过定义 JavaScript 函数使用第三方 jQuery 插件。例如，在网页中初始化 uploadify 插件，并设置其属性。具体代码如下：

```
<script type="text/javascript">
    $(document).ready(function() {
        $("#uploadify").uploadify({
            'uploader': 'scripts/uploadify.swf',       //上传所需的 Flash 文件
            'script': 'scripts/upload.ashx',           //后台处理文件
            'folder': '/uploads',                      //上传文件夹
            'queueSizeLimit': 4,                       //限制每次选择文件的个数
            'sizeLimit': 6291456,                      //上传文件限制的最大值
            'fileDesc': '图片文件',                     //文件类型的描述信息
            'fileExt': '*.jpg;*.png;*.bmp;*.gif',      //设置文件类型
        });
    });
```

## 13.2  常用的 jQuery 插件的使用

本节将对常用的一些第三方 jQuery 插件及其使用进行详细的讲解。

## 13.2.1　uploadify 插件（文件上传）

uploadify 插件是一款来自国外的优秀 jQuery 插件，它是基于 jQuery 库编写的，结合了 Ajax 和 Flash，实现了多线程上传的功能，其下载地址为：http://www.uploadify.com/download/。

下载 uploadify 插件目前最新版本 3.2.1，解压后如图 13.1 所示。

图 13.1　uploadify 插件解压后目录结构

uploadify 插件提供的功能主要包括能够一次性选择多个文件上传、查看上传进度、控制文件上传类型和大小、为每一步操作添加回调函数等。另外，uploadify 插件还自带一个 PHP 文件，用于服务器端处理上传文件。下面简单介绍 uploadify 插件的属性、方法和事件。

### 1. 属性

uploadify 插件的常用属性及说明如表 13.2 所示。

表 13.2　uploadify 插件的常用属性及说明

| 属　　性 | 说　　明 |
|---|---|
| uploader | 上传控件的主体文件，一个 Flash 控件，默认值为 uploadify.swf |
| script | 后台处理文件。默认值为 uploadify.php |
| cancelImg | 取消按钮的图片 |
| buttonImg | 选择文件按钮的图片 |
| folder | 服务器中存放上传文件的文件夹 |
| queueID | 上传文件的队列 ID，与客户端页面的 ID 相同 |
| queueSizeLimit | 限制每次选择文件的个数 |

续表

| 属　　性 | 说　　明 |
|---|---|
| auto | 是否自动上传 |
| multi | 是否允许上传多文件。可设定为 true 或 false。默认值为 false |
| sizeLimit | 上传文件限制的最大值 |
| simUploadLimit | 同时上传的文件个数 |
| fileDesc | 出现在上传对话框中，对文件类型描述。必须与 fileExt 结合使用才有效 |
| fileExt | 设置文件类型 |
| width | 按钮宽度 |
| height | 按钮高度 |
| wmode | 设置按钮背景透明 |

可以根据列出的属性列表对插件进行相应的设置，代码如下：

```
$(document).ready(function() {
    $("#uploadify").uploadify({
        'uploader': 'scripts/uploadify.swf',        //上传所需的 Flash 文件
        'script': 'scripts/upload.php',             //后台处理文件
        'cancelImg': 'cancel.png',                  //取消按钮的图片
        'buttonImg': 'images/select.gif',           //按钮图片
        'folder': '/uploads',                       //上传文件夹
        'queueSizeLimit': 4,                        //限制每次选择文件的个数
        'auto': false,                              //是否自动上传
        'multi': true,                              //是否支持多文件上传
        'sizeLimit': 6291456,                       //上传文件限制的最大值
        'simUploadLimit': 1,                        //同时上传的文件个数
        'fileDesc': '图片文件',                      //文件类型的描述信息
        'fileExt': '*.jpg;*.png;*.bmp;*.gif',  //设置文件类型
        'onQueueFull': function(event, queueSizeLimit) { alert("只允许上传" + queueSizeLimit + "个文件");
event.data.action(event, queueSizeLimit) = false; },
        'width':77,                                 //按钮宽度
        'height':23,                                //按钮高度
        'wmode':'transparent'                       //设置按钮背景透明
    });
});
```

### 2．方法

uploadify 插件的常用方法及说明如表 13.3 所示。

表 13.3　uploadify 插件的常用方法及说明

| 方　　法 | 说　　明 |
|---|---|
| uploadifySettings | 设置插件某个属性 |
| uploadifyUpload | 上传选择的文件 |
| uploadifyClearQueue | 清空所有上传队列 |

☑　uploadifySettings 方法。该方法主要用于设置插件的属性，例如，在本实例中通过 uploadifySettings

方法设置文件上传的文件夹，代码如下：

```
jQuery('#uploadify').uploadifySettings('folder', '/uploads/' + document.getElementById
("ddlDir").options[document.getElementById("ddlDir").selectedIndex]. value);
```

☑　uploadifyUpload 方法。该方法用于将选择的文件上传给服务器文件处理程序，代码如下：

```
$('#uploadify').uploadifyUpload();
```

☑　uploadifyClearQueue 方法。该方法用于清空所有上传队列，执行此方法后可以取消文件上传，代码如下：

```
jQuery('#uploadify').uploadifyClearQueue();
```

### 3. 事件

uploadify 插件的常用事件及说明如表 13.4 所示。

表 13.4　uploadify 插件的常用事件及说明

| 事　　件 | 说　　明 |
|---|---|
| onSelect | 当选择所有文件之后触发 |
| onSelectOnce | 当选择单个文件后触发 |
| onCancel | 文件上传被取消或从队列中删除时触发 |
| onClearQueue | 清空上传队列时触发 |
| onQueueFull | 队列达到最大容量时触发 |
| onError | 上传过程中出现错误时触发 |
| onComplete | 单个文件上传完毕后触发 |
| onAllComplete | 所有文件上传完毕后触发 |

【例 13.1】　使用 uploadify 插件实现文件批量上传。（实例位置：光盘\TM\sl\13\1）

**说明**

　　由于使用 uploadify 插件上传文件时，需要一个服务器端文件来接收上传的文件，因此，需要使用网页编程语言编写一个服务器端文件，本实例中使用 PHP 作为编写服务器文件的网页语言。

（1）在文件夹 13 下创建新项目，命名为 1，默认主页为 index.php。

（2）创建 js 文件夹将要用到的 uploadify 插件的相应 JS 脚本文件复制到 js 文件夹中，并且将 CSS 样式文件、swf 文件和图片文件复制到 1 文件夹下。

（3）在 index.html 的 HTML 代码中首先要引入 jQuery 框架和 uploadify 插件所需的 js 文件及 css 样式，代码如下：

```
<script type="text/javascript" src="js/jquery-1.11.1.min.js"></script>
<script type="text/javascript" src="js/jquery.uploadify-3.1.min.js"></script>
<link rel="stylesheet" type="text/css" href="uploadify.css"/>
```

（4）在 index.php 页面中添加一个 file 控件，id 设为 file_upload，用于选择文件，代码如下：

```
<input type="file" name="file_upload" id="file_upload" />
```

（5）在 file 控件下面还需要添加一个上传按钮，一个重置按钮，用于上传文件以及重置文件，代码如下：

```
<input type="button" id="upload" name="upload" value="上传" />
<input type="button" name="reset" id="reset" value="重置"/>
```

（6）在<head></head>中编写代码，实现当页面加载后初始化 uploadify 插件，并设置插件的相关属性，其中包括上传类型、上传大小、是否可以选择多个文件以及是否自动上传等，通过设置这些属性就可以非常灵活地控件文件的上传，代码如下：

```
$('#file_upload').uploadify({
    'auto'         : false,              // 关闭自动上传
    'removeTimeout' : 1,                  // 文件队列上传完成 1 秒后删除
     'swf'          : 'uploadify.swf',    // 指明 swf 文件路径
     'script' : 'uploadify.php',          // 指明后台处理文件路径
     'method'       : 'post',             // 方法，服务端可以用$_POST 数组获取数据
      'buttonText' : '选择图片',           // 设置按钮文本
     'multi'        : true,               // 允许同时上传多张图片
     'uploadLimit' : 10,                  // 一次最多只允许上传 10 张图片
     'fileTypeDesc' : 'Image Files',      // 只允许上传图像
     'fileTypeExts' : '*.gif; *.jpg; *.png',  // 限制允许上传的图片后缀
     'fileSizeLimit' : '20000KB',         // 限制上传的图片不得超过 200KB
     'onUploadSuccess' : function(file, data, response) {//每次成功上传后执行的回调函数，从服务端返回数据到前端
              img_id_upload[i]=data;
              i++;
                 alert(data);
         }
    });
```

（7）设置上传按钮以及重置按钮的 click 事件，使其上传或重置全部文件，代码如下：

```
$("#upload").click(function(){
        $('#file_upload').uploadify('upload','*');      // 上传全部文件
    });
    $("#reset").click(function(){
        $('#file_upload').uploadify('cancel','*');      // 取消全部文件上传
    });
```

（8）处理文件上传的 uploadify 的 PHP 文件代码如下：

```
<?php
//设置上传目录
$path = "uploads/";
if (!empty($_FILES)) {
        //得到上传的临时文件流
    $tempFile = $_FILES['Filedata']['tmp_name'];
        //允许的文件后缀
```

```
$fileTypes = array('jpg','gif','png');
    //得到文件原名
$fileName = iconv("UTF-8","GB2312",$_FILES["Filedata"]["name"]);
$fileParts = pathinfo($_FILES['Filedata']['name']);

//最后保存服务器地址
if(!is_dir($path))
    mkdir($path);
if (move_uploaded_file($tempFile, $path.$fileName)){
    echo $fileName."上传成功！";
}else{
    echo $fileName."上传失败！";
}
}
?>
```

实例运行效果如图 13.2 和图 13.3 所示。

图 13.2　准备上传

图 13.3　上传成功

## 13.2.2　zTree 插件（树菜单）

zTree 插件是一款基于 jQuery 实现的多功能"树插件"，下载地址为：http://www.ztree.me/v3/main.php。优异的性能、灵活的配置、多种功能的组合是 zTree 最大优点。

说明

zTree 插件专门适合项目开发，尤其是树状菜单、树状数据的 Web 显示、权限管理等。

zTree 插件的主要特点如下：

- ☑ zTree 将核心代码按照功能进行了分割，不需要的代码可以不用加载；
- ☑ 采用了延迟加载技术，上万节点轻松加载，即使在 IE6 下也能基本做到秒杀；
- ☑ 兼容 IE、FireFox、Chrome、Opera、Safari 等浏览器；
- ☑ 支持 JSON 数据；
- ☑ 支持静态和 Ajax 异步加载节点数据；
- ☑ 支持任意更换皮肤/自定义图标；
- ☑ 支持极其灵活的 checkbox 或 radio 选择功能；
- ☑ 提供多种事件响应回调。

### 1. 属性

zTree 插件的常用属性及说明如表 13.5 所示。

表 13.5　zTree 插件的常用属性及说明

| 属　　性 | 说　　明 |
| --- | --- |
| setting.treeId | zTree 的唯一标识，初始化后，等于用户定义的 zTree 容器的 id 属性值 |
| async.autoParam | 异步加载时需要自动提交父节点属性的参数 |
| async.dataFilter | 用于对 Ajax 返回数据进行预处理的函数 |
| async.dataType | Ajax 获取的数据类型 |
| async.enable | 设置 zTree 是否开启异步加载模式 |
| async.type | Ajax 的 http 请求模式 |
| async.url | Ajax 获取数据的 URL 地址 |
| check.enable | 设置 zTree 的节点上是否显示 checkbox |
| data.key.title | zTree 节点数据保存节点提示信息的属性名称 |
| data.key.url | zTree 节点数据保存节点链接的目标 URL 的属性名称 |
| data.simpleData.enable | 确定 zTree 初始化时的节点数据、异步加载时的节点数据、或 addNodes 方法中输入的 newNodes 数据是否采用简单数据模式（Array） |
| data.simpleData.idKey | 节点数据中保存唯一标识的属性名称 |
| data.simpleData.pIdKey | 节点数据中保存其父节点唯一标识的属性名称 |
| view.expandSpeed | zTree 节点展开、折叠时的动画速度，设置方法同 JQuery 动画效果中 speed 参数 |
| view.selectedMulti | 设置是否允许同时选中多个节点 |
| view.showIcon | 设置 zTree 是否显示节点的图标 |

### 2. 方法

zTree 插件的常用方法及说明如表 13.6 所示。

表 13.6　zTree 插件的常用方法及说明

| 方　　法 | 说　　明 |
|---|---|
| $.fn.zTree.init | zTree 初始化方法 |
| $.fn.zTree.destroy | 从 zTree v3.4 开始提供销毁 zTree 的方法 |
| $.fn.zTree.getZTreeObj | zTree v3.x 专门提供的根据 treeId 获取 zTree 对象的方法 |
| callback.beforeAsync | 用于捕获异步加载之前的事件回调函数，zTree 根据返回值确定是否允许进行异步加载 |
| callback.beforeExpand | 用于捕获父节点展开之前的事件回调函数，并且根据返回值确定是否允许展开操作 |
| callback.beforeDblClick | 用于捕获 zTree 上鼠标双击之前的事件回调函数，并且根据返回值确定触发 onDblClick 事件回调函数 |
| callback.onAsyncError | 用于捕获异步加载出现异常错误的事件回调函数 |
| callback.onAsyncSuccess | 用于捕获异步加载正常结束的事件回调函数 |
| callback.onClick | 用于捕获节点被点击的事件回调函数 |
| callback.onDblClick | 用于捕获 zTree 上鼠标双击之后的事件回调函数 |
| zTreeObj.getNodes | 获取 zTree 的全部节点数据 |
| zTreeObj.refresh | 刷新 zTree |
| treeNode.getNextNode | 获取与 treeNode 节点相邻的后一个节点 |
| treeNode.getPreNode | 获取与 treeNode 节点相邻的前一个节点 |

【例 13.2】　本实例使用 zTree 插件制作一个最简单的树。（实例位置：光盘\TM\sl\13\2）

（1）将 zTree 插件中的 css 文件夹复制到实例文件夹 2 中。创建 js 文件夹，将 jquery-1.11.1.min.js 文件以及 jquery.ztree.core-3.5.js 文件复制到 js 文件夹中。

（2）创建一个名称为 index.html 的文件，在该文件的<head>标记中引入 jQuery 文件、zTree 的核心脚本文件以及 zTree 的 CSS 样式文件。代码如下：

```
<link rel="stylesheet" href="css/demo.css" type="text/css">
    <link rel="stylesheet" href="css/zTreeStyle/zTreeStyle.css" type="text/css">
    <script type="text/javascript" src="js/jquery-1.11.1.min.js"></script>
    <script type="text/javascript" src="js/jquery.ztree.core-3.5.js"></script>
```

（3）在页面的<body>标记中，创建一个<ul>元素显示树状菜单。代码如下：

```
<h1>最简单的树 -- 标准 JSON 数据</h1>
<ul id="utree" class="ztree"></ul>
```

（4）编写 jQuery 代码，制作 3 个大分类菜单，第 1 个分类展开，第 2 个分类折叠，第 3 个分类无子结点。具体代码如下：

```
<SCRIPT type="text/javascript">
        <!--
        var setting = {   };
        var zNodes =[
```

```
            { name:"Java 类图书 - 展开", open:true,
                children: [
                    { name:"基础类图书 - 折叠",
                        children: [
                            { name:"Java 从入门到精通"},
                            { name:"Java 范例完全自学手册"},
                            { name:"Java 范例宝典"}
                        ]},
                    { name:"提高类图书 - 折叠",
                        children: [
                            { name:"Java 开发典型模块大全"},
                            { name:"Java 必须知道的 300 个问题"}
                        ]},
                    { name:"综合类图书 - 没有子节点", isParent:true}
                ]},
            { name:"PHP 类图书 - 折叠",
                children: [
                    { name:"基础类图书 - 展开", open:true,
                        children: [
                            { name:"PHP 从入门到精通"},
                            { name:"PHP 快速入门及项目实践"},
                            { name:"PHP 范例完全自学手册"},
                            { name:"PHP 范例宝典"}
                        ]},
                    { name:"提高类 - 折叠",
                        children: [
                            { name:"实战突击：PHP 项目开发案例整合"},
                            { name:"PHP 项目案例分析"},
                            { name:"PHP 必须知道的 300 个问题"}
                        ]},
                    { name:"综合类图书 - 折叠",
                        children: [
                            { name:"PHP 开发实战"},
                            { name:"PHP 典型模块开发全程实录"}
                        ]}
                ]},
            { name:"JavaScript 类 - 没有子节点", isParent:true}
        ];
        $(document).ready(function(){
            $.fn.zTree.init($("#utree"), setting, zNodes);
        });
        //-->
</SCRIPT>
```

运行本实例，效果如图 13.4 和图 13.5 所示。

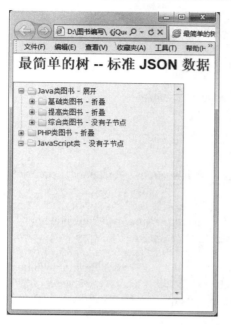

图 13.4 实例初始化

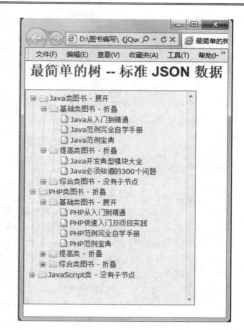

图 13.5 菜单展开

在上述代码中，setting 是一个对象，用来配置数据；zNodes 是一个数组，里面存放的是 JSON 对象，组成树节点。

- ☑ name：节点名称。
- ☑ open：节点是否可以展开。
- ☑ isParent：是否为文件夹。

【例 13.3】 制作一个自定义图标的树。（实例位置：光盘\TM\sl\13\3）

（1）将 zTree 插件中的 css 文件夹复制到实例文件夹 3 中。创建 js 文件夹，将 jquery-1.11.1.min.js 文件以及 jquery.ztree.core-3.5.js 文件复制到 js 文件夹中。

（2）创建一个名称为 index.html 的文件，在该文件的<head>标记中引入 jQuery 文件、zTree 的核心脚本文件以及 zTree 的 CSS 样式文件。代码如下：

```
<link rel="stylesheet" href="css/demo.css" type="text/css">
    <link rel="stylesheet" href="css/zTreeStyle/zTreeStyle.css" type="text/css">
    <script type="text/javascript" src="js/jquery-1.11.1.min.js"></script>
    <script type="text/javascript" src="js/jquery.ztree.core-3.5.js"></script>
```

（3）在页面的<body>标记中，创建一个<ul>元素显示树状菜单。代码如下：

```
<h1>自定义图标的 zTree</h1>
<ul id=" utree" class="ztree"></ul>
```

（4）编写 jQuery 代码，制作 3 个大分类菜单，第 1 个分类菜单折叠和展开时图标不同、第 2 个分类菜单折叠和展开时图标相同、第 3 个分类不使用自定义图标。具体代码如下：

```
<SCRIPT type="text/javascript">
        <!--
        var setting = {
                data: {
                        simpleData: {
                                enable: true          // 使用简单 Array 格式的数据
                        }
                }
        };
        var zNodes =[
                { id:1,  pId:0,  name:"JavaScript 类图书", open:true, iconOpen:"css/zTreeStyle/img/diy/1_
open.png", iconClose:"css/zTreeStyle/img/diy/1_close.png"},
                {id:11, pId:1, name:"JavaScript 从入门到精通", icon:"css/zTreeStyle/img/diy/2.png"},
                {id:12, pId:1, name:"JavaScript 程序设计", icon:"css/zTreeStyle/img/diy/3.png"},
                {id:13, pId:1, name:"jQuery 从入门到精通", icon:"css/zTreeStyle/img/diy/5.png"},
                {id:2, pId:0, name:"PHP 类图书", open:true, icon:"css/zTreeStyle/img/diy/4.png"},
                {id:21, pId:2, name:"PHP 范例完全自学手册", icon:"css/zTreeStyle/img/diy/6.png"},
                {id:22, pId:2, name:"PHP 必须知道的 300 个问题", icon:"css/zTreeStyle/img/diy/7.png"},
                {id:23, pId:2, name:"PHP 项目开发案例整合", icon:"css/zTreeStyle/img/diy/8.png"},
                {id:3, pId:0, name:"Java 类图书", open:true },
                {id:31, pId:3, name:"Java 从入门到精通"},
                {id:32, pId:3, name:"Java 范例宝典"},
                {id:33, pId:3, name:"Java 开发典型模块大全"}
        ];
        $(document).ready(function(){
                $.fn.zTree.init($("#utree"), setting, zNodes);
        });
        //-->
</SCRIPT>
```

运行本实例，运行结果如图 13.6 所示。

在上述代码中，首先在 setting 中定义使用简单 Array 格式的数据。zNodes 对象中设置简单数组数据。其中，具体说明如下：

☑　id：节点编号。

☑　pid：父节点编号。

☑　open：菜单是否打开。

☑　icon：如果只设置 icon，那么展开和折叠时都使用同一个图标；如果想令父节点展开、折叠时使用不同的个性化图标，那么需要同时设置 iconOpen/iconClose 两个属性。

☑　iconOpen：父节点自定义展开时图标的路径。此属性必须与 iconClose 同时使用。

☑　iconClose：父节点自定义折叠时的图标路径。此属性必须与 iconOpen 同时使用。

本实例中，id 为 1 的分类同时设置了 iconOpen 和 iconClose 属性，因此展开和折叠时的自定义图标都是不同的；id 为 2 的分类只设置了 icon 属性，因此菜单展开和折叠时显示的自定义图标都是相同的；而

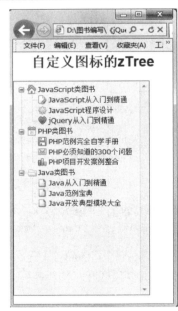

图 13.6　自定义图标

id 为 3 的分类没有设置 icon 属性，因此显示的是默认图标。

【例 13.4】　使用 zTree 插件异步加载大数据。（**实例位置：光盘\TM\sl\13\4**）

（1）将 zTree 插件中的 css 文件夹复制到实例文件夹 4 中。创建 js 文件夹，将 jquery-1.11.1.min.js 文件以及 jquery.ztree.core-3.5.js 文件复制到 js 文件夹中。

（2）创建一个名称为 index.html 的文件，在该文件的<head>标记中引入 jQuery 文件、zTree 的核心脚本文件以及 zTree 的 CSS 样式文件。代码如下：

```html
<link rel="stylesheet" href="css/demo.css" type="text/css">
    <link rel="stylesheet" href="css/zTreeStyle/zTreeStyle.css" type="text/css">
    <script type="text/javascript" src="js/jquery-1.11.1.min.js"></script>
    <script type="text/javascript" src="js/jquery.ztree.core-3.5.js"></script>
```

（3）在页面的<body>标记中，创建两个<ul>元素，一个用来显示树状菜单，另一个用来显示操作日志。代码如下：

```html
<div class="content_wrap">
    <div class="zTreeDemoBackground left">
        <ul id="treeDemo" class="ztree"></ul>
    </div>
    <ul id="log"></ul>
</div>
```

（4）编写 jQuery 代码，首先，开启异步加载模式，显示节点上的复选框，使用简单数据模式以及设置父节点展开之前、加载成功、加载失败时的回调函数。具体代码如下：

```javascript
var setting = {
            async: {
                enable: true,              // 开启异步加载模式
                url: getUrl                // 获取数据的 URL 地址
            },
            check: {
                enable: true               // 设置 zTree 上节点显示 checkbox
            },
            data: {
                simpleData: {
                    enable: true           // 使用简单数据模式
                }
            },
            view: {
                expandSpeed: ""            // zTree 展开折叠时的动画速度，""表示不显示动画效果
            },
            callback: {
                beforeExpand: beforeExpand,          // 捕获父节点展开之前的事件回调函数
                onAsyncSuccess: onAsyncSuccess,      // 捕获异步加载正常结束的事件回调函数
                onAsyncError: onAsyncError           // 捕获异步加载出现异常错误的事件回调函数
            }
        };
```

（5）设置父节点对象。代码如下：

```
var zNodes =[
                {name:"10 个节点", id:"1", count:10, times:1, isParent:true},
                {name:"100 个节点", id:"2", count:100, times:1, isParent:true},
                {name:"1000 个节点", id:"3", count:1000, times:1, isParent:true}
            ];
var log, className = "dark",
            startTime = 0, endTime = 0, perCount = 100, perTime = 100;
```

（6）编写函数 getUrl()用来获取接收页面请求的 URL 地址，代码如下：

```
function getUrl(treeId, treeNode) {
                var curCount = (treeNode.children) ? treeNode.children.length : 0;
                var getCount = (curCount + perCount) > treeNode.count ? (treeNode.count - curCount) :
perCount;
                var param = "id="+treeNode.id+"_"+(treeNode.times++) +"&count="+getCount;
                return "getBigData.php?" + param;
}
```

（7）编写父节点展开之前、加载成功、加载失败时的回调函数以及显示日志函数，具体代码如下：

```
            // 父节点展开之前执行
            function beforeExpand(treeId, treeNode) {
                if (!treeNode.isAjaxing) {
                    startTime = new Date();
                    treeNode.times = 1;
                    ajaxGetNodes(treeNode, "refresh");
                    return true;
                } else {
                    alert("zTree 正在下载数据中，请稍后展开节点。。。");
                    return false;
                }
            }
            // 异步加载成功时执行
            function onAsyncSuccess(event, treeId, treeNode, msg) {
                if (!msg || msg.length == 0) {
                    return;
                }
                var zTree = $.fn.zTree.getZTreeObj("treeDemo"),      // 获取 zTree 对象
                totalCount = treeNode.count;                         // 节点数
                if (treeNode.children.length < totalCount) {         // 子节点数没到最大值时
                    setTimeout(function() {ajaxGetNodes(treeNode);}, perTime);   // 继续执行 ajaxGetNodes
                } else {                                             // 达到节点数最大值
                    treeNode.icon = "";
                    zTree.updateNode(treeNode);                      // 更新节点数据
                    zTree.selectNode(treeNode.children[0]);          // 选中第一个节点
                    endTime = new Date();                            // 结束时间
                    var usedTime = (endTime.getTime() - startTime.getTime())/1000; // 加载完毕消耗的时间
                    className = (className === "dark" ? "":"dark");
```

```
            showLog("[ "+getTime()+" ]  treeNode:" + treeNode.name );
            showLog("加载完毕，共进行 "+ (treeNode.times-1) +" 次异步加载，耗时："+ usedTime + " 秒");
        }
    }
    // 异步加载失败时执行
    function onAsyncError(event, treeId, treeNode, XMLHttpRequest, textStatus, errorThrown) {
        var zTree = $.fn.zTree.getZTreeObj("treeDemo");        // 根据 id 获取 zTree 对象
        alert("异步获取数据出现异常。");                          // 弹出消息提示
        treeNode.icon = "";                                    // 清空图标
        zTree.updateNode(treeNode);                            // 更新节点数据
    }
    function ajaxGetNodes(treeNode, reloadType) {
        var zTree = $.fn.zTree.getZTreeObj("treeDemo");        // 根据 id 获取 zTree 对象
        if (reloadType == "refresh") {                         // 如果加载类型为刷新
            treeNode.icon = "css/zTreeStyle/img/loading.gif";  // 加载时对应的图片
            zTree.updateNode(treeNode);                         // 更新节点数据
        }
        zTree.reAsyncChildNodes(treeNode, reloadType, true);   // 强行异步加载父节点的子节点
    }
    // 显示日志
    function showLog(str) {
        if (!log) log = $("#log");      // 获取 log 对象
        log.append("<li class='"+className+"'>"+str+"</li>");  // 添加 log 内容
        if(log.children("li").length > 4) {                    // 如果子节点大于 4
            log.get(0).removeChild(log.children("li")[0]);     // 移除第一个节点
        }
    }
    // 获取时间的时分秒毫秒
    function getTime() {
        var now= new Date(),                                    // 当前时间
        h=now.getHours(),                                       // 当前时间的小时数
        m=now.getMinutes(),                                     // 当前时间的分钟数
        s=now.getSeconds(),                                     // 当前时间的秒数
        ms=now.getMilliseconds();                               // 当前时间的毫秒数
        return (h+":"+m+":"+s+ " " +ms);                        // 返回时分秒毫秒值
    }
```

（8）初始化 zTree，代码如下：

```
$(document).ready(function(){
    $.fn.zTree.init($("#treeDemo"), setting, zNodes);

});
```

（9）编写 getBigData.php 文件，用来返回存放子节点的 JSON 对象，具体代码如下：

```
[<?php
```

```
$pId = "-1";
if(array_key_exists( 'id',$_REQUEST)) {          // 如果提交的数据中存在参数 id
    $pId=$_REQUEST['id'];
}
$pCount = "10";
if(array_key_exists( 'count',$_REQUEST)) {       // 如果提交的数据中存在参数 count
    $pCount=$_REQUEST['count'];
}
if ($pId==null || $pId=="") $pId = "0";
if ($pCount==null || $pCount=="") $pCount = "10"; // 如果 count 不存在，则默认为 10

$max = (int)$pCount;                             // 设置最大值为$pCount
for ($i=1; $i<=$max; $i++) {                      // 进行 max 次循环
    $nId = $pId."_".$i;                          // 设置节点的 name 值
    $nName = "tree".$nId;
    echo "{ id:'".$nId."',   name:'".$nName."'}"; // 一个节点的 JSON 数据
    if ($i<$max) {                                // 如果 i 的值小于 max，则输出逗号
        echo ",";                                // 目的是组合成多组 JSON 数据
    }
}
?>]
```

运行本实例，可以看到，页面左侧显示树状结构，右边显示日志操作，效果如图 13.7 所示。

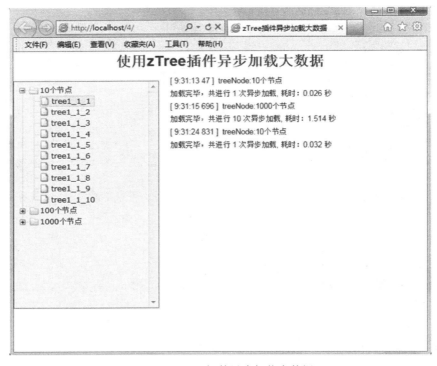

图 13.7　zTree 插件异步加载大数据

## 13.2.3　Validation 插件（表单验证）

表单验证插件 Validation 是一个十分优秀的表单验证插件之一，它历史悠久、广泛地应用于全球各个项目中，并得到了广大程序员的认可。Validation 插件的特点如下：

- ☑　内置验证规则：其中包含必填、数字、URL 等众多验证规则。
- ☑　自定义验证规则：用户可以方便地自定义验证规则，十分灵活。
- ☑　简单而又强大的验证信息提示：可以用默认的提示信息，也可以自定提示信息。
- ☑　实时验证：可以通过 keyup 或者 blur 事件触发验证，不仅仅是在表单提交的时候验证。

Validation 插件的下载地址为：http://jqueryvalidation.org/。其目前最新版本为 jquery-validation-1.13.1。

**【例 13.5】**　使用 Validation 插件进行表单验证。（**实例位置：光盘\TM\sl\13\5**）

（1）创建 js 文件夹，将下载好的 Validation 插件中 jquery-validation-1.13.1\dist 下的 jquery.validate.js 以及 jquery-1.11.1.min.js 文件复制到 js 文件夹中。

（2）创建一个名称为 index.html 的文件，在该文件的<head>标记中引入 jQuery 文件、Validation 脚本文件。代码如下：

```
<script type="text/javascript" src="js/jquery-1.11.1.min.js"></script>
<script type="text/javascript" src="js/jquery.validate.js"></script>
```

（3）在页面的<body>标记中，创建表单。令用户名、密码、性别、邮箱都为必填项，并且邮箱符合 E-mail 格式。代码如下：

```
<form id="vform" name="vform" method="post" action="#">
    <h3 align="center">用户注册</h3>
    <div class="dt">用户名：　<em>*</em> <input type="text" id="username" name="username" size=20 class="required" /></div>
        <div class="dt">密  码：　<em>*</em> <input type="password" id="pwd" name="pwd" size=20 class="required" /></div>
        <div class="dt">性  别：　<em>*</em> <input  type="text" id="sex" name="sex" size=4 maxlength=3 class="required"/></div>
        <div  class="dt">邮   箱：　<em>*</em> <input type="text" id="email" name="email" size=20  class="required email"/></div>
        <div class="dt">
            <input type="submit" name="sub" value="注册" />
        </div>
    </form>
```

（4）编写 jQuery 代码，调用 validate()函数进行表单验证。具体代码如下：

```
<script type="text/javascript">
    $(function(){
        $("#vform").validate();
    });
</script>
```

运行本实例，运行效果如图 13.8 所示。

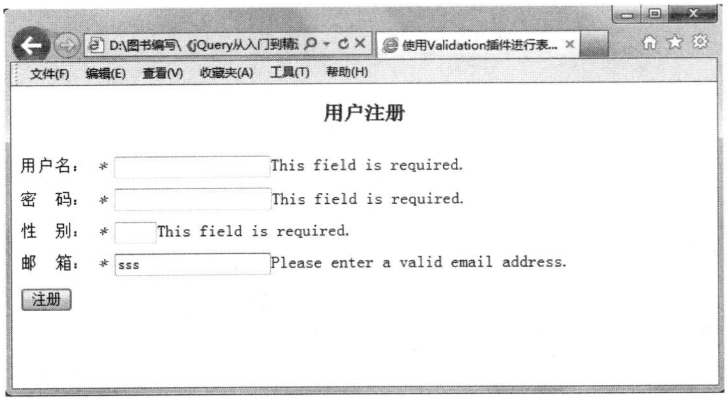

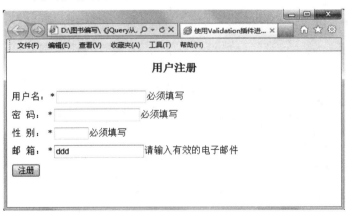

图 13.8　表单验证

上述代码中，使用需要验证的表单对象调用 validate()方法即可实现对该表单的验证。其中
class="required"为必须填写，class="required email"为必须填写以及内容需要符合 E-mail 格式。本实例
使用的是 Validation 插件自带的提示信息，为英文的，不太适合我们编写的中文页面，要解决这个问题，
只需要引用 Validation 提供的中文验证信息库即可。将 Validation 插件 dist/localization 文件夹下的
messages_zh.js 文件复制到 js 文件夹中，加入引用语言库的代码：

```
<script type="text/javascript" src="js/localization/messages_zh.js"></script>
```

再次访问 index.html，可以看到实例运行结果如图 13.9 所示。

图 13.9　中文提示信息

【例 13.6】　自定义验证信息进行表单验证。（实例位置：光盘\TM\sl\13\6）

（1）创建 js 文件夹，将下载好的 Validation 插件中 jquery-validation-1.13.1\dist 下的 jquery.validate.js
以及 jquery-1.11.1.min.js 文件复制到 js 文件夹中。

（2）创建一个名称为 index.html 的文件，在该文件的<head>标记中引入 jQuery 文件、Validation 脚
本文件。代码如下：

```
<script type="text/javascript" src="js/jquery-1.11.1.min.js"></script>
<script type="text/javascript" src="js/jquery.validate.js"></script>
```

（3）本实例的表单内容与例 13.5 是相同的，此处不再赘述。

（4）编写 jQuery 代码，调用 validate() 函数进行表单验证，并且设置自定义提示信息。具体代码如下：

```
$(function(){
    $("#vform").validate({
        messages:{
            username:{required:"请输入用户名"},
            pwd:{required:"请输入密码"},
            sex:{required:"请输入性别"},
            email:{
                required:"请输入 E-mail 地址",
                email:"请输入正确的 E-mail 格式"
            }
        }
    });
});
```

运行本实例，运行效果如图 13.10 所示。

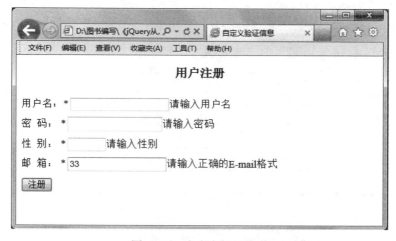

图 13.10　自定义提示信息

## 13.2.4　Nivo Slider 插件（图片切换）

Nivo Slider 插件是一款基于 jQuery 的多图片切换插件，它支持多种图片切换时的动画效果，而且支持键盘导航和连接影像功能。Nivo Slider 插件下载地址为：http://dev7studios.com/plugins/nivo-slider/。

### 1. 属性

Nivo Slider 插件的常用属性及说明如表 13.7 所示。

表 13.7　Nivo Slider 插件的常用属性及说明

| 属　　性 | 说　　明 |
| --- | --- |
| effect | 过渡效果 |
| slices | effect 为切片效果时的数量 |
| boxCols | effect 为格子效果时的列 |
| boxRows | effect 为格子效果时的行 |
| animSpeed | 动画速度 |
| pauseTime | 图片切换速度 |
| startSlide | 从第几张开始 |
| directionNav | 是否显示图片切换按钮(上/下页) |
| directionNavHide | 是否鼠标经过才显示 |
| controlNav | 显示序列导航 |
| controlNavThumbs | 显示图片导航 |
| controlNavThumbsFromRel | 使用 img 的 rel 属性作为缩略图地址 |
| controlNavThumbsSearch | 查找特定字符串（controlNavThumbs 必须为 true） |
| controlNavThumbsReplace | 替换成这个字符串（controlNavThumbs 必须为 true） |
| keyboardNav | 键盘控制（左右箭头） |
| pauseOnHover | 鼠标经过时暂停播放 |
| manualAdvance | 是否手动播放（false 为自动播放幻灯片） |
| captionOpacity | 字幕透明度 |
| prevText | 上一张图片 |
| nextText | 下一张图片 |
| randomStart | 是否随机图片开始 |

## 2. 方法

Nivo Slider 插件的常用方法及说明如表 13.8 所示。

表 13.8　Nivo Slider 插件的常用方法及说明

| 方　　法 | 说　　明 |
| --- | --- |
| beforeChange | 动画开始前触发 |
| afterChange | 动画结束后触发 |
| slideshowEnd | 本轮循环结束触发 |
| lastSlide | 最后一张图片播放结束触发 |
| afterLoad | 加载完毕时触发 |

【例 13.7】 本实例使用 Nivo Slider 插件实现仿淘宝首页的广告切换效果。（实例位置：光盘 **\TM\sl\13\7**）

（1）将下载好的 Nivo Slider 插件复制到文件夹 7 中，创建 js 文件夹，将 jQuery 脚本复制到 js 文件夹中。

（2）创建一个名称为 index.html 的文件，在该文件的&lt;head&gt;标记中引入 jQuery 文件、Nivo Slider 插件相关的脚本文件以及 CSS 样式文件。代码如下：

```html
<link rel="stylesheet" href="nivo-slider/themes/default/default.css" type="text/css" media="screen" />
<link rel="stylesheet" href="nivo-slider/themes/light/light.css" type="text/css" media="screen" />
<link rel="stylesheet" href="nivo-slider/themes/dark/dark.css" type="text/css" media="screen" />
<link rel="stylesheet" href="nivo-slider/themes/bar/bar.css" type="text/css" media="screen" />
<link rel="stylesheet" href="nivo-slider/nivo-slider.css" type="text/css" media="screen" />
<link rel="stylesheet" href="style.css" type="text/css" media="screen" />
<script type="text/javascript" src="js/jquery-1.11.1.min.js"></script>
<script type="text/javascript" src="nivo-slider/jquery.nivo.slider.js"></script>
```

（3）在&lt;body&gt;标签下编写页面内容，将四张图片放在容器中并设置缩略图属性 data-thumb，指定缩略图图片的位置。具体代码如下：

```html
<div id="wrapper">
        <div class="slider-wrapper theme-default">
            <div id="slider" class="nivoSlider">
                <img src="images/01.jpg" data-thumb="images/01.jpg" alt="" title="跨越编程障碍"/>
                <img src="images/02.jpg" data-thumb="images/02.jpg" alt="" title="有了编程词典，学编程就这
么简单！"/>
                <img src="images/03.jpg" data-thumb="images/03.jpg" alt="" title="海量资源，轻松拥有"/>
                <img src="images/04.jpg" data-thumb="images/04.jpg" alt="" title="#htmlcaption"/>
            </div>
            <div id="htmlcaption" class="nivo-html-caption">
                <a href="http://www.mrbccd.com">编程词典互动服务社区</a>.
            </div>
        </div>
    </div>
```

（4）编写 jQuery 代码，实现图片切换并自动播放。具体代码如下：

```javascript
$(function() {
        $('#slider').nivoSlider({
            controlNavThumbs:true,       // 图片导航
            manualAdvance:false          // 自动播放
        });
    });
```

运行 index.html，效果如图 13.11 所示，程序可以自动实现图片的切换。另外，用户可以将鼠标移动到图片上，单击图片上的前后箭头实现图片的前后切换，也可以单击图片的缩略图进行任意图片的切换。

图 13.11　Nivo Slider 插件的使用

## 13.2.5　Pagination 插件（数据分页）

Pagination 插件是一款可以加载数据和进行分页的 jQuery 插件，其下载地址为：https://github.com/gbirke/jquery_pagination。使用时，一般需要先将要显示的数据载入到页面中，然后根据当前页面的索引号，获取指定页面需要显示的数据，并将这部分数据显示到相应的容器中，从而实现分页显示数据的功能。

**注意**

Pagination 插件由于需要一次性加载数据，因此在分页切换时无刷新与延迟。但是，如果数据量较大，不建议用该插件，因为加载会比较慢。

跟一般的 jQuery 插件一样，Pagination 插件使用也很简单。例如，要使用方法 pagination，可以用下面的代码：

```
$("#page").pagination(100);
```

这里的 100 参数是必须的，表示显示项目的总个数，得到的显示效果如图 13.12 所示。

图 13.12　分页插件显示效果

 **说明**

分页列表需要放在 class 类为 pagination 的标签内，可以使用 text-align 属性控制分页居中显示还是居右显示。

Pagination 插件的常用属性及说明如表 13.9 所示。

表 13.9　Pagination 插件的常用属性及说明

| 属　　性 | 说　　明 |
|---|---|
| maxentries | 总条目数 |
| items_per_page | 每页显示的条目数 |
| num_display_entries | 连续分页主体部分显示的分页条目数 |
| current_page | 当前选中的页面 |
| num_edge_entries | 两侧显示的首尾分页的条目数 |
| link_to | 分页的链接 |
| prev_text | "前一页"分页按钮上显示的文字 |
| next_text | "下一页"分页按钮上显示的文字 |
| ellipse_text | 省略的页数用什么文字表示 |
| prev_show_always | 是否显示"前一页"分页按钮 |
| next_show_always | 是否显示"下一页"分页按钮 |
| callback | 回调函数，一般用来装载对应分页显示的内容 |

【例 13.8】　本实例使用 Pagination 插件制作一个分页显示数据的网页，其中要分页显示的数据需要通过 Ajax 异步获取。（实例位置：光盘\TM\sl\13\8）

（1）创建 js 文件夹，将 jquery.pagination.js 文件以及 jQuery 脚本文件复制到 js 文件夹中。创建 css 文件夹，将 pagination.css 复制到 css 文件夹中。

（2）创建一个名称为 index.html 的文件，在该文件的<head>标记中引入 jQuery 文件、Pagination 插件的脚本文件以及 CSS 样式文件。代码如下：

```
<link rel="stylesheet" href="css/pagination.css"/>
<script type="text/javascript" src="js/jquery-1.11.1.min.js"></script>
<script type="text/javascript" src="js/jquery.pagination.js"></script>
```

（3）在<body>标签下编写页面内容，创建 3 个<div>元素，第一个用来显示分页页码，第二个用来显示每页的内容，最后一个<div>元素设置为隐藏，用来载入 load.html 的内容。具体代码如下：

```
<h1>使用 Pagination 插件实现数据分页显示</h1>
<div id="Pagination" class="pagination"></div>
<div id="Searchresult" style="width:300px; height:100px; padding:20px; background:#9CF"></div>
<div id="hiddenresult" style="display:none;"></div>
```

（4）load.html 页面的内容如下：

```
<div class="result">异步获取的内容：ASP.NET</div>
<div class="result">异步获取的内容：PHP</div>
<div class="result">异步获取的内容：Java Web</div>
<div class="result">异步获取的内容：jQuery</div>
<div class="result">异步获取的内容：JavaScript</div>
<div class="result">异步获取的内容：AJAX</div>
<div class="result">异步获取的内容：Java</div>
<div class="result">异步获取的内容：C#</div>
<div class="result">异步获取的内容：Android</div>
<div class="result">异步获取的内容：Visual C++</div>
```

（5）编写 jQuery 代码，加载全部分页内容，之后创建分页，加载对应页面的内容显示到页面中。具体代码如下：

```
$(function(){
    // 通过 AJAX 加载分页元素
    var initPagination = function() {
        var num_entries = $("#hiddenresult div.result").length;
        // 创建分页
        $("#Pagination").pagination(num_entries, {
                num_edge_entries: 2,          // 两侧边缘显示的页数
                num_display_entries: 3,       // 连续分页主体部分显示的分页数
                callback: pageselectCallback, // 设置回调函数
                items_per_page: 1,            // 每页显示 1 项
                prev_text: "上一页",           // 上一页按钮上的文字
                next_text: "下一页"            // 下一页按钮上的文字
        });
    };
    function pageselectCallback(page_index, jq){
        var new_content = $("#hiddenresult div.result:eq("+page_index+")").clone();
        $("#Searchresult").empty().append(new_content);    // 加载对应分页的内容
        return false;
    }
    // Ajax 异步获取要加载的数据
    $("#hiddenresult").load("load.html", null, initPagination);
});
```

运行 index.html，效果如图 13.13 所示。

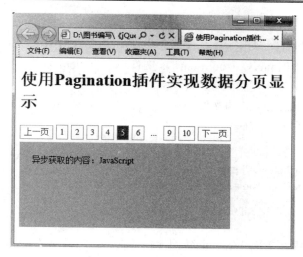

图 13.13　分页效果

## 13.2.6　jQZoom 插件（图片放大镜）

jQZoom 是一个基于 jQuery 的图片放大镜插件，它功能强大，使用简便，支持标准模式、反转模式、无镜头、无标题的放大，并可以自定义 jQZoom 的窗口位置和渐隐效果，其下载地址为 https://www.drupal.org/project/jqzoom。

jQZoom 插件的常用属性及说明如表 13.10 所示。

表 13.10　jQZoom 插件的常用属性及说明

| 属　　性 | 说　　明 |
| --- | --- |
| zoomType | 默认值：'standard'，另一个值是'reverse'，是否将原图用半透明图层遮盖 |
| zoomWidth | 默认值：200，放大窗口的宽度 |
| zoomHeight | 默认值：200，放大窗口的高度 |
| xOffset | 默认值：10，放大窗口相对于原图的 x 轴偏移值，可以为负 |
| yOffset | 默认值：0，放大窗口相对于原图的 y 轴偏移值，可以为负 |
| position | 默认值：'right'，放大窗口的位置，值还可以是：'right'，'left'，'top'，'bottom' |
| lens | 默认值：true，若为 false，则不在原图上显示镜头 |
| imageOpacity | 默认值：0.2，当 zoomType 的值为'reverse'时，这个参数用于指定遮罩的透明度 |
| title | 默认值：true，在放大窗口中显示标题，值可以为 a 标记的 title 值，若无，则为原图的 title 值 |
| showEffect | 默认值：'show'，显示放大窗口时的效果，值可以为：'show'，'fadein' |
| hideEffect | 默认值：'hide'，隐藏放大窗口时的效果：'hide'，'fadeout' |
| fadeinSpeed | 默认值：'fast'，放大窗口的渐显速度（选项：'fast','slow','medium'） |
| fadeoutSpeed | 默认值：'slow'，放大窗口的渐隐速度（选项：'fast','slow','medium'） |
| showPreload | 默认值：true，是否显示加载提示 Loading zoom（选项：'true','false'） |
| preloadText | 默认值：'Loading zoom'，自定义加载提示文本 |
| preloadPosition | 默认值：'center'，加载提示的位置，值也可以为'bycss'，以通过 css 指定位置 |

【例 13.9】 本实例使用 jQZoom 插件制作一个图片放大镜。当鼠标在图片上移动时，图片的局部会以放大形式显示在网页的右侧空白区域。（**实例位置：光盘\TM\sl\13\9**）

（1）创建 js 文件夹，将 jquery.jqzoom-core.js 文件以及 jQuery 脚本文件复制到 js 文件夹中。创建 css 文件夹，将 jquery.jqzoom.css 复制到 css 文件夹中。

（2）创建一个名称为 index.html 的文件，在该文件的<head>标记中引入 jQuery 文件、jQZoom 插件的脚本文件以及 CSS 样式文件。代码如下：

```
<div>
    <a href="test_big.png" class="jqzoom" title="放大效果">
        <img src="test.JPG" style="border: 1px solid #666;"/>
    </a>
</div>
```

（3）在<body>标签下编写页面内容，创建图片超链接，将超链接的 class 设置为 "jqzoom"。具体代码如下：

```
<div>
    <a href="test.JPG" class="jqzoom" title="放大效果">
        <img src="test.JPG" style="border: 1px solid #666;"/>
    </a>
</div>
```

（4）编写 jQuery 代码，使用 jqzoom()方法进行图片放大操作，设置小图片中所选区域的宽度和高度。具体代码如下：

```
$(function() {
    $(".jqzoom").jqzoom(           // 绑定图片放大插件 jQZoom
    {
        zoomWidth:200,             // 小图片中所选区域的宽度
        zoomHeight:200             // 小图片中所选区域的高度
    });
});
```

运行 index.html，效果如图 13.14 所示。

图 13.14  jQZoom 插件的使用

## 13.3 综合实例：使用 ColorPicker 插件制作颜色选择器

使用 QQ 聊天时，如果想设置字体颜色，可以打开 QQ 聊天对话框中的设置字体颜色对话框，在这个对话框中设置颜色的界面就是颜色拾取器。本实例使用第三方的 ColorPicker 插件制作了一个简单的颜色拾取器，运行效果如图 13.15 所示。

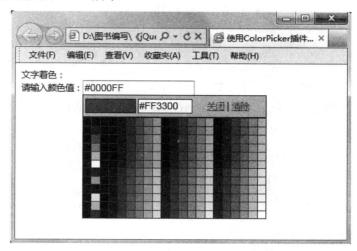

图 13.15 使用 ColorPicker 插件制作颜色选择器

**说明**

ColorPicker 是一款简单实用的取色插件，它能准确显示颜色的 HEX 数值。Color Picker 以一个小窗口的形式出现，其下载地址为：http://blog.iplaybus.com/colorpicker.html。

【例 13.10】 使用 ColorPicker 插件制作颜色选择器。（**实例位置：光盘\TM\sl\13\10**）

（1）创建 js 文件夹，将下载好的 ColorPicker 插件解压后复制到 js 文件夹中。

（2）创建一个名称为 index.html 的文件，在该文件的<head>标记中引入 jQuery 文件、ColorPicker 插件的脚本文件。代码如下：

```
<script type="text/javascript" src="colorpicker/jquery.js"></script>
<script type="text/javascript" src="colorpicker/jquery.colorpicker.js"></script>
```

（3）在<body>标签下编写页面内容，创建文本框，用来显示颜色值。具体代码如下：

```
<div id="container">
    <font color="blue">文字着色：</font><br />
    请输入颜色值：<input type="text" id="colorpicker" />
</div>
```

（4）编写 jQuery 代码，拾取颜色，显示到文本框中。具体代码如下：

```
$(function(){
    $("#colorpicker").colorpicker({
        fillcolor:true,
        success:function(o,color){
            $(o).css("color",color);
        }
    });
});
```

# 13.4　小　　结

　　本章首先介绍了什么是 jQuery 插件以及如何调用 jQuery 插件，然后通过实例详细介绍了目前比较常用的插件的使用方法，最后通过一个综合实例介绍 colorPicker 插件的详细使用方法。插件在 jQuery 中占有很重要的位置，希望读者仔细钻研本章实例，熟练掌握插件的使用方法，让 jQuery 及其插件成为开发利器。

# 13.5　练习与实践

　　（1）从数据库中读取层级数据，显示到 zTree 树状菜单中。（答案位置：光盘\TM\sl\13\11）
　　（2）使用 Validation 插件验证表单并美化。（答案位置：光盘\TM\sl\13\12）

# 第**14**章

## jQuery 必知的工具函数

（ 📹 视频讲解：30 分钟 ）

　　在 jQuery 中还有很多功能强大的工具函数，它们可以为我们处理对象或数组提供更加便利的操作，简化我们的开发过程。本章将详细介绍这些工具函数的定义以及使用方法。

　　通过阅读本章，您可以：

▶▶ 了解 jQuery 工具函数的分类

▶▶ 掌握遍历数组

▶▶ 掌握遍历对象

▶▶ 掌握数据筛选

▶▶ 掌握数据检索和变更

▶▶ 掌握测试操作

▶▶ 掌握 URL 操作

▶▶ 了解其他工具函数

▶▶ 掌握工具函数的扩展

# 14.1    jQuery 工具函数概述

jQuery 工具函数是指直接依赖于 jQuery 对象，针对 jQuery 对象本身定义的方法，即全局性函数，它的调用格式如下：

```
$.函数名()或 jQuery.函数();
```

jQuery 工具函数对应的网址是：http://api.jquery.com/category/utilities/。

像以前使用过的$.each()函数，还有很多功能强大的工具函数在处理对象和操作数组方面可以提供很多便利。下面详细介绍 jQuery 工具函数的定义和调用方法。

# 14.2    工具函数的分类

根据处理对象的不同，jQuery 中将工具函数分为 4 大类，分别是：数组和对象的操作、字符串操作、测试操作、URL 操作。下面将分别介绍 jQuery 中的 4 种工具函数。

# 14.3    数组和对象的操作

在实际的 Web 开发过程中，会经常使用到数组和对象。在 jQuery 中，使用自带的一些工具函数，可以很方便地对数组和对象进行操作，如遍历、筛选、转换、合并等。下面将一一介绍这些工具函数的使用方法。

## 14.3.1    遍历数据

使用$.each()工具函数可以实现页面中元素的遍历，还可以完成指定数组的遍历，具体调用格式如下：

```
$.each(obj,fn(param1,param2));
```

参数说明：
- ☑    obj：表示要遍历的数组或对象。
- ☑    fn：每个遍历元素执行的回调函数。该函数包含两个参数，其中 param1 表示数组的序号或对象的属性；param2 表示数组的元素和对象的属性。

【例 14.1】　使用$.each()函数遍历 JSON 对象。（**实例位置：光盘\TM\sl\14\1**）

（1）创建一个名称为 index.html 的文件，在该文件的<head>标记中应用下面的语句引入 jQuery 库。

```
<script type="text/javascript" src="../js/jquery-1.11.1.min.js"></script>
```

（2）在页面中创建父元素<ul>，用来存放待生成的<li>子元素。代码如下：

```
<ul></ul>
```

（3）编写 CSS 样式，具体代码请参见光盘。

（4）编写 jQuery 代码，首先以 JSON 对象的形式定义数据，之后遍历该 JSON 对象，将类别和书名显示在<li>元素当中，将<li>元素依次添加至<ul>父元素内。具体代码如下：

```
$(function(){
    // 定义 JSON 数据
    var bookData = {"PHP 类图书":"《PHP 必须知道的 300 个问题》","Java 类图书":"《学通 Java 的 24 堂课》
","JavaScript 类图书":"《JavaScript 入门经典》"};
    // 定义标头内容
    var li_lines = "<li><span>分类</span><span style='padding-left:110px;'>书名</span></li>";
    $.each(bookData,function(type,name){    // 循环遍历 JSON 对象
        li_lines += "<li>" + type+"            "+name+"</li>";    // 将类别和书名添加至 li 元素中
    })
    $("ul").append(li_lines);                // 将 li 元素添加值 ul 元素中
    });
```

运行本实例，运行结果如图 14.1 所示。

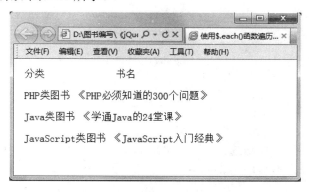

图 14.1　$.each()函数遍历 JSON 对象

【例 14.2】　使用$.each()函数遍历数组。（**实例位置：光盘\TM\sl\14\2**）

（1）创建一个名称为 index.html 的文件，在该文件的<head>标记中应用下面的语句引入 jQuery 库。

```
<script type="text/javascript" src="../js/jquery-1.11.1.min.js"></script>
```

（2）在页面创建一个<ul>元素，用来存放待生成的<li>子元素。代码如下：

```
<ul></ul>
```

（3）编写 CSS 样式，具体代码请参见光盘。

（4）编写 jQuery 代码，首先以二维数组的形式定义数据，之后遍历该二维数组，将书名显示在 <li>元素当中，将<li>元素依次添加至<ul>父元素内。具体代码如下：

```
$(function(){
        var bookData = [["PHP 从入门到精通","PHP 范例宝典","PHP 必须知道的 300 个问题"],["Java 从入门到
精通","Java 范例宝典","Java 必须知道的 300 个问题"],["JavaScript 入门经典","JavaScript 程序设计","jQuery 从入
门到精通"]]                                              // 定义 JSON 数据
        var li_lines = "";                              // 定义 li 内容字符串
        $.each(bookData,function(i,item){               // 遍历第一层数组
            li_lines += "<li>";
            $.each(item,function(j,value){              // 遍历第二层数组
                li_lines += value+"  ";       // 将书名添加至 li 元素中
            })
            li_lines += "</li>";
        })
        $("ul").append(li_lines);                       // 将 li 元素添加至 ul 元素中
    });
```

在上述代码中，首先使用$.each()函数遍历最外层数组，将每个内层数组用变量 item 表示，再使用 $.each()函数遍历 item，将键值用变量 j 表示，值用变量 value 表示。运行本实例，效果如图 14.2 所示。

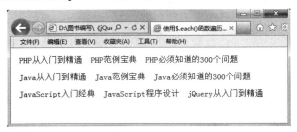

图 14.2　$.each()函数遍历数组

## 14.3.2　数据筛选

操作数组时有时需要根据条件筛选元素，在 jQuery 中，可以使用工具函数$.grep()，可以很方便地筛选出数组中的任何元素，函数调用格式如下：

```
$.grep(array,fn(elementOfArray,indexInArray),[invert]);
```

参数说明：

☑　array：表示要筛选的数组。

☑　fn：回调函数。可以设置两个参数。elementOfArray 为数组中的元素；indexInArray 为元素在数组中的序列号。可选项 invert 为布尔值，表示是否根据 fn 的规则取反向结果，默认值为 false，表示不取反。如果为 true，则表示取反，返回与回调函数 fn 规则相反的数据。

【例 14.3】　使用$.grep()函数筛选数组中元素。（实例位置：光盘\TM\sl\14\3）

（1）创建一个名称为 index.html 的文件，在该文件的<head>标记中应用下面的语句引入 jQuery 库。

```
<script type="text/javascript" src="../js/jquery-1.11.1.min.js"></script>
```

（2）在页面创建一个<div>元素，用来显示运行结果。代码如下：

```
<ul></ul>
```

（3）编写 jQuery 代码，首先定义由数字组成的待筛选数组，之后使用工具函数$.grep()来筛选数组中小于 100 并且大于 20 的数字。最后将筛选前的数组内容以及筛选之后的内容一并显示到页面中。具体代码如下：

```
$(function(){
        var numArray = [12,25,44,1,77,100,205];                // 定义待筛选数组
        var suitableArray = $.grep(numArray,function(element,index){        // 对数组元素进行筛选
            return element<100 && element>20;                // 筛选 value 小于 100 且大于 20 的元素
        })
        var str = "筛选前数据：" + numArray.join() + "<br/><br/>";            // 输出筛选前的数据
        str += "筛选后的数据：";
        str += suitableArray.join();                        // 输出筛选后的数据
        $("div").append(str);                            // 将结果显示在 div 中
    });
```

运行本实例，运行结果如图 14.3 所示。

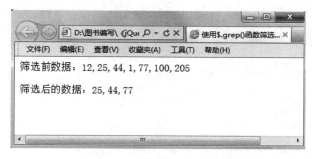

图 14.3　$.grep()函数筛选数据

在上述代码中，使用到了 JavaScript 函数 join()，该函数的作用是将数组转换为字符串。它的语法格式如下：

```
arrayObject.join([separator]);
```

其中 separator 为可选参数，指定要使用的分隔符。如果省略该参数，则使用逗号作为分隔符。

## 14.3.3　数据检索

在 jQuery 中，可以使用工具函数$.inArray()在数组中检索某个元素，它相当于 JavaScript 中的 indexOf()函数，如果找到了指定的某个元素，则返回该元素在数组中的索引号，否则返回值为-1。函数调用格式如下：

$.inArray(value,array);

参数说明：

☑   value：表示要检索的对象。

☑   array：表示检索对象的数组。

【例 14.4】  使用$.inArray()函数检索数组中指定元素的位置。（**实例位置：光盘\TM\sl\14\4**）

（1）创建一个名称为 index.html 的文件，在该文件的\<head>标记中应用下面的语句引入 jQuery 库。

```
<script type="text/javascript" src="../js/jquery-1.11.1.min.js"></script>
```

（2）在页面创建一个\<div>元素，用来显示运行结果。代码如下：

```
<div></div>
```

（3）编写 jQuery 代码，首先定义待检索数据的数组，之后使用工具函数$.inArray()来检索数组中指定元素。最后将原数组的内容以及符合条件元素的值以及其索引值一并输出到页面中。具体代码如下：

```
$(function(){
    var bookData = ["PHP","Java","JavaScript","VB","VC","ASP.NET","C#","jQuery"];    // 定义待搜索数据的数组
    var suitableIndex = $.inArray("jQuery",bookData);          // 在数组中搜索是否含有" jQuery "字符串的元素
        var str = "筛选前的数据："+bookData.join()+"<br/><br/>";              // 输出原数组的数据
        if(suitableIndex != -1){
            str += "符合条件元素的索引值为："+suitableIndex+"<br/><br/>";    // 输出符合条件元素的索
引值
            str += "筛选后的数据："+bookData[suitableIndex];                  // 输出符合元素的值
        }
        $("div").append(str);
    });
```

运行本实例，运行结果如图 14.4 所示。

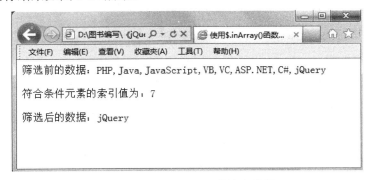

图 14.4   $.inArray()函数检索数据

## 14.3.4　数据变更

我们在前面讲到，可以使用$.grep()函数筛选数组中的元素，但如果想要修改数组中的元素，可以使用工具函数$.map()。$.map()函数的调用格式如下：

```
$.map(array,fn(element,indexInArray));
```

参数说明：

- ☑　array：表示要变更的原数组。
- ☑　fn：回调函数。可以设置两个参数，其中 element 为数组中的元素，indexInArray 为元素在数组中的索引。

【**例 14.5**】　使用$.map()函数改变数组中的元素。（**实例位置：光盘\TM\sl\14\5**）

（1）创建一个名称为 index.html 的文件，在该文件的<head>标记中应用下面的语句引入 jQuery 库。

```
<script type="text/javascript" src="../js/jquery-1.11.1.min.js"></script>
```

（2）在页面创建一个<div>元素，用来显示运行结果。代码如下：

```
<div></div>
```

（3）编写 jQuery 代码，首先定义待变更元素的的数组，之后使用工具函数$.map()来对数组中元素进行变更。最后将原数组的内容以及变更之后的数组元素的值一并输出到页面中。具体代码如下：

```
$(function(){
        var numArray = [12,25,44,1,77,100,205];              // 定义待变更数组
        var suitableArray = $.map(numArray,function(element,index){
            return element+20;                               // 将数组中元素数值各增加 20
        })
        var str = "筛选前数据：" + numArray.join() + "<br/><br/>";   // 输出筛选前的数据
        str += "筛选后的数据：";
        str += suitableArray.join();                         // 输出变更后的数据
        $("div").append(str);
    });
```

运行本实例，运行结果如图 14.5 所示。

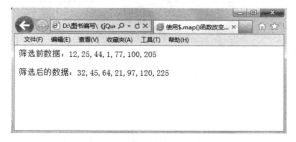

图 14.5　$.map()函数变更数组中的数据

# 14.4　字符串操作

目前 jQuery 核心类库中只有一个字符串工具函数：$.trim()。该函数用来去除字符串中左右两边的空格。其调用的语法格式如下：

```
$.trim(str);
```

其中，参数 str 为待删除左右两边空格符的字符串。

【例 14.6】　使用$.trim()函数删除字符串两端空格。（**实例位置：光盘\TM\sl\14\6**）

（1）创建一个名称为 index.html 的文件，在该文件的<head>标记中应用下面的语句引入 jQuery 库。

```
<script type="text/javascript" src="../js/jquery-1.11.1.min.js"></script>
```

（2）在页面中创建<div>元素，用来存放字符串的详细信息。代码如下：

```
<div></div>
```

（3）编写 jQuery 代码，定义待处理的字符串，令其两端与中间都包含空格。之后使用$.trim()函数对字符串进行删除空格处理，最后，将原字符串的内容与长度以及处理之后的字符串内容与长度都显示在页面当中。具体代码如下：

```
$(function(){
    var oldStr = "   我是 待处理的 字符串         ";          // 定义待处理的字符串
    var newStr = $.trim(oldStr);                          // 去除字符串两端的空格
    var str = "处理之前的字符串："+oldStr+"<br/>";            // 输出处理之前的字符串内容
    str += "处理之前字符串长度为："+oldStr.length+"<br/><br/>"; // 输出处理之前字符串的长度
    str += "处理之后的字符串："+newStr+"<br/>";               // 输出处理之后的字符串
    str += "处理之后字符串长度为："+newStr.length+"<br/><br/>"; // 输出处理之后字符串的长度
    $("div").html(str);                                   // 将最终结果显示到 div 元素中
});
```

运行本实例，运行结果如图 14.6 所示。

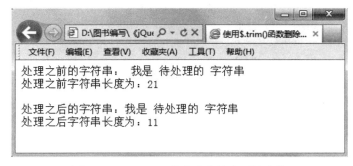

图 14.6　$.trim()函数去除字符串两端空格

**说明**

从以上结果可以看出，待处理字符串中间的空格并未被去除，去除的是字符串两端的空格。因此，删除空格后的字符串的长度比删除空格之前的长度要小。

# 14.5　测　试　操　作

在实际应用中，有时需要先获取对象或元素的各种状态。例如：是否为空、是否为对象、是否为数组等。本节就来讲解相关状态检测的工具函数。在 jQuery1.4.2 及以上的版本中，有 5 个涉及状态检测的工具函数，详细信息如表 14.1 所示。

表 14.1　jQuery 中进行测试操作的工具函数

| 函 数 名 称 | 功 能 描 述 |
| --- | --- |
| \$.isArray(obj) | 返回布尔值。检测参数 obj 是否为数组，如果是，返回 true，反之则返回 false |
| \$.isFunction(obj) | 返回布尔值。检测参数 obj 是否为函数，如果是，返回 true，反之则返回 false |
| \$.isEmptyObject(obj) | 返回布尔值。检测参数 obj 是否为空对象，如果是，返回 true，反之则返回 false |
| \$.isPlainObject(obj) | 返回布尔值。检测参数 obj 是否为一个原始对象，如果是，则返回 true，反之则返回 false |
| \$.contains(container,contained) | 返回布尔值。检测一个 DOM 节点是否包含另一个 DOM 节点，如果包含，返回 true，反之则返回 false |

## 14.5.1　检测对象是否为空

使用\$.isEmptyObject()函数可以检测对象本身是否为空，它的参数是一个普通的 JavaScript 对象，该函数返回 true 时，表示是一个空对象，否则为非空对象。

【例 14.7】使用\$.isEmptyObject()函数检测对象是否为空。（实例位置：光盘\TM\sl\14\7）

（1）创建一个名称为 index.html 的文件，在该文件的<head>标记中应用下面的语句引入 jQuery 库。

```
<script type="text/javascript" src="../js/jquery-1.11.1.min.js"></script>
```

（2）在页面中创建<div>元素，用来存放字符串的详细信息。代码如下：

```
<div></div>
```

（3）编写 jQuery 代码，首先定义一个空的对象 one_obj，之后使用\$.isEmptyObject()函数分别对 one_obj 对象以及 two_obj 对象进行判断，并将结果输出到页面中。具体代码如下：

```
$(function(){
    var one_obj = {};           // 定义待处理的字符串
    var two_obj = {"书名":"《jQuery 从入门到精通》"};
    var str = "one_obj 是否为空："+$.isEmptyObject(one_obj)+"<br/>"; // 判断第一个对象是否为空并输出
```

```
        str += "two_obj 是否为空："+$.isEmptyObject(two_obj)+"<br/>";        // 输出处理之前字符串的长度
        $("div").html(str);                        // 将最终结果显示到 div 元素中
    });
```

运行本实例，运行结果如图 14.7 所示。

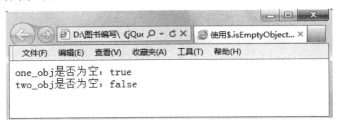

图 14.7  $.isEmptyObject()函数判断对象是否为空

## 14.5.2  检测两个节点的包含关系

使用$.contains()函数可以检测一个 DOM 节点中是否包含另一个 DOM 节点。它的调用格式如下：

```
$.contains(container,contained)
```

参数说明：

☑  container：代表一个对象，它是一个 DOM 元素，可以作为容器包容其他 DOM 元素。

☑  contained：它是一个可能被其他元素包含的 DOM 节点。

返回值：整个函数返回一个布尔值，如果 container 对象包含 contained 对象，结果为 true，反之结果为 false。

【例 14.8】  使用$.contains()函数检测两个节点的包含关系。（**实例位置：光盘\TM\sl\14\8**）

（1）创建一个名称为 index.html 的文件，在该文件的<head>标记中应用下面的语句引入 jQuery 库。

```
<script type="text/javascript" src="../js/jquery-1.11.1.min.js"></script>
```

（2）在页面中创建 id 为"cdiv"的<div>元素，用来判断 DOM 元素之间的包含关系。代码如下：

```
<div id="cdiv"></div>
```

（3）编写 jQuery 代码，首先获取 body 元素的 DOM 对象 body_obj，然后获取<div>元素的 DOM 对象 div_obj，最后使用$.contains()函数判断 body 对象是否包含 div 对象，将最终结果输出到页面中。具体代码如下：

```
$(function(){
    var body_obj = document.body;                        // 获取 body 元素节点 DOM 对象
    var div_obj = document.getElementById("cdiv");        // 获取 div 元素节点 DOM 对象
    var str = "body 对象是否包含 div 对象："+$.contains(body_obj,div_obj)+"<br/>"; //判断 body 对象是否包含
页面中的 div 对象
        $("#cdiv").html(str);                        // 将最终结果显示到 div 元素中
    });
```

运行本实例，运行结果如图 14.8 所示。

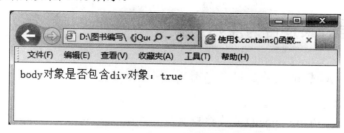

图 14.8 $.contains()函数判断对象之间的包含关系

## 14.5.3 检测指定参数是否为函数

使用$.isFunction()函数可以检测指定参数是否为函数，它的参数任意类型的，如果指定参数是 JavaScript 函数，那么该函数返回 true，否则返回 false。

【例 14.9】 使用$.isFunction()函数检测指定参数是否为函数。（实例位置：光盘\TM\sl\14\9）

（1）创建一个名称为 index.html 的文件，在该文件的<head>标记中应用下面的语句引入 jQuery 库。

```
<script type="text/javascript" src="../js/jquery-1.11.1.min.js"></script>
```

（2）在页面创建一个<div>元素，用来存放判定结果。代码如下：

```
<div></div>
```

（3）编写 jQuery 代码，首先定义一个名为 example 的函数，之后使用$.isFunction()函数判断 example 是否为函数，并将结果输出到页面中。具体代码如下：

```
function example(){
        alert("我是一个名为 example 的函数！");
    }
    $(function(){
        var str = "example 是否为函数："+$.isFunction(example)+"<br/>"; //判断 example 是否为函数
        $("div").html(str);              // 将最终结果显示到 div 元素中
    });
```

运行本实例，运行结果如图 14.9 所示。

图 14.9 $.isFunction()函数判断指定参数是否为函数

## 14.5.4 检测指定对象是否为原始对象

使用$.isPlainObject()函数可以检测对象是否为一个纯粹的、原始的对象。也就是说，对象是否通过{}或者 new 关键字创建。

【例 14.10】 使用$.isPlainObject()函数检测对象是否为原始对象。（**实例位置：光盘\TM\sl\14\10**）

（1）创建一个名称为 index.html 的文件，在该文件的<head>标记中应用下面的语句引入 jQuery 库。

```
<script type="text/javascript" src="../js/jquery-1.11.1.min.js"></script>
```

（2）在页面创建一个<div>元素，用来存放判定结果。代码如下：

```
<div></div>
```

（3）编写 jQuery 代码，使用{}创建一个对象 obj1，之后使用 new 关键字创建对象 obj2，最后创建内容为 null 的对象 obj3。使用 isPlainObject()函数分别判断 obj1、obj2 与 obj3，并将结果输出到页面中。具体代码如下：

```
$(function(){
        var obj1 = {"name":"轻鸿"};        // 使用{}创建对象
        var obj2 = new Object();           // 使用 new 关键字创建对象
        var obj3 = "null";
        var str = "obj1 是否为原始对象："+$.isPlainObject(obj1)+"<br/>";    // 判断 obj1 是否为原始对象
        str+="obj2 是否为原始对象："+$.isPlainObject(obj2)+"<br/>";         // 判断 obj2 是否为原始对象
        str+="obj3 是否为原始对象："+$.isPlainObject(obj3)+"<br/>";         // 判断 obj3 是否为原始对象
        $("div").html(str);                // 将最终结果显示到 div 元素中
    });
```

运行本实例，运行结果如图 14.10 所示。

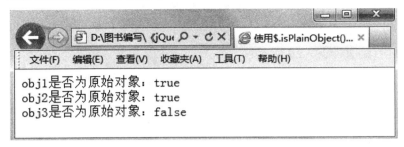

图 14.10　$.isFunction()函数判断指定参数是否为函数

# 14.6　URL 操作

在 11.4.7 节中，我们介绍过 serialize()方法可以将表单向服务器提交的数据序列化，即 URL 操作。实质上 serialize()方法的核心是工具函数$.param()，通过它可以使数组或 jQuery 对象按照 name/value 的格式进行序列化，普通对象按照 key/value 的格式进行序列化。它的语法格式如下：

```
$.param(obj,[traditional]);
```

参数说明：

☑　obj：表示要进行序列化的对象。该对象可以是数组、jQuery 元素、普通对象。

☑　traditional：可选参数。表示是否使用普通的方式浅层序列化。

该函数的返回值是序列化后的字符串。

【例 14.11】　使用$.param()函数对对象进行序列化。（实例位置：光盘\TM\sl\14\11）

（1）创建一个名称为 index.html 的文件，在该文件的<head>标记中应用下面的语句引入 jQuery 库。

```
<script type="text/javascript" src="../js/jquery-1.11.1.min.js"></script>
```

（2）在页面创建一个<div>元素，用来存放结果。代码如下：

```
<div></div>
```

（3）编写 jQuery 代码，创建 2 个对象 info 和 type，之后使用$.param()函数对它们进行序列化，接下来对序列化之后的 type 对象进行解码操作，最后将结果输出到页面中。具体代码如下：

```
$(function(){
        var info = {name:"轻鸿",book:"《jQuery 从入门到精通》"};
        var type = {people:{bookname:"《jQuery 从入门到精通》",page:530},
            info:{sex:"女",email:"mingrisoft@mingrisoft.com"}
        };
        var new_info = $.param(info);          // 对 info 进行序列化
        var new_type = $.param(type);          // 对 type 进行序列化
        var new_type_decode = decodeURIComponent($.param(type));   // 对 type 进行序列化之后再解码
        // 将结果保存在 str 字符串中
        var str = "<h4>info 序列化之后的结果为：</h4>";
        str+=new_info+"<br/>";
        str+="<h4>type 序列化之后的结果为：</h4>";
        str+=new_type+"<br/>";
        str+="<h4>type 序列化解码之后的结果为：</h4>";
        str+=new_type_decode+"<br/>";
        $("div").html(str);                    // 将最终结果显示到 div 元素中
    });
```

运行本实例，运行结果如图 14.11 所示。

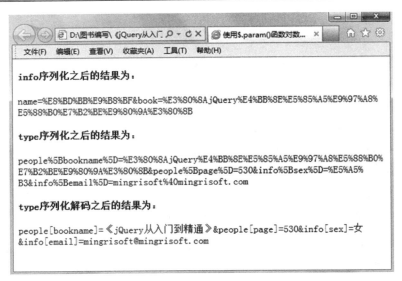

图 14.11 $.param()函数对对象进行序列化

# 14.7 其他工具函数

在 jQuery 中，除了以上讲到的工具函数外，还有一些其他的实用函数，尤其是在 jQuery1.4.2 以上的版本中，新增了很多简洁高效的工具函数。$.proxy()函数就是其中一个，它可以用来处理不同作用域对象事件，下面就来对其进行详细说明。

使用$.proxy()函数可以返回一个新的函数，并且这个函数始终保持特定的作用域。

**说明**

作用域，就是执行该函数对象的范围。当一个事件函数被元素绑定时，它的作用域原则上应指向该元素，但有些事件函数的作用域在被元素绑定时并不指向元素本身，而是指向另一个对象。这时为了使元素的绑定事件能够正常执行，必须调用$.proxy()函数进行处理。

该函数的调用语法格式为：

```
$.proxy(function,scope);
```

参数说明：
- ☑ function：代表要改变作用域的事件函数。
- ☑ scope：被事件函数设置作用域的对象。即事件函数的作用域将设置到该对象中。

该函数还有另外一种语法格式，代码如下：

```
$.proxy(scope,name);
```

参数说明：

☑　scope：代表被事件函数设定的作用域对象。

☑　name：将要设置作用域的函数名。

【例 14.12】　使用$.proxy()函数改变事件函数的作用域。（实例位置：光盘\TM\sl\14\12）

（1）创建一个名称为 index.html 的文件，在该文件的<head>标记中应用下面的语句引入 jQuery 库。

```
<script type="text/javascript" src="../js/jquery-1.11.1.min.js"></script>
```

（2）创建用来测试效果的按钮元素，并给它赋予 id、name 等属性。代码如下：

```
<input type="button" id="button" name="btnName" value="测试" />
```

（3）编写 jQuery 代码，首先定义一个对象，含有 name 属性以及名为 test 的函数，在函数内部弹出该对象的 name 属性；接下来编写按钮的 click 事件，使其单击时可以触发 test 函数。具体代码如下：

```
$(function(){
        var obj = {
            name:"轻鸿",
            test:function(){
                alert(this.name);
            }
        };
        $("#button").click(obj.test);          // 访问不到 obj 的 name
        $("#button").click($.proxy(obj.test,obj));        // 可以正常访问 obj 的 name
        $("#button").click($.proxy(obj,"test"));          // 可以正常访问 obj 的 name
    });
```

运行本实例，运行结果如图 14.12 所示。

图 14.12　使用$.proxy()函数改变事件函数的作用域

从运行结果可以看出使用“$("#button").click(obj.test);”来调用 test 函数，弹出的是按钮的 name 属性，而不是 obj 对象的 name 属性，因为此时的 this 代表的是按钮对象。而使用了$.proxy()函数改变作用域之后，就可以正常访问到 obj 对象中的 name 属性了。

# 14.8　工具函数的扩展

在 jQuery 当中，也可以自己来编写类级别的插件用于扩展 jQuery 对象本身。通过$.extend()函数就可以很方便地定义我们自己的工具函数。

## 14.8.1　使用$.extend()扩展工具函数

下面通过一个实例来介绍使用$.extend()函数扩展工具函数的过程。

**【例 14.13】** 使用$.extend()函数扩展工具函数。（**实例位置：光盘\TM\sl\14\13**）

（1）创建一个名称为 index.html 的文件，在该文件的<head>标记中应用下面的语句引入 jQuery 库。

```
<script type="text/javascript" src="../js/jquery-1.11.1.min.js"></script>
```

（2）编写 jQuery 代码，使用$.extend()函数定义名为"hello"的函数，之后调用该函数。具体代码如下：

```
$(function(){
    $.extend({
        hello:function(str){
            alert("Hello "+str+"!");
        }
    });
    $.hello("World");
});
```

运行本实例，运行结果如图 14.13 所示。

图 14.13　使用$.extend()函数扩展工具函数

说明

通过本实例可以看到，通过$.extend()函数扩展好的函数，使用$.函数名称就可以实现函数的调用。

## 14.8.2 使用$.extend()扩展 Object 对象

$.extend()函数除了可以扩展 jQuery 自身函数之外，还可以扩展已有的 Object 对象。它的语法格式如下：

```
$.extend(target,[,object1]…[,objectN]);
```

参数说明：

☑ target：用来接受新添加属性的对象，如果附加的对象被传递给这个方法，那么它将接收新的属性；如果它是唯一的参数，那么将扩展 jQuery 的命名空间。

☑ object1：合并到第一个参数的对象，它包含额外的属性。

☑ objectN：包含额外的属性合并到第一个参数中的第 N 个对象。

【例 14.14】 使用$.extend()函数扩展对象。（**实例位置：光盘\TM\sl\14\14**）

（1）创建一个名称为 index.html 的文件，在该文件的<head>标记中应用下面的语句引入 jQuery 库。

```
<script type="text/javascript" src="../js/jquery-1.11.1.min.js"></script>
```

（2）在页面创建一个<ul>元素，用来显示运行结果。具体代码如下：

```
<ul></ul>
```

（3）编写 CSS 样式，具体代码请参见光盘。

（4）编写 jQuery 代码，分别定义两个对象 first_obj 以及 second_obj，使用$.extend()函数将 2 个对象合并得到最终对象 last_obj，使用$.each()函数循环遍历 last_obj 对象，将结果在页面中显示。具体代码如下：

```
$(function(){
    var first_obj = {name:"无语",sex:"女"};                              // 定义第一个对象
    var second_obj = {name:"轻鸿",email:"mingrisoft@mingrisoft.com"};    // 定义第二个对象
    var last_obj = $.extend(first_obj,second_obj);                       // 合并对象
    var li_lines = "<li>last_obj 对象的内容为： </li>";
    // 循环遍历 last_obj 对象
    $.each(last_obj,function(key,value){
        li_lines += "<li>" + key+":"+value+"</li>";                      // 将属性以及属性的值都显示出来
    })
    $("ul").append(li_lines);                                            // 将 li 元素添加至 ul 元素中
});
```

运行本实例，运行结果如图 14.14 所示。

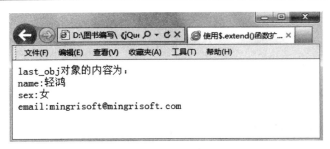

图 14.14　使用$.extend()函数扩展对象

**说明**

在$.extend()函数中，如果是合并对象，并且存在相同的属性名称，那么后面对象的属性值将覆盖前面对象的属性值。例如本实例中第二个对象的 name 属性值"轻鸿"覆盖了第一个对象中的 name 属性值"无语"。

# 14.9　小　　结

在 jQuery 中，包含很多实用的工具函数，它们为程序开发带来方便，因此被众多程序开发人员喜爱。本章首先介绍了 jQuery 的工具函数以及工具函数的分类，之后对每个分类的函数进行了详细的讲解，相信读者通过本章内容的学习能够快速上手使用这些常用工具函数，并且能够做到举一反三，触类旁通。

# 14.10　练习与实践

（1）创建一个<div>容器，容器内创建 button 元素，编写 jQuery 代码，使单击按钮之后按钮元素以及<div>元素都实现淡出效果。（答案位置：光盘\TM\sl\14\15）

（2）遍历数组[2,3,66,45,30]的内容，并显示在页面中。（答案位置：光盘\TM\sl\14\16）

（3）编写扩展函数 num_min 求出两个数中的最小值。（答案位置：光盘\TM\sl\14\17）

# 第15章

# jQuery 的开发技巧

（ 📹 视频讲解：24 分钟 ）

为了帮助读者更加方便灵活地使用 jQuery 技术，本章介绍在开发过程中经常使用到的开发技巧与解决方案，通过这些方法的介绍，读者可以在开发过程中积累更多的经验和技巧，对代码质量和性能的优化有更深的理解，从而提升项目开发水平。

通过阅读本章，您可以：

▶▶ 了解如何获取鼠标的位置

▶▶ 掌握居中显示元素的方法

▶▶ 掌握实现图片的预加载

▶▶ 掌握延迟加载图片的方法

▶▶ 掌握通过 html()方法判断元素是否为空

▶▶ 掌握屏蔽鼠标右键菜单的方法

▶▶ 掌握限制文本输入框的输入字数

▶▶ 掌握自定义选择器的使用

▶▶ 了解编写自定义样式

# 15.1 快速控制页面元素

在项目开发过程中，有时需要捕获鼠标的位置决定是否隐藏或显示页面元素，有时需要实现&lt;div&gt;的快速居中显示，这些都是控制页面元素的范畴。本节就来讲解这两个应用的具体实现方法。

## 15.1.1 获取鼠标位置

很多时候，我们需要实现当用户在界面中，鼠标滑过图片时，需要捕获鼠标的位置，继而实现后面的功能。下面通过一个实例来具体说明该功能的实现。

【例 15.1】 捕获鼠标移动到图片上的坐标。（实例位置：光盘\TM\sl\15\1）

（1）创建一个名称为 index.html 的文件，在该文件的&lt;head&gt;标记中应用下面的语句引入 jQuery 库。

```
<script type="text/javascript" src="../js/jquery-1.11.1.min.js"></script>
```

（2）在页面中创建容器&lt;div&gt;元素，再在该容器&lt;div&gt;中创建一个&lt;div&gt;元素来动态显示坐标，以及一个&lt;img&gt;元素来显示图片。具体代码如下：

```
<div class="container">
    <div class="position">X:0,Y:0</div>
    <img src="images/06.jpg">
</div>
```

（3）编写 jQuery 代码，使鼠标覆盖到图片上时获取鼠标的 X 坐标以及 Y 坐标，将结果显示到&lt;div&gt;元素中。具体代码如下：

```
$(function(){
        $("img").mousemove(function(e){
            // 获取 X 坐标
            var px = e.originalEvent.x - $(this).offset().left || e.originalEvent.layerX-$(this).offset().left || 0;
            // 获取 Y 坐标
            var py = e.originalEvent.y - $(this).offset().top || e.originalEvent.layerY-$(this).offset().top || 0;
            $(".position").html("X:"+px+","+"Y:"+py);
        });
});
```

运行本实例，运行结果如图 15.1 所示。

图 15.1　捕获鼠标移动到图片上的坐标

**注意**

在获取鼠标位置的过程中，需要注意浏览器的兼容性。在 IE 系列的浏览器中，可以使用 e.originalEvent.x 来获取鼠标的 X 坐标；而在 Firefox 系列的浏览器下，只能使用 e.originalevent.layerX 来获取。

## 15.1.2　居中显示元素

在实际应用中，我们经常需要将<div>元素居中显示在屏幕中央，不管是相对窗口水平方向还是垂直方向都是居中的。如常见的论坛弹出登录窗口的居中显示，jQuery 中的灯具效果等。

要让<div>水平和垂直居中，必须知道该<div>元素的宽度和高度，然后将该元素的 position 定位属性设置为 absolute，表示绝对定位；然后通过设置 top、left 属性值使元素居中在屏幕中。这样的效果会经常用于各个项目中，因此可以将该功能编写成一个 jQuery 插件的形式，便于日后的调用。代码如下：

```
$.fn.center = function(){
    this.css("position","absolute");
    this.css("top",($(window).height() - this.height())/2 + $(window).scrollTop()+"px");
    this.css("left",($(window).width() - this.width())/2 + $(window).scrollLeft()+"px");
    return this;
}
```

在以上代码中，为了使"this"元素居中显示，首先需要将 position 属性设置为 absolute，表示绝对定位。

```
this.css("left",($(window).width() - this.width())/2 + $(window).scrollLeft()+"px");
```

该句代码表示将整个屏幕的宽度减去"this"元素的自身宽度的值的一半再加上屏幕横向滚动距离，得到的值即为元素居中时的 left 属性值。同理可得出"this"元素的 top 属性值。之后通过 jQuery 中的 css()方法进行设置，最后 return 语句返回完成居中效果的"this"元素。将以上代码保存到名为 center-plug.js 的文件中，在实际应用中作为插件导入即可。

【例 15.2】 将图片快速居中显示。（实例位置：光盘\TM\sl\15\2）

（1）创建一个名称为 index.html 的文件，在该文件的<head>标记中应用下面的语句引入 jQuery 库以及居中插件 center-plug.js。

```
<script src="../js/jquery-1.11.1.min.js"></script>
<script src="../js/center-plug.js"></script>
```

（2）在页面中创建<img>元素来显示图片。具体代码如下：

```
<img src="images/06.jpg">
```

（3）编写 jQuery 代码，调用 center()方法令图片快速居中显示。具体代码如下：

```
$(function(){
        $(window).resize(function(){$("img").center()});        // 令图片跟随屏幕居中显示
});
```

运行本实例，运行结果如图 15.2 所示。

图 15.2　图片快速居中显示

**说明**

　　单纯使用$("img").center()虽然可以实现弹出框的居中显示,但当屏幕大小发生变化时却不能随之居中。因此需要在浏览器的 "resize" 事件中调用插件。

# 15.2　调用 jQuery 中的方法

　　jQuery 中提供了大量的功能强大的方法,我们在使用 jQuery 编写代码时需要有选择性地使用,针对不同需求调用效率最高的方法,下面我们将通过具体的实例进行说明。

## 15.2.1　使用预加载方法预览图片

　　在日常 Web 开发中,为了提高图片加载速度,需要用到图片预加载的技术,这样图片的显示和切换就显得流畅,这样做在一定程度上可以提升用户体验。

　　预加载是指图片在显示之前浏览器已经完成了对图片的下载和缓存,因此图片经过预加载后,再进行显示,速度和体验都会得到很好的提升。

　　【例 15.3】　jquery.LoadImage 图片预加载。（实例位置:光盘\TM\sl\15\3）

　　(1)创建一个名称为 index.html 的文件,在该文件的<head>标记中应用下面的语句引入 jQuery 库以及图片预加载插件。

```
<script src="../js/jquery-1.11.1.min.js"></script>
<script src="../js/jquery.LoadImage.js"></script>
```

　　(2)在页面中引入图片,在这里为体现加载效果,我们选取了一张略大的图片。代码如下:

```
<img src="images/12.jpg"/>
```

　　(3)编写自定义插件,首先创建图片,根据传递参数用来显示加载图片时的 loading 图片,之后对要显示的图片进行自动缩放,然后在隐藏图片元素的前提下,调用 attr()方法设置图片的 src 属性值,这样的先后顺序能够使图片通过预加载方式显示在页面中。具体代码如下:

```
jQuery.fn.LoadImage=function(scaling,width,height,loadpic){
    return this.each(function(){
        var t=$(this);
        var src=$(this).attr("src")
        var img=new Image();
        img.src=src;
        //自动缩放图片
        var autoScaling=function(){
```

```
                    if(scaling){
                        if(img.width>0 && img.height>0){
                            if(img.width/img.height>=width/height){
                                if(img.width>width){
                                    t.width(width);
                                    t.height((img.height*width)/img.width);
                                }else{
                                    t.width(img.width);
                                    t.height(img.height);
                                }
                            }
                            else{
                                if(img.height>height){
                                    t.height(height);
                                    t.width((img.width*height)/img.height);
                                }else{
                                    t.width(img.width);
                                    t.height(img.height);
                                }
                            }
                        }
                    }
                }
                $(this).attr("src","");
                var loading=$("<img alt='加载中' title='图片加载中...' src='"+loadpic+"' />");
                t.hide();
                t.after(loading);
                $(img).load(function(){
                    autoScaling();
                    loading.remove();
                    t.attr("src",this.src);
                    t.show();
                });
            });
        });
    }
```

（4）编写 jQuery 代码，调用自定义插件中的 LoadImage()方法来实现图片的预加载。具体代码如下：

```
$(function(){
    $("img").LoadImage(true,800,600,"images/loading.gif");
});
```

运行本实例，运行结果如图 15.3 和图 15.4 所示。

图 15.3　图片加载中

图 15.4　图片加载成功

## 15.2.2　延迟加载图片

与上一节讲解的预加载图片相反，我们在多图片的网站，如淘宝、拍拍这些图片较多的网站，若将页面的图片全部加载出来，如果用户的网络状况不佳，就会导致页面加载速度变慢。尤其是在首页，这样会使用户体验感下降，此时我们可以使用 LazyLoad 这款插件来实现图片的延迟加载。

**【例 15.4】**　LazyLoad 插件实现图片的延迟加载。（**实例位置：光盘\TM\sl\15\4**）

（1）创建一个名称为 index.html 的文件，在该文件的<head>标记中应用下面的语句引入 jQuery 库以及 Lazy Load 图片延迟加载插件。

```
<script src="../js/jquery-1.11.1.min.js"></script>
<script src="../js/jquery.lazyload.min.js"></script>
```

（2）在页面引入一组图片，将它们放到 div 容器中，其中图片的 src 指向一个 1x1 像素的灰色图片，data-original 属性指向图片的真实地址，给<img>元素添加一个特别的 class，便于元素的选取，最后设置<img>元素的宽度与高度。具体代码如下：

```
<div id="container">
<img src="images/grey.gif" data-original="images/04.jpg" class="lazy" width=755 height=318 /><br/>
<img src="images/grey.gif" data-original="images/05.jpg" class="lazy" width=755 height=318 /><br/>
<img src="images/grey.gif" data-original="images/06.jpg" class="lazy" width=755 height=318 /><br/>
<img src="images/grey.gif" data-original="images/07.jpg" class="lazy" width=755 height=318 /><br/>
<img src="images/grey.gif" data-original="images/04.jpg" class="lazy" width=755 height=318 /><br/>
<img src="images/grey.gif" data-original="images/05.jpg" class="lazy" width=755 height=318 /><br/>
<img src="images/grey.gif" data-original="images/06.jpg" class="lazy" width=755 height=318 /><br/>
<img src="images/grey.gif" data-original="images/07.jpg" class="lazy" width=755 height=318 /><br/>
<img src="images/grey.gif" data-original="images/04.jpg" class="lazy" width=755 height=318 /><br/>
<img src="images/grey.gif" data-original="images/05.jpg" class="lazy" width=755 height=318 /><br/>
<img src="images/grey.gif" data-original="images/06.jpg" class="lazy" width=755 height=318 /><br/>
<img src="images/grey.gif" data-original="images/07.jpg" class="lazy" width=755 height=318 /><br/>
</div>
```

（3）编写 jQuery 代码实现调用自定义插件中的 lazyload()方法来实现单击灰色区域时再来加载图片。具体代码如下：

```
$(function(){
    $("img.lazy").lazyload({
        event:"click"
    });
});
```

运行本实例，运行结果如图 15.5 所示。

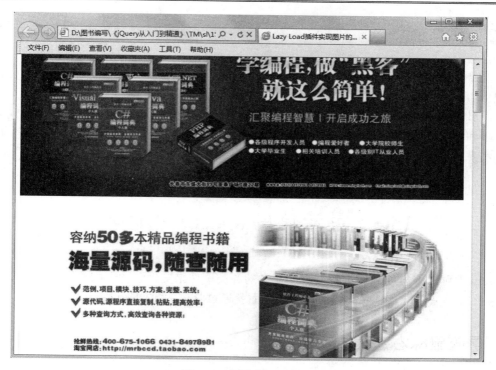

图 15.5　图片的延迟加载

## 15.2.3　通过 html()方法判断元素是否为空

在 jQuery 中，html()方法可以用来设置元素的 HTML 内容，也可以用来获取元素的 HTML 内容。而 html()方法实质上还可以检测一个元素是否为空，例如，创建一个 id 为 container 的<div>元素，执行如下代码：

```
$container = $("#container");
if($container.html()){
    alert($container.html());
}
```

其中$container.html()是一个条件语句，即使用 html()方法检测元素是否为空。如果该方法用在条件语句当中，它有两层含义：

☑　表示指定的<div>元素是否存在。

☑　表示该元素中内容是否为空。

当这两个条件都具备的时候，语句返回值为 true。如果指定的页面元素不存在或者元素内容为空，该语句返回 false 值。

另外，除了使用 html()方法检测元素是否为空之外，还可以通过检测元素的 length 属性值是否大于 0 来判断该元素是否为空。例如以下代码：

```
$container = $("#container");
```

```
if($container.length > 0){
    alert($container.html());
```

> **注意**
>
> 虽然使用元素的 html()方法和 lenth 属性都可以检测元素是否存在,但两者间存在一个很大差别就是, 使用 html()方法不仅可以检测元素是否存在, 还可以查看元素中是否包含内容, 而 length 属性只判断元素是否在页面中存在, 而不检测其内容。

# 15.3  灵活使用 jQuery 中的事件

在 jQuery 中可以很方便地通过触发页面元素的各类事件来实现各种不同的功能,因此我们在进行元素绑定事件时,需要注意一些常用的技巧。下面就通过具体的实例来进行详细说明。

## 15.3.1  屏蔽鼠标右键菜单

在 jQuery 中实现屏蔽鼠标右键菜单这一功能非常简单,只需要在页面的 contextmenu 事件中返回 false 值即可。

【例 15.5】 控制是否允许右击时鼠标右键菜单显示。(**实例位置:光盘\TM\sl\15\5**)

(1)创建一个名称为 index.html 的文件,在该文件的<head>标记中应用下面的语句引入 jQuery 库。

```
<script type="text/javascript" src="../js/jquery-1.11.1.min.js"></script>
```

(2)在页面中创建两个单选按钮,用来控制是否允许鼠标右键菜单。具体代码如下:

```
<div id="container">
<h3>《jQuery 从入门到精通》</h3>
<input type="radio" name="control" id="enabledRadio" />允许右键  <input type="radio" name="control"
id="disabledRadio" />禁止右键
</div>
```

(3)编写 jQuery 代码,在页面绑定的 contextmenu 事件中,检测哪一个单选按钮被选中,如果允许右击时鼠标右键菜单显示,则返回 true,不允许则返回 false。具体代码如下:

```
$(function(){
    $(document).bind("contextmenu",function(e){
        if($("#enabledRadio").prop("checked")){    // 允许右键时
            return true;
        }
        if($("#disabledRadio").prop("checked")){    // 不允许右键时
            return false;
        }
```

```
            return false;
        });
});
```

运行本实例，运行结果如图 15.6 和图 15.7 所示。

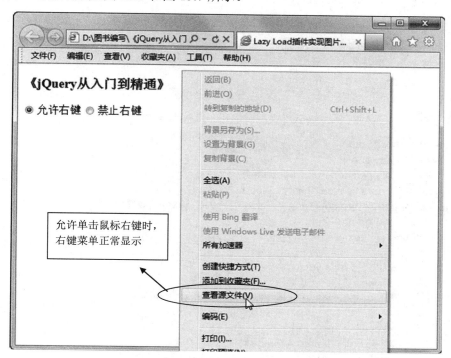

图 15.6　允许右键菜单

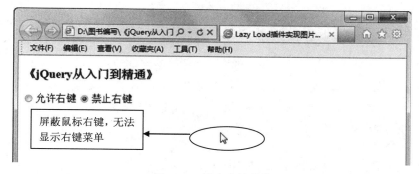

图 15.7　禁止右键菜单

## 15.3.2　限制文本输入框中输入字符的个数

在常见的 Web 页面开发时，通常都要限制文本框或文本域的接收字符的数量。例如论坛的留言输入框、微博输入框等。本节我们将完成一个限制文本输入框中字符数量的功能。

【例 15.6】　限制文本输入框中输入字符的个数。（实例位置：光盘\TM\sl\15\6）

（1）创建一个名称为 index.html 的文件，在该文件的\<head\>标记中应用下面的语句引入 jQuery 库以及限制输入字数的插件 textAreaLimit.js 文件。

```
<script src="../js/jquery-1.11.1.min.js"></script>
<script src="../js/textAreaLimit.js"></script>
```

（2）在页面中创建待输入信息的文本域。具体代码如下：

```
<div>
<h4>限制文本域中输入字符的个数</h4>
<textarea id="message" rows=3></textarea>
</div>
```

（3）编写限制文本输入框字符输入个数的插件，具体代码如下：

```
$.fn.maxlength = function(max){
    return this.each(function(){
        var type = this.tagName.toLowerCase();
        var inputType = this.type?this.type.toLowerCase():null;
        if(type == "input" && inputType == "text" || inputType == 'password'){
            this.maxLength = max;
        }else if(type == "textarea"){
            this.onkeypress = function(e){
                var ob = e || event;
                var keyCode = ob.keyCode;
                return !(this.value.length >= max && (keyCode>50 || keyCode == 32 || keyCode == 13))
            }
            this.onkeyup = function(){
                if(this.value.length > max){
                    this.value = this.value.substring(0,max);
                }
            }
        }
    })
}
```

（4）编写 jQuery 代码，调用插件的 maxlength()方法来限制文本域的输入字数，具体代码如下：

```
$(function(){
    $("#message").maxlength(5);
});
```

运行本实例可以看到，当超出限制长度时，将不能再向文本域中输入内容，运行结果如图 15.8 所示。

图 15.8　限制文本输入框的输入字符数

# 15.4　常用自定义方法

## 15.4.1　自定义选择器

选择器是 jQuery 中的一个明显特征，也是 jQuery 中的利器，使用它可以灵活选择和获取元素。但如果想要更详细的选择器功能，还需要自定义选择器来实现。例如创建一个 rel 属性不为空的自定义选择器，下面我们来详细讲解。

【例 15.7】　创建一个 rel 属性不为空的自定义选择器。（**实例位置：光盘\TM\sl\15\7**）

（1）创建一个名称为 index.html 的文件，在该文件的<head>标记中应用下面的语句引入 jQuery 库。

```
<script type="text/javascript" src="../js/jquery-1.11.1.min.js"></script>
```

（2）编写元素的 CSS 样式，具体代码如下：

```
.one{
    width:260px;
    background-color:yellow;
}
.two{
    width:260px;
    background-color:lightblue;
}
```

（3）在页面中创建 5 个<div>元素，设置第一个和第三个<div>元素的 rel 属性，其余 3 个<div>元素不设置 rel 属性，取而代之的是将它们的 class 样式设置为 one。具体代码如下：

```
<div rel="1">这是第一个 DIV 元素</div>
<div class="one">这是第二个 DIV 元素</div>
<div rel="3">这是第三个 DIV 元素</div>
<div class="one">这是第四个 DIV 元素</div>
<div class="one">这是第五个 DIV 元素</div>
```

（4）编写自定义选择器的 jQuery 代码，返回存在 rel 属性的元素。具体代码如下：

```
;(function($){
    $.extend($.expr[":"],{
        withRel: function(obj){
            return ($(obj).attr("rel"));
        }
    })
})(jQuery);
```

（5）在页面中编写 jQuery 代码，获取 rel 属性不为空的元素，将其 class 样式设置为 two。具体代码如下：

```
$(function(){
    $("div:withRel()").addClass("two");
});
```

运行本实例可以看到，不存在 rel 属性的<div>元素的背景颜色为黄色，而存在 rel 属性的<div>元素的背景颜色为浅蓝色。运行结果如图 15.9 所示。

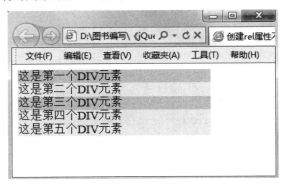

图 15.9　自定义选择器

## 15.4.2　自定义样式

在 jQuery 中除了可以自定义选择器之外，也可以自定义页面的整体风格。通常做法是将页面的样式定义在一个 CSS 样式文件中，当页面加载时，在<head>元素中使用<link>标签导入该 CSS 文件。因此，使用 jQuery 代码控制<link>标签中导入的文件名称就可以实现自定义选择页面样式的功能。

【例 15.8】　自定义主题样式。（实例位置：光盘\TM\sl\15\8）

（1）创建一个名称为 index.html 的文件，在该文件的<head>标记中应用下面的语句引入 jQuery 库。

```
<script type="text/javascript" src="../js/jquery-1.11.1.min.js"></script>
```

（2）编写默认的 default.css 文件的样式以及 style.css 文件的样式，其中 default.css 的具体代码如下：

```
body{
    background-color:lightblue;
}
div{
    font-size:14pt;
}
.content{
    padding-top:10px;
    width:500px;
```

```
    font-size:18px;
}
```

style1.css 的具体代码如下：

```
body{
    background-color:lightyellow;
}
div{
    font-size:10pt;
}
.content{
    padding-top:12px;
    width:500px;
    font-size:14px;
}
```

（3）在页面中下拉列表，用来选择默认样式或样式 1，之后创建<div>元素用来显示文本内容。具体代码如下：

```
<div>
请选择主题：
<select id="theme">
<option value="css/default.css" selected>默认主题</option>
<option value="css/style1.css">样式 1</option>
</select>
</div>
<div class="content">
吉林省明日科技有限公司成立于 1999 年 12 月，是以计算机软件技术为核心，致力于行业管理软件开发、数字化
出版物制作、计算机网络系统综合应用等领域（涉及生产、管理、控制、仓储、物流、营销、服务）的高科技企
业。<br/>
企业宗旨：通过数字化改变人们的学习方式，真正实现在实践中学习，在娱乐中学习，在充满挑战和乐趣的实践
活动中实现价值，享受成功。用数字化推动学习方式的改变和社会进步！把基于数字化技术的最佳实践，普及到
大众的学习与生活的活动中。创造社会大价值，实现企业大成功。
</div>
```

（4）编写 jQuery 代码，给<select>元素添加 change 事件，更改样式表链接的样式文件。具体代码如下：

```
$(function(){
    $("#theme").change(function(){
        $("link[rel=stylesheet]").attr("href",$(this).val());
    });
});
```

运行本实例可以看到，"默认样式"与"样式 1"的主题样式有明显的差别。运行结果如图 15.10 和图 15.11 所示。

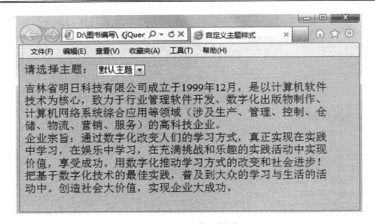

图 15.10　默认样式

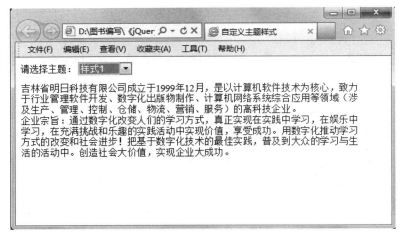

图 15.11　样式 1 的运行结果

# 15.5　其他开发技巧与方法

## 15.5.1　隐藏搜索文本框文字

在实际开发中，有时需要在文本框获取焦点时，隐藏文本框内容，光标离开时，再显示文本框的内容，例如实现搜索功能的文本框。本节主要讲解在 jQuery 中这种功能的实现。

【例 15.9】　隐藏搜索文本框文字。（实例位置：光盘\TM\sl\15\9）

（1）创建一个名称为 index.html 的文件，在该文件的<head>标记中应用下面的语句引入 jQuery 库。

```
<script type="text/javascript" src="../js/jquery-1.11.1.min.js"></script>
```

（2）编写元素的 CSS 样式，将文本框内文字设置为浅灰色，具体代码如下：

```
.text1{
    color:#777;
}
```

（3）在页面中创建一个文本框，设置文本框样式为 text1。具体代码如下：

```
<div>
<h4>隐藏搜索文本框文字</h4>
<input type="text" value="" class="text1"/>
</div>
```

（4）编写 textFill()函数，用来控制指定文本框内容的显示或隐藏。首先获取文本框的内容，保存于特定变量中，当文本框获得焦点时，如果文本框的内容与初识内容一致，那么清空文本框内容。当文本框失去焦点时，如果文本框内容为空，则给文本框赋予内容，内容为初始值。具体代码如下：

```
function textFill(input){
        var originalvalue = input.val();              // 获取文本框内容，保存于变量中
        input.focus( function(){                      // 获得焦点时触发
            if( $.trim(input.val()) == originalvalue ){ // 如果文本框的值为初始值
                input.val(");                         // 清空文本框内容
            }
        });
        input.blur( function(){                       // 失去焦点时触发
            if( $.trim(input.val()) == " ){           // 如果文本框为空
                input.val(originalvalue);             // 给文本框赋予原始值
            }
        });
    }
```

（5）编写自定义选择器的 jQuery 代码，给文本框赋值，之后调用 textFill()函数来控制文本框内容的显示与隐藏。具体代码如下：

```
$("input.text1").val("请输入要搜索的内容");        // 给文本框赋值
        textFill($('input.text1'));               // 控制文本框内容的显示或隐藏
});
```

运行本实例可以看到，当文本框获取焦点时，文本框内容被清空；当文本框失去焦点时，显示文本框原有内容。运行结果如图 15.12 和图 15.13 所示。

图 15.12　获得焦点时

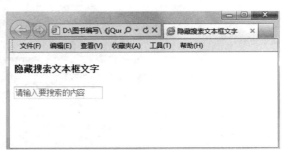

图 15.13　失去焦点时

## 15.5.2 统计元素个数

如果要统计页面当中某一元素的个数，可以使用 size()函数来实现。该函数返回被 jQuery 选择器匹配的元素的数量。它的语法格式如下：

```
$(selector).size()
```

【例 15.10】 统计页面中 li 元素的个数。（实例位置：光盘\TM\sl\15\11）

（1）创建一个名称为 index.html 的文件，在该文件的<head>标记中应用下面的语句引入 jQuery 库。

```
<script type="text/javascript" src="../js/jquery-1.11.1.min.js"></script>
```

（2）本例中页面内容与样式与实例 10.6 相同，因此不再赘述。

（3）编写 jQuery 代码，使单击菜单项时弹出 li 元素的个数。具体代码如下：

```
$(document).ready(function(){
    $(".menu").click(function(){
        alert("页面中 li 元素的数量为："+$("li").size());     // 统计 li 元素的数量
    })
});
```

运行本实例可以看到页面上 li 元素的个数，页面效果如图 15.14 所示。

图 15.14 统计元素个数

# 15.6　小　　结

本章介绍了很多在使用 jQuery 时的开发技巧，可以弥补初学者在使用 jQuery 时由于经验不足导致的代码冗余。本章精选了日常开发时的常用技巧以及解决方案案例，能够帮助 jQuery 初学者很好地积累开发经验，学会代码优化，进而提高开发效率。

# 15.7　练习与实践

（1）使用 jQuery 实现动态控制页面字体大小。（**答案位置：光盘\TM\sl\15\12**）

（2）编写一个自定义选择器，选取第 2~4 个<div>元素，并为其添加背景颜色。（**答案位置：光盘\TM\sl\15\13**）

# 第16章

## jQuery 各个版本的变化

（ 视频讲解：26分钟 ）

jQuery 发展至今，官方更新了很多版本，本章主要对 jQuery 的各个版本的主要变化进行讲解。

通过阅读本章，您可以：

▶▶ 熟悉 jQuery 各个版本新增的一些特性
▶▶ 熟悉 jQuery 各个版本修改的一些特性
▶▶ 熟悉 jQuery 各个版本废除的一些特性

# 16.1　jQuery1.3 版本

jQuery1.3 版本相对于之前的版本，增加和废除了一些特性，下面分别介绍。

**1. 新增方法**

- ☑ .closet()：从元素本身开始，逐级向上级元素匹配，并返回最先匹配的祖先元素。返回值为 jQuery 对象。
- ☑ .die()：从元素中删除先前用.live()绑定的所有事件。返回值为 jQuery 对象。
- ☑ .live()：附加一个事件处理器到符合目前选择器的所有元素匹配，元素可以是现在和将来的元素。返回值为 jQuery 对象。
- ☑ .context：返回传给 jQuery()原始的 DOM 节点内容；如果没有获得通过，那么上下文将可能是该文档。返回值为 HTML Element。
- ☑ jQuery.fx.off：关闭页面上所有的动画。返回值为 Boolean 类型。
- ☑ jQuery.isArray()：确定参数是否为数组。返回值为 Boolean 类型。
- ☑ jQuery.queue()：显示在匹配的元素上的已经执行的函数列队。返回值为 Array 类型。
- ☑ jQuery.dequeue：在匹配的元素上执行队列中的下一个函数。返回值为 jQuery 对象。
- ☑ jQuery.support：一组用于展示不同浏览器各自特性和 bug 的属性集合。返回值为 Object 类型。
- ☑ event.result：包含了当前事件最后触发的那个处理函数的返回值，除非值为 undefined。返回值为 Object 类型。
- ☑ event.isPropagationStopped()：根据事件对象中是否调用过 event.stopPropagation()方法来返回一个布尔值。返回值为 Boolean 类型。
- ☑ event.currentTarget：在事件冒泡阶段中的当前 DOM 元素。返回值为 HTML Element。
- ☑ event.stopImmediatePropagation()：阻止剩余的事件处理函数执行并且防止事件冒泡到 DOM 树上。
- ☑ event.isDefaultPrevented()：根据事件对象中是否调用过 event.preventDefault()方法来返回一个布尔值。返回值为 Boolean 类型。
- ☑ event.isImmediatePropagationStopped()：根据事件对象中是否调用过 event.stopPropagation()方法来返回一个布尔值。返回值为 Boolean 类型。

**2. 废除属性**

- ☑ .jQuery.boxModel：用于检测浏览器是否使用标准盒模型渲染当前页面。在 jQuery 1.3 中建议使用 jquery.support.boxModel 代替。

# 16.2　jQuery1.4 版本

jQuery1.4 版本新增了一些方法，分别如下：

☑　jQuery.error(message)：接受一个字符串，并抛出包含这个字符串的异常。返回值为 jQuery 对象。

☑　.first()：获取元素集合中第一个元素。返回值为 jQuery 对象。

☑　.last()：获取元素集合中最后一个元素。返回值为 jQuery 对象。

☑　.has(selector)：保留包含特定后代的元素，去掉那些不含有指定后代的元素。返回值为 jQuery 对象。

☑　.toArray()：返回 jQuery 集合中的所有元素。

☑　jQuery.contains(container,contained)：一个 DOM 节点是否包含另一个 DOM 节点。返回值为 Boolean 类型。

☑　.prevUntil([selector])：获取每个当前元素之前所有的同辈元素，直到遇到选择器匹配的元素为止，但不包括选择器匹配的元素。返回值为 jQuery 对象。

☑　.nextUntil([selector])：获取每个当前元素之后所有的同辈元素，直到遇到选择器匹配的元素为止，但不包括选择器匹配的元素。返回值为 jQuery 对象。

☑　.parentsUntil([selector])：查找当前元素的所有父辈元素，直到遇到选择器匹配的元素为止，但不包括那个匹配到的元素。返回值为 jQuery 对象。

☑　.unwrap：将匹配元素的父级元素删除，保留自身在原来的位置。和.wrap()的功能相反。返回值为 jQuery 对象。

☑　.detach([selector])：从 DOM 中去掉所有匹配的元素。返回值为 jQuery 对象。

☑　.delegate(selector,eventType,handler)：为所有选择器匹配的元素附加一个事件处理程序，现在或将来，基于一组特定的根元素。返回值为 jQuery 对象。

☑　.undelegate()：为所有选择器匹配的元素删除一个事件处理程序，现在或将来，基于一组特定的根元素。返回值为 jQuery 对象。

☑　.delay(duration,[queueName])：设置一个延时来推迟执行队列中之后的项目。返回值为 jQuery 对象。

☑　.clearQueue([queueName])：从列队中移除所有未执行的项。返回值为 jQuery 对象。

☑　.fadeToggle([duration],[easing],[callback])：通过透明度动画来显示或隐藏匹配的元素。返回值为 jQuery 对象。

☑　focusin(handler(eventObject))：将一个事件函数绑定到 focusin 事件。focusin 事件会在元素获得焦点时触发。这个函数是.bind('focusin',handler)的快捷方式。返回值为 jQuery 对象。

☑　focusout(handler(eventObject))：将一个事件函数绑定到 focusout 事件。focusout 事件会在元素失去焦点时触发。这个函数是.bind('focusout',handler)的快捷方式。返回值为 jQuery 对象。

☑　jQuery.noop()：当仅想要传递一个空函数的时候使用。这个函数对一些插件很有用。当插件提

供了一个可选的回调函数接口，如果调用的时候没有传递这个回调函数，就用 jQuery.noop 来
代替执行。返回值为 Function。

- ☑ jQuery.type(obj)：确定 JavaScript 对象的类型。返回值为 String 类型。
- ☑ jQuery.proxy(function,context)：接受一个函数，然后返回一个新函数，并且这个新函数始终保持了特定的上下文语境。返回值为 Function。
- ☑ jQuery.parseJSON(json)：接受一个标准格式的 JSON 字符串，并返回解析后的 JavaScript 对象。返回值为 Object 类型。
- ☑ jQuery.now()：返回一个数字代表当前时间。返回值为 Number 类型。
- ☑ jQuery.cssHooks：扩展其他的 CSS 属性。cssHooks 是 jQuery 用来实现跨浏览器 CSS 特效的手法。返回值为 Object 类型。
- ☑ jQuery.fx.interval：该动画的频率，单位为毫秒。返回值为 Number 类型。
- ☑ jQuery.isEmptyObject(object)：检查对象是否为空。返回值为 Boolean 类型。
- ☑ jQuery.isPlainObject(object)：检测对象是否是纯粹的对象（即通过"{}"或者"new"关键字创建的对象）。返回值为 Boolean 类型。
- ☑ jQuery.isWindow(obj)：确定参数是否为一个 window 对象。返回值为 Boolean 类型。
- ☑ event.namespace：当事件被触发时此属性包含指定的命名空间。返回值为 String 类型。

# 16.3　jQuery1.5 版本

jQuery1.5 版本新增了一些方法，分别如下：

- ☑ deferred.done(doneCallbacks)：添加处理程序被调用时，延迟对象得到解决。
- ☑ deferred.fail()：添加处理程序被调用时，延迟对象被拒绝。
- ☑ deferred.isRejected()：确定延迟对象是否已被拒绝。
- ☑ deferred,isResolved()：确定延迟对象是否已得到解决。
- ☑ deferred.promise()：返回延迟对象的 Promise 对象，用来观察当某种类型的所有行动绑定到集合，排队与否还是已经完成。
- ☑ deferred.reject(args)：拒绝延迟对象，并根据给定的参数调用任何失败的回调函数。
- ☑ deferred.rejectWith(context,[args])：拒绝延迟对象，并根据给定的上下文和参数调用任何失败的回调函数。
- ☑ deferred.resolve(args)：解决延迟对象，并根据给定的参数调用任何完成的回调函数。
- ☑ deferred.resolveWith(context,args)：解决延迟对象，并根据给定的上下文和参数调用任何完成的回调函数。
- ☑ deferred.then(doneCallbacks,failCallbacks)：添加处理程序被调用时，延迟对象得到解决或者拒绝。
- ☑ jQuery.hasData(element)：判断一个元素是否有与之相关的任何 jQuery 数据。返回值为 Boolean 类型。

☑ jQuery.parseXML(data)：将字符串转换为 XML 文档。返回值为 XMLDocument 类型。

☑ jQuery.sub()：可创建一个新的 jQuery 副本，不影响原有的 jQuery 对象。返回值为 jQuery 对象。

☑ jQuery.when(deferreds)：提供一种方法来执行一个或多个对象的回调函数，延迟对象通常表示异步事件。返回值为 Promise 类型。

☑ jQuery.ajaxPrefilter([dataTypes],handler(options,originalOptions,jqXHR))：在请求发送之前绑定和修改 ajax 参数。相当于一个前置过滤器。

# 16.4  jQuery1.6 版本

jQuery1.6 版本新增了一些方法，分别如下：

☑ deferred.always(alwaysCallbacks)：当延迟对象是解决或拒绝时被调用添加处理程序。

☑ deferred.pipe([doneFilter],[failFilter])：筛选器和/或链 Deferreds 的实用程序方法。返回类型为 Promise。

☑ .promise([type]，[target])：返回一个 Promise 对象用来观察当某种类型的所有行动绑定到集合，排队与否还是已经完成。返回类型为 Promise。

☑ :focus：选择当前获取焦点的元素。返回值为 jQuery 对象。

☑ .prop(propertyName)：获取在匹配的元素集中的第一个元素的属性值。

☑ .removeProp(propertyName,value)：为匹配的元素删除设置的属性。返回值为 jQuery 对象。

☑ jQuery.holdReady(hold)：暂停或恢复.ready()事件的执行。返回值为 Boolean 类型。

# 16.5  jQuery1.7 版本

jQuery1.7 版本新增和废除了一些方法，下面分别介绍。

**1．新增方法**

☑ jQuery.callbacks(flags)：一个多用途的回调列表对象，提供了强大的方式来管理回调函数列表。

☑ callbacks.add(callbacks)：回调列表中添加一个回调或回调的集合。

☑ callbacks.disable()：禁用回调列表中的回调。

☑ callbacks.empty()：从列表中删除所有的回调。

☑ callbacks.fire(arguments)：给定的参数调用所有的回调。

☑ callbacks.fired()：确定如果回调至少已经调用一次。返回值为 Boolean 类型。

☑ callbacks.fireWith([context][,args])：访问给定的上下文和参数列表中的所有回调。

☑ callbacks.has(callback)：确定列表是否有绑定任何回调。如果回调作为一个参数提供，那么可以确定其是否在列表中。返回值为 Boolean 类型。

☑　callbacks.lock()：锁定在其当前状态的回调列表。

☑　callbacks.locked()：确定是否已被锁定的回调列表。

☑　callbacks.remove(callbacks)：删除回调或回调列表的集合。

☑　deferred.notify(args)：调用一个给定 args 的延迟对象上的进行中的回调 progressCallbacks。

☑　deferred.notifyWith(context[,args])：根据给定的上下文和 args 延迟对象上回调 progressCallbacks。

☑　deferred.progress(progressCallbacks)：当延迟对象生成进度通知时，添加的处理程序被调用。

☑　deferred.state()：确定一个延迟对象的当前状态。

☑　event.delegateTarget：当前 jQuery 事件处理程序附加的元素。

☑　jQuery.isNumeric(value)：确定参数是否是一个数字。

☑　.on(event[selector][,data],handle)：在选择元素上绑定一个或多个事件的事件处理函数。

☑　.off(event[,selector][,handler])：移除用.on()绑定事件的处理程序。

### 2．废除方法

☑　jQuery.isNaN()：这一未公开的实用函数已被移除。新的 jQuery.inNumeric()提供了类似的功能，并且能够很好的被支持。

☑　jQuery.event.proxy()：这一未公开和过时的方法已被移除。开发者应使用公开的 jQuery.proxy 方法代替。

## 16.6　jQuery1.8 版本

jQuery1.8 版本废除了一些方法，分别如下：

☑　.andSelf()：从 jQuery1.8 开始，该方法被标注过时，在 jQuery1.8 和更高版本中应使用.addBack()。

☑　deferred.pipe()：从 jQuery1.8 开始，该方法过时，应该使用 deferred.then()代替。

☑　.error()：当元素遇到错误时，发生 error 事件。从 jQuery1.8 开始，该方法过时。

☑　.load()：通过 ajax 请求从服务器加载数据，并把返回的数据放置到指定的元素中。从 jQuery1.8 开始，该方法过时。

☑　.size()：返回 jQuery 对象匹配的 DOM 元素的数量。从 jQuery1.8 开始，该方法过时。

☑　.toggle()：绑定两个或多个处理程序到匹配的元素，用来执行交替单击。从 jQuery1.8 开始，该方法过时。

☑　.unload()：JavaScript 的 unload 事件绑定一个处理函数。从 jQuery1.8 开始，该方法过时。

## 16.7　jQuery1.9 版本

jQuery1.9 版本废除和修改了一些方法，下面分别介绍。

### 1．废除方法

☑　.toggle(function，function,…)：这个方法绑定两个或多个处理程序到匹配的元素，用来执行交替的单击事件。为避免混同于显示或隐藏匹配元素.toggle()方法、提高模块化程度，将其移除。

☑　jQuery.browser()：jQuery.browser()方法从 jQuery1.3 开始就已经过时了，在 jQuery1.9 当中被移除。如果需要的话，jQueryMigrate 插件可以恢复此功能。

☑　.live()：该方法从 jQuery1.7 开始已经过时了，在 jQuery1.9 中被删除。可以使用.on()方法来替换和升级。同样可以使用 jQueryMigrate 插件来恢复.live()的功能。

☑　.die()：该方法从 jQuery1.7 开始已经过时了，在 jQuery1.9 中被移除。建议使用.off()方法来替换和升级。同样可以使用 jQueryMigrate 插件来恢复.live()的功能。

☑　jQuery.sub()：该方法同样被移到了 jQueryMigrate 插件中。

### 2．方法修改

☑　.add()方法。

add()方法返回的结果总是按照节点在 document（文档）中的顺序排列。在 jQuery1.9 之前，如果上下文或者输入的集合中任何一个以脱离文档的节点开始，使用.add()方法节点不会按照 document 中的顺序排序。现在，返回的节点按照文档中的顺序排序，并且脱离文档的节点被放置在集合的末尾。

☑　.addBack(selector)替换.andSelf()。

从 jQuery1.8 开始，.andSelf()方法已经被标注过时，在 jQuery1.8 和更高版本中应使用.addBack()。虽然.addSelf()在 jQuery1.9 中仍然可以使用，建议尽快修改名称。如果使用.addSelf()，jQueryMigrate 插件会提出警告。

☑　.after()、.before()和 replaceWith()使用脱离文档的节点。

在 jQuery1.9 以前，after()、before()和 replaceWith()将尝试在当前的 jQuery 集合中添加或改变节点，如果在当前的 jQuery 集合的节点未连接到文档，那么在这种情况下，返回一个新的 jQuery 集合，而不是原来的那个集合。这将会产生一些前后矛盾和彻底的错误。而从 jQuery1.9 开始，这些方法总是返回原始未修改集合并且试图在一个没有父节点的节点上使用.after()、.before()、replaceWith()。

☑　.appendTo()、.insertBefore()、insertAfter()和.replaceAll()。

在 jQuery1.9 之前，只有当这些方法是一个单独的目标元素时，它们将返回旧的集合。而在 jQuery1.9 中，这些方法总是返回一个新的集合，使它们可以使用的链式调用和.end()方法。需要注意的是，这些方法总是返回所有元素附加到目标元素的聚合集合。如果没有元素被目标选择器选中，那么返回的集合是空的。

☑　Ajax 事件需要绑定到 document。

在 jQuery1.9 中，全局的 Ajax 事件（ajaxStart、ajaxStop、ajaxSend、ajaxComplete、ajaxError、ajaxSuccess）只能在 document 元素上触发。修改 Ajax 事件监听程序到 document 元素上。

☑　.trigger('click')事件时 checkbox/radio 的状态。

当用户单击一个复选框或单选按钮时，如果节点上没调用 event.preventDefault()，事件处理程序中会根据复选框或单选按钮的当前状态判断并且得到它的新状态。因此，例如，如果用户单击一个未选中的复选框，事件处理程序将选中（checked）这个复选框。在 jQuery1.9 版本之前，.trigger('click')或.click()任何一个将触发一个合成事件，根据用户单击行为，我们可以看到复选框与实际 checked 属性相反的状态。在 jQuery1.9 中修复了这个 bug，用户行为会得到相应的状态。

☑　focus 事件触发顺序。

当用户在表单元素上单击或者按 Tab 键，使元素获取焦点，浏览器首先在焦点元素上触发一个 blur（失去焦点）事件，然后在新元素上触发一个 focus（获取焦点）事件。在 jQuery1.9 之前，使用.trigger('focus') 或 .focus()绑定一个 focus 事件，新元素将触发一个 focus 事件，然后触发先前焦点元素的 blur 事件，jQuery1.9 已修正此问题。

☑　jQuery(htmlString)与 jQuery(selectorString)。

在 jQuery1.9 以前，如果一个字符串中有任何 HTML 标签，那么这个字符串将被认为是一个 HTML 字符串。这有可能造成意外的代码执行和拒绝有效的选择器字符串。从 jQuery1.9 开始，以一个小于号（<）字符开头的字符串才被认为是 HTML 字符串。Migrate（延迟）插件可以恢复到 jQuery1.9 以前的行为。

☑　.data()中名称包含点（.）改变。

.data()有一个未公开并且令人难以置信的非高性能监控值的设置和获取，在 jQuery1.9 中被移除。这已经影响到了包含点的数据名称的解析。从 jQuery1.9 开始，调用 .data('abc.def')只能通过名称为'abc.def'检索数据，原本还可以通过"abc"取得的技巧已被取消。需要注意的是较低级别的 jQuery.data()方法不支持事件，所以它并没有改变。即使使用 jQuery Migrate（迁移）插件也恢复不到原来的行为。

☑　脱离文档节点在 jQuery 集合中的顺序。

对于许多版本，几乎所有的 jQuery 的方法，返回一组新的节点集合，这个集合是一个使用他们在文档中顺序排序的结果集。

在 jQuery1.9 之前，若 jQuery 集合中混杂 DOM 的节点及未放进 DOM 的脱离文档节点，则可能出现不可预期的随机排序。从 jQuery1.9 开始，在文档中的连接节点都总是按文档顺序放置在集合的开头，脱离文档节点被放置在他们的后面。即使使用 jQuery Migrate（迁移）插件也恢复不到原来的行为。

☑　加载并且执行 HTML 内容中的 scripts。

在 jQuery1.9 之前，任何接受 HTML 字符串的方法（例如，$()、.append()、.wrap()）会执行 HTML 字符串中所包含的脚本，并且将它们从文档中移除，以防止他们再次被执行。在特殊情况下，使用这些方法的脚本可能会被移除并重新插入到文档中，比如.wrap()。从 jQuery1.9 开始，插入到文档的脚本会执行，但仍然保留在文档中并且标记为已经被执行过的，这样它们就不会被再次执行，即使它们被删除并重新插入。

尽管这种变化，在 HTML 标记中混合可执行的 JavaScript 是非常不好的习惯；它对设计、安全性、可靠性和性能有影响。例如，外部脚本标签包 含在 HTML 中同步地取出，然后评估执行，这可能需要大量的时间。没有任何接口通知这些脚本何时何地加载，或者当有错误产生的时候获得纠正提示。

试图通过复制一个现有的脚本标签加载和注入脚本，复制到文档将不再起作用，因为复制的脚本标记已经被标记为已执行。要加载一个新的脚本，建议使用 jQuery.getScript()代替。

☑　.attr() 和 .prop()对比。

jQuery 1.6 介绍了.prop()方法设置或获取节点上的对象属性（property），并且不建议使用.attr()方法设置对象属性（property）。一直到 jQuery1.9 版本，在某些特殊情况下继续支持使用.attr()方法。当选择器是用来区分标签属性（attributes）和对象属性（properties）时，这种行为在向后兼容的命名方面会引起混乱。

例如，一个复选框的布尔标签属性（attributes），如 checked 和 disabled 受到这种变化的影 响。"input[checked]"的正确行为是选择有 checked 属性的复选框，不管是它的字符串值，还是它当前的状态。与此相反，"input:checked"选择当前 checked 属性的布尔值（true 或 false）为 true 的复选框，例如当用户单击复选框时，会受到影响。jQuery1.9 之前版本这些选择器有时不选择正确的节点。

☑ "hover"伪事件。

从 jQuery1.9 开始，事件名称字符串'hover'不再支持为"mouseenter mouseleave"的代名词缩写。允许应用程序绑定和触发自定义的 hover 事件。修改现有的代码是一个简单的查找/替换，并且 jQuery Migrate（延迟）插件可以恢复 hover 伪事件。

☑ jQuery 对象上的.selector 属性。

jQuery 对象上过时的.selector 属性保留的目的是为了支持过时的.live()事件。在 jQuery1.9 版本中，jQuery 不再保留这个属性，因为在 jQuery1.9 中已经移除了.live()事件。jQuery Migrate（迁移）插件也没支持这个属性。

☑ jQuery.attr()。

jQuery1.9 版本移除了 jQuery.attr(elem, name, value, pass)方法，用 jQuery Migrate（迁移）插件可恢复这个方法。

☑ jQuery.ajax 返回一个空字符串的 JSON 结果。

在 jQuery1.9 版本之前，一个 Ajax 调用预期返回 JSON 或 JSONP 的数据类型，当返回值是一个空字符串时会被认为是成功的状态,但会返回一个 null 给 success 处理程序或承诺（promise）。从 jQuery1.9 版本开始，JSON 数据返回一个空字符串被认为是畸形的 JSON；这将抛出一个错误。这种情况下，使用 error（错误）处理程序捕获。

☑ jQuery.proxy()。

在 jQuery1.9 版本以前，$.proxy(null, fn)、$.proxy(undefined, fn)中的 this 会指向 window，而 $.proxy(false, fn)的 this 则指向 new Boolean(false)；从 jQuery1.9 版本开始若 context 传入 null/undefined/false，函数的 this 会维持原先的 context，不被改变。

☑ .data('events')。

在 jQuery1.9 版本以前，如果没有其他的代码定义一个名称为 events 的数据元素，.data('events')可以用来检索一个元素上 jQuery 未公开的内部事件数据结构。这种特殊的情况，在 1.9 版本中已被删除。没有公共的接口来获取这个内部数据结构，

jQuery Migrate（迁移）插件可以恢复原来的行为。

☑ 移除 Event 对象的部分属性。

Event 对象的 attrChange、attrName、realtedNote 和 srcElement 属性自 jQuery1.7 版本因无法跨浏览器已被宣告过时；从 jQuery1.9 版本开始，它们就不再被复制到 Event 对象传递给事件处理程序。在 jQuery 所有的版本中，这些属性依然可以在支持他们的浏览器上通过 event.orginalEvent 存取，以取代 event 事件。jQuery Migrate（迁移）插件在 Event 对象又加回了这些属性。

☑ API 方法未公开的参数。

jQuery1.9 版本之前，几个 API 方法未公开改变了他们的行为的参数，并存在潜在的意外误用。这些参数已经被删除。受影响的方法包括 jQuery.data()，jQuery.removeData()和 jQuery.attr()。jQuery Migrate（迁移）插件也不支持的代码。

☑　迁移插件。

现有的网站和插件可能会受到这些变化的影响，所以提供一个过渡性的升级路径——jQuery Migrate（迁移）插件。下面的说明中，在 jQuery1.9 中变化或删除的 API，大部分可以使用 jQuery Migrate（迁移）插件恢复。请注意，jQuery 1.9 中所有的变化也将应用到 jQuery2.0 中，jQuery Migrate（迁移）插件在 jQuery2.0 中也是可用的。

未压缩，开发版本的 jQuery Migrate（迁移）插件使用时会在控制台中显示警告信息，详细的指出不兼容或删除等信息及解决方法。这使得它在现有的 jQuery 代码和插件上查找和修复问题时非常有用。jQuery Migrate（迁移）插件包含了 jQuery1.6.4 以来存在但 jQuery1.9 已不支持所有 API。

压缩版本的的 jQuery Migrate（迁移）插件，不会在浏览器控制台中产生任何不兼容或删除等信息，并且可以在 jQuery 1.9 或更高版本，或者旧的不兼容的 jQuery 代码或插件中使用。

# 16.8　jQuery1.10 版本

jQuery1.10 版本废除了一个 .context 属性，该属性介绍如下：

.context：原始的 DOM 节点的内容传给 jQuery()，如果没有东西被传递，那么上下文将可能是该文档（document）。.context 属性在 jQuery1.10 中已经过时，并且仅为维持支持 jQuery 的迁移插件中的 .live() 方法。

# 16.9　小　　结

本章主要介绍了 jQuery 各个版本的新增、修改和废除的方法。在 jQuery 是不断在升级和完善的，但是这些也为开发者带来一些不便和困扰，特别是方法的改变而导致以前原有程序的不再兼容。所以对于开发者来说，最好掌握每个版本 jQuery 功能的变化。希望通过本章内容的学习，能够帮助读者更好的熟悉 jQuery 的各个版本。

# 第 17章

## jQuery 的性能优化

（ 🎬 视频讲解：36 分钟 ）

现在，已经有越来越多的网站开始使用 jQuery 实现一些常见的 Web 功能，但是，jQuery 作为一种 JavaScript 类库，如何有效地使用它来使网站达到最佳性能，是每一个 Web 开发人员都需要面对的问题，本章将对 jQuery 使用过程中常用的性能优化及技巧进行讲解。

通过阅读本章，您可以：

▶▶ 了解 jQuery 选择器的性能优化
▶▶ 掌握优化 DOM 的操作
▶▶ 掌握事件性能的优化
▶▶ 掌握使用方法优化 jQuery 性能
▶▶ 了解其他常用的 jQuery 性能优化建议

# 17.1　选择器性能优化

## 17.1.1　优先使用 ID 选择器

在 jQuery 中，最快访问 DOM 元素的方式是通过元素的 ID 号，其次是元素的标记。例如要访问页面中的<p>元素，有 3 种方式，代码如下：

```
var $p1 = $("#id");
var $p2 = $("p");
var $p3 = $(".test");
```

我们在访问元素时，如果有元素的 id 号，建议优先使用 id 号直接访问元素，这种方式的速度是最快的，它源于原生的 JavaScript 的 getElementById()方法。如果没有 id 号，可以使用元素标记（tag）来访问元素，其次是使用 class 进行访问。

在 jQuery 中使用 id 来选择元素，代码如下：

```
$("#id").hide();
```

或者从 id 选择器继承来选择多个元素：

```
$("#id p").hide();
```

## 17.1.2　在 class 之前使用 tag 标记

我们在之前提到了，jQuery 中仅次于 id 选择器的就是标记选择器了，例如$('head')。它源于原生的 JavaScript 的 getElementsByTagName()方法。所以我们最好是用 tag 标记来修饰 class 样式。例如：

```
var receiveNewsletter = $("input.text1");
```

在 jQuery 中，class 选择器是很慢的，因为它在 IE 浏览器下会遍历所有的 DOM 节点，应尽量避免使用 class 选择器，也不要用 tag 标记来修饰 id。下面的这个例子会遍历所有的<div>元素来查找 id 为 content 的节点，这是非常慢的，千万不要使用。

```
var content = $("div#content")    // 非常慢，不要使用
```

**注意**

使用 id 修饰 id 也是非常慢的，例如：var content = $('#content #lid')，也不要使用。

## 17.1.3  使用 jQuery 的对象缓存

所谓对象缓存，就是在使用 jQuery 对象时尽量用变量将对象名保存起来，然后再通过变量进行相应的方法操作。例如：

```
var $divObj = $("#content");     // 首先使用变量进行保存
$divObj.bind("click",function(){
    alert("Hello World！");
});
$divObj.css("background-color","lightblue");
```

如若使用以下代码则是有瑕疵的：

```
$("#content").bind("click",function(){
    alert("Hello World！");
});
$("#content").css("background-color","lightblue");
```

如果希望已定义的变量在其他函数中也可以使用，那么可以将其定义为全局变量。下面通过一个实例来具体讲解。

【例 17.1】 定义全局变量。（**实例位置：光盘\TM\sl\17\1**）

（1）创建一个名称为 index.html 的文件，在该文件的<head>标记中应用下面的语句引入 jQuery 库。

```
<script src="../js/jquery-1.11.1.min.js"></script>
```

（2）在页面中创建 id 为 content 的<div>标记，便于稍后对其进行操作。具体代码如下：

```
<h4>定义全局变量</h4>
<div id="content">《jQuery 从入门到精通》</div>
```

（3）编写 jQuery 代码，首先在全局范围内定义一个 window 对象，之后在 testVar()函数中调用该对象，对页面中 id 为 content 的<div>元素设置宽度以及背景色。具体代码如下：

```
$(function(){
    window.wobj = {                                     // 在全局范围内定义一个 window 对象
        tmpObj:$("#content")                            // 获取 id 为 content 的 div 元素
    }
    function testVar(){
        wobj.tmpObj.bind("click",function(){            // 为元素绑定 click 事件
            alert("Hello World！");                     // 弹出消息提示
        });
        wobj.tmpObj.css("width","300px");               // 为元素设置宽度
        wobj.tmpObj.css("background-color","lightblue");// 为元素设置背景色
    }
    testVar();
});
```

运行本实例，可以看到，id 为 content 的<div>元素被设置了宽度以及背景色，单击此区域，可以弹出绑定的事件函数中的信息提示，运行结果如图 17.1 所示。

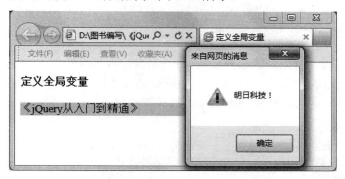

图 17.1　jQuery 定义全局变量

从以上实例可以看出，通过全局变量实现的功能与定义局部变量是一样的，但是它可以被不同的自定义函数调用，也可以当作普通的 jQuery 对象使用。

**注意**

> 无论是局部变量还是全局变量，为了避免与其他变量名称相冲突，命名时要尽量使用 "$"。

**注意**

> 如果在同一个 DOM 对象中有多个对象的操作，应尽量采用链式写法来优化调用。

## 17.1.4　使用子查询优化选择器的性能

在 jQuery 中如果要查找一个元素，而这个元素被许多其他元素嵌套，这时若直接使用 find()方法进行查找，操作性能是比较低的。jQuery 允许在一个集合中附加其他的选择操作，我们可以先查找最外层的元素，将它保存起来，再查找更近一层的元素进行保存。最后，在最接近的外层中使用 find()方法查找需要的元素，使用这种方式可以在本地变量中保存上级对象，减少选择器的性能开销。下面通过一个具体的实例来说明这个方法实现的过程。

【例 17.2】　使用子查询优化选择器的性能。（**实例位置：光盘\TM\sl\17\2**）

（1）创建一个名称为 index.html 的文件，在该文件的<head>标记中应用下面的语句引入 jQuery 库。

```
<script src="../js/jquery-1.11.1.min.js"></script>
```

（2）在页面中创建<div>标记，并在其中创建列表<ul>，列表中包含 3 行<li>项，在其中的一个<li>元素中设置<p>标记。再创建一个保存最终结果的<div>元素。具体代码如下：

```
<div id="container">
<ul class="duc">
    <li class="li1"><p>《Java 从入门到精通》</p></li>
```

```
    <li class="li2">《PHP 从入门到精通》</li>
    <li class="li3">《jQuery 从入门到精通》</li>
</ul>
</div>
<div id="result"></div>
```

（3）编写 jQuery 代码，首先获取最外层的<div>元素，再在最外层的<div>元素中查找第 1 个<li>元素，然后在第 1 个<li>元素中查找<p>元素，之后获取第 2 个以及第 3 个<li>元素，最终将<p>节点的内容与另外两个<li>元素的内容都显示到页面中。具体代码如下：

```
$(function(){
    var $divC = $("#container");            // 获取 id 为 container 的 div 元素
    var $ulC = $divC.find(".duc");          // 在最外层对象中查找
    var $li1 = $ulC.find(".li1");
    var $p = $li1.find("p");                // 在最近一层中查找
    var $li2 = $ulC.find(".li2");
    var $li3 = $ulC.find(".li3");
    var message = "最终数据：";
    message += "<br/>"+$p.html();           // 获取 p 节点内容
    message += "<br/>"+$li2.html();         // 获取内容
    message += "<br/>"+$li3.html();         // 获取内容
    $("#result").append(message);          // 将结果在页面中显示
});
```

运行本实例，运行结果如图 17.2 所示。

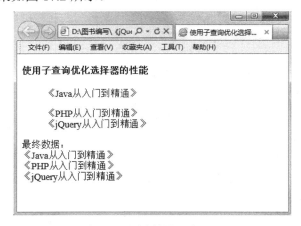

图 17.2    图片快速居中显示

从运行结果可以看出，本实例成功地将<p>元素的内容以及<li>元素的内容显示出来。如果我们使用如下代码，也可以获取预期效果：

```
var $p = $("div ul li p");
var $li1 = $p = $("div ul .li1");
```

但是上述代码没有缓存，性能比较低，导致选择器的开销增大，而且不利于查询同级的数据，每次都是一个新的开销。因此我们在嵌套元素中应尽量使用子查询访问元素。

## 17.1.5　优化选择器以适用 Sizzle 的“从右至左”模型

自从 1.3 版本之后，jQuery 采用了 Sizzle 库，与之前的版本在选择器引擎上的表现形式有很大的不同，它用“从右至左”的模型代替了“从左至右”的模型，确保最右的选择器具体些，而左边的选择器选择范围较宽泛些，代码如下：

```
var linkContacts = $('.contact-links div.side-wrapper');
```

jQuery 1.3 版本之前的写法如下：

```
var linkContacts = $('a.contact-links.side-wrapper');        // 不建议使用该种方式
```

## 17.1.6　利用强大的链式操作

使用链式写法是 jQuery 区别于其他 JavaScript 库的特征，使用链式写法使执行的每一步结果都进行了自动缓存，相对于不使用链式写法的语句在执行上速度要快很多。例如：

```
$("span").show().addClass("myClass").html("这是 span 的内容");        // 链式写法
```

非链式写法如下：

```
$("span").show();
$("span").addClass("myClass");
$("span").html("这是 span 的内容");
```

**说明**

使用链式写法比使用非链式写法在执行速度上快 20%左右。因此我们在写代码时应尽量使用链式写法，进而提升代码的执行速度。

## 17.1.7　给选择器一个上下文

在 jQuery 中，DOM 元素的查找是通过$(element)方法实现的，也可以通过$(expression,[context])方法在指定范围内查找某个元素，该方法的优势在于缩小了元素定位的范围，比一般的元素定位更加快捷，效果更好。它的语法格式如下：

```
$(expression,[context])
```

参数说明：
- ☑　expression：需要查找的字符串。
- ☑　context：可选参数。等待查找的 DOM 元素集、文档或者 jQuery 对象。

【例 17.3】 在指定的查找范围内获取 DOM 元素。（实例位置：光盘\TM\sl\17\3）

（1）创建一个名称为 index.html 的文件，在该文件的\<head\>标记中应用下面的语句引入 jQuery 库。

```
<script src="../js/jquery-1.11.1.min.js"></script>
```

（2）在页面中创建两组\<div\>标记，并在其中创建子\<div\>元素，便于接下来的测试。具体代码如下：

```
<h4>在指定的查找范围内获取 DOM 元素</h4>
<div class="container1">
<div id="div1" class="mydiv" title="title1"></div>
</div>
<div class="container2">
<div id="div2" class="mydiv" title="title2"></div>
</div>
```

（3）编写元素的 CSS 样式，具体代码如下：

```
<style>
.mydiv{
    color:red;
    font-size:14px
    width:100px;
    padding-top:10px;
}
</style>
```

（4）编写 jQuery 代码，首先在全局范围内定义一个 window 对象，该对象当中包含 2 个属性，分别是在 id 为 container1 的对象中查找出 id 为 div1 的元素，以及直接获取 id 为 div2 的元素。之后调用 testVar()函数，具体代码如下：

```
window.$wobj = {                         // 在全局范围内定义一个 window 对象
    $obj1:$("#div1",".container1"),       // 在 class 为 container1 的元素中查找 id 为 div1 的元素
    $obj2:$("#div2")                      // 获取 id 为 div2 的 div 元素
}
testVar();
```

（5）编写 testVar()函数，使用全局对象分别给其\<div\>元素赋予 HTML 内容，具体代码如下：

```
function testVar(){
    $wobj.$obj1.html("第一个 DIV 元素");    // 设置 div 的内容
    $wobj.$obj2.html("第二个 DIV 元素");    // 设置 div 的内容
}
```

运行本实例，运行结果如图 17.3 所示。

图 17.3　运行结果

　　从以上运行结果可以看出，无论使用哪种方式来获取元素，最终都可以成功设置\<div>元素的 HTML 内容。但是代码$("#div1",".mydiv")能够缩小选择器在 DOM 元素中的搜索范围，它的执行效率会明显的优于代码$("#div2")的执行效率，因此我们要尽量给选择器指定一个上下文来访问 DOM 元素。

# 17.2　优化 DOM 操作

　　直接对 DOM 元素进行操作，性能是很低的。因此有必要在操作前完善一下大部分的 DOM 操作，最后通过一次直接操作更新 DOM 结构。

　　【例 17.4】　减少对 DOM 元素直接操作。（**实例位置：光盘\TM\sl\17\4**）

　　（1）创建一个名称为 index.html 的文件，在该文件的\<head>标记中应用下面的语句引入 jQuery 库。

```
<script src="../js/jquery-1.11.1.min.js"></script>
```

　　（2）在页面中创建\<ul>标记，用于将结果在页面中显示出来。具体代码如下：

```
<h4>减少对 DOM 元素直接操作</h4>
<ul id="result"></ul>
```

　　（3）编写元素的 CSS 样式，具体代码如下：

```
<style>
ul{
    list-style-type:none;
    width:400px;
}
</style>
```

　　（4）编写 jQuery 代码，首先定义数组，之后对数组进行遍历，将结果一次性累加并保存于变量当中，最终在\<ul>元素中显示出来。具体代码如下：

```
$(function(){
    // 定义数组
```

```
    var bookList = ["《jQuery 从入门到精通》","《PHP 从入门到精通》","《Java 从入门到精通》","《C#从入门
到精通》"];
    var str = "";                              // 初始化字符串
    $.each(bookList,function(i){               // 遍历数组元素
        str+="<li>"+bookList[i]+"</li>";       // 一次性完成元素的累加
    })
    $("#result").append(str);                  // 将结果显示在页面中
});
```

运行本实例，运行结果如图 17.4 所示。

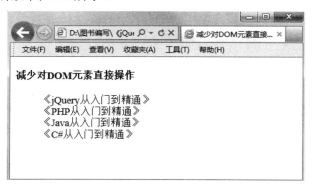

图 17.4　运行结果

上述实例，使用如下代码同样可以实现动态增加 DOM 元素的效果：

```
$.each(bookList,function(i){        // 遍历数组元素
    $("#result").append("<li>"+bookList[i]+"</li>");
})
```

但是以上代码每遍历一次都直接对 DOM 元素进行操作，这样会导致效率很低。因此，我们建议一定要减少直接对 DOM 元素的操作，进而达到优化性能的效果。

# 17.3　事件性能的优化

## 17.3.1　将事件推迟到$(window).load()

在 jQuery 中，我们可以将任何代码放在$(document).ready()下执行，十分方便。它可以在页面渲染时，其他元素未加载完成时就执行。但有时可能会发生页面一直在载入中这样的情况，这就很有可能是$(document).ready()函数引起的。这时可以采用将函数绑定到$(window).load()事件的方式来减少页面载入时 CPU 的使用率，因为它会在所有的 HTML（包括<iframe>）都下载完毕之后执行。一些特效的功能，例如拖放、视觉特效和动画等，都是适合这种技术的场合。

## 17.3.2　使用 delegate()方法为元素添加事件

delegate()方法为指定的元素添加一个或多个事件处理程序，并规定当这些事件发生时运行的函数，使用 delegate()方法的事件处理程序适用于当前或未来的元素（比如由脚本创建的新元素）。它的语法格式如下：

```
$(selector).delegate(childSelector,event,data,function)
```

参数说明：
- ☑ childSelector：规定要附加事件处理程序的一个或多个子元素。
- ☑ event：规定附加到元素的一个或多个事件。
- ☑ data：规定传递到函数的额外数据。
- ☑ function：规定当事件发生时运行的函数。

当在一个容器中有许多节点，我们想要给所有的节点都绑定一个事件，那么，Delegation 很适合这样的应用场景。使用 Delegation，仅需要在父级绑定事件，然后查看哪个子节点（目标节点）触发了事件。例如，当有一个很多数据的 table 表格，并且要对 td 节点设置事件时，使用 Delegation 就显得很方便，具体实现时，可以首先获得 table，然后为所有的 td 节点设置 delegation 事件，代码如下：

```
$("table").delegate("td", "hover", function(){
    $(this).toggleClass("hover");
});
```

【例 17.5】　为指定的元素添加事件处理程序。（实例位置：光盘\TM\sl\17\5）

（1）创建一个名称为 index.html 的文件，在该文件的<head>标记中应用下面的语句引入 jQuery 库。

```
<script src="../js/jquery-1.11.1.min.js"></script>
```

（2）在页面中创建<div>元素，在<div>元素当中包含 3 个<p>元素，<div>元素之外再创建一个<p>元素，便于之后的测试。具体代码如下：

```
<div id="n1">
<p id="n2"><span>《jQuery 从入门到精通》</span></p>
<p id="n3"><span>《PHP 从入门到精通》</span></p>
<p id="n4"><span>《Java 从入门到精通》</span></p>
</div>
<p id="n5">《PHP 编程词典（珍藏版）》</p>
```

（3）编写 jQuery 代码，在<body>元素上绑定所有的<p>元素，使单击每个<p>元素时，弹出它的内容。具体代码如下：

```
$(function(){
    // 定义数组
    var bookList = ["《jQuery 从入门到精通》","《PHP 从入门到精通》","《Java 从入门到精通》","《C#从入门到精通》"];
```

369

```
        var str = "";                          // 初始化字符串
        $.each(bookList,function(i){           // 遍历数组元素
            str+="<li>"+bookList[i]+"</li>";   // 一次性完成元素的累加
        })
        $("#result").append(str);              // 将结果显示在页面中
});
```

运行本实例，单击文字"《jQuery 从入门到精通》"，可以看到弹出信息"《jQuery 从入门到精通》"，运行结果如图 17.5 所示。

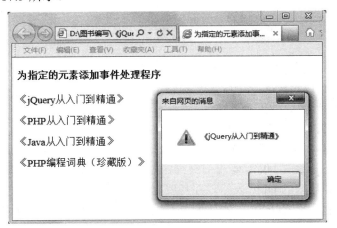

图 17.5    为指定元素添加事件处理程序

# 17.4    使用方法优化性能

## 17.4.1    使用 data 方法存取普通数据

在 jQuery 中，可以通过 data()方法将数据缓存。虽然我们可以使用局部变量或全局变量将数据保存，但是变量并没有缓存数据的功能。如果使用 data()方法，可以实现对数据的存取，从而可以避免数据被循环引用的风险。

data()方法的作用是为普通对象或 DOM Element 附加（以及获取）数据。根据功能的不同，data()方法有以下几种使用格式：

（1）根据元素的名称，定义或者返回存储的数据，格式如下：

data([name])

（2）根据元素的名称，在元素上存储或设置数据，格式如下：

data(name,value)

（3）除了定义和存储数据外，还可以移除元素中存放的数据，格式如下：

removeData(name)

其中参数 name 表示将要被移除的元素上的数据名称。

【**例 17.6**】　使用 data()方法设置或获取数据。（**实例位置：光盘\TM\sl\17\6**）

（1）创建一个名称为 index.html 的文件，在该文件的<head>标记中应用下面的语句引入 jQuery 库。

```
<script src="../js/jquery-1.11.1.min.js"></script>
```

（2）在页面中创建<p>元素和一个<div>元素，<p>元素用于设置数据、获取数据或者移除数据。<div>元素用来显示程序运行结果，具体代码如下：

```
<h4>使用 data()方法设置或获取数据</h4>
<p></p>
<div id="result"></div>
```

（3）编写 jQuery 代码，首先定义一个名为 pdata 的数据存储变量，之后显示初始化数据，接下来调用 data()方法给该变量赋值，并显示赋值之后的数据，最后使用 removeData()方法移除该变量并将移除之后的结果显示到页面当中。具体代码如下：

```
$(function(){
    $("p").data("pdata");       // 定义一个名为 pdata 的数据存储变量
    $("#result").append($("p").data("pdata") == null?"未设置时的值为：null":$("p").data("pdata"));  // 显示初始
化数据
    $("p").data("pdata","《jQuery 入门到精通》");                    // 设置数据
    $("#result").append("<br/>赋值后的结果为："+$("p").data("pdata"));      // 显示设置之后的数据
    $("p").removeData("pdata");      // 移除数据
    // 显示移除之后的数据
    $("#result").append($("p").data("pdata") == null?"<br/>移除之后的值为：null":$("p").data("pdata"));
});
```

运行本实例，结果如图 17.6 所示。

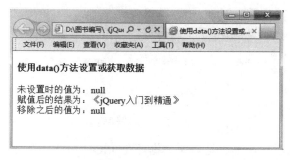

图 17.6　运行结果

## 17.4.2　使用 data 方法存取 JSON 数据

data()方法除了可以存取普通数据之外，还可以用于存储键值对格式的 JSON 数据。下来通过一个具体实例来讲解这种方式。

【例 17.7】 使用 data() 方法设置或获取数据。（**实例位置：光盘\TM\sl\17\7**）

（1）创建一个名称为 index.html 的文件，在该文件的 <head> 标记中应用下面的语句引入 jQuery 库。

```
<script src="../js/jquery-1.11.1.min.js"></script>
```

（2）在页面中创建 <p> 元素和一个 <div> 元素，<p> 元素用于设置数据、获取数据或者移除数据。<div> 元素用来显示程序运行结果，具体代码如下：

```
<h4>使用 data()方法存取 JSON 数据</h4>
<p></p>
<div id="result"></div>
```

（3）编写 jQuery 代码，首先定义一个名为 pdata 的数据存储变量，之后显示初始化数据，接下来调用 data() 方法给该变量赋值，赋予 JSON 格式的数据，并显示赋值之后的数据，最后使用 removeData() 方法移除该变量并将移除之后的结果显示到页面当中。具体代码如下：

```
$(function(){
    $("p").data("pdata");      // 定义一个名为 pdata 的数据存储变量
    $("#result").append($("p").data("pdata") == null?"未设置时的值为：null":$("p").data("pdata"));        // 显示
初始化数据
    $("p").data("pdata",{bookname:"《jQuery 入门到精通》",author:"小辛",email:"mingrisoft@mingrisoft.com"});
// 设置数据
    $("#result").append("<br/>赋值后的结果为：书名："+$("p").data("pdata").bookname+",作者："
+$("p").data("pdata").author+"邮箱："+$("p").data("pdata").email);        // 显示设置之后的数据
    $("p").removeData("pdata");        // 移除数据
    // 显示移除之后的数据
    $("#result").append($("p").data("pdata") == null?"<br/>移除之后的值为：null":$("p").data("pdata"));
});
```

运行本实例，结果如图 17.7 所示。

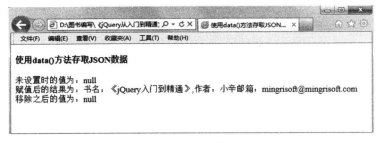

图 17.7 运行结果

通过以上两个实例可以看出，无论是普通数据还是 JSON 格式的数据，都可以使用 data() 方法进行存储，获取它们的值也非常方便。

📢 注意

　　虽然使用 data() 方法可以方便地存储全局数据，但存储的数据随着操作的变化会越来越大。这时，为了不影响程序执行，就要及时清理数据。开发人员尤为需要注意这一点。除此之外，建议在存储元素数据时尽量使用 data() 方法进行保存，可以优化执行代码。

## 17.4.3　使用 target()方法优化事件中的冒泡现象

我们在之前讲解过页面中的元素嵌套时，都执行同一个事件可能会出现冒泡现象，为避免这种现象的发生可以使用 stopPropagation()方法来停止冒泡现象。在 jQuery 中，target()方法可以获取触发事件的元素。如果是多个元素触发同一个事件，可以使用 target()方法获取这些元素的父级元素并将事件绑定到父级元素，通过冒泡现象扩展到其子元素中。这在某种程度上比将事件绑定到每个子元素执行的效果更加优化。下面通过具体实例来讲解。

【例 17.8】　使用 target()方法优化事件中的冒泡现象。（**实例位置：光盘\TM\sl\17\8**）

（1）创建一个名称为 index.html 的文件，在该文件的\<head>标记中应用下面的语句引入 jQuery 库。

```
<script src="../js/jquery-1.11.1.min.js"></script>
```

（2）本实例中页面显示内容与 CSS 样式和例 6.6 相同，因此不再赘述。

（3）编写 jQuery 代码，将给 div 元素、span 元素、p 元素添加或移除样式作用于它们的父元素上，防止出现事件冒泡。具体代码如下：

```
$(document).ready(function(){
        $(".test1").mouseover(function(event){
            $(event.target).addClass("redBorder");
        });
        $(".test1").mouseout(function(event){
            $(event.target).removeClass("redBorder");
        });
        $(".test2").mouseover(function(event){
            $(event.target).addClass("redBorder");
        });
        $(".test2").mouseout(function(event){
            $(event.target).removeClass("redBorder");
        });
        $("span").mouseover(function(event){
            $(event.target).addClass("redBorder");
        });
        $("span").mouseout(function(event){
            $(event.target).removeClass("redBorder");
        });

    });
```

运行本实例，结果如图 17.8 所示。

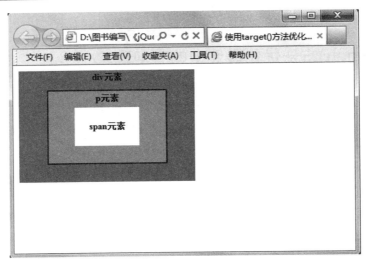

图 17.8　优化事件冒泡现象

# 17.5　其他常用的 jQuery 性能优化建议

## 17.5.1　使用最新版本的 jQuery

最新版本的 jQuery 往往是最好的，更换了版本后，不要忘记测试原有的代码，有时 jQuery 也不是完全向后兼容的。

## 17.5.2　使用 HTML5

新的 HTML5 标准带来的是更轻巧的 DOM 结构，更轻巧的结构意味着使用 jQuery 需要更少的遍历，以及更加优良的载入性能。所以如果可能的话，尽量使用 HTML5。

## 17.5.3　给 15 个以上元素添加样式，直接给 DOM 元素添加 style 标签

如果给少数的元素添加样式，最好的方法是使用 jQuery 的 css() 函数。然而，给 15 个以上的较多元素添加样式时，直接给 DOM 元素添加 style 标签则更有效些。这个方法可以避免在代码中使用硬编码（hard code）。例如以下代码：

```
$("<style type='text/css'>div.class{color:red;}</style>").appendTo("head");
```

### 17.5.4　避免载入多余的代码

将 JavaScript 代码放在不同的文件中是个很好的方法，仅仅在需要的时候载入它们，这样就不会载入不必要的代码和选择器，便于我们更好地管理代码。

### 17.5.5　压缩成一个 JS 文件，将下载次数保持到最少

当我们已经确定了哪些文件是应该被载入的，那么便可以将它们打包成一个文件，用一些开源的工具可以自动帮助我们实现这个功能。例如：Minify、JSCompressor、YUI Compressor、Dean Edwards JS packer 等。在这里推荐使用 JSCompressor。

### 17.5.6　必要时使用原生的 JavaScript

使用 jQuery 是很方便的，但是原生的 JavaScript 也是一个框架。必要的时候我们也可以在 jQuery 代码中使用原生的 JavaScript 函数，以便获得更好的性能。

## 17.6　小　　结

本章针对 jQuery 初学者可能出现的语法或者操作上的问题或者不足，介绍了 jQuery 的性能优化。首先介绍了选择器性能的优化，列举出编写 jQuery 代码中可能出现的欠妥当或者可以优化的地方，并通过具体实例进行了讲解，同时对一些技巧也进行了总结。

## 17.7　练习与实践

（1）使用链式操作设置 span 元素的样式和内容。（答案位置：光盘\TM\sl\17\9）
（2）在指定的查找范围内获取 span 元素。（答案位置：光盘\TM\sl\17\10）

# 第18章

## jQuery 在 HTML5 中的应用

（ 📹 视频讲解：43 分钟 ）

  随着互联网的不断发展，新的技术不断涌现，HTML5 是最为突出的一项，它无疑会成为未来 10 年最热门的互联网技术。jQuery 可以很好地支持 HTML5 的新特性，从而使设计出的网页更加美观、新颖。本章将介绍 HTML5 的基础知识以及如何在网站开发中综合使用 jQuery +HTML5。

  通过阅读本章，您可以：

- ▶▶ 了解 HTML5 的基础知识
- ▶▶ 掌握使用 HTML5+jQuery 实现文件上传进度条的显示
- ▶▶ 掌握使用 HTML5+jQuery 实现图片旋转效果
- ▶▶ 掌握使用 jQuery 插件在 HTML5 中实现声音的播放
- ▶▶ 了解 Web Storage 编程应用
- ▶▶ 掌握旅游信息网前台页面的实现

# 18.1　HTML5 基础

## 18.1.1　HTML 的发展历程

HTML 的历史可以追溯到很久以前，1993 年 HTML 首次以因特网草案的形式发布。20 世纪 90 年代的人见证了 HTML 的快速发展，从 2.0 版，到 3.2 版和 4.0 版，再到 1999 年的 4.01 版，一直到现在正逐步普及的 HTML5。随着 HTML 的发展，W3C（万维网联盟）掌握了对 HTML 规范的控制权。

在快速发布了 HTML 的前 4 个版本之后，业界普遍认为 HTML 已经"无路可走"了，对 Web 标准的焦点也开始转移到了 XML 和 XHTML，HTML 被放在次要位置。不过在此期间，HTML 体现了顽强的生命力，主要的网站内容还是基于 HTML 的。为了能支持新的 Web 应用，同时克服现有的缺点，HTML 迫切需要添加新功能，制定新规范。

致力于将 Web 平台提升到一个新的高度，一组人在 2004 年成立了 WHATWG（Web Hypertext Application Technology Working Group，Web 超文本应用技术工作组），他们创立了 HTML5 规范，同时开始专门针对 Web 应用开发新功能——这被 WHATWG 认为是 HTML 中最薄弱的环节。Web 2.0 这个新词也是在那个时候被发明的。Web 2.0 实至名归，开创了 Web 的第二个时代，旧的静态网站逐渐让位于需要更多特性的动态网站和社交网站——这其中的新功能数不胜数。

2006 年，W3C 又重新介入 HTML，并于 2008 年发布了 HTML5 的工作草案。2009 年，XHTML2 工作组停止工作。又过一年，因为 HTML5 能解决非常实际的问题，所以在规范还没有具体订下来的情况下，各大浏览器厂家就已经按耐不住了，开始对旗下产品进行升级以支持 HTML5 的新功能。这样，得益于浏览器的实验性反馈，HTML5 规范也得到了持续地完善，HTML5 以这种方式迅速融入到了对 Web 平台的实质性改进中。

## 18.1.2　HTML5 的新特性

HTML5 是基于各种各样的理念进行设计的，这些设计理念体现了对可能性和可行性的新认识，下面对 HTML5 的新特性进行介绍。

（1）兼容性

虽然到了 HTML5 时代，但并不代表现在用 HTML4 创建出来的网站必须全部要重建。HTML5 并不是颠覆性的革新。相反，实际上 HTML5 的一个核心理念就是保持一切新特性平滑过渡。

尽管 HTML5 标准的一些特性非常具有革命性，但是 HTML5 旨在进化而非革命。这一点正是通过兼容性体现出来的。正是因为保障了兼容性才能让人们毫不犹豫地选择 HTML5 开发网站。

（2）实用性和用户优先

HTML5 规范是基于用户优先准则编写的，其主要宗旨是"用户即上帝"，这意味着在遇到无法解决的冲突时，规范会把用户放到第一位，其次是页面的作者，再次是实现者（或浏览器），接着是规范制定者，最后才考虑理论的纯粹实现。因此，HTML5 的绝大部分是实用的，只是有些情况下还不够完美。实用性是指要求能够解决实际问题。HTML5 内只封装了切实有用的功能，不封装复杂而没有实际意义的功能。

（3）化繁为简

HTML5 要的就是简单、避免不必要的复杂性。HTML5 的口号是"简单至上，尽可能简化"。因此，HTML5 做了以下改进：

- ☑ 以浏览器原生能力替代复杂的 JavaScript 代码。
- ☑ 新的简化的 DOCTYPE。
- ☑ 新的简化的字符集声明。
- ☑ 简单而强大的 HTML5 API。

## 18.1.3　浏览器对 HTML5 的支持

目前绝大多数主流浏览器都支持 HTML5，只是支持的程度不同。要测试浏览器对 HTML5 的支持程序，只需要访问 http://html5test.com 网址即可，例如，使用 Google Chrome 36.0.1985.125 版本测试 HTML5 的支持程度，得分为 509 分（满分为 555 分），如图 18.1 所示。

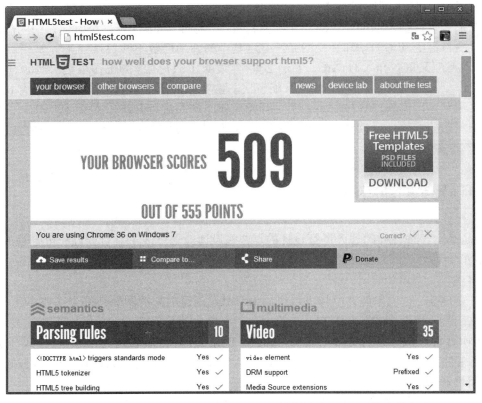

图 18.1　使用 Google Chrome 36.0.1985.125 版本测试 HTML5 的支持程度

笔者使用目前国外厂商的主流浏览器进行测试的结果如表 18.1 所示。

表 18.1　国外厂商的主流浏览器对 HTML5 的支持程度

| 浏　览　器 | 版　　　本 | 得　　分 |
|---|---|---|
| Chrome | 36.0.1985.125 | 509 |
| Opera（欧朋浏览器） | 23.0.1522.77 | 505 |
| Firefox | 31.0 | 473 |
| Internet Explorer（IE 浏览器） | 11.0.9600.17207 | 369 |
| Safari（苹果浏览器） | 5.34.57.2 | 260 |

从表 18.1 可以看到，目前对 HTML5 支持最好的国外厂商主流浏览器是 Google 公司的 Chrome 浏览器。

笔者使用目前国内厂商的主流浏览器进行测试的结果如表 18.2 所示。

表 18.2　国内厂商的主流浏览器对 HTML5 的支持程度

| 浏　览　器 | 版　　　本 | 得　　分 |
|---|---|---|
| 傲游浏览器 | 4.4.1.4000 | 515 |
| 猎豹安全浏览器 | 5.0.65.8606 | 503 |
| 360 安全浏览器 | 7.1.1.304 | 483 |
| 百度浏览器 | 6.5.0.50185 | 439 |
| QQ 浏览器 | 7.7.2 | 333 |
| 搜狗高速浏览器 | 5.0.10.13715 | 127 |

**说明**

表 11.1 和表 11.2 中的测试结果是笔者使用各浏览器的最新版本测试出来的结果，该测试结果可能会随时变化；而且，随着 HTML5 的普及，相信各浏览器厂商会越来越重视对 HTML5 的支持。

# 18.2　jQuery 与 HTML5 编程

本节介绍在 jQuery 程序中调用 HTML5 的 API 来完成一些常见功能，在学习 jQuery 编程技术的同时，读者也可以直观感受到 HTML5 的特色。

## 18.2.1　显示文件上传的进度条

使用 HTML5 实现文件上传需要使用到 HTML File API 以及 XMLHttpRequest 对象，下面进行详细介绍。

### 1. HTML5 File API

HTML5 File API 的设计初衷，是改善基于浏览器的 Web 应用程序处理文件的上传方式，使文件直接拖放上传成为可能。HTML5 File API 用于对文件进行操作，使程序员可以对选择文件的表单控件进行操作，更好地通过程序对访问文件和文件上传等功能进行控制。在 HTML5 File API 中定义了一组对象，包括 FileList 对象、File 对象、Blob 对象、FileReader 对象等。

（1）FileList：File 对象的一个类似数组的序列。

（2）File：表示 FileList 中的一个单独的文件，File 对象的主要属性如下。

☑ name：返回文件名，不包含路径信息。

☑ lastModifiedDate：返回文件的最后修改日期。

☑ size：返回 File 对象的大小，单位是字节。

☑ type：返回 File 对象媒体类型的字符串。

在 JavaScript 中，获取 file 类型的 input 元素的 FileList 数组的方法如下：

```
document.getElementById("file 类型的 input 元素 id").files;
```

获取 FileList 数组中的 File 对象的方法如下：

```
document.getElementById("file 类型的 input 元素 id").files[index];
```

### 2. 向服务器端发送 FormData 对象

使用 XMLHttpRequest 对象的 send()方法可以使用 FormData 对象模拟表单向服务器发送数据，语法如下：

```
xmlhttp.send(formData);
```

其中创建 FormData 对象有如下两种方法。

（1）使用 new 关键字：

```
var formData = new FormData();
```

（2）调用表单对象的 getFormData()方法获取表单对象中的数据：

```
FormData = formElement.getFormData(document.getElementById("form_id"));
```

向 FormData 对象中添加数据可以使用 append()方法，语法如下：

```
formData.append(key,value);
```

例如：

```
formData.append("username","轻鸿");
formData.append("address","长春市");
```

在发送 FormData 对象之前也需要调用 open()方法设置提交数据的方式以及接收和处理数据的服务端脚本，例如：

```
xmlhttp.open("POST","upfile.php");
```

**【例 18.1】** 显示文件上传的进度条。（**实例位置：光盘\TM\sl\18\1**）

（1）创建 index.html，构建上传文件的 form 表单，以及进度条，主要代码如下：

```
<h3>上传文件</h3>
<form enctype="multipart/form-data" id="form1" name="form1">
<p>请选择您要上传的文件</p>
<input type="file" name="upload_file" id="upload_file"/><br/>
<input type="button" name="btn" id="btn" value="上传" />
</form>
<progress id="progress" value="0" max="100"></progress>
<div id="pro_div"></div>
```

（2）给按钮添加 click 事件，创建 FormData 对象并将文件数据添加至其中，创建 XMLHttpRequest 对象向服务端发送 FormData 对象实现无刷新上传，并在<progress>元素中显示上传进度，代码如下：

```
$(document).ready(function(){
        $("#btn").click(function(){
                var formdata = new FormData();                 // 创建 FormData 对象
// 向 FormData 中添加数据
    formdata.append("upload_file",document.getElementById("upload_file").files[0]);
                var xmlhttp;
                if(window.XMLHttpRequest){
                        xmlhttp = new XMLHttpRequest();
                }else{
                        xmlhttp = new ActiveXObject("Microsoft.XMLHTTP");
                }
// 为 progress 添加监听事件
                xmlhttp.upload.addEventListener("progress",function(event){
                        if(event.lengthComputable){
                                var percentComplete = Math.round(event.loaded * 100 / event.total);
                                document.getElementById("pro_div").innerHTML = percentComplete.toString()+"%";
                                // 显示上传百分比
                                document.getElementById("progress").value = percentComplete;
                        }
                },false);
                xmlhttp.addEventListener("load",function(event){
                        document.write(event.target.responseText);
                },false);
                xmlhttp.addEventListener("error",function(event){
                        alert("上传出现错误！");
                },false);
                xmlhttp.addEventListener("abort",function(event){
                        alert("取消上传！");
                },false);
                xmlhttp.open("POST","upfile.php");
                xmlhttp.send(formdata);
        })
    })
```

（3）处理上传文件的服务端脚本 upfile.php 文件首先定义文件上传路径，之后判断，如果临时文件存在，那么进行上传操作，如果上传成功，返回文件路径、文件名称、文件类型、文件大小以及临时文件组成的字符串，内容如下：

```php
<?php
    $dir = getcwd()."\\upload\\";                                    // 定义上传目录
    $path = $dir.$_FILES["upload_file"]["name"];                     // 定义上传文件路径
    if(!is_dir($dir)){                                               // 如果指定目录不存在
        mkdir($dir);                                                 // 创建指定目录
    }
    if(file_exists($_FILES["upload_file"]["tmp_name"])){
        move_uploaded_file($_FILES["upload_file"]["tmp_name"],$path);  // 上传文件
        echo "文件为：".$path."<br/>";                                // 文件路径
        echo "文件名称：".$_FILES["upload_file"]["name"]."<br/>";       // 文件名称
        echo "文件类型：".$_FILES["upload_file"]["type"]."<br/>";       // 文件类型
        echo "文件大小：".$_FILES["upload_file"]["size"]."<br/>";       // 文件大小
        echo "临时文件为：".$_FILES["upload_file"]["tmp_name"]."<br/>";// 临时文件
    }else{
        echo "上传失败！";
    }
?>
```

在如图 18.2 所示，选择要上传的文件，之后单击上传，可以看到如图 18.3 所示的进度条，文件上传完毕后会出现如图 18.4 所示提示信息。

图 18.2　选择上传文件

图 18.3　显示进度条

图 18.4　显示上传文件信息

📢**注意**

（1）上传文件一定要设置 enctype="multipary/form-data"，这是使用表单上传文件的固定编码格式，如果不设置这项，则服务端获取不到文件信息。

（2）如果客户端和服务端网速很快的话，很难看到进度信息。因此为了明显的看到上传过程的进度信息，建议选择一个较大的文件上传。但是在 PHP 中，上传较大文件需要修改 PHP 的配置文件 php.ini 的 upload_max_filesize 项，设置为足够大。否则会上传失败。

## 18.2.2　Canvas 绘图

Canvas 元素是 HTML5 中新增的一个重要元素，专门用来绘制图形。在页面上放置一个 Canvas 元素，就相当于在页面上放置了一块"画布"，可以在其中进行图形的描绘。

但是，在 Canvas 元素里进行绘画，并不是指拿鼠标来作画。在网页上使用 Canvas 元素时，它会创建一块矩形区域。默认情况下该矩形区域宽为 300 像素，高为 150 像素，用户可以自定义具体的大小或者设置 Canvas 元素的其他特性。在页面中加入了 Canvas 元素后，我们便可以通过 JavaScript 来自由地控制它。可以在其中添加图片、线条以及文字，也可以在里面绘图设置，还可以加入高级动画。可放到 HTML 页面中的最基本的 Canvas 元素代码如下所示。

```
<canvas id="xxx" height="xx" width="xx"></canvas>
```

Canvas 的元素的常用属性如下：

☑　id：Canvas 元素的标识 id。

☑　height：Canvas 画布的高度，单位为像素。

☑　width：Canvas 画布的宽度，单位为像素。

<canvas></canvas>之间的字符串指定当前浏览器不支持 Canvas 时显示的字符。

📢**注意**

IE9 以上的版本、Firefox、Opera、Google Chrome 和 Safari 支持 Canvas 元素。IE8 及以前的版本不支持 Canvas 元素。

下面介绍 jCanvas 插件的应用，jCanvas 插件封装了 Canvas API，使 Canvas 绘图变得更加简单。jCanvas 插件的脚本文件为 jcanvas.min.js，其中 jCanvas 插件中主要绘图方法如表 18.3 所示。

表 18.3　jCanvas 插件中主要绘图方法说明

| 绘 图 方 法 | 说　　明 |
| --- | --- |
| drawArc({<br>strokeStyle：边框颜色。strokeWidth：边框宽度。x：圆弧的圆心的横坐标。y：圆弧圆心的纵坐标。radius：圆弧半径。start：圆弧的起始角度。end：圆弧的结束角度<br>}) | 绘制圆弧 |

续表

| 绘 图 方 法 | 说　　明 |
|---|---|
| drawEllipse({<br>fillStyle：填充颜色。x：圆心的横坐标。y：圆心的纵坐标。width：宽度。height：高度<br>}) | 绘制椭圆 |
| drawRect({<br>fillStyle：填充颜色。x：矩形左上角的横坐标。y：矩形左上角的纵坐标。width：宽度。height：<br>高度。fromCenter：是否从中心绘制<br>}) | 绘制矩形 |
| drawLine({<br>fillStyle：填充颜色。x1：端点 1 的横坐标。y1：端点 1 的纵坐标。x2：端点 2 的横坐标。y2：<br>端点 2 的纵坐标。x3：端点 3 的横坐标。y3：端点 3 的纵坐标。x4：端点 4 的横坐标。y4：<br>端点 4 的纵坐标。strokeWidth：边框宽度<br>}) | 绘制直线 |
| drawText({<br>fillStyle：填充颜色。strokeStyle：边框颜色。strokeWidth：边框宽度。x：横坐标。y：纵坐<br>标，font：字体。text：文本字符串<br>}) | 绘制文本 |
| drawImage({<br>source：图片文件名。x：横坐标。y：纵坐标。width：宽度。height：高度。scale：缩放比例。<br>fromCenter：是否从中心绘制<br>}) | 绘制图片 |

Canvas 采用 HTML 颜色表示法，可以使用如下 4 种方式表示。

（1）颜色关键字。可以使用颜色关键字来表示颜色，例如 red 表示红色，blue 表示蓝色，green 表示绿色等。

（2）十六进制字符串。可以使用一个十六进制字符串表示颜色，格式为#RGB。其中，R 表示红色集合，G 表示绿色集合，B 表示蓝色集合。例如：#FFF 表示白色，#000 表示黑色。

（3）RGB 颜色值。也可以使用 rgb(r,g,b)格式表示颜色。其中 r 表示红色集合，g 表示绿色集合，b 表示蓝色集合。其中 r、g、b 都是十进制数，取值范围是 0-255。常用的 RGB 如表 18.4 所示。

表 18.4　常用颜色的 RGB 表示

| 颜　　色 | 红　色　值 | 绿　色　值 | 蓝　色　值 | RGB 表示 |
|---|---|---|---|---|
| 黑色 | 0 | 0 | 0 | RGB(0,0,0) |
| 蓝色 | 0 | 0 | 255 | RGB(0,0,255) |
| 红色 | 255 | 0 | 0 | RGB(255,0,0) |
| 绿色 | 0 | 255 | 0 | RGB(0,255,0) |
| 黄色 | 255 | 255 | 0 | RGB(255,255,0) |
| 白色 | 255 | 255 | 255 | RGB(255,255,255) |

（4）RGBA 颜色值。指定颜色也可以使用 rgba()的方法定义透明颜色，格式如下：

```
rgba(r,g,b,a,alpha)
```

其中 r 表示红色集合，g 表示绿色集合，b 表示蓝色集合。r、g、b 都是十进制数，取值范围为 0-255。Alpha 的取值范围为 0-1，用来设置透明度，0 表示完全透明，1 表示不透明。

【例 18.2】　使用 jcanvas 插件绘制一个浅蓝色的正方形。（**实例位置：光盘\TM\sl\18\2**）

（1）创建 index.html，引入 jquery 文件和 jCanvas 插件文件，代码如下：

```
<script type="text/javascript" src="../js/jquery-1.11.1.min.js"></script>
<script type="text/javascript" src="../js/jcanvas.min.js"></script>
```

（2）在页面中添加<canvas>元素，具体代码如下：

```
<canvas width="300" height="200"></canvas>
```

（3）编写 jQuery 代码，使用 jCanvas 插件的 drawRect()方法实现绘制一个浅蓝色的正方形，具体代码如下：

```
$(function(){
    $("canvas").drawRect({
        fillStyle:"lightblue",
        x:150,y:80,
        width:100,
        height:100
    })
})
```

运行本实例，效果如图 18.5 所示。

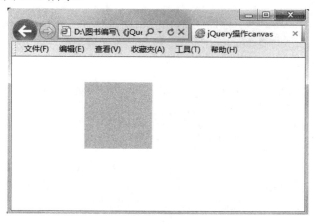

图 18.5　绘制一个浅蓝色的正方形

## 18.2.3　jQuery+HTML5 实现图片旋转效果

在 HTML4 中要实现图片的旋转效果需要编写大量的代码，而在 HTML5 中，只需要在页面中创建新增的<canvas>元素，通过导入 jQuery 库调用该元素加载图片的方法就可以轻松实现图片的旋转效果了，本节将详细讲解这一功能。

【例 18.3】 实现图片旋转效果。（实例位置：光盘\TM\sl\18\3）

（1）创建 index.html，引入 jquery 文件和 jquery.rotate.js 文件，代码如下：

```
<script type="text/javascript" src="../js/jquery-1.11.1.min.js"></script>
<script type="text/javascript" src="../js/jquery.rotate.js"></script>
```

（2）在页面中添加待旋转图片的<img>元素，并添加一个<ul>元素，通过单击该元素下的<li>元素实现各种旋转，具体代码如下：

```
<div id="imgdiv">
<div id="rimg">
    <img src="images/11.png" id="bimg"/>
</div>
<ul>
    <li>顺时针旋转 90 度</li>
    <li>逆时针旋转 90 度</li>
    <li>旋转 180 度</li>
    <li>旋转 270 度</li>
</ul>
</div>
```

（3）编写 CSS 样式，详细请参见光盘。

（4）编写 jQuery 代码，分别实现让图片顺时针旋转 90 度、逆时针旋转 90 读、旋转 180 度和 270 度。具体代码如下：

```
$(document).ready(function(){
        $("#imgdiv ul").each(function(i){          // 遍历 ul 下的元素
            $(this).bind("click",function(){        // 绑定单击事件
                switch(i){
                    case 0:                         // 第 1 个 li 元素
                    $("#bimg").rotate(90);          // 将 id 为 bimg 的元素顺时针旋转 90 度
                    break;
                    case 1:                         // 第 2 个 li 元素
                    $("#bimg").rotate(-90);         // 将 id 为 bimg 的元素逆时针旋转 90 度
                    break;
                    case 2:                         // 第 3 个 li 元素
                    $("#bimg").rotate(180);         // 将 id 为 bimg 的元素旋转 180 度
                    break;                          // 第 4 个 li 元素
                    case 3:
                    $("#bimg").rotate(270);         // 将 id 为 bimg 的元素旋转 270 度
                    break;
                }
            })
        })
    })
```

（5）其中第（4）步中使用的 rotate()方法来源于 jquery.rotate.js 文件，它通过接收用户传入的旋转角度值，在页面中动态创建一个 Canvas 元素，并将页面中的图片旋转指定角度，加载至 Canvas 元素

中。该文件的具体内容请参见光盘。

在如图 18.6 所示页面，单击逆时针旋转 90 度，效果如图 18.7 所示，之后再单击旋转 270 度，效果如图 18.8 所示。

图 18.6　原始图像

图 18.7　逆时针旋转 90 度

图 18.8　旋转 270 度

## 18.2.4  基于 HTML5 播放声音的 jQuery 插件 audioPlay

在 HTML5 出现以前，要在网页中播放多媒体是需要借助 Flash 插件的，因此浏览器需要安装 Flash 插件。HTML5 提供了新的标签<audio>，可以很方便地在网页中播放音频文件，而不需要安装插件。本节介绍一个基于 HTML5 播放声音的 jQuery 插件 audioPlay，使用它可以非常方便地在网页中播放音频。

可以使用 audioPlay 插件的 audioPlay()方法在鼠标经过一个 HTML 元素时自动播放指定的音频文件，这个音频文件可以是 mp3 文件或者 ogg 文件，方法的具体参数以及相关说明请参见表 18.5。

表 18.5  audioPlay()方法的参数说明

| 参　　数 | 默　认　值 | 说　　明 |
|---|---|---|
| Name | "audioPlay" | 字符串，用来分组，用在页面上同时播放多组元素时 |
| urlMp3 | "" | 字符串，必选参数。Mp3 格式的音频文件地址 |
| urlOgg | "" | 字符串，必选参数，ogg 格式的音频文件地址 |
| Clone | "" | 布尔型。同一组元素是否播放同一个声源 |

【例 18.4】 使用 audioPlay 插件播放菜单的背景音乐。（实例位置：光盘\TM\sl\18\4）

（1）创建 index.html，引入 jquery 文件和 jquery-audioPlay.js 文件，代码如下：

```
<script type="text/javascript" src="../js/jquery-1.11.1.min.js"></script>
<script type="text/javascript" src="../js/jquery-audioPlay.js"></script>
```

（2）在页面中制作导航菜单，具体代码如下：

```
<div id="top"></div>
<dl>
    <dt>员工管理</dt>
    <dd>
        <div class="item">添加员工信息</div>
        <div class="item">管理员工信息</div>
    </dd>
    <dt>招聘管理</dt>
    <dd>
        <div class="item">浏览应聘信息</div>
        <div class="item">添加应聘信息</div>
        <div class="item">浏览人才库</div>
    </dd>
    <dt class="title"><a href="#">退出系统</a></dt>
</dl>
<div id="bottom"></div>
```

（3）编写 CSS 样式，详细请参见光盘。

（4）编写 jQuery 代码，使鼠标经过子菜单时播放指定的音频文件，具体代码如下：

```
$(document).ready(function(){
    $("dd").audioPlay({
        name:"playOnce",
        urlMp3:"media/test.mp3",
        urlOgg:"media/test.ogg",
        clone:true
    })
})
```

运行本实例，当鼠标经过子菜单时，可以听到音频文件播放声音。页面运行效果如图 18.9 所示。

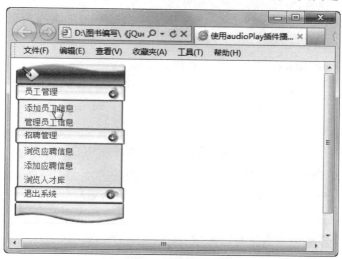

图 18.9　使用 audioPlay 插件播放菜单的背景音乐

## 18.2.5　Web Storage 编程

Web 应用的发展，使得客户端存储使用得也越来越多，而实现客户端存储的方式则是多种多样。最简单而且兼容性最佳的方案是 Cookies，但是作为真正的客户端存储，Cookies 还是有些不足：

☑　大小：Cookies 的大小被限制在 4KB。

☑　带宽：Cookies 是随 HTTP 事务一起发送的，因此会浪费一部分发送 Cookies 时使用的带宽。

☑　复杂性：Cookies 操作起来比较麻烦；所有的信息要被拼到一个长字符串里面。

☑　对 Cookies 来说，在相同的站点与多事务处理保持联系不是很容易。

在这种情况下，在 HTML5 中提供了一种在客户端本地保存数据的功能，它就是 Web Storage 功能。

Web Storage 功能，顾名思义，就是在 Web 上存储数据的功能，而这里的存储，是针对客户端本地而言的。它包含两种不同的存储类型：Session Storage 和 Local Storage。不管是 Session Storage 还是 Local Storage，它们都支持在同域下存储 5MB 数据，这相比 Cookies 有着明显的优势。

### 1. SessionStorage

将数据保存在 Session 对象中。所谓 Session，是指用户在浏览某个网站时，从进入网站到浏览器关闭所经过的这段时间，也就是用户浏览这个网站所花费的时间。Session 对象可以用来保存在这段时间内所要求保存的任何数据。

### 2. localStorage

将数据保存在客户端本地的硬件设备中，即使浏览器被关闭了，该数据仍然存在，下次打开浏览器访问网站时仍然可以继续使用。

这两种不同的存储类型区别在于，sessionStorage 为临时保存，而 localStorage 为永久保存。

下面我们讲解如何使用 WebStorage 的 API。目前 WebStorage 的 API 有如下这些：

☑ length：获得当前 WebStorage 中的数目。

☑ key(n)：返回 WebStorage 中的第 N 个存储条目。

☑ getItem(key)：返回指定 key 的存储内容，如果不存在则返回 null。注意，返回的类型是 String 字符串类型。

☑ setItem(key, value)：设置指定 key 的内容的值为 value。

☑ removeItem(key)：根据指定的 key，删除键值为 key 的内容。

☑ clear：清空 WebStorage 的内容。

可以看到，WebStorage API 的操作机制实际上是对键值对进行的操作。下面是一些相关的应用：

☑ 数据的存储与获取。

在 localStorage 中设置键值对数据可以应用 setItem()，代码如下：

```
localStorage.setItem("key", "value);
```

获取数据可以应用 getItem()，代码如下：

```
var val = localStorage.getItem("key");
```

当然也可以直接使用 localStorage 的 key 方法，而不使用 setItem 和 getItem 方法，代码如下：

```
localStorage.key = "value";
var val = localStorage.key;
```

HTML5 存储是基于键值对（key/value）的形式存储的，每个键值对称为一个项（item）。

存储和检索数据都是通过指定的键名，键名的类型是字符串类型。值可以是包括字符串、布尔值、整数，或者浮点数在内的任意 JavaScript 支持的类型。但是，最终数据是以字符串类型存储的。

调用结果是将字符串 value 设置到 sessionStorage 中，这些数据随后可以通过键 key 获取。调用 setItem()时，如果指定的键名已经存在，那么新传入的数据会覆盖原先的数据。调用 getItem()时，如果传入的键名不存在，那么会返回 null，而不会抛出异常。

☑ 数据的删除和清空。

removeItem()用于从 Storage 列表删除数据，代码如下：

```
var val = localStorage.removeItem(key);
```

也可以通过传入数据项的 key 从而删除对应的存储数据，代码如下：

```
var val = localStorage.removeItem(1);
```

说明

数字 1 会被转换为 string，因为 key 的类型就是字符串。

clear()方法用于清空整个列表的所有数据，代码如下：

```
localStorage.clear();
```

注意

removeItem 可以清除给定的 key 所对应的项，如果 key 不存在则"什么都不做"；clear 会清除所有的项，如果列表本来就是空的就"什么都不做"。

【例 18.5】　使用 localStorage 保存留言内容。（实例位置：光盘\TM\sl\18\5）

（1）创建 index.html，引入 jquery 文件，代码如下：

```
<script type="text/javascript" src="../js/jquery-1.11.1.min.js"></script>
```

（2）使用<table>元素制作留言页面，使表单中包含 2 个 type=" text"的<input>元素和 1 个<textarea>元素，分别用于录入用户名，标题和留言内容，具体代码如下：

```
table   width="761"   border="0"   align="center"   cellpadding="0"   cellspacing="0"   bordercolor="#FEFEFE"
bgcolor="#FFFFFF">
   <form action=""   method="post" name="form1" id="form1">
      <tr>
         <td  width="761"  align="center"  bgcolor="#F9F8EF"><table  width="749"  border="0"  align="center"
cellpadding="0"  cellspacing="0"   style="BORDER-COLLAPSE: collapse">
            <tr>
              <td width="749" height="57" background="images/a_03.jpg">  </td>
            </tr>
            <tr>
              <td   height="36"  colspan="3"  align="left"  background="images/a_05.jpg"  bgcolor="#F9F8EF"
scope="col">        姓  名：
                 <input   name="username" id="username" value="" maxlength="64" type="text" />
                   </td>
            </tr>
            <tr>
              <td height="36" colspan="3" align="left" background="images/a_05.jpg" bgcolor=
"#F9F8EF">        标　题：
                 <input maxlength="64" size="30" name="title" id="title" type="text"/>
```

```
            </td>
        </tr>
        <tr>
            <td height="126" colspan="3" align="left" background="images/a_05.jpg" bgcolor=
"#F9F8EF">        内  容：
                <textarea name="content" cols="60" rows="8" id="content" style=
"background:url(./images/mrbccd.gif)"></textarea>

                    <table width="734" border="0" align="center" cellpadding="0" cellspacing="0">
        <tr>
            <td width="703" height="40" align="center"><input name="button" type="button" id="button"
value="填写留言"/>
        </tr>
        </table>
                </td>
        </tr>
        <tr>
            <td height="35" background="images/a_07.jpg">  </td>
        </tr>
    </table>
    </td>
    </tr>
    </form>
</table>
```

（3）编写 CSS 样式，详细请参见光盘。

（4）编写 jQuery 代码，当文本框和文本域的内容变化时触发 change 事件，将文本框和文本域的值写入 localStorage 中，加载页面时判断，如果 localStorage 存在，则读取 localStorage 中数据并显示在文本框和文本域中，具体代码如下：

```
$(document).ready(function(){
    $("input[type=text],textarea").change(function(){     // 当文本框和文本域内容变化时
// 将当前元素的值写入键值为当前元素 name 值的 localStorage 中
        localStorage[$(this).attr("name")] = $(this).val();
    })
    if(localStorage){                                      // 如果存在 localStorage
        if(localStorage.username){                         // 如果 localStorage 中存在 username 的值
// 将用户名的值设置为 localStorage 中 username 的值
            $("#username").val(localStorage.username);
}
        if(localStorage.title){                            // 如果 localStorage 中存在 title 的值
// 将标题的值设置为 localStorage 中 title 的值
            $("#title").val(localStorage.title);
        }
        if(localStorage.content){                          // 如果 localStorage 中存在 content 的值
// 将留言内容设置为 localStorage 中 content 的值
```

```
            $("#content").val(localStorage.content);
        }
    }
})
```

运行本实例，填写用户名、标题和留言内容，之后重新加载页面，可以看到之前填写的内容都被保存起来，页面运行效果如图 18.10 所示。

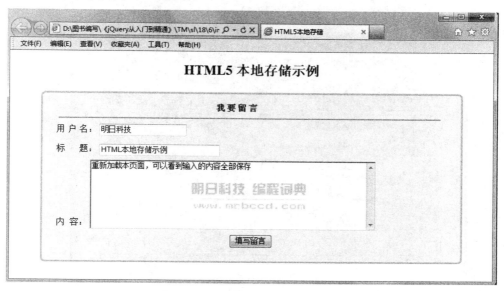

图 18.10　localStorage 存储示例

# 18.3　综合实例：旅游信息网前台页面设计

本实例中的旅游信息网是介绍关于长春旅游信息的网站，该网站主要包括主页、自然风光页、人文气息页、美食页、旅游景点页、名校简介页及留下足迹页等页面。

## 18.3.1　网站预览

旅游信息网由多个网页构成，下面看一下旅游信息网中主要页面的运行效果。

　说明

由于每个子页面中的 header 部分和 footer 部分都是相同的，所以在浏览各个子页面时，主要演示其主体部分的运行效果。

首页主要显示旅游信息网的介绍及相关图片,其运行效果如图 18.11 所示。

图 18.11　旅游信息网首页

自然风光页面主要是介绍长春的一些自然风光,如地理位置、气候等,运行效果如图 18.12 所示。

图 18.12　自然风光页面

人文气息页面主要是对长春的体育事业和科学教育事业进行介绍，其运行效果如图 18.13 所示。

图 18.13　人文气息页面

美食页面主要是介绍长春的一些特色美食，其运行效果如图 18.14 所示。

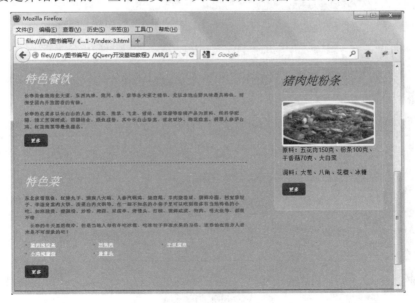

图 18.14　美食页面

旅游景点页面主要是介绍长春的一些旅游景点，其运行效果如图 18.15 所示。

图 18.15　旅游景点页面

名校简介页面主要是介绍长春的知名高等院校，其运行效果如图 18.16 所示。

图 18.16　名校简介页面

留下足迹页面主要是添加了一张 gif 格式的图片，并在其下方载入一段音频文件，当打开本页面时，音频文件会自动播放；另外，在该页的右侧栏添加了一张留言的表单，访客可以在此留言，其运行效果如图 18.17 所示。

图 18.17　留下足迹页面

## 18.3.2　网站主体结构设计

旅游信息网网页的主体结构如图 18.18 所示。

这些网页中有几个主要的 HTML5 结构，分别是：header 元素、aside 元素、section 元素及 footer 元素。

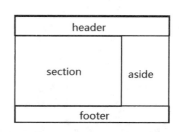

图 18.18　旅游信息网所有页面主题结构图

## 18.3.3　HTML5 结构元素的使用

在设计旅游信息网前台页面时，主要用到了 HTML5 的一些主体结构元素，分别是 header 结构元素、aside 结构元素、section 结构元素和 footer 结构元素，在大型的网站中，一个网页通常都由这几个结构元素组成，下面分别进行介绍。

- ☑　header 结构元素：通常用来展示网站的标题、企业或公司的 logo 图片、广告（Flash 等格式）、网站导航条等。
- ☑　aside 结构元素：通常用来展示与当前网页或整个网站相关的一些辅助信息。例如，在博客网站中，可以用来显示博主的文章列表和浏览者的评论信息等；在购物网站中，可以用来显示商品清单、用户信息、用户购买历史等；在企业网站中，可以用来显示产品信息、企业联系方式、友情链接等。Aside 结构元素可以有很多种形式，其中最常见的形式是侧边栏。
- ☑　section 结构元素：一个网页中要显示的主体内容通常被放置在 section 结构元素中，每个 section

结构元素都应该有一个标题来显示当前展示的主要内容的标题信息。每个 section 结构元素中通常还应该包括一个或多个 section 元素或 article 元素，用来显示网页主体内容中每一个相对独立的部分。

☑ footer 结构元素：通常，每一个网页中都具有 footer 结构元素，用来放置网站的版权声明和备案信息等，也可以放置企业的联系电话和传真等联系信息。

在没有加入任何实际内容之前，这些网页的代码的基本结构如下：

```
<!DOCTYPE html>
<head>
  <title>我爱长春</title>
  <meta charset="utf-8">
  <link rel="stylesheet" href="css/reset.css" type="text/css" media="all">
  <link rel="stylesheet" href="css/grid.css" type="text/css" media="all">
  <link rel="stylesheet" href="css/style.css" type="text/css" media="all">
</head>
<body>
    <header></header>
    <section id="content">
        <article></article>
    </section>
    <aside></aside>
    <footer></footer>
</body>
</html>
```

**说明**

上面代码中，页面开头使用了 HTML5 中的 "<!DOCTYPE html>" 语句来声明页面中将使用 HTML5。在 head 标签中，除了 meta 标签中使用了更简洁的编码指定方式之外，其他代码均与 HTML4 中的 head 标签中的代码完全一致。此页面中使用了很多结构元素，用来替代 HTML4 中的 div 元素，因为 div 元素没有任何语义性，而 HTML5 中推荐使用具有语义性的结构元素，这样做的好处就是可以让整个网页结构更加清晰，浏览器、屏幕阅读器以及其他阅读此代码的人也可以直接从这些元素上分析出网页中什么位置放置了什么内容。

## 18.3.4　网站公共部分设计

在本网站的网页中，有两个公共的部分，分别是 header 元素中的内容和 footer 元素中的内容。这两部分是本站每个网页中都包含的内容，下面具体介绍一下这两个公共部分的主要内容。

### 1. 设计网站 header

header 元素是一个具有引导和导航作用的结构元素，很多企业网站中都有一个非常重要的 header 元素，一般位于网页的开头，用来显示企业名称、企业 logo 图片、整个网站的导航条，以及 Flash 形式的广告条等。

在本网站中，header 元素中的内容包括：网站的 logo 图片、网站的导航以及通过 jQuery 技术来循环显示的特色图片，同时还为这些图片添加了说明性关键字。header 元素中的内容在浏览器中的显示结果如图 18.19 所示。

图 18.19　旅游信息网 header 元素在浏览器中的显示

网站公共部分的 header 元素的结构示意图如图 18.20 所示。

说明

关于 CSS 样式不是本章讲解的重点，因此省略了 CSS 样式部分的代码，读者可参见光盘。

（1）header 元素中显示网站名称的代码分析。在 div 中存放网站的名称及 logo 图片，它在浏览器中的页面显示如图 18.21 所示。

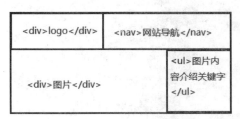

图 18.20　公共部分 header 元素的结构示意图　　图 18.21　网站 logo 及名称的显示

div 元素主要是显示页面左边的 logo 图片，同时通过<h2></h2>显示网站的名称"我爱长春"，并通过<strong>属性对"长春"两个字进行了加粗。其实现的代码如下：

```
<div class="logo">
    <h2>我爱<strong>长春</strong></h2>
</div>
```

399

（2）header 元素中 nav 元素的代码分析。nav 元素是一个可以用作页面导航的连接组，其中的导航元素链接到其他页面或当前页面的其他部分。nav 元素可以被放置在 header 元素中，作为整个网站的导航条来使用。nav 元素中可以存放列表或导航地图，或其他任何可以放置一组超链接的元素。在本网站中，网站标题部分的 nav 元素中放置了一个导航地图，如图 18.22 所示。

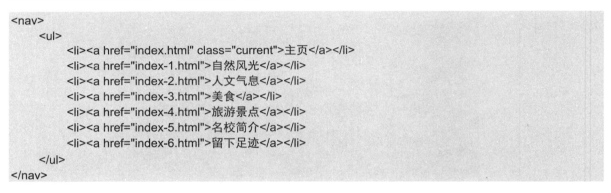

图 18.22 应用 nav 元素实现的网站导航条

Header 元素中应用到的 nav 元素的代码如下：

```
<nav>
    <ul>
        <li><a href="index.html" class="current">主页</a></li>
        <li><a href="index-1.html">自然风光</a></li>
        <li><a href="index-2.html">人文气息</a></li>
        <li><a href="index-3.html">美食</a></li>
        <li><a href="index-4.html">旅游景点</a></li>
        <li><a href="index-5.html">名校简介</a></li>
        <li><a href="index-6.html">留下足迹</a></li>
    </ul>
</nav>
```

（3）header 元素中显示宣传图片代码分析。接下来，看一下在 header 元素中显示宣传图片，这些宣传图片被放置在 div 元素中，该元素中放置 3 张图片，并通过 jQuery 技术循环播放这 3 张图片；同时，在宣传图片的右侧显示对应的说明性文字，这些文字的显示是以列表形式出现的。宣传图片在浏览器中显示的结果如图 18.23 所示。

图 18.23 通过 jQuery 技术在 header 元素中实现图片的循环播放

实现的主要代码如下：

```
<div class="rap">
    <a href="#"><img src="images/big-img1.jpg" alt="" width="571" height="398"></a>
    <a href="#"><img src="images/big-img2.jpg" alt="" width="571" height="398"></a>
    <a href="#"><img src="images/big-img3.jpg" alt="" width="571" height="398"></a>
```

```html
</div>
<ul class="pagination">
    <li>
        <a href="#" rel="0">
            <img src="images/f_thumb1.png" alt="">
            <span class="left">
                北国风光<br />
                万里雪飘<br />
            </span>
            <span class="right">
                堆雪人<br />
                溜爬犁<br />
            </span>
        </a>
    </li>
    <li>
        <a href="#" rel="1">
            <img src="images/f_thumb2.png" alt="">
            <span class="left">
                净月潭<br />
                33568 平方米<br />
                樟子松
            </span>
            <span class="right">
                夏避暑<br />
                秋赏叶<br />
                冬玩雪
            </span>
        </a>
    </li>
    <li>
        <a href="#" rel="2">
            <img src="images/f_thumb3.png" alt="">
            <span class="left">
                伪满洲国<br />
                红色旅游<br />
                跑马场
            </span>
            <span class="right">
                中和门<br />
                同德殿<br />
                怀远楼
            </span>
        </a>
    </li>
</ul>
```

jQuery 代码如下：

```javascript
$(function(){
```

```
        // faded slider
        $("#faded").faded({
                speed: 500,
                autoplay: 5000,
                autorestart: 3000,
                autopagination:false
        });
})
```

本案例中实现图片切换是使用 jQuery 的 faded 插件，其中 faded()方法中的 speed 是设置从一张图片切换到另一张图片的速度；autoplay 用来设置自动播放，5000 毫秒切换一次图片，如果设置为 false 则只能手动切换图片；autopagination 是用来设置是否自动添加分页标记，本实例我们自己书写了分页的样式，因此不需要该插件为我们自动添加分页图标。插件中的其他参数使用插件 jquery.faded.js 中的默认设置，具体设置为：

```
$.fn.faded.defaults = {
        speed: 300,
        crossfade: false,
        bigtarget: false,
        loading: false,
        autoheight: false,
        pagination: "pagination",
        autopagination: true,
        nextbtn: "next",
        prevbtn: "prev",
        loadingimg: false,
        autoplay: false,
        autorestart: false,
        random: false
};
```

### 2. 设计网站 footer

footer 元素专门用来显示网站、网页或内容区块的脚注信息，在企业网站中的 footer 结构元素通常用来显示版权声明、备案信息、企业联系电话及网站制作单位等内容。

本实例中，网站页面的 footer 元素在浏览器中的显示结果如图 18.24 所示。

版权所有：吉林省明日科技有限公司 地址：长春市南关区卫星广场明珠小区B16-4 电话：400-675-1066

图 18.24　通过 footer 元素实现的网站版权说明

footer 元素中的内容相对来说比较简单，它存放了两个 div 元素，其中上面的 div 元素用来设置 footer 的样式，类名为 container_16，第二个 div 元素中存放版权信息、公司地址、公司电话等。其实现的主要代码如下：

```
<footer>
        <div class="container_16">
                <div id="main">
```

```
            版权所有：<strong>吉林省明日科技有限公司</strong>   
            地址：长春市二道区东盛大街 89 号亚泰广场 C 座 2205 室   
            电话：400-675-1066
        </div>
    </div>
</footer>
```

## 18.3.5　网站主页设计

在 18.3.4 节中，我们介绍了旅游信息网的公共部分，本节将对如何使用 HTML5 结构元素设置网站主页进行详细讲解。

### 1. 网站介绍及相关图片

在 HTML5 网站中，每个网页所展示的主体内容通常都存放在 section 结构元素中，而且通常带有一个标题元素 header。在主页中，网站介绍及相关图片的显示结果如图 18.25 所示。

图 18.25　网站介绍及相关图片的显示

在主页中，页面主体 section 元素中显示了长春的简介，以及一些精美的图片，其结构相对来说比较简单，主要是通过 article 元素组成的。主页中的 section 元素内容的代码如下：

```
<section id="mainContent" class="grid_10">
    <article>
        <h2>长春欢迎你</h2>
```

```
            <h3>长春，吉林省省会...中国特大城市之一。</h3>
            <h4>长春地处东北平原中央，是东北地区天然地理中心，东北亚几何中心，东北亚十字经济走廊核心。
总面积 20604 平方公里。</h4>
            <p>新的长春，...都注定了长春必定辉煌！</p>
            <a href="#" class="button">更多</a>
        </article>
        <article class="last">
            <h2>魅力长春</h2>
            <h5>    长春素有"汽车城""电影城""光电之城""科技文化城""大学之城""森林城""雕
塑城"的美誉，是中国汽车、电影、光学、生物制药、轨道客车等行业的发源地。</h5>
            <ul class="img-list clearfix">
                <li><a href="#"><img src="images/thumb1.jpg" alt=""></a></li>
                <li><a href="#"><img src="images/thumb2.jpg" alt=""></a></li>
                <li><a href="#"><img src="images/thumb3.jpg" alt=""></a></li>
                <li><a href="#"><img src="images/thumb4.jpg" alt=""></a></li>
                <li><a href="#"><img src="images/thumb5.jpg" alt=""></a></li>
                <li><a href="#"><img src="images/thumb6.jpg" alt=""></a></li>
                <li><a href="#"><img src="images/thumb7.jpg" alt=""></a></li>
                <li><a href="#"><img src="images/thumb8.jpg" alt=""></a></li>
                <li><a href="#"><img src="images/thumb9.jpg" alt=""></a></li>
            </ul>
            <a href="#" class="button">更多</a>
        </article>
    </section>
</section>
```

第一个<article>显示了关于长春的介绍性文字，其主要是通过标题文字标记的使用，来达到文字的层次效果。第二个<article>显示了关于长春的荣誉称号，并通过列表的形式来展示图片，使页面显示效果更加美观。

### 2．左侧导航的实现

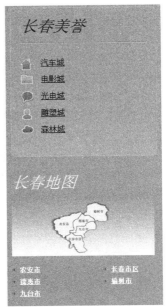

Aside 元素用来显示当前网页主体内容之外的、与当前网页显示内容相关的一些辅助信息。例如，可以是一些关于网站的宣传语，或者是网站管理者认为比较重要的信息。Aside 元素的显示形式可以是多种多样的，其中最常用的形式是侧边栏的形式。在主页中的 aside 元素内应用到两个 article 元素，一个 article 元素用以显示对长春一些特点的概述，当单击这些概述的文字时，将以定义列表的形式，对这些概述的文字进行解释；另外一个 article 元素显示一张长春区域的地图，并在图片的下方对各区的名称进行链接。主页左侧导航在浏览器中的效果如图 18.26 所示。

主页中的 aside 元素的代码如下：

图 18.26　主页左侧导航

```
<aside class="grid_6">
    <div class="prefix_1">
        <article>
            <div class="box">
                <h2>长春美誉</h2>
```

```
<dl class="accordion">
    <dt><img src="images/icon1.gif" alt=""><a href="#">汽车城</a></dt>
    <dd>中国第一汽车集团公司是中国最大的汽车工业科研生产基地，汽车产量占全国总
产量的五分之一</dd>
    <dt><img src="images/icon2.gif" alt=""><a href="#">电影城</a></dt>
    <dd>长春电影制片厂是新中国电影事业的"摇篮"，为弘扬电影文化，长春市政府自
九二年以来，每两年举办一届长春电影节，邀请国内外电影界知名人士和电影厂商汇聚长春，共创电影辉煌</dd>
    <dt><img src="images/icon3.gif" alt=""><a href="#">光电城</a></dt>
    <dd>在光学电子、激光技术、高分子材料、生物工程等方面的研究居全国领先地位，
有的已经达到国际先进水平</dd>
    <dt><img src="images/icon4.gif" alt=""><a href="#">雕塑城</a></dt>
    <dd>长春雕塑公园</dd>
    <dt><img src="images/icon5.gif" alt=""><a href="#">森林城</a></dt>
    <dd>著名的净月潭森林旅游区总面积 478.7 平方公里，有亚洲最大的人工森林</dd>
</dl>
        </div>
    </article>
    <article class="last">
        <h2>长春地图</h2>
        <p><img src="images/map.jpg" alt=""></p>
        <div class="wrapper">
            <ul class="list1 grid_3 alpha">
                <li><a href="#">农安市</a></li>
                <li><a href="#">德惠市</a></li>
                <li><a href="#">九台市</a></li>
            </ul>
            <ul class="list1 grid_2 omega">
                <li><a href="#">长春市区</a></li>
                <li><a href="#">榆树市</a></li>
            </ul>
        </div>
    </article>
    </div>
</aside>
```

其中，对目录列表实现的下拉式显示，是通过 javascript 脚本与 jQuery 脚本实现的，具体的实现代码如下：

```
<script type="text/javascript">
    $(function(){
        $(".accordion dt").toggle(function(){
            $(this).next().slideDown();
        }, function(){
            $(this).next().slideUp();
        });
    })
</script>
```

## 18.3.6 "留下足迹"页面设计

在"留下足迹"页面中，除了添加了公共部分的 header 和 footer 外，还借助 section 元素和 aside 元素实现了音乐播放和添加留言的功能，下面对如何设计并实现"留下足迹"页面进行详细讲解。

### 1．音乐播放

"留下足迹"页面的主体内容相对来说比较简单，主要是添加了一张 gif 格式的图片，选择添加 gif 格式的图片，因为可以"闪动"，从而使整个页面增加一些生机。在该图片的下方，通过 audio 标签，加载了一段音频，并将其设置为自动播放，这样当进入这个网页的时候，不但可以看到美丽的画面，还可以听到一首好听的歌曲。当然，这里读者也可以通过设置背景音乐的形式，达到以上效果。但是为了显示 HTML5 的强大功能，这里使用了 audio 标签来加载音频。当然更好的办法是直接通过 video 标签加载一段视频，这样整个页面的效果会更绚丽。"留下足迹"页面中的播放音乐功能的效果如图 18.27 所示。

图 18.27　"留下足迹"页面的播放音乐功能

播放音乐功能的实现代码如下：

```
<section id="mainContent" class="grid_10">
    <article>
        <h2>雪景</h2>
        <img src="images/7page-img1.gif" alt="" width="600">
        <h2>听一首关于雪的歌曲</h2>
        <audio  src="music/xr.mp3" controls="controls"    autoplay=
"autoplay"></audio>
        </article>
</section>
```

**2．添加留言功能**

在"留下足迹"页面中，使用 aside 元素实现了添加留言的功能，其运行效果如图 18.28 所示。

使用 aside 元素实现添加留言功能的主要代码如下：

```
<form action="" id="contacts-form">
    <label><span>姓名：</span><input type="text" /></label>
    <label><span>E-mail: </span><input type="text" /></label>
    <span>留言：</span><textarea></textarea></div>
    <a href="#" onclick="document.getElementById('contacts-form').
submit()" class="button">提交</a>
    <a href="#" onclick="document.getElementById('contacts-form').
submit()" class="button">重置</a></div>
</form>
```

图 18.28　添加留言功能

 **说明**

该网站只是一个前台展示页面，故所有的链接都为空链接。读者可以自行开发本站的后台程序，最终实现一个前台与后台交互的完整网站。

# 18.4　小　　结

本章选取了 jQuery 和 HTML5 结合的常用案例，由浅入深地讲解了 jQuery 操作 HTML 的过程。最后通过一个综合实例完整展示了项目开发的流程。相信通过本章内容的学习，读者可以初步掌握使用 jQuery 操作 HTML5 应用的基本方法和步骤。

# 18.5　练习与实践

（1）绘制一个绿色的圆形。（答案位置：光盘\TM\sl\18\6）

（2）实现图片旋转 180 度效果。（答案位置：光盘\TM\sl\18\7）

# 第**19**章

## jQuery Mobile

( 📹 视频讲解: 25 分钟 )

jQuery Mobile 是基于 jQuery 的针对触屏智能手机与平板电脑的 Web 开发框架,是兼容所有主流移动设备平台并支持 HTML5 的用户界面设计系统。本章介绍使用 jQuery Mobile 开发移动 Web 应用程序的基本方法。

通过阅读本章,您可以:

▶▶ 了解 jQuery Mobile
▶▶ 掌握 jQuery Mobile 的安装和使用
▶▶ 掌握对话框的设计
▶▶ 掌握各种弹出框效果
▶▶ 掌握工具栏设计
▶▶ 掌握按钮设计
▶▶ 了解列表设计
▶▶ 了解 jQuery Mobile API 接口应用

# 19.1　初识 jQuery Mobile

一直以来 jQuery 都是为 Web 浏览器设计的，并没有为移动应用程序设计。jQuery Mobile 正是为 jQuery 在移动设备上应用所设计和编写的。它基于 jQuery 库并使用了 HTML5 和 CSS3 这些新技术，它可以用于创建移动 Web 应用的前端开发框架，应用于智能手机与平板电脑。使用这个框架，可以节省大量的 JavaScirpt 代码。

## 19.1.1　jQuery Mobile 工作原理

jQuery Mobile 的工作原理是：通过提供可触摸的 UI 小部件和 Ajax 导航系统，使页面支持动画式切换效果，以页面中的元素标记为事件驱动对象。当触摸或点击时进行触发。最后，在移动终端的浏览器中实现一个个应用程序的动画展示效果。

## 19.1.2　jQuery Mobile 的主要特性

jQuery Mobile 有以下主要特性。

- ☑ 极好的跨平台支持。jQuery Mobile 支持各种平台，如主流的 iOS、Android、Nokia/Symbian、Blackberry、Windows Mobile，还有其他的如 bada、Palm WebOS 和 MeeGo 等，因此无论是手机和平板都可以轻松运行 jQuery Mobile 设计的 Web 程序。
- ☑ 轻量级的库。基于速度考虑，对图片的依赖也降到最小。
- ☑ HTML5 标记驱动的配置。快速开发页面，最小化的脚本能力需求。
- ☑ 渐进的功能增强。前端设计时通过渐进增强功能来设计一直也是 Kayo 的设计想法，因为不同的平台，不同的设备有不同的 Web 环境，所以对于一些出色的前端效果很难保证在每台设备上都呈现相同的效果。因此，与其为了在所有设备上做到一样的效果而降低整体的前端样式，不如对于好的设备可以呈现更出色的效果，而基本的效果就兼容所有的设备。jQuery Mobile 的设计也是如此，核心的功能支持所有的设备，而较新的设备则可以获得更为优秀的页面效果。
- ☑ 自动初始化。通过在一个页面的 HTML 标签中使用 data-role 属性，jQuery Mobile 可以自动初始化相应的插件，这些都基于 HTML5。
- ☑ 易用性。一些特性比如 WAI-ARIA 也包含在内，以确保页面也可以在一些屏幕阅读器或者其他手持设备中正常工作。
- ☑ 优化触摸体验。jQuery Mobile 进行了触摸屏的优化，在 Kayo 使用 jQuery 做一些手机网页前端时，发现了一些简单的动画在手机运行时并不流畅，对于触摸板的用户更是一种较差的用户体验。因此 jQuery Mobile 进行了触摸屏优化。
- ☑ 新的布局控件。jQuery Mobile 提供了一个能适应不同设备的动态触摸 UI，其中包含基本的布局控件（列表、面板等本地控件），另外还有一套表单控件和新的 UI 插件。

☑ 强大的主题化框架。在 jQuery Mobile 中，所有的布局和小工具都是被设计为面向对象的 CSS 框架，前端开发用户可以方便地去设计页面或 Web 程序的 UI，并做出非常个性化的主题。

# 19.2　jQuery Mobile 安装和使用

去官方下载最新的 jQuery Mobile 版本，下载地址为 http://jquerymobile.com/download/。在此我们下载目前最新版本 jQuery Mobile1.4.5。

使用 jQuery Mobile 只需要引入相应的脚本文件以及 CSS 样式文件。在引入 jQuery Mobile 脚本之前还需要引用 jQuery 脚本。代码如下：

```
<script type="text/javascript" src="../js/jquery-1.11.1.min.js"></script>
```

引用 jQuery Mobile 脚本和 CSS 文件的代码一般放在网页头部，即<head>和</head>之间，例如下面是完整引用 jQuery Mobile 脚本和 CSS 文件的代码：

```
<link href="css/jquery.mobile-1.4.5.css" rel="stylesheet" type="text/css" />
<script type="text/javascript" src="js/jquery-1.11.1.min.js"></script>
<script type="text/javascript" src="js/jquery.mobile-1.4.5.min.js"></script>
```

# 19.3　第一个 jQuery Mobile 实例

在开发第一个实例以前，我们建议在页面中都使用 HTML5 标准的页面声明和标签。因为移动设备浏览器对 HTML5 标准的支持程度远远优于 PC 设备，因此使用简洁的的 HTML5 标准可以更加高效地进行开发，避免因为声明错误而出现的兼容性问题。下面来开发第一个 jQuery Mobile 页面。

**说明**

为保证在 PC 端更好地浏览 jQuery Mobile 页面的最终效果，可以下载 opera 公司的移动模拟器 Opera Mobile Emulator，本章的所有实例都在该模拟器中演示。

【例 19.1】　第一个 jQuery Mobile 实例。（**实例位置：光盘\TM\sl\19\1**）

（1）创建一个名称为 index.html 的文件，在该文件的<head>标记中应用下面的语句引入 jQuery Mobile 的 CSS 样式文件。具体代码如下：

```
<link href="../css/jquery.mobile-1.4.5.css" rel="stylesheet" type="text/css" />
```

（2）引入 jQuery 以及 jQuery Mobile 的 js 文件，具体代码如下：

```
<script type="text/javascript" src="../js/jquery-1.11.1.min.js"></script>
<script type="text/javascript" src="../js/jquery.mobile-1.4.5.min.js"></script>
```

（3）在<body>标签下使用<h2>标签输出标题内容，之后在它的下方输出一句话，具体代码如下：

```
<div data-role="page">
<div data-role="header"><h2>jQuery Mobile</h2></div>
<div data-role="content"><p>梦想，无论大小，都给它一个可以绽放的机会！</p></div>
<div data-role="footer">
<h4>copyright www.mingrisoft.com All Right Reserved!</h4>
</div>
```

在模拟器中运行该实例，运行后效果如图 19.1 所示。

图 19.1　第一个 jQuery Mobile 实例

**注意**

默认情况下，移动设备的浏览器会像大屏幕的 Web 浏览器那样显示页面，宽度达到了 960 像素，然后缩小内容以适应移动设备的小屏幕。因此，用户在移动设备看到的页面字体比较小，必须要放大才可以看清楚。在这里可以使用特殊的 Meta 元素来进行纠正，常见设置如下：

`<meta name="viewport" content="width=device-width,initial-scale=1.user-scalable=no" />`

这行代码的功能是：设置移动设备中浏览器缩放的宽度与等级，使页面的宽度与移动设备的屏幕宽度相同，更加适合用户浏览。

添加的属性名有"data-"前缀，它的具体内容如下表 19.1 所示。

表 19.1　data-role 属性

| 类　　型 | 说　　明 | 示　　例 |
|---|---|---|
| Button | 设置元素为 button 类型 | data-role='button' |
| Checkbox | 设置元素为复选框类型，只需要设置 type='checkbox'，不需要 data-role | data-role='checkbox' |
| Collapsible | 设置元素为一个包裹标题和内容的容器 | data-role='collapsible' |
| Collapsible set | 设置元素为一个包裹 collapsible 的容器 | data-role='collapsible-set' |

| 类　型 | 说　明 | 示　例 |
|---|---|---|
| Content | 设置元素为一个内容容器 | data-role='content' |
| Dialog | 设置元素为一个对话框 | data-role='dialog' |
| Field container | 设置元素为一个区域包裹容器，包含 label/form 的元素对 | data-role='fieldcontain' |
| Flip toggle switch | 设置元素为一个翻转切换元素 | data-role='slider' |
| Footer | 页面页脚容器 | data-role='footer' |
| Header | 页面标题容器 | data-role='header' |
| Link | 链接元素，它共享 button 的属性 | data-role='button' |
| Navbar | 设置元素为一个导航栏 | data-role='navbar' |
| Listview | 设置元素为一个列表视图 | data-role='listview' |
| Page | 设置元素为一个页面容器 | data-role='page' |
| Select | 设置元素为一个下拉框，不需要 data-role | `<select></select>` |
| Slider | 设置元素为一个有范围值的文本框 | data-role='slider' |
| Radio button | 设置元素为一个单选框，不需要 data-role | type='radio' |
| Text input &Textarea | 设置元素为一个文本框、数字框、搜索框 | type='text\|number\|search'等 |

本实例中将第一个<div>元素的 data-role 属性值设置为 page，形成一个容器，然后在容器中分别添加 3 个<div>元素，并依次将每个<div>元素的 data-role 属性设置为 header、content、footer，从而形成了一个标准的 jQuery Mobile 页面的框架，并在 data-role 的属性值为 content 的区域显示"梦想，无论大小，都给它一个可以绽放的机会！"字样。

# 19.4　jQuery Mobile 组件

jQuery Mobile 提供一组用于设计移动终端用户界面的组件，包括页面、对话框、工具栏、按钮、表单和列表等。

## 19.4.1　页面设计

本节主要对页面设计、对话框设计、弹出框、工具栏设计和按钮设计进行讲解。

### 1．定义多个页面

在上一实例当中，介绍了定义了单个页面。本节介绍定义多个页面的方法。

【例 19.2】　使用 jQuery Mobile 定义多个页面。（实例位置：光盘\TM\sl\19\2）

（1）创建一个名称为 index.html 的文件，在该文件的<head>标记中应用下面的语句引入 jQuery Mobile 的 CSS 样式文件。具体代码如下：

```
<link href="../css/jquery.mobile-1.4.5.css" rel="stylesheet" type="text/css" />
```

（2）引入 jQuery 以及 jQuery Mobile 的 js 文件，具体代码如下：

```
<script type="text/javascript" src="../js/jquery-1.11.1.min.js"></script>
<script type="text/javascript" src="../js/jquery.mobile-1.4.5.min.js"></script>
```

（3）在<body>标签下定义两个页面，id 分别为"pageone""pagetwo"，并使用超链接在页面间跳转，具体代码如下：

```
<div id="pageone" data-role="page">
<div data-role="header"><h2>jQuery 类书籍</h2></div>
<div data-role="content"><p>《jQuery 从入门到精通》《jQuery 开发基础教程》</p></div>
<p><a href="#pagetwo" data-role="button">PHP 类书籍</a></p>
<div data-role="footer">
<h4>这是第一个页面的尾部信息</h4>
</div>
</div>

<div id="pagetwo" data-role="page">
<div data-role="header"><h2>PHP 类书籍</h2></div>
<div data-role="content"><p>《PHP 从入门到精通》《PHP 必须知道的 300 个问题》</p></div>
<p><a href="#pageone" data-role="button">jQuery 类书籍</a></p>
<div data-role="footer">
<h4>这是第二个页面的尾部信息</h4>
</div>
</div>
```

在模拟器中运行该实例，单击如图 19.2 所示页面中的"PHP 类书籍"可以从"jQuery 类书籍"页面跳入到如图 19.3 所示的"PHP 类书籍"页面。

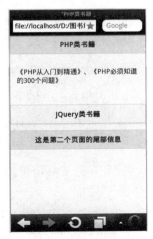

图 19.2　jQuery 类书籍页　　　　图 19.3　PHP 类书籍页

### 2．页面加载组件

浏览器在加载比较复杂的网页时会消耗比较长的时间，继而出现假死现象。jQuery Mobile 提供了一种页面加载组件，可以很方便地显示一个提示加载页的对话框，从而使用户界面更加友好。

使用$.mobile.loading()方法显示或隐藏页面加载组件，语法如下：

```
$.mobile.loading(actionStr,{
    text:显示的文本,
    textVisible:是否显示文本,
    theme:主题,
    html:HTML 格式
});
```

参数说明：

☑ actionStr：指定如何操作页面加载组件的字符串。使用 show 表示显示提示加载网页的对话框，使用 hide 表示隐藏提示加载网页的对话框。

☑ text：指定在提示加载网页的对话框中显示的字符串。

☑ textVisible：如果为 true，则在提示加载网页的对话框中的螺旋动画下面显示说明文字。

☑ theme：指定提示加载网页的对话框的主题。主题在 jquery.mobile-xxx.css 中定义，可以使用一个字母字符串表示，例如："a"。

☑ html：指定提示加载网页的对话框的内部 HTML 格式。例如，html："<span class="ui-iconui-icon-loading"><img src="jquery-logo.png" /><h2>jQuery Mobile</h2></span>"。通常使用它设计自定义的提示加载网页的对话框。

### 3．主题样式

jQuery Mobile 自带了一些可以帮助开发人员快速修改页面 UI 的主题样式，我们只需要在组件上添加 data-theme 属性即可，它的值分别是 a、b、c、d、e。jQuery Mobile 也提供了一个强大的 ThemeRoller 组件，可以帮助我们自定义主题，下载地址为 http://jquerymobile.com/themeroller。

【例 19.3】 显示和隐藏加载网页的对话框。（实例位置：光盘\TM\sl\19\3）

（1）创建一个名称为 index.html 的文件，在该文件的<head>标记中应用下面的语句引入 jQuery Mobile 的 CSS 样式文件。具体代码如下：

```
<link href="../css/jquery.mobile-1.4.5.css" rel="stylesheet" type="text/css" />
```

（2）引入 jQuery 以及 jQuery Mobile 的 js 文件，具体代码如下：

```
<script type="text/javascript" src="../js/jquery-1.11.1.min.js"></script>
<script type="text/javascript" src="../js/jquery.mobile-1.4.5.min.js"></script>
```

（3）在<body>标签下定义两个按钮，分别用来显示加载对话框和隐藏加载的对话框，具体代码如下：

```
<button class="show-page-loading-msg" data-theme="a">显示加载网页的对话框</button>
<button class="hide-page-loading-msg" data-theme="a">隐藏加载网页的对话框</button>
```

在模拟器中运行该实例，单击页面中的"显示加载网页的对话框"按钮，效果如图 19.4 所示；单击页面中的"隐藏加载网页的对话框"按钮，效果如图 19.5 所示。

图 19.4　显示加载对话框

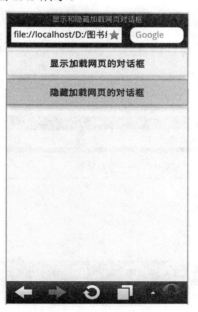

图 19.5　隐藏加载对话框

## 19.4.2　对话框设计

在 jQuery Mobile 中，创建对话框的方式十分方便，只需要在指向页面的链接元素中添加一个 data-rel 属性并将该值设置为 dialog，单击该链接时，打开的页面将以一个对话框的形式展示在浏览器中，而当单击对话框中的任意链接时，打开的对话框将自动关闭并以"回退"的形式切换至上一页中。

【例 19.4】　jQuery Mobile 实现对话框。（**实例位置：光盘\TM\sl\19\4**）

（1）创建一个名称为 index.html 的文件，在该文件的<head>标记中应用下面的语句引入 jQuery Mobile 的 CSS 样式文件。具体代码如下：

```
<link href="../css/jquery.mobile-1.4.5.css" rel="stylesheet" type="text/css" />
```

（2）引入 jQuery 以及 jQuery Mobile 的 js 文件，具体代码如下：

```
<script type="text/javascript" src="../js/jquery-1.11.1.min.js"></script>
<script type="text/javascript" src="../js/jquery.mobile-1.4.5.min.js"></script>
```

（3）在<body>标签下定义页面头部以及打开对话框的超链接，具体代码如下：

```
<div id="page" data-role="page" class="type-interior">
<div data-role="header" data-theme="f">
    <h1>jQuery Mobile 对话框</h1>
</div>
<div data-role="content">
```

```
    <a href="dialog.html" data-role="button" data-inline="true" data-rel="dialog" data-transition="pop">打开对
话框</a>
</div>
</div>
```

在模拟器中运行该实例，单击如图 19.6 所示的"打开对话框"超链接，打开如图 19.7 所示的
dialog.html 页面。

图 19.6　index.html 界面　　　　　　　　　图 19.7　dialog.html 界面

**注意**

> jQuery Mobile 不支持本地文件跳转，所以要放到服务器上面来运行。本例是将实例放在了
> Apache 的文档根目录下运行。如果直接访问本地文件跳转，则会报 "error loading page" 错误，即
> 文件找不到。

## 19.4.3　弹出框

弹出框（Popup）是 jQuery Mobile 的新组件，可以用于实现一个弹出框、菜单、图片、表单对话
框等，也可以是视频或地图。

可以在<div>元素中使用 data-role= 'popup'属性定义弹出框，例如：

```
<div data-role="popup" id="popupdiv">
    <p>我非常喜欢 jQuery 技术</p>
</div>
```

我们可以使用超链接打开一个弹出框。将 href 属性设置为弹出框的 id，然后将 data-rel 属性设置为
"popup"。

1．简单对话框的实现

【例 19.5】　jQuery Mobile 实现弹出框。（**实例位置：光盘\TM\sl\19\5**）

（1）创建一个名称为 index.html 的文件，在该文件的<head>标记中应用下面的语句引入 jQuery Mobile 的 CSS 样式文件。具体代码如下：

```
<link href="../css/jquery.mobile-1.4.5.css" rel="stylesheet" type="text/css" />
```

（2）引入 jQuery 以及 jQuery Mobile 的 js 文件，具体代码如下：

```
<script type="text/javascript" src="../js/jquery-1.11.1.min.js"></script>
<script type="text/javascript" src="../js/jquery.mobile-1.4.5.min.js">
</script>
```

（3）在<body>标签下定义一个按钮，单击该按钮时打开一个弹出框，单击页面空白区域时，弹出框可以关闭，具体代码如下：

```
<div id="pageone" data-role="page">
<div data-role="header"><h2>jQuery Mobile 弹出框</h2></div>
<div data-role="popup" id="popupdiv">
    <p>jQuery 类书籍------这是一个简单弹出框</p>
</div>
<a href="#popupdiv" data-role="button" data-rel="popup">单击打开弹出框</a>
</div>
```

在模拟器中运行该实例，运行后效果如图 19.8 所示。

图 19.8　jQuery Mobile 实现对话框

2．弹出框菜单

【例 19.6】　jQuery Mobile 实现弹出菜单框。（**实例位置：光盘\TM\sl\19\6**）

（1）创建一个名称为 index.html 的文件，在该文件的<head>标记中应用下面的语句引入 jQuery Mobile 的 CSS 样式文件。具体代码如下：

```
<link href="../css/jquery.mobile-1.4.5.css" rel="stylesheet" type="text/css" />
```

（2）引入 jQuery 以及 jQuery Mobile 的 js 文件，具体代码如下：

```
<script type="text/javascript" src="../js/jquery-1.11.1.min.js"></script>
<script type="text/javascript" src="../js/jquery.mobile-1.4.5.min.js"></script>
```

（3）在<body>标签下定义一个按钮，单击该按钮时弹出一个菜单框，单击页面空白区域时，弹出框关闭，具体代码如下：

```
<div id="pageone" data-role="page">
<div data-role="header"><h2>jQuery Mobile 弹出框</h2></div>
<div data-role="popup" id="menu" data-theme="a">
<ul data-role="listview" data-inset="true" style="min-width:260px;" data-theme="b">
<li data-role="divider" data-theme="a">编程词典分类</li>
<li><a href="#">编程词典（个人版）</a></li>
```

```
<li><a href="#">编程词典（珍藏版）</a></li>
<li><a href="#">编程词典（企业版）</a></li>
<li><a href="#">编程词典（pad 版）</a></li>
</ul>
</div>
<a href="#menu" data-role="button" data-rel="popup" data-inline
="true">弹出框菜单</a>
</div>
```

在模拟器中运行该实例，运行后效果如图 19.9 所示。

### 3．弹出框嵌套菜单

【例 19.7】 jQuery Mobile 实现弹出框嵌套菜单。（**实例位置：光盘\TM\sl\19\7**）

（1）创建一个名称为 index.html 的文件，在该文件的<head>标记中应用下面的语句引入 jQuery Mobile 的 CSS 样式文件。具体代码如下：

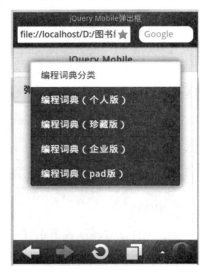

图 19.9 jQuery Mobile 实现弹出框菜单

```
<link href="../css/jquery.mobile-1.4.5.css" rel="stylesheet" type="text/css" />
```

（2）引入 jQuery 以及 jQuery Mobile 的 js 文件，具体代码如下：

```
<script type="text/javascript" src="../js/jquery-1.11.1.min.js"></script>
<script type="text/javascript" src="../js/jquery.mobile-1.4.5.min.js"></script>
```

（3）在<body>标签下定义嵌套菜单，单击页面空白区域时，菜单框可以关闭，具体代码如下：

```
<div id="pageone" data-role="page">
<div data-role="header"><h2>jQuery Mobile 嵌套菜单</h2></div>
<div data-role="popup" id="popupNested" data-theme="none">
<div      data-role="collapsible-set"      data-collapsed-icon="arrow-r"      data-expanded-icon="arrow-d"
style="margin:0;width:250px;">
    <div data-role="collapsible" data-inset="false" data-theme="b">
        <h2>编程词典</h2>
        <ul data-role="listview">
            <li><a href="#" data-rel="dialog">编程词典（个人版）</a></li>
            <li><a href="#" data-rel="dialog">编程词典（珍藏版）</a></li>
            <li><a href="#" data-rel="dialog">编程词典（企业版）</a></li>
            <li><a href="#" data-rel="dialog">编程词典（pad 版）</a></li>
        </ul>
    </div>
    <div data-role="collapsible" data-inset="false" data-theme="b">
        <h2>jQuery 类图书</h2>
        <ul data-role="listview">
            <li><a href="#" data-rel="dialog">《jQuery 从入门到精通》</a></li>
            <li><a href="#" data-rel="dialog">《jQuery 开发基础教程》</a></li>
        </ul>
    </div>
</div>
```

```
        <div data-role="collapsible" data-inset="false" data-theme ="b">
            <h2>PHP 分类图书</h2>
            <ul data-role="listview">
                <li><a href="#" data-rel="dialog">《PHP 从入门到精
通》</a></li>
                <li><a href="#" data-rel="dialog">《PHP 必须知道的
300 个问题》</a></li>
                <li><a href="#" data-rel="dialog">《PHP 开发实战》
</a></li>
                <li><a href="#" data-rel="dialog">《PHP 项目开发案
例整合》</a></li>
            </ul>
        </div>
    </div>
</div>
<a    href="#popupNested"    data-role="button"    data-rel="popup"
data-inline="true">弹出嵌套菜单</a>
</div>
```

图 19.10　jQuery Mobile 实现弹出嵌套菜

在模拟器中运行该实例，运行后效果如图 19.10 所示。

### 4．弹出自定义对话框

【例 19.8】 jQuery Mobile 使用弹出框定义对话框。（**实例位置：光盘\TM\sl\19\8**）

（1）创建一个名称为 index.html 的文件，在该文件的\<head>标记中应用下面的语句引入 jQuery Mobile 的 CSS 样式文件。具体代码如下：

```
<link href="../css/jquery.mobile-1.4.5.css" rel="stylesheet" type="text/css" />
```

（2）引入 jQuery 以及 jQuery Mobile 的 js 文件，具体代码如下：

```
<script type="text/javascript" src="../js/jquery-1.11.1.min.js"></script>
<script type="text/javascript" src="../js/jquery.mobile-1.4.5.min.js"></script>
```

（3）在\<body>标签下定义一个按钮，单击该按钮时，将弹出框定义为对话框，单击"删除"或"取消"按钮，对话框可以关闭，具体代码如下：

```
<div id="pageone" data-role="page">
<div data-role="popup" id="popupCustom" data-theme="a" style="max-width:400px;" class="ui-corner-all">
<div data-role="header" data-theme="b" class="ui-corner-top"><h2>删除信息</h2></div>
<div data-role="content" data-theme="c" class="ui-corner-bottom ui-content">
    <h3 class="ui-title">确认要删除这条信息？</h3>
    <p>此操作无法恢复！</p>
    <a href="#" data-role="button" data-inline="true" data-rel="back" data-theme="a">取消</a>
    <a href="#" data-role="button" data-inline="true" data-rel="back" data-theme="b" data-transition="flow">删
除</a>
</div>
</div>
<a href="#popupCustom" data-role="button" data-rel="popup" data-inline="true" data-rel="back">自定义对话框
</a>
</div>
```

在模拟器中运行该实例，运行后效果如图 19.11 所示。

### 5．弹出自定义表单

【例 19.9】 jQuery Mobile 实现自定义表单框。（**实例位置：光盘\TM\sl\19\9**）

（1）创建一个名称为 index.html 的文件，在该文件的<head>标记中应用下面的语句引入 jQuery Mobile 的 CSS 样式文件。具体代码如下：

```
<link href="../css/jquery.mobile-1.4.5.css" rel="stylesheet" type="text/css" />
```

（2）引入 jQuery 以及 jQuery Mobile 的 js 文件，具体代码如下：

```
<script type="text/javascript" src="../js/jquery-1.11.1.min.js"></script>
<script type="text/javascript" src="../js/jquery.mobile-1.4.5.min.js"></script>
```

（3）在<body>标签下定义一个按钮，单击该按钮时打开一个自定义表单框，单击空白处，表单框可以关闭，具体代码如下：

```
<div id="pageone" data-role="page">
<div data-role="popup" id="popupLogin" data-theme="b" class="ui-corner-all">
<form>
    <div style="padding:10px 20px">
        <h3>登录</h3>
        用户名：<input type="text" name="username" id="username" value="" data-theme="a"/><br/>
        密码：<input type="password" name="pwd" id="pwd" value="" data-theme="a"/><br/>
        <input type="submit" name="submit" value="登录" data-theme="a" />
    </div>
</form>
</div>
<a href="#popupLogin" data-role="button" data-rel="popup" data-inline="true">自定义表单</a>
</div>
```

在模拟器中运行该实例，运行后效果如图 19.12 所示。

图 19.11　jQuery Mobile 实现弹出自定义对话框　　图 19.12　jQuery Mobile 实现自定义表单框

## 19.4.4　工具栏设计

通常情况下，工具栏由移动应用的头部栏、工具条、尾部栏 3 部分组成，分别放置在移动应用程序中的标题部分、内容部分、尾页部分，并通过添加不同样式和定位工具栏的位置，满足和实现各种移动应用的页面需求和效果。

工具栏元素中的头部栏由标题文字和左右两边按钮组成。标题文字通常使用<h>标记，取值范围在 1~6 之间，常用<h1>标记，无论取值多少，在同一个移动应用项目中，都要保持一致。标题文字的左右两边可以分别放置一个或两个按钮，用于标题中的导航操作。

### 1. 头部工具栏

页面头部是页面顶端的工具栏，通常包含页面的标题，也可以增加自定义的按钮。定义头部工具栏的方法如下：

```
<div data-role="header">
<h1>页面标题</h1>
</div>
```

在页面头部工具栏中可以使用 a 元素定义按钮。

【例 19.10】 jQuery Mobile 头部工具栏。（**实例位置：光盘\TM\sl\19\10**）

（1）解压下载好的 jQuery Mobile 文件，将其中的 images 文件夹复制到 css 文件夹中，与 jquery.mobile-1.4.5.css 文件平行。

（2）创建一个名称为 index.html 的文件，在该文件的<head>标记中应用下面的语句引入 jQuery Mobile 的 CSS 样式文件。具体代码如下：

```
<link href="../css/jquery.mobile-1.4.5.css" rel="stylesheet" type="text/css" />
```

（3）引入 jQuery 以及 jQuery Mobile 的 js 文件，具体代码如下：

```
<script type="text/javascript" src="../js/jquery-1.11.1.min.js"></script>
<script type="text/javascript" src="../js/jquery.mobile-1.4.5.min.js">
</script>
```

（4）在<body>标签下定义页面顶端的工具栏，在工具栏中定义"删除"和"保存"按钮，并配以图标，具体代码如下：

```
<div data-role="page">
    <div data-role="header">
        <a href="#" data-icon="delete">删除</a>
        <h1>编辑联系人</h1>
        <a href="#" data-icon="check" data-theme="a">保存</a>
    </div>
</div>
```

在模拟器中运行该实例，运行后效果如图 19.13 所示。

图 19.13　jQuery Mobile 定义头部工具栏

### 2．尾部工具栏

尾部工具栏是页面底端的工具栏。定义尾部工具栏的方法如下：

```
<div data-role="footer">
<h1>尾部内容</h1>
</div>
```

在页面尾部工具栏中可以使用 a 元素定义按钮。

【例 19.11】 在尾部工具栏中定义按钮。（**实例位置：光盘\TM\sl\19\11**）

（1）创建一个名称为 index.html 的文件，在该文件的<head>标记中应用下面的语句引入 jQuery Mobile 的 CSS 样式文件。具体代码如下：

```
<link href="../css/jquery.mobile-1.4.5.css" rel="stylesheet" type="text/css" />
```

（2）引入 jQuery 以及 jQuery Mobile 的 js 文件，具体代码如下：

```
<script type="text/javascript" src="../js/jquery-1.11.1.min.js"></script>
<script type="text/javascript" src="../js/jquery.mobile-1.4.5.min.js"></script>
```

（3）在<body>标签下定义页面顶端的工具栏，在尾部工具栏中定义"添加""向上""向下"按钮，并配以图标，具体代码如下：

```
<div data-role="page">
    <div data-role="header">
        <a href="#" data-icon="delete">删除</a>
        <h1>编辑联系人</h1>
        <a href="#" data-icon="check" data-theme="a">保存</a>
    </div>

    <div data-role="content">
        <p>页面的内容：jQuery Mobile 尾部工具栏</p>
    </div>

    <div data-role="footer" class="ui-bar">
        <a href="#" data-icon="plus" data-role="button">添加</a>
        <a  href="#"  data-icon="arrow-u"  data-role="button">向上</a>
        <a  href="#"  data-icon="arrow-d"  data-role="button">向下</a>
    </div>
</div>
```

图 19.14　在尾部工具栏中定义按钮

在模拟器中运行该实例，运行后效果如图 19.14 所示。

### 3．在头部和尾部中定义导航条工具栏

【例 19.12】 在页面头部和尾部定义导航条工具栏。（**实例位置：光盘\TM\sl\19\12**）

（1）创建一个名称为 index.html 的文件，在该文件的<head>标记中应用下面的语句引入 jQuery Mobile 的 CSS 样式文件。具体代码如下：

```
<link href="../css/jquery.mobile-1.4.5.css" rel="stylesheet" type="text/css" />
```

（2）引入 jQuery 以及 jQuery Mobile 的 js 文件，具体代码如下：

```
<script type="text/javascript" src="../js/jquery-1.11.1.min.js"></script>
<script type="text/javascript" src="../js/jquery.mobile-1.4.5.min.js"></script>
```

（3）在<body>标签下定义页面头部和尾部，以及导航条工具栏，具体代码如下：

```
<div data-role="page">
    <div data-role="header">
        <a href="#" data-icon="delete">删除</a>
        <h1>编辑联系人</h1>
        <a href="#" data-icon="check" data-theme="a">保存</a>
        <div data-role="navbar">
            <ul>
                <li><a href="#">导航 1</a></li>
                <li><a href="#">导航 2</a></li>
                <li><a href="#">导航 3</a></li>
            </ul>
        </div>
    </div>
        <div data-role="content">
        <p>页面的内容：在页面头部和尾部定义导航条工具栏</p>
    </div>
        <div data-role="footer" class="ui-bar">
        <a href="#" data-icon="plus" data-role="button">添加</a>
        <a href="#" data-icon="arrow-u" data-role="button">向上
</a>
        <a href="#" data-icon="arrow-d" data-role="button">向下
</a>
    </div>
</div>
```

图 19.15　jQuery Mobile 导航条工具栏

在模拟器中运行该实例，运行后效果如图 19.15 所示。

## 19.4.5　按钮设计

在 jQuery Mobile 中，按钮由两类元素形成。一类是<a>元素，通过将该元素的 data-role 属性设置为 button，jQuery Mobile 会自动给该元素一些 class 样式属性，形成可以单击的按钮形状；另一类是在表单内，jQuery Mobile 会自动将<input>元素中的 type 属性值为 submit、button、reset、image 形成按钮的样式，无须添加 data-role 属性。另外，在内容中放置按钮时，可以采用内嵌或者按钮组的方式进行排版。

在 jQuery Mobile 中，被样式化的按钮元素默认都是块状，能自动填充页面宽度，也可以取消该默认效果，只需要在按钮的元素中添加 data-inline 属性，并将该属性值设置为 true，则该元素会根据它的内容中文字和图片的宽度自动进行缩放，形成一个宽度紧凑型的按钮。

另外，有时想要对缩放后的按钮进行同行显示，那么可以在多个按钮的外层中增加一个<div>容器，并在容器中将 data-inline 属性设置为 true。这样就可以使容器中的按钮自动通过样式缩放至最小宽度，并且有浮动效果，继而在同一行显示。

在内联按钮中，如果想要使两个以上的按钮既在同一行又通过样式自动平均分配页面宽度，可以使用网格分栏的方式将多个按钮放置在一个分栏后的同一行中。

**1．jQuery Mobile 中各种按钮图标**

【例 19.13】 jQuery Mobile 中各种按钮图标。（**实例位置：光盘\TM\sl\19\13**）

（1）创建一个名称为 index.html 的文件，在该文件的<head>标记中应用下面的语句引入 jQuery Mobile 的 CSS 样式文件，具体代码如下：

```
<link href="../css/jquery.mobile-1.4.5.css" rel="stylesheet" type="text/css" />
```

（2）引入 jQuery 以及 jQuery Mobile 的 js 文件，具体代码如下：

```
<script type="text/javascript" src="../js/jquery-1.11.1.min.js"></script>
<script type="text/javascript" src="../js/jquery.mobile-1.4.5.min.js"></script>
```

（3）在<body>标签下定义一系列按钮图标，具体代码如下：

```
<div data-role="page">
    <a href="index.html" data-role="button" data-icon="arrow-l">左箭头</a>
    <a href="index.html" data-role="button" data-icon="arrow-r">右箭头</a>
    <a href="index.html" data-role="button" data-icon="arrow-u">上箭头</a>
    <a href="index.html" data-role="button" data-icon="arrow-d">下箭头</a>
    <a href="index.html" data-role="button" data-icon="plus">加</a>
    <a href="index.html" data-role="button" data-icon="minus">减</a>
    <a href="index.html" data-role="button" data-icon="delete">删除</a>
    <a href="index.html" data-role="button" data-icon="check">保存</a>
    <a href="index.html" data-role="button" data-icon="home">首页</a>
    <a href="index.html" data-role="button" data-icon="info">信息</a>
    <a href="index.html" data-role="button" data-icon="grid">网格</a>
    <a href="index.html" data-role="button" data-icon="gear">齿轮</a>
    <a href="index.html" data-role="button" data-icon="search">搜索</a>
    <a href="index.html" data-role="button" data-icon="back">后退</a>
    <a href="index.html" data-role="button" data-icon="forward">向前</a>
    <a href="index.html" data-role="button" data-icon="refresh">刷新</a>
    <a href="index.html" data-role="button" data-icon="star">星星</a>
    <a href="index.html" data-role="button" data-icon="alert">提醒</a>
</div>
```

在模拟器中运行该实例，运行后效果如图 19.16 所示。

图 19.16　jQuery Mobile 各种按钮图标样式

## 2．内联按钮

【例 19.14】　jQuery Mobile 实现内联按钮。（**实例位置：光盘\TM\sl\19\14**）

（1）创建一个名称为 index.html 的文件，在该文件的<head>标记中应用下面的语句引入 jQuery Mobile 的 CSS 样式文件。具体代码如下：

```
<link href="../css/jquery.mobile-1.4.5.css" rel="stylesheet" type="text/css" />
```

（2）引入 jQuery 以及 jQuery Mobile 的 js 文件，具体代码如下：

```
<script type="text/javascript" src="../js/jquery-1.11.1.min.js"></script>
<script type="text/javascript" src="../js/jquery.mobile-1.4.5.min.js"></script>
```

（3）在<body>标签下定义内联按钮，具体代码如下：

```
<div data-role="page">
    <a href="index.html" data-role="button" data-icon="delete" data-inline="true"
data-mini="true">删除</a>
    <a href="index.html" data-role="button" data-icon="check" data-inline="true"
data-mini="true">保存</a>
</div>
```

在模拟器中运行该实例，运行后效果如图 19.17 所示。

图 19.17　内联按钮

### 3．分组按钮

【例 19.15】 jQuery Mobile 实现分组按钮。（实例位置：光盘\TM\sl\19\15）

（1）创建一个名称为 index.html 的文件，在该文件的<head>标记中应用下面的语句引入 jQuery Mobile 的 CSS 样式文件。具体代码如下：

```
<link href="../css/jquery.mobile-1.4.5.css" rel="stylesheet" type="text/css" />
```

（2）引入 jQuery 以及 jQuery Mobile 的 js 文件，具体代码如下：

```
<script type="text/javascript" src="../js/jquery-1.11.1.min.js"></script>
<script type="text/javascript" src="../js/jquery.mobile-1.4.5.min.js"></script>
```

（3）在<body>标签下定义分组按钮，具体代码如下：

```
<div data-role="page">
    <div data-role="controlgroup">
        <a href="index.html" data-role="button">增加</a>
        <a href="index.html" data-role="button">删除</a>
        <a href="index.html" data-role="button">保存</a>
    </div>
</div>
```

图 19.18　分组按钮

在模拟器中运行该实例，运行后效果如图 19.18 所示。

# 19.5　列表设计

在 jQuery Mobile 中，将<ul>元素的 data-role 属性值设置为 listview 便形成了一个无序列表。当一个<ul>元素被定义为列表后，jQuery Mobile 将对该列表进行对应样式的渲染，列表中的选项也变得易于触摸。如果单击某选项将会通过 Ajax 的方式异步请求一个对应的 URL 地址，并在 DOM 中，创建一个新的页面，借助默认切换的效果，进入该页面中。

在 jQuery Mobile 中，<ul>、<ol>元素不仅可以被渲染成列表，而且该列表还可以进行嵌套，实现的方法是在父列表<ul>、<ol>元素的<li>标签中，添加子列表<ul>或<ol>元素，形成嵌套列表的格局；当用户单击父列表的某个选项时，jQuery Mobile 会自动生成一个包含子列表<ul>或<ol>元素全部内容的新页面，但页面的主题则为父列表的标题内容。

【例 19.16】 在 jQuery Mobile 中定义列表。（实例位置：光盘\TM\sl\19\16）

（1）创建一个名称为 index.html 的文件，在该文件的<head>标记中应用下面的语句引入 jQuery Mobile 的 CSS 样式文件。具体代码如下：

```
<link href="../css/jquery.mobile-1.4.5.css" rel="stylesheet" type="text/css" />
```

（2）引入 jQuery 以及 jQuery Mobile 的 js 文件，具体代码如下：

```
<script type="text/javascript" src="../js/jquery-1.11.1.min.js"></script>
```

```
<script type="text/javascript" src="../js/jquery.mobile-1.4.5.min.js"></script>
```

（3）在\<body>标签下使用 data-role="listview"属性定义列表，具体代码如下：

```
<div data-role="page">
    <ul data-role="listview">
        <li>收件箱<span class="ul-li-count">20</span></li>
        <li>草稿箱<span class="ul-li-count">1</span></li>
        <li>发件箱<span class="ul-li-count">7</span></li>
    </div>
</div>
```

图 19.19　定义列表

在模拟器中运行该实例，运行效果如图 19.19 所示。

# 19.6　jQuery Mobile API 接口应用

jQuery Mobile 可以完全使用 HTML5 和 CSS3 的特征来开发移动项目的页面，并且还为开发者提供了大量实用的可扩展的 API 接口，通过这些接口提供的方法实现各项复杂的页面功能。

## 19.6.1　默认配置设置

在 jQuery Mobile 中，框架的基本配置是可以修改的。由于配置项针对的是全局功能的使用，所以 jQuery Mobile 会在页面加载到增强特征时就会使用这些配置项，而这个加载过程早于 document.ready 事件的触发，因此，在该事件中进行修改是无效的，而是选择更早的 mobileinit 事件，在该事件中，可以编写新的配置项来覆盖原有的基本配置项设置。

【例 19.17】　修改 jQuery Mobile 中的默认配置。（**实例位置：光盘\TM\sl\19\17**）

（1）创建一个名称为 index.html 的文件，在该文件的\<head>标记中应用下面的语句引入 jQuery Mobile 的 CSS 样式文件。具体代码如下：

```
<link href="../css/jquery.mobile-1.4.5.css" rel="stylesheet" type="text/css" />
```

（2）引入 jQuery 文件，具体代码如下：

```
<script type="text/javascript" src="../js/jquery-1.11.1.min.js"></script>
```

（3）编写 jQuery 代码，借助$.mobile 对象，在 mobileinit 事件中修改页面加载时和加载出错时的信息提示框，具体代码如下：

```
$(document).bind("mobileinit",function(){
    $.extend($.mobile,{
        loadingMessage:"页面加载中...",
        pageLoadErrorMessage:"无法找到该页面！"
```

```
        });
});
```

（4）引入 jQuery Mobile 文件，具体代码如下：

```
<script    type="text/javascript"    src="../js/jquery.mobile-1.4.5.min.js">
</script>
```

（5）在<body>标签下创建一个超链接，将该元素的 href 属性
值设置为一个不存在的页面，具体代码如下：

```
<div data-role="page">
<div data-role="header"><h1>API</h1></div>
    <div data-role="content">
        <h3>修改默认配置值</h3>
        <p><a href="callme.html">跳转到不存在的页面</a></p>
    </div>
    <div                          data-role="footer"><h4>2014
www.mingrisoft.com</h4></div>
</div>
```

图 19.20　修改默认配置

在模拟器中运行该实例，当用户单击超链接时，将显示自定义
的出错信息，运行效果如图 19.20 所示。

**注意**

mobileinit 事件是加载时立刻触发。因此，无论是在页面上直接编写 JavaScript 代码还是引用 JS
格式的文件，都必须将它放在引用 jQuery Mobile 的 js 文件之前，否则代码是无效的。

## 19.6.2　方法

在 jQuery Mobile 中，除了可以通过 API 修改默认配置属性外，还可以使用$.mobile 对象提供的很
多简便实用的方法。下面通过一个具体的实例来讲解方法调用的过程。

【例 19.18】　在 jQuery Mobile 中调用方法。（**实例位置：光盘\TM\sl\19\18**）

（1）创建一个名称为 index.html 的文件，在该文件的<head>标记中应用下面的语句引入 jQuery Mobile
的 CSS 样式文件。具体代码如下：

```
<link href="../css/jquery.mobile-1.4.5.css" rel="stylesheet" type="text/css" />
```

（2）引入 jQuery 文件和 jQuery Mobile 文件，具体代码如下：

```
<script type="text/javascript" src="../js/jquery-1.11.1.min.js"></script>
<script type="text/javascript" src="../js/jquery.mobile-1.4.5.min.js"></script>
```

（3）在<body>标签下创建页面头部、尾部，内容部分显示"页面跳转中..."，具体代码如下：

```
<div data-role="page">
<div data-role="header"><h1>在 jQuery Mobile 中调用方法</h1></div>
    <div data-role="content">
        <p>页面跳转中...</p>
    </div>
<div data-role="footer"><h4>2014 www.mingrisoft.com</h4></div>
</div>
```

（4）编写 jQuery 代码，调用 changePage()方法，以 slideup 动画切换效果从当前页面跳转到 about.html 页面，具体代码如下：

```
$(function(){
    $.mobile.changePage('about.html',{
        transition:'slideup'
    });
});
```

在模拟器中运行该实例，运行效果如图 19.21 和图 19.22 所示。

图 19.21　修改默认配置

图 19.22　about.html 页面

## 19.6.3　事件

　　jQuery Mobile 中的事件是所有不同访问者访问页面时响应的动作。jQuery Mobile 中的事件如表 19.2 所示。

表 19.2　jQuery Mobile 中的事件

| 事 件 名 称 | 触 发 条 件 | 说　　　明 |
| --- | --- | --- |
| pagebeforeload | 在加载请求前触发 | 在绑定的回调函数中，可以调用 preventDefault()方法，表示由该事件来处理 load 事件 |
| pageload | 页面加载成功并创建了全部 DOM 元素之后触发 | 被绑定的回调函数作为一个数据对象，该对象有两个参数，其中第二个参数包含如下信息：url 表示调用地址，absurl 表示绝对地址 |
| pageloadfailed | 当页面加载失败时触发 | 默认情况下，触发该事件后，jQuery Mobile 框架将以页面的形式显示出错信息 |
| pagebeforechange | 页面在切换或改变之前触发 | 在回调函数中包含两个数据对象参数，其中第一个参数 toPage 表示指定内/外部的页面地址，第二个参数 options 表示使用 changePage()方法时的配置选项 |
| pagechange | 完成 changePage()方法请求的页面并完成 DOM 元素加载时触发 | 在触发任何 pageshow 或 pagehide 事件之前，此事件已完成了触发 |
| pagechangefailed | 使用 changePage()方法请求页面失败时触发 | 回调函数与 pagebeforechange 事件一样，数据对象包含相同的两个参数 |
| pagebeforecreate | 页面在初始化数据之前触发 | 在触发该事件之前，jQuery Mobile 的默认部件将自动初始化数据，另外，通过绑定 pagebeforecreate 事件，然后返回 false，可以禁止页面中的部件自动操作 |
| pagecreate | 页面在初始化数据之后触发 | 该事件是用户在自定义自己的部件，或增强子部件中标记时最常调用的一个事件 |
| pageinit | 页面的数据初始化完成，还没有加载 DOM 元素时触发 | 在 jQuery Mobile 中，Ajax 会根据导航把每个页面的内容加载到 DOM 中。因此，要在任何新页面中加载并执行脚本，就必须绑定 pageinit 事件，而不是 ready 事件 |
| pageremove | 试图从 DOM 中删除一个外部页面时触发 | 该事件的回调函数中可以调用事件对象的 preventDefault()方法，防止删除的页面被访问 |
| updatelayout | 动态显示或隐藏内容的组成部分时触发 | 该事件以冒泡的形式通知页面中需要同时更新的其他组件 |

下面通过一个具体的实例来说明事件触发的过程。

【例 19.19】　在 jQuery Mobile 中事件触发。（实例位置：光盘\TM\sl\19\19）

（1）创建一个名称为 index.html 的文件，在该文件的<head>标记中应用下面的语句引入 jQuery Mobile 的 CSS 样式文件。具体代码如下：

```
<link href="../css/jquery.mobile-1.4.5.css" rel="stylesheet" type="text/css" />
```

（2）引入 jQuery 文件和 jQuery Mobile 文件，具体代码如下：

```
<script type="text/javascript" src="../js/jquery-1.8.2.min.js"></script>
<script type="text/javascript" src="../js/jquery.mobile-1.4.5.min.js"></script>
```

（3）在<body>标签下添加 id 为"page1"的容器，定义页面头部、页面内容以及页面尾部，具体代码如下：

```
<div data-role="page" id="page1">
<div data-role="header"><h1>jQuery Mobile 事件</h1></div>
    <div data-role="content">
        <p>在 jQuery Mobile 中事件触发</p>
    </div>
<div data-role="footer"><h4>2014 www.mingrisoft.com</h4></div>
</div>
```

（4）编写 jQuery 代码，给 id 为 page1 的容器绑定 pagebeforecreate 和 pagecreate 事件，具体代码如下：

```
$("#page1").live("pagebeforecreate",function(){
    alert("正在创建页面！");
});
$("#page1").live("pagecreate",function(){
    alert("页面创建完成！");
});
```

在模拟器中运行该实例，运行效果如图 19.23 所示。

图 19.23　事件触发

# 19.7　小　　结

本章先从 jQuery Mobile 框架讲起，然后再循序渐进地介绍了它的基本组件以及 API 接口，精选了日常开发过程中常用的示例进行了讲解，使读者能够逐步了解并且掌握 jQuery Mobile 开发页面应用的知识。相信读者通过本章内容的学习可以为使用 jQuery Mobile 开发 Web App 项目打下坚实的基础。

## 19.8   练习与实践

（1）制作表单弹出框。（**答案位置：光盘\TM\sl\19\20**）

（2）在导航条工具栏中定义多个按钮。（**答案位置：光盘\TM\sl\19\21**）

# 项目实战

本篇使用 PHP+jQuery+Ajax 技术开发一个产品之家网站，该网站中使用了 CSS 样式、DIV 标签、jQuery、Ajax 等多种网页开发技术，带领读者打造一个具有时代气息的网站。

# 第20章

## PHP+jQuery+Ajax 实现产品之家

( ▣ 视频讲解：53 分钟 )

本章主要使用 PHP+jQuery+Ajax 技术，从零开始，开发一个可以用于展示产品的网站——产品之家，并使用 jQuery 来完善它。本网站主要介绍页面设计方面的技术，以及 jQuery 技术、Ajax 等结合开发网页技术。

通过阅读本章，您可以：

▶▶ 了解网页开发前如何拟定系统目标以及功能结构
▶▶ 掌握使用 jQuery 技术实现广告循环播放的网页特效
▶▶ 掌握数据库的设计
▶▶ 掌握 Smarty 模板引擎的基本配置
▶▶ 掌握通过 PHP 操作 MySQL 数据库
▶▶ 掌握使用 MVC 模型编写项目

# 20.1　网　站　概　述

"产品之家"是一个用于展示产品、可供用户匿名评分、自动产生推荐产品并且可即时发布业内新闻的网站。通过产品展示网站可以让更多的用户了解到产品的功能以及使用方法，对公司产品的推广有很大作用，在实际应用中用处广泛。

# 20.2　系　统　设　计

## 20.2.1　系统目标

根据吉林省明日科技有限公司官方网站的需求和对实际情况的考察分析，该官网应该具有如下特点：

- ☑ 操作简单方便、界面简洁美观。
- ☑ 能够全面介绍产品信息。
- ☑ 浏览速度快，尽量避免长时间打不开页面的情况发生。
- ☑ 商品信息部分有实物图例，图像清楚，文字醒目。
- ☑ 系统运行稳定、安全可靠。
- ☑ 易维护，并提供二次开发支持。

在制作项目时，项目的需求是十分重要的，需求就是项目要实现的目的。比如说：去医院买药，去医院只是一个过程，类似编写程序代码，目的就是去买药（需求）。

## 20.2.2　系统功能结构

产品之家的系统功能结构图如图 20.1 所示。

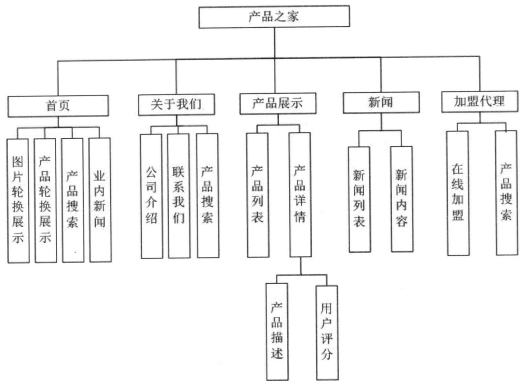

图 20.1 产品之家功能结构图

## 20.2.3 开发环境

本系统的程序运行环境具体如下。

- ☑ 系统开发平台：Dreamweaver CS5。
- ☑ 系统开发语言：PHP5.2.6。
- ☑ 数据库管理软件：MySQL5.0.51b。
- ☑ 运行平台：Windows 7（SP1）/Windows 8/Windows 8.1。
- ☑ 运行环境：Apache2.2.8。
- ☑ 分辨率：最佳效果 1024×768 像素。

## 20.2.4 网页预览

在设计产品之家页面时，应用 CSS 样式、DIV 标签、JavaScript 和 jQuery 框架技术，打造了一个颇具时代气息的网页。

（1）首页

首页主要用于显示宣传产品图片、产品列表、业内新闻、产品搜索等信息，首页页面的运行结果如图 20.2 所示。

图 20.2　首页页面运行结果

（2）关于我们

"关于我们"页面主要显示公司简介、联系方式以及产品搜索，页面运行结果如图 20.3 所示。

图 20.3　关于我们

（3）联系我们

"联系我们"页面主要显示公司的电话、地址及 E-mail 等信息，页面的运行结果如图 20.4 所示。

（4）产品展示

"产品展示"页面展示了全部产品，产品列表、产品描述以及用户评分页面，页面运行结果如图 20.5 所示。

图 20.4　联系我们

图 20.5　产品列表

（5）新闻

"新闻"页面展示了新闻列表、新闻内容，页面运行结果如图 20.6 所示。

图 20.6　新闻列表

（6）代理加盟

"代理加盟"页面可以申请成为产品的代理商，若审核通过即可正式代理产品。

## 20.2.5　文件夹组织结构

编写代码之前，可以把系统中可能用到的文件夹先创建出来（例如，创建一个名为 images 的文件夹，用于保存程序中所使用的图片），这样不但可以方便以后的开发工作，也可以规范系统的整体架构。因为本项目使用的是 PHP+Smarty+MySQL 技术，所以目录较多。下面介绍一下本系统的目录结构，产品之家网站的文件夹组织结构图和后台组织结构图分别如图 20.7 和图 20.8 所示。

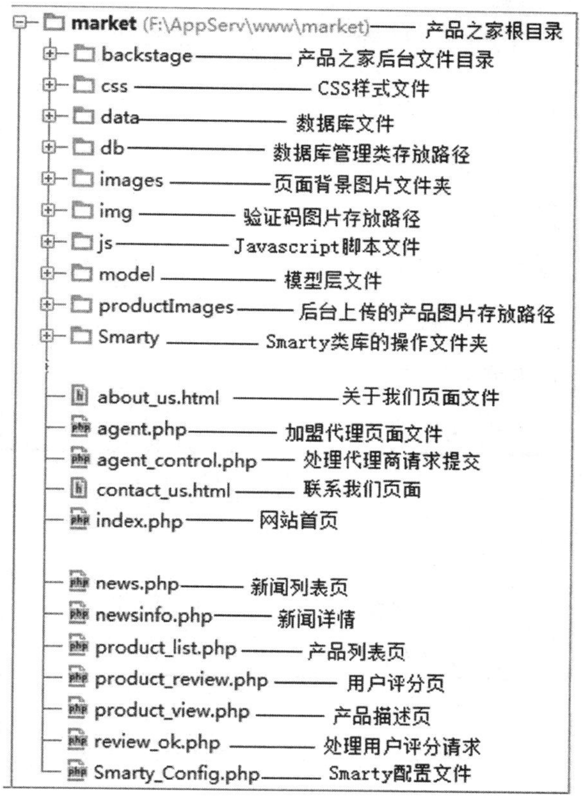

市场目录结构

```
market (F:\AppServ\www\market)———— 产品之家根目录
  backstage ———————————— 产品之家后台文件目录
  css ———————————————— CSS样式文件
  data ——————————————— 数据库文件
  db ————————————————— 数据库管理类存放路径
  images ————————————— 页面背景图片文件夹
  img ———————————————— 验证码图片存放路径
  js ————————————————— Javascript脚本文件
  model —————————————— 模型层文件
  productImages —————— 后台上传的产品图片存放路径
  Smarty ————————————— Smarty类库的操作文件夹

  about_us.html ——————— 关于我们页面文件
  agent.php —————————— 加盟代理页面文件
  agent_control.php ——— 处理代理商请求提交
  contact_us.html ————— 联系我们页面
  index.php —————————— 网站首页

  news.php ——————————— 新闻列表页
  newsinfo.php ——————— 新闻详情
  product_list.php ——— 产品列表页
  product_review.php —— 用户评分页
  product_view.php ———— 产品描述页
  review_ok.php ————————处理用户评分请求
  Smarty_Config.php ——— Smarty配置文件
```

图 20.7　产品之家文件夹组织结构图

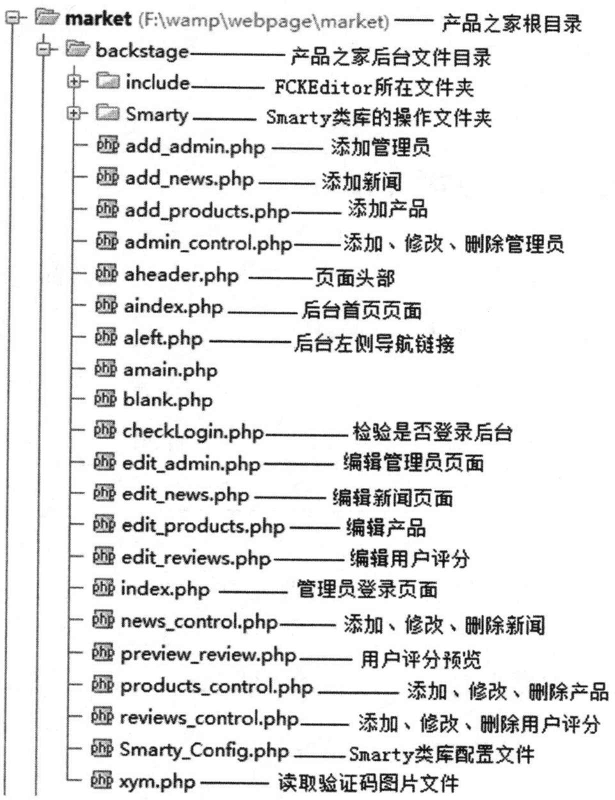

```
market (F:\wamp\webpage\market) —— 产品之家根目录
  backstage————————— 产品之家后台文件目录
    include———————— FCKEditor所在文件夹
    Smarty ————————— Smarty类库的操作文件夹
  add_admin.php ——— 添加管理员
  add_news.php ————— 添加新闻
  add_products.php — 添加产品
  admin_control.php— 添加、修改、删除管理员
  aheader.php ——————页面头部
  aindex.php ———————后台首页页面
  aleft.php ————————后台左侧导航链接
  amain.php
  blank.php
  checkLogin.php———— 检验是否登录后台
  edit_admin.php ——— 编辑管理员页面
  edit_news.php —————编辑新闻页面
  edit_products.php — 编辑产品
  edit_reviews.php —— 编辑用户评分
  index.php ————————— 管理员登录页面
  news_control.php —— 添加、修改、删除新闻
  preview_review.php— 用户评分预览
  products_control.php — 添加、修改、删除产品
  reviews_control.php — 添加、修改、删除用户评分
  Smarty_Config.php — Smarty类库配置文件
  xym.php —————————— 读取验证码图片文件
```

图 20.8　产品之家后台组织结构图

# 20.3　数据库设计

## 20.3.1　数据库设计

在产品之家网站中，采用的是 MySQL 数据库，用来存储产品、用户评分以及新闻等信息。这里将数据库命名为 db_market，其中包含的数据表如图 20.9 所示。

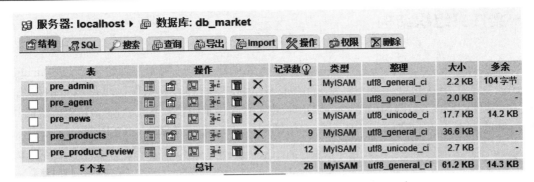

图 20.9　数据库结构

## 20.3.2　数据表设计

根据设计好的 E-R 图在数据库中创建数据表。下面给出数据表结构。

### 1．管理员表（pre_admin）

管理员表用于存储系统管理员的相关信息，管理员表的结构如表 20.1 所示。

表 20.1　管理员表（pre_admin）

| 字　段 | 类　型 | 额　外 | 说　明 |
| --- | --- | --- | --- |
| entity_id | int(11) | auto_increment | 管理员 ID，主键 |
| admin_user | varchar(50) | | 管理员用户名 |
| admin_pass | varchar(50) | | 管理员密码 |
| addtime | datetime | | 添加时间 |

### 2．新闻信息表（pre_news）

新闻信息表存储新闻相关的信息，结构如表 20.2 所示。

表 20.2　新闻信息表（pre_news）

| 字　段 | 类　型 | 额　外 | 说　明 |
| --- | --- | --- | --- |
| entity_id | int(4) | auto_increment | 新闻 ID，主键 |
| title | varchar(50) | | 新闻标题 |
| content | text | | 新闻内容 |
| addtime | datetime | | 添加时间 |

### 3．产品信息表（pre_products）

产品信息表用于存储产品的相关信息，表的结构如表 20.3 所示。

表 20.3　产品信息表（pre_products）

| 字　　段 | 类　　型 | 额　　外 | 说　　明 |
|---|---|---|---|
| entity_id | int(11) | auto_increment | 产品 ID，主键 |
| product_name | varchar(50) | | 产品名称 |
| description | text | | 产品描述 |
| picture | varchar(50) | | 产品详细信息页展示图的保存路径 |
| auth_code | varchar(100) | | 产品防伪码 |
| cover | varchar(50) | | 封面图片（产品列表处显示）的保存路径 |
| smallcover | smallcover | | 产品小图片（首页产品展示处显示）的保存路径 |
| price | int(10) | | 产品价格 |
| weight | varchar(50) | | 产品重量 |
| methods | varchar(50) | | 发货方式 |
| addtime | datetime | | 添加时间 |

### 4．产品评价表（pre_product_review）

产品评价表用于存储产品的用户评论以及评分信息，表的结构如表 20.4 所示。

表 20.4　产品评价表（pre_product_review）

| 字　　段 | 类　　型 | 额　　外 | 说　　明 |
|---|---|---|---|
| entity_id | int(11) | auto_increment | 产品评价 ID，主键 |
| product_id | int(11) | | 产品 ID |
| score | int(11) | | 产品评分 |
| message | varchar(1000) | | 产品的用户评论 |
| customer_name | varchar(20) | | 用户名称 |
| addtime | datetime | | 添加时间 |

### 5．代理商信息表（pre_agent）

代理商信息表用于存储想要代理产品的代理商的信息，表的结构如表 20.5 所示。

表 20.5　代理商信息表（pre_agent）

| 字　　段 | 类　　型 | 额　　外 | 说　　明 |
|---|---|---|---|
| entity_id | int(11) | auto_increment | 代理商 ID，主键 |
| province | varchar(10) | | 代理商所在省份 |
| city | varchar(10) | | 代理商所在城市 |
| area | varchar(10) | | 代理商所在地区 |

续表

| 字　　段 | 类　　型 | 额　　外 | 说　　明 |
|---|---|---|---|
| companyname | varchar(20) | | 公司名称 |
| addtime | datetime | | 添加时间 |
| tel | varchar(20) | | 代理商电话座机 |
| mobile | varchar(20) | | 代理商手机号 |
| fax | varchar(20) | | 代理商传真 |
| email | varchar(50) | | 代理商电子邮件 |

# 20.4　公共文件设计

公共模块就是将多个页面都可能使用到的代码写成单独的文件，在使用时只要用 include 或 require 语句将文件包含进来即可。如本系统中的数据库连接、管理文件，Smarty 模板配置类文件，类的实例化文件，CSS 样式表文件，js 脚本文件等。以前台系统为例，下面给出主要的公共文件。

## 20.4.1　数据库连接、管理类文件

在数据库管理类文件中，定义一个类 TPgsql，实现连接 MySQL 数据库以及执行 SQL 语句。具体代码如下：

```php
<?php
class TPgsql {
    private $db_host;
    private $db_user;
    private $db_pwd;
    private $db_database;
    private $conn;
    public         function          __construct($db_host="127.0.0.1",$db_user="root",          $db_pwd="111",
$db_database="db_market") {
        $this->db_host = $db_host;                        // 数据库主机地址
        $this->db_user = $db_user;                        // 数据库用户名
        $this->db_pwd = $db_pwd;                          // 数据库密码
        $this->db_database = $db_database;                // 数据库名称
        $this->OpenConn();
    }
    public function OpenConn()
    {
        $this->conn=mysql_connect($this->db_host,$this->db_user,$this->db_pwd);          // 连接数据库
        if(!$this->conn)
        {
```

```
            echo "数据库连接失败！";
        }
        $this->Opendb();
    }
    public function Opendb()
    {
        mysql_select_db($this->db_database);          // 打开数据库
        mysql_query("set names utf8");                // 设置编码
    }
    public function CloseConn()
    {
        if($this->conn) mysql_close($this->conn);      // 关闭数据库
        unset($this->conn);
    }
    public function query($sql)
    {
        $result=mysql_query($sql);                     // 执行 SQL 语句
        try
        {
            if(!$result)
                throw new Exception("SQL in error,[".$sql."]");
        }
        catch(Exception $see)
        {
            $see->getMessage();
        }
        return $result;
    }
    public function query_two($sql)
    {
        $result=mysql_query($sql);                     // 执行 SQL 语句
        try
        {
            if(!$result)
                throw new Exception("SQL is error,[".$sql."]");
        }
        catch(Exception $see)
        {
            $see->getMessage();
        }
        $arr=array();
        while ($row=mysql_fetch_assoc($result))
        {
            array_push($arr,$row);
        }
        return $arr;
    }
    public function query_onerow($sql)
```

```
{
    $result=mysql_query($sql,$this->conn);                          // 执行 SQL 语句
    try
    {
        if(!$result)
            throw new Exception("SQL is error,[".$sql."]");
    }
    catch(Exception $see)
    {
        $see->getMessage();
    }
    $arr = mysql_fetch_assoc($result);
    return $arr;
}
}
?>
```

### 20.4.2　Smarty 模板配置类文件

在 Smarty 模板配置类文件中配置 Smarty 模板文件、临时文件、配置文件等文件路径。Smarty_Config.php 文件的代码如下：

```
<?php
    include_once("Smarty/Smarty.class.php");
    $smarty = new Smarty();                                          // 创建 smarty 实例

    $smarty->template_dir = dirname(__FILE__).'/Smarty/templates';   //模板目录

    $smarty->config_dir = dirname(__FILE__).'/Smarty/config';        // 模板目录

    $smarty->compile_dir = dirname(__FILE__).'/Smarty/templates_c';  // 编译文件目录

    $smarty->cache_dir = dirname(__FILE__).'/Smarty/cache';          // 缓存目录

    $smarty->left_delimiter = "<{";                                  // 左边界标识
    $smarty->right_delimiter = "}>";                                 // 右边界标识
?>
```

# 20.5　前台首页设计

前台首页的重要之处是要合理地对页面进行布局，既要尽可能地将重点显示出来，同时又不能因为页面凌乱无序，而让浏览者无所适从，从而产生反感。本系统的前台首页 index.php 的运行结果如图 20.10 所示。

图 20.10　首页效果

## 20.5.1　广告宣传图片展示

在 index.php 首页中，应用 jQuery 技术实现宣传图片循环播放的网页特效，使浏览者能够从各个方面了解产品。本实例使用的是 jQuery 的 slides 插件。其运行效果如图 20.11 所示。

图 20.11　宣传图片轮换展示

从 http://slidesjs.com 可以下载最新的插件文件。图片展示区的实现过程如下：

（1）首先，在页面中添加 id 为 slides 的<div>标签，同样通过 css 控制标签的样式，同时插入特效默认输出的图片和信息。其具体代码如下：

```
<div id="example">
    <div id="slides">
        <div class="slides_container">
            <div>
                <a href="www.mrbccd.com/cpzx.php" title=" 详 情 咨 询 :400-675-1066    客 服
QQ:4006751066" target="_blank"><img src="images/06.png" width="983" height="416" alt=" 详 情 咨
询:400-675-1066    客服 QQ:4006751066"></a>
                <div>
                    <div style="bottom: 0">
                        <p style="font-size:    14px;"> 详 情 咨 询 :<span    style="font-size:
16px">400-675-1066</span>               客 服
QQ:<span style="font-size: 16px">400   675   1066</span></p>
                    </div>
                </div>
            </div>
            <div>
                <a href="www.mrbccd.com/cpzx.php?type=16" title=" 详情咨询 :400-675-1066    客 服
QQ:4006751066" target="_blank"><img src="images/111.png" width="983" height="413" alt="编程词典带您体验
全新的编程盛宴！"></a>
                <div>
                    <div>
                        <p style="font-size:    14px;"> 详 情 咨 询 :<span    style="font-size:
16px">400-675-1066</span>               客 服
QQ:<span style="font-size: 16px">400   675   1066</span></p>
                    </div>
                </div>
            </div>
            <div>
                <a href="www.mrbccd.com/cpzx.php?type=15" title=" 详情咨询 :400-675-1066    客 服
QQ:4006751066" target="_blank"><img src="images/011.png" width="983" height="413" alt="编程词典带您体验
全新的编程盛宴！"></a>
                <div>
                    <div>
                        <p style="font-size:    14px;"> 详 情 咨 询 :<span    style="font-size:
16px">400-675-1066</span>              客 服
QQ:<span style="font-size: 16px">400   675   1066</span></p>
                    </div>
                </div>
            </div>

            <div>
                <a href="www.mrbccd.com/cpzx.php" title=" 详 情 咨 询 :400-675-1066    客 服
QQ:4006751066" target="_blank"><img src="images/04.jpg" width="983" height="416" alt="完美的升级服务！
```

```
"></a>
                    <div>
                        <div>
                            <p    style="font-size:    14px;">  详  情  咨  询 :<span    style="font-size:
16px">400-675-1066</span>                   客 服
QQ:<span style="font-size: 16px">400  675  1066</span></p>
                        </div>
                    </div>
                </div>
                <div>
                    <a  href="www.mrbccd.com/cpzx.php?typeid=13"  title="详情咨询:400-675-1066    客服
QQ:4006751066" target="_blank"><img src="images/05.jpg" width="983" height="416" alt="全方位、多模式的售
后服务！"></a>
                    <div>
                        <div>
                            <p    style="font-size:    14px;">  详  情  咨  询 :<span    style="font-size:
16px">400-675-1066</span>                   客 服
QQ:<span style="font-size: 16px">400  675  1066</span></p>
                        </div>
                    </div>
                </div>
                <div>
                    <a  href="www.mrbccd.com/cpzx.php?type=13"  title=" 编 程 词 典 个 人 版 ！ "
target="_blank"><img src="images/02.png" width="983" height="416" alt="您的开发专家！"></a>
                    <div>
                        <div>
                            <p style="padding-top: 5px;">编程人员可以根据自己编程的不同要求快速查找，
并作出相应标记，也可以对所查询内容进行快速复制使用。</p>
                        </div>
                    </div>
                </div>

            </div>
            <a  href="#"  class="prev"><img  src="images/arrow-prev.png"  width="24"  height="43"  alt="后退
"></a>
            <a  href="#"  class="next"><img  src="images/arrow-next.png"  width="24"  height="43"  alt="前进
"></a>
        </div>
        <img src="images/example-frame.png" alt="明日科技" name="frame" id="frame">
    </div>
```

（2）编写 jQuery 代码，实现广告的循环播放。设置自动播放。其具体代码如下：

```
$('#slides').slides({
    preload: true,
    preloadImage: 'images/loading.gif',
```

```
    play: 5000,
    pause: 2500,
    hoverPause: true
});
```

Slides 插件的参数说明：

☑ preload(boolean)：是否预加载图片，默认值为 false。

☑ preloadImage(String)：预加载图片的位置，默认值在"/img/loading.gif"。

☑ play：一张图片停留的时间。

☑ pause：按下"下一张"和"上一张"的响应时间。

☑ hoverPause：鼠标悬浮时暂停播放。

## 20.5.2 产品图片展示

在 index.php 首页中，在"产品展示"区，同样是应用 jQuery 技术实现产品图片的循环播放的网页特效，其运行效果如图 20.12 所示。

图 20.12 宣传图片展示区

（1）首先，在页面中创建 class 为 img-scroll 的<div>标签，将控制左右方向的图标置于其中，并且再创建一个 class 为 img-list 的<div>元素，将产品列表置于其中。具体代码如下：

```
    <div class="img-scroll"> <span class="prev"><b></b></span> <span class="next"><b></b></span>
        <div class="img-list">
            <ul>
                <{section name=id   loop=$products}>
                <li><a                          href="product_view.php?id=<{$products[id].entity_id}>"><img
src="productImages/<{$products[id].smallcover}>" width="85" height="130" />
                <{/section}>
            </ul>
        </div>
    </div>
```

（2）编写 jQuery 代码，实现图片左右移动。具体代码如下：

```
<script type="text/javascript">
    function DY_scroll(wraper,prev,next,img,speed,or)
```

```
{
        var $wraper = $(wraper);
        var $prev = $(prev);
        var $next = $(next);
        var $img = $(img).find('ul');
        var w = $img.find('li').outerWidth(true);
        var s = speed;
    $next.click(function()
    {
        $img.animate({'margin-left':-w},function()
        {
                $img.find('li').eq(0).appendTo($img);
                $img.css({'margin-left':0});
        });
    });
    $prev.click(function)
    {
        $img.find('li:last').prependTo($img);
        $img.css({'margin-left':-w});
        $img.animate({'margin-left':0});
    });
        if (or == true)
        {
            ad = setInterval(function() { $next.click();},s*1000);
            $wraper.hover(function(){clearInterval(ad);},function(){ad = setInterval(function()
{ $next.click();},s*1000);});
                    }
                }
            DY_scroll('.img-scroll','.prev','.next','.img-list',3,true);
        </script>
```

上述代码中，首先根据给定样式创建最外层的 div 对象、上一页图标所在的 span 对象、下一页图标所在的 span 对象，class 为 img-list 的\<div\>元素下的 ul 对象。之后给两个图标所在的 span 对象添加 click 事件，控制图片移动。当最后一个参数 or 的值为 true 时，图片自动播放，否则图片不自动播放。

# 20.6　产品列表页面设计

## 20.6.1　产品搜索

（1）为方便用户查询相关产品，每个页面中都添加了产品搜索功能，我们以产品列表页的产品搜索功能为例讲解。

【例 20.1】　代码位置：光盘\TM\sl\综合实例\market\js\fun.js

☑　设置文本框的 ID 为 keyword，页面引入 fun.js 文件，在 DOM 结构加载完毕之后，给文本框添加 focus 以及 blur 事件，使得当光标移动到文本框时，文本框中文字消失，此时可输入要查询的产品关键字；文本框失去焦点时，文字变为初始的"请输入产品关键字"。该过程用 jQuery 代码实现如下：

```
function changeStatus(id,str) {
    $("#"+id).bind("focus",function(){
        if($(this).val() == str){
            $(this).val("");
        }
    });
    $("#"+id).bind("blur",function(){
        if($(this).val() == ""){
            $(this).val(str);
        }
    })
}
```

☑ 在页面中给函数传递 id 以及 str 参数，具体代码如下：

```
<script>
    $(function(){
        changeStatus("keyword","请输入产品名称关键字");
    });
</script>
```

页面运行结果如图 20.13 所示。

图 20.13 产品搜索的光标效果

（2）输入产品关键字之后单击页面 🔍 按钮进行产品查找，主要代码如下：

【例 20.2】 代码位置：光盘\TM\sl\综合实例\market\Smarty\templetes\product_list.html

```
<form action="product_list.php" method="post"  onsubmit="return chksearch(this)">
    <div class="p3"><div class="p3_1"><input name="keyword" id="keyword" type="text" value="请输入产品
名称关键字"   style="color:#bdc0c5;"></div>
    <div class="p3_2"><input type="image" name="submit" src="images/zoom1.jpg" style="display: block; float:
left; height: 26px; width: 26px;"/></div>
    <input type="hidden" name="product_id" value="<{$id}>"></div>
</form>
```

（3）处理以上请求的 PHP 代码为：

【例 20.3】 代码位置：光盘\TM\sl\综合实例\market\product_list.php

```
if(isset($_POST['keyword']) && $_POST['keyword'] != ''){
```

```
$key = trim($_POST['keyword']);
$result = $productModel->searchProduct($key);
if($result == 0){
    echo "<script>alert('没有找到该产品，请重新输入!');history.go(-1);</script>";
}else{
    $products = $result;
}
}
```

（4）其中 searchProduct()方法根据传入的关键字进行产品查询，具体内容如下：

【例 20.4】　代码位置：光盘\TM\sl\综合实例\market\model\product_model.php

```
public function searchProduct($keyword) {
    $sql_product = "select * from pre_products where product_name like '%".$keyword."%'";
    $db = new TPgsql();
    $product = $db->query_two($sql_product);
    if(count($product[0]) > 0){
        return $product;
    }
    return 0;
}
```

## 20.6.2　产品列表

产品列表页面用来展示所有的产品。每行展示 3 个产品。它的页面运行效果如图 20.14 所示。

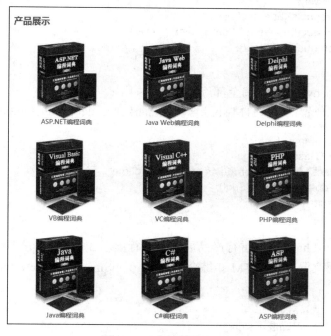

图 20.14　产品展示

【例 20.5】 代码位置：光盘\TM\sl\综合实例\market\product_list.php

产品列表页面主要通过 PHP+MySQL+Smarty 来完成，具体实现过程如下：

（1）创建产品 model 的对象，如果是提交按关键字查询产品的请求，那么调用产品 model 对象的 searchProduct()方法查询相关产品，否则查询全部产品，具体代码如下：

```php
<?php
include_once ("model/product_model.php");
include_once("Smarty_Config.php");
$productModel = new Product_model();
$productImagesDir = "productImages";
if(isset($_POST['keyword']) && $_POST['keyword'] != ''){
    $key = trim($_POST['keyword']);
    $result = $productModel->searchProduct($key);
    if($result == 0){
        echo "<script>alert('没有找到该产品，请重新输入!');history.go(-1);</script>";
    }else{
        $products = $result;
    }
}else{
    $products = $productModel->find_many();
}
if(isset($_GET['id']) && $_GET['id'] != ''){
    $id = $_GET['id'];
}else{
    $id = '';
}
$smarty->assign("id",$id);
$smarty->assign("products",$products);
$smarty->assign("productImagesDir",$productImagesDir);
$smarty->display("product_list.html");
?>
```

（2）其中 find_many()方法查询全部产品，代码如下：

【例 20.6】 代码位置：光盘\TM\sl\综合实例\market\model\product_model.php

```php
public function find_many() {
        $db = new TPgsql();
        $sql = "select * from pre_products order by addtime";
        $result = $db->query_two($sql);
        return $result;
    }
```

（3）在 product_list.html 页面进行产品展示，每行展示 3 个产品，关键代码如下：

【例 20.7】 代码位置：光盘\TM\sl\综合实例\market\Smarty\templetes\product_list.html

```html
<div class="r">
        <div class="t"></div>
        <div class="c">产品展示</div>
```

```
<ol>
    <{section name=id loop=$products}>
    <{if ($smarty.section.id.index % 3 == 0) && ($smarty.section.id.index != 0)}>
    <div class="clear"></div>
    <{/if}>
    <li><a href="product_view.php?id=<{$products[id].entity_id}>">
        <b><img src="<{$productImagesDir}>/<{$products[id].cover}>" alt="" width="142" height=
"190" border=0/></b>
        <p><{$products[id].product_name}></p>
    </a><br></li>
    <{/section}>
    </ol>
</div>
```

# 20.7　产品描述页面设计

在 product_view.php 页面中，以图片结合文字的方式来展示产品。产品描述的运行结果如图 20.15 所示。

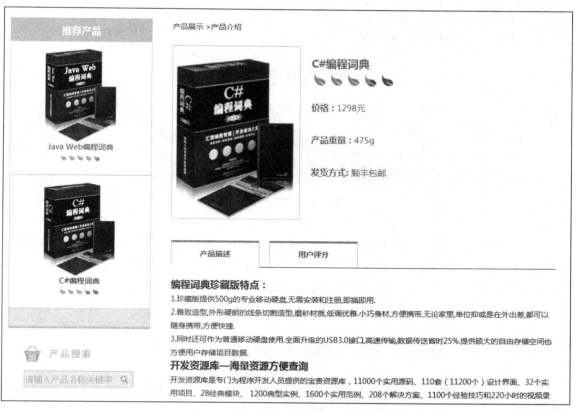

图 20.15　产品描述

产品描述页的具体实现过程如下：

（1）创建产品 model，将页面传递过来的产品 id 传入到 find_one()中获取产品信息，并计算该产品的平均分，主要代码如下：

**【例 20.8】** 代码位置：光盘\TM\sl\综合实例\market\product_view.php

```php
<?php
include_once ("model/product_model.php");
include_once ("model/review_model.php");
include_once("Smarty_Config.php");
$productModel = new Product_model();              // 创建产品 model
$product = $productModel->find_one($_GET['id']);  // 根据页面传递的 id 获取产品
$productImagesDir = "productImages";              // 存放后台上传图片的文件夹
$reviewModel = new Review_model();                // 产品评分 model
$recommend_product= $productModel->get_recommend_products();  // 获取推荐产品
$totalTmp = $reviewModel->getPageTotal($_GET['id']);
$total = $totalTmp[0]['total'];                   // 总分
$reviewtotalTmp = $reviewModel->getReviewTotal($_GET['id']);
$reviewavg = $reviewtotalTmp[0]['avg'];           // 平均分
$smarty->assign("reviewavg",$reviewavg);
$smarty->assign("gid",$_GET['id']);
$smarty->assign("productImagesDir",$productImagesDir);  // 产品图片的存放位置
$smarty->assign("recommend_product",$recommend_product);
$smarty->assign("product",$product);
$smarty->display("product_view.html");
?>
```

（2）其中获取产品方法 find_one()的具体代码如下：

```php
<?php
public function find_one($id) {
        $db = new TPgsql();
        $sql = "select * from pre_products where entity_id=" . $id;
        $result = $db->query_two($sql);
        return $result;
    }
?>
```

（3）创建模板文件 product_view.html，显示产品信息以及产品的平均分。其中产品平均分是以图片的形式显示：当平均分为整数时，调用整数的图片 n.jpg，带有小数时，调用(n+1).png 图片。例如平均分为 4 时，引用图片 4.jpg，将其显示到平均分的位置；而平均分在 4 到 5 之间时，引用 5.png 图片，以此类推。具体代码如下：

```html
<div class="r">
        <div class="t1">产品展示 >产品介绍</div>
        <div class="c1">
                <div class="l1"><img src="<{$productImagesDir}>/<{$product[0].picture}>" width="233" height="323"><br></div>
                <div class="r1">
```

```
<div class="t"><{$product[0].product_name}></div>
<div class="c2">
    <{if $reviewavg == 1}>
    <img src='images/1.jpg' title='1' /><br/>
    <{elseif $reviewavg < 2 && $reviewavg>1}>
    <img src='images/2.png' title='1.5' />
    <{elseif $reviewavg == 2}>
    <img src='images/2.jpg' title='2' /><br/>
    <{elseif $reviewavg < 3 && $reviewavg>2}>
    <img src='images/3.png' title='2.5' /><br/>
    <{elseif $reviewavg == 3}>
    <img src='images/3.jpg' title='3' /><br/>
    <{elseif $reviewavg < 4 && $reviewavg>3}>
    <img src='images/4.png' title='3.5' /><br/>
    <{elseif $reviewavg == 4}>
    <img src='images/4.jpg' title='4' /><br/>
    <{elseif $reviewavg < 5 && $reviewavg>4}>
    <img src='images/5.png' title='4.5' /><br/>
    <{elseif $reviewavg == 5}>
    <img src='images/5.jpg' title='5' /><br/>
    <{/if}>
</div>
<div class="f"><strong>价格 ：</strong> <{$product[0].price}>元</div>
<div class="f"><strong>产品重量： </strong> <{$product[0].weight}></div>
<div class="f"><strong>发货方式：</strong> <{$product[0].methods}></div>
        </div>
    </div>
    <div class="hr_10"></div>
    <div class="f">
        <div class="t3"><a href="#" class="buttom1">产品描述</a><a href="product_review.php?id=<{$gid}>" class="buttom22">用户评分</a></div>
        <div class="cc">
            <{$product[0].description}>
            <div class="middle">
                <b>注意</b><br/>
                1.收到产品后，如果满意，请给予产品五星评分。也许对您而言只是举手之劳，但您的肯定对于我们却至关重要。这是您给予我们的最大支持，我们一定会再接再厉.
                <br/><br/>
                2.我们重视和珍惜您的每一个评分与每条建议，您收到产品后若有不满意的地方，请您第一时间与我们客服人员联系，任何问题都可以通过沟通来解决.
            </div>
        </div>
    </div>
</div>
```

# 20.8　产品评分页面设计

为了更好地提高产品质量，想用户之所想，产品之家特意设置了用户评分栏，用户可以将自己的意见和建议以评论的形式展现并且给商品评分。产品用户评分页面运行结果如图 20.16 所示。

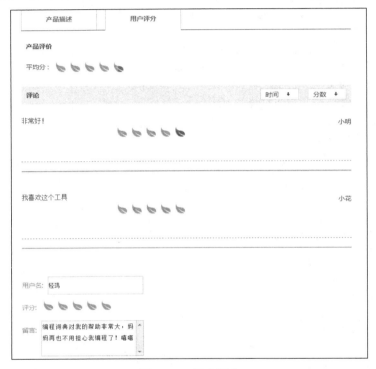

图 20.16　用户评分

## 20.8.1　产品用户评分

产品用户评分的具体实现过程如下：

（1）创建 product_review.php 文件，显示产品基本信息以及推荐产品，并将该产品的全部用户评分以及留言显示在页面上并做出分页，具体代码如下：

```php
<?php
include_once ("model/product_model.php");
include_once ("model/review_model.php");
include_once("Smarty_Config.php");
$productModel = new Product_model();
$product = $productModel->find_one($_GET['id']);
```

```
$productImagesDir = "productImages";
$reviewModel = new Review_model();
$recommend_product = $reviewModel->get_recommend_products();
$totalTmp = $reviewModel->getPageTotal($_GET['id']);
$total = $totalTmp[0]['total'];
$reviewtotalTmp = $reviewModel->getReviewTotal($_GET['id']);
$reviewavg = $reviewtotalTmp[0]['avg'];
$pagesize=5;
if($total>0){
    if(isset($_GET['page']) && $_GET['page'] != ''){
        $page=intval($_GET['page']);
    }else{
        $page=1;
    }
    if($total<$pagesize){
        $pagecount=1;
    }else{
        if($total%$pagesize==0){
            $pagecount=intval($total/$pagesize);
        }else{
            $pagecount=intval($total/$pagesize)+1;
        }
    }
    if(isset($_GET['type']) && $_GET['type'] != ''){
        $type = $_GET['type'];
    }else{
        $type = '';
    }
    $reviews = $reviewModel->getPageInfo($page,$pagesize,$_GET['id'],$type);
}
$smarty->assign("gid",$_GET['id']);
$smarty->assign("productImagesDir",$productImagesDir);
$smarty->assign("product",$product);
$smarty->assign("recommend_product",$recommend_product);
$smarty->assign("reviewavg",$reviewavg);
$smarty->assign("total",$total);
$smarty->assign("pagesize",$pagesize);
$smarty->assign("pagecount",$pagecount);
$smarty->assign("page",$page);
$smarty->assign("type",$type);
$smarty->assign("reviews",$reviews);
$smarty->display("product_review.html");
?>
```

（2）创建模板文件 product_review.html，展示产品信息部分与产品描述页面类似，不再赘述。其中用户评分分页显示的代码如下：

```
<div class="t4_2">
                    <p>评论</p>
                    <u><a href="product_review.php?id=<{$gid}>&type=recom" ><b>分数</b></a><i>
</i></u>
                    <u><a href="product_review.php?id=<{$gid}>&type=time"><b>时间
</b></a><i></i></u>
                </div>
                <{section name=reid loop=$reviews}>
                <ul><li><pre><{$reviews[reid].message}>
<{if $reviews[reid].score == 1}>
                    <img src='images/1.jpg' alt='1'/>
                <{elseif $reviews[reid].score == 2}>
                    <img src='images/2.jpg' alt='2'/>
                    <{elseif $reviews[reid].score == 3}>
                    <img src='images/3.jpg' alt='3'/>
                    <{elseif $reviews[reid].score == 4}>
                    <img src='images/4.jpg' alt='4'/>
                    <{elseif $reviews[reid].score == 5}>
                    <img src='images/5.jpg' alt='5'/>
                <{/if}>
                </pre>
                    <span><{$reviews[reid].customer_name}></span>
                </li>
                </ul>
                <{/section}>

                <{if $total > $pagesize}>

                <ul>    共 <{$total}> 条留言    每页 <{$pagesize}> 条留言
   当前为第<{$page}>页 /共<{$pagecount}>页 

                        <a href="product_review.php?id=<{$gid}>&type=<{$type}>&page=1" class=
"a1">first</a> <a href="product_review.php?id=<{$gid}>&type=<{$type}>&page=<{if $page>1}><{$page-1}>
<{else}>1<{/if}>" class="a1">上一页</a> <a href="product_review.php?id=<{$gid}>&type=
<{$type}>&page=<{if $page<$pagecount}><{$page+1}>
<{else}><{$pagecount}><{/if}>" class="a1">下一页 </a> <a href="product_review.php?id=
<{$gid}>&type=<{$type}>&page=<{$pagecount}>" class="a1">尾页</a>  
                    </ul>
                <{/if}>
```

（3）用户提交评分表单部分的具体代码如下：

```
<form action="review_ok.php" method="post" id="reviewForm"><div id='messageDialog'>
                <div    class="talk1"><p> 用 户 名 :</p><input    type="text"    id='customer_name'
class="input1" /></div>
```

```
              <div class="talk1"><p>评分:</p> <div id='Clarity' class="bt"><dl class='rating nostar'
id="cul"><dd class='one'><a href='#' title='1 '></a></dd><dd class='two'><a href='#' title='2 '></a></dd><dd
class='three'><a href='#' title='3 '></a></dd><dd class='four'><a href='#' title='4 '></a></dd><dd class='five'><a
href='#' title='5 '></a></dd></dl></div></div>
              <div class="talk2"><p>留言:</p><textarea id='message_content' ></textarea></div>
              <div class="talk1"><input type="hidden" name="product_id" value="<{$gid}>"/>
                  <img src="images/button.jpg" id="send_message" style="margin-left:100px;"/>
              </div></div></form>
```

（4）使用 Ajax 技术提交请求，返回评论是否成功。具体 jQuery 代码如下：

```javascript
<script type="text/javascript">
    $(document).ready(function(){
        $("#messageDialog").css({ "left": (window.screen.availWidth - 370) / 2, "top":
(window.screen.availHeight - 300) / 2 });
        var Clarity;
        $("dl.rating dd a").click(function () {
            var title = $(this).attr("title");
            var parentDiv_id = $(this).parent().parent().parent().attr("id");
            if (parentDiv_id == "Clarity") {
                Clarity = title;
            }
            var cl = $(this).parent().attr("class");
            $(this).parent().parent().removeClass().addClass("rating " + cl + "star");
            $(this).blur();
            return false;
        })
        $("#send_message").click(function () {
            addComment(Clarity, "review_ok.php","<{$gid}>");
        });
        var messageDiv = $("#messageDialog");
        var relative_left;
        var relative_top;
        $("#title_bar").mousedown(function (e) {
            relative_left = e.pageX - messageDiv.css("left").substring(0, messageDiv.css("left").length - 2);
            relative_top = e.pageY - messageDiv.css("top").substring(0, messageDiv.css("top").length - 2);
            $(this).mousemove(function (e) {
                messageDiv.css({ "left": (e.pageX - relative_left) + "px", "top": (e.pageY - relative_top) +
"px" });
            });
            $(this).mouseup(function (e) {
                $(this).unbind("mousemove");
            });
        });
    })
    function addComment(Clarity,url,product_id) {
        var content = $("#message_content").val();
        var customername = $("#customer_name").val();
        if(customername == ''){
```

```
            alert("请输入您的用户名!");
            return false;
        }
        if($('#cul').attr('class') == 'rating nostar'){
            alert("请给产品评分!");
            return false;
        }
        if(content == ''){
            alert("请填写评论内容!");
            return false;
        }
        param = "customer_name=" + encodeURIComponent(customername) +"&content=" +
encodeURIComponent(content) + "&score="+Clarity+"&product_id="+product_id;
        $.ajax({
            url: url,
            type: "POST",
            data: param,
            async:false,
            success: function (data) {
                alert(data);
            },
            error: function ErrorCallback(XMLHttpRequest, textStatus, errorThrown) {
                alert(XMLHttpRequest.status);
                alert(XMLHttpRequest.readyState);
                alert(textStatus);
            }
        });
        location=location;
    }
</script>
```

（5）其中产品评分的表单提交至 review_ok.php 中，在该文件中，将提交过来的用户名、评论、分数等内容保存至数据库中，具体代码如下：

```
<?php
include_once ("model/review_model.php");
if(isset($_POST['customer_name']) && $_POST['customer_name']!=""){
    $customer_name = $_POST['customer_name'];
    $score = $_POST['score'];
    $product_id = $_POST['product_id'];
    $addtime = date("Y-m-d H:i:s");
    if(!get_magic_quotes_gpc())
    {
        $message = addslashes($_POST['content']);
    }else{
        $message = $_POST['content'];
    }
    $data = array(
```

```
            'customer_name' => $customer_name,
            'score' => $score,
            'message' => $message,
            'addtime' => $addtime,
            'product_id' => $product_id
        );
    $view_model = new Review_model();
    $insert = $view_model->insert($data);
    if($insert == 1){
        echo "评论成功！";
    }else{
        echo "评论失败，请重新评价！";
    }
}
?>
```

## 20.8.2　推荐产品

为了便于用户更好地挑选自己喜爱的产品，在产品描述页面以及产品评分页面中都设置了推荐产品，自动在推荐产品处将用户评分的平均分排在前 2 位的产品显示出来。我们以产品评分页面的推荐产品功能为例进行讲解。

（1）创建产品评分的 model，调用它的 get_recommend_products()方法获取平均分排在前两位的产品。具体代码如下：

```
<?php
$reviewModel = new Review_model();
$recommend_product = $reviewModel->get_recommend_products();
?>
```

（2）其中，get_recommend_products()方法内容如下：

```
<?php
public function get_recommend_products() {
        $sql_review_agv = "select product_id,product_name,cover,AVG(score) as avg from
pre_product_review r,pre_products p where p.entity_id=r.product_id GROUP BY product_id ORDER BY avg
desc limit 0,2";
        $db = new TPgsql();
        return $db->query_two($sql_review_agv);
}
?>
```

（3）将推荐产品的信息以及平均分在模板页中显示出来。当平均分为整数时，调用整数的图片 n.jpg，带有小数时，调用(n+1).png 图片。例如平均分为 4 时，引用图片 4.jpg，将其显示到平均分的位置；而平均分在 4 到 5 之间时，引用 5.png 图片，将其显示到平均分的位置。具体实现的代码如下：

```
<dl>
    <{section name=sid   loop=$recommend_product}>
    <dd><b><a href="product_view.php?id=<{$recommend_product[sid].product_id}>"><img src=
"<{$productImagesDir}>/<{$recommend_product[sid].cover}>" width="142" height="190" /></a></b>
        <span  style="padding-top: 14px;"><a  href="product_view.php?id=<{$recommend_product[sid].
product_id}>"><{$recommend_product[sid].product_name}></a></span>
        <div>
        <{if $recommend_product[sid].avg == 1}>
        <img src='images/1.jpg' title='1' width=75 height=15/><br/>
        <{elseif $recommend_product[sid].avg < 2 && $recommend_product[sid].avg>1}>
        <img src='images/2.png' title='1.5' width=75 height=15/>
        <{elseif $recommend_product[sid].avg == 2}>
        <img src='images/2.jpg' title='2' width=75 height=15/><br/>
        <{elseif $recommend_product[sid].avg < 3 && $recommend_product[sid].avg>2}>
        <img src='images/3.png' title='2.5' width=75 height=15/><br/>
        <{elseif $recommend_product[sid].avg == 3}>
        <img src='images/3.jpg' title='5' width=75 height=15/><br/>
        <{elseif $recommend_product[sid].avg < 4 &&
$recommend_product[sid].avg>3}>
        <img src='images/4.png' title='3.5' width=75 height=15/><br/>
        <{elseif $recommend_product[sid].avg == 4}>
        <img src='images/4.jpg' title='5' width=75 height=15/><br/>
        <{elseif $recommend_product[sid].avg < 5 && $recommend_
product[sid].avg>4}>
        <img src='images/5.png' title='4.5' width=75 height=15/><br/>
        <{elseif $recommend_product[sid].avg == 5}>
        <img src='images/5.jpg' title='5' width=75 height=15/><br/>
        <{/if}>
        </div>
    </dd>
    <{/section}>
</dl>
```

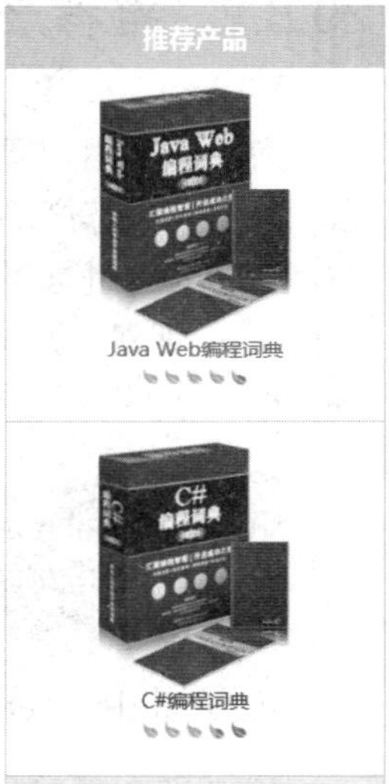

图 20.17　推荐产品

页面运行结果如图 20.17 所示。

# 20.9　代理加盟页面设计

在网站中，我们将产品的特点展示得淋漓尽致，就会吸引一些代理商想要跟我们合作。因此制作一个代理商加盟合作页面也是必要的。代理商加盟页面的运行效果如图 20.18 所示。

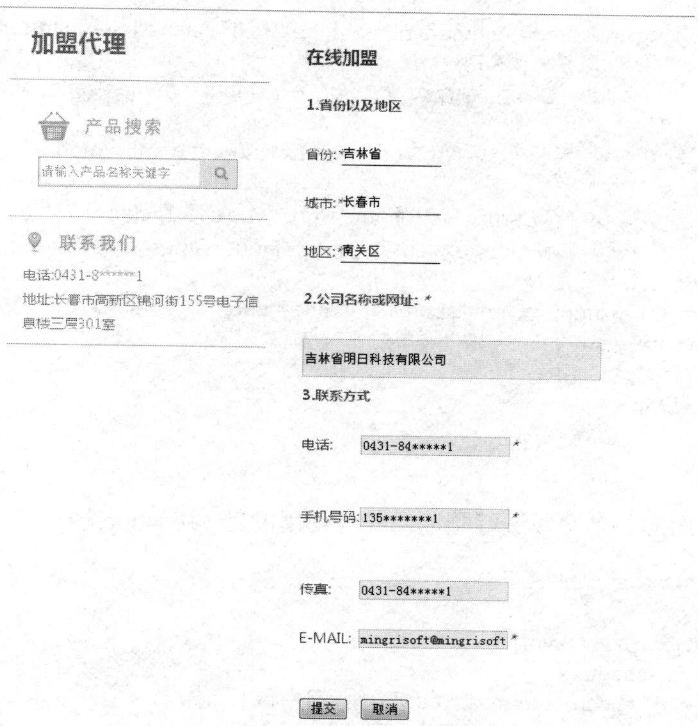

图 20.18　代理商加盟页面运行效果

代理商页面的实现过程如下：

（1）创建 agent.php 文件，具体代码如下：

```php
<?php
    include_once ("model/agent_model.php");
    include_once("Smarty_Config.php");
    $smarty->assign("id",$_GET['id']);
    $smarty->display("agent.html");
?>
```

（2）创建模板文件 agent.html，制作代理商加盟的表单，为便于验证，将必填字段的样式设置为
"required"，E-mail 字段样式额外再设置为 "email"，主要代码如下：

```html
<div class="r">
        <div class="p1">
            <p><SPAN>在线加盟</SPAN></p><br/>
            <P>1.省份以及地区</P><br/>
            <form   id="vform" action="agent_control.php" method="post">
                <P><i> 省 份 :<em>*</em></i> <input  name="province"  type="text"  class="l1  required"
/><br/><br/>
                    <i>城市:<em>*</em></i> <input name="city" type="text" class="l1 required"/><br/><br/>
                    <i>地区:<em>*</em></i> <input name="area" type="text" class="l1 required"/>
</P><br/><br/>
                <P><div class="pi">2.公司名称或网址: <em>*</em></DIV> <br/><br/>
```

```
                    <input name="companyname" type="text" class="l2 required" /></P><br/><br/>
                    <P>3.联系方式</P><br/>
                    <P><u> 电  话 :</u><em>*</em>  <input  name="tel"  type="text"  class="l3  required"
/></P><br/><br/>
                    <P><u>手机号码:</u><em>*</em>  <input name="mobile" type="text" class="l3 required"
/></P><br/><br/>
                    <P><u>传真:</u><input name="fax" type="text" class="l3" /></P><br/><br/>
                    <P><u>E-MAIL:</u><em>*</em> <input name="email" type="text" class="l3 required email"
/></P><br/><br/>
                    <p><input  type="submit"  name="submit"  value=" 提  交 ">   <input
type="reset" name="reset" value="取消"></p>
                    <BR/><BR/>
                </form>
            </div>
        </div>
```

（3）对该页面的各个字段进行验证，此处使用的是 validation 插件，具体内容如下：

```
<script type="text/javascript">
    $(function(){
        $("#vform").validate({
            messages:{
                username:{required:"请输入用户名"},
                pwd:{required:"请输入密码"},
                sex:{required:"请输入性别"},
                email:{
                    required:"请输入 E-mail 地址",
                    email:"请输入正确的 E-mail 格式"
                }
            }
        });
    });
</script>
```

（4）新建处理表单提交请求的 agent_control 文件，将提交过来的数据保存至数据库中，具体内容
如下：

```
<?php
include_once "model/agent_model.php";
$agent_model = new Agent_model();
if(isset($_POST['submit']) && $_POST['submit']!=""){
    $province = $_POST['province'];
    $city = $_POST['city'];
    $area = $_POST['area'];
    $companyname = $_POST['companyname'];
    $tel = $_POST['tel'];
    $mobile = $_POST['mobile'];
    $fax = $_POST['fax'];
    $email = $_POST['email'];
    $addtime = date("Y-m-d H:i:s");
```

```
$data = array(
    'province' => $province,
    'city' => $city,
    'area' => $area,
    'companyname' => $companyname,
    'tel' => $tel,
    'mobile' => $mobile,
    'fax' => $fax,
    'email' => $email,
    'addtime' => $addtime,
);
$insert = $agent_model->insert($data);
if($insert == 1){
    echo   "<script>alert('代理信息添加成功！
');</script>";
    }else{
    echo   "<script>alert('代理信息添加失败！
');</script>";
    }
    redirect('agent.php');
}
function redirect($url) {
    echo "<script>";
    echo "location.href='".$url."';";
    echo "</script>";
    echo "exit;";
}
?>
```

该页面的表单验证效果如图 20.19 所示。

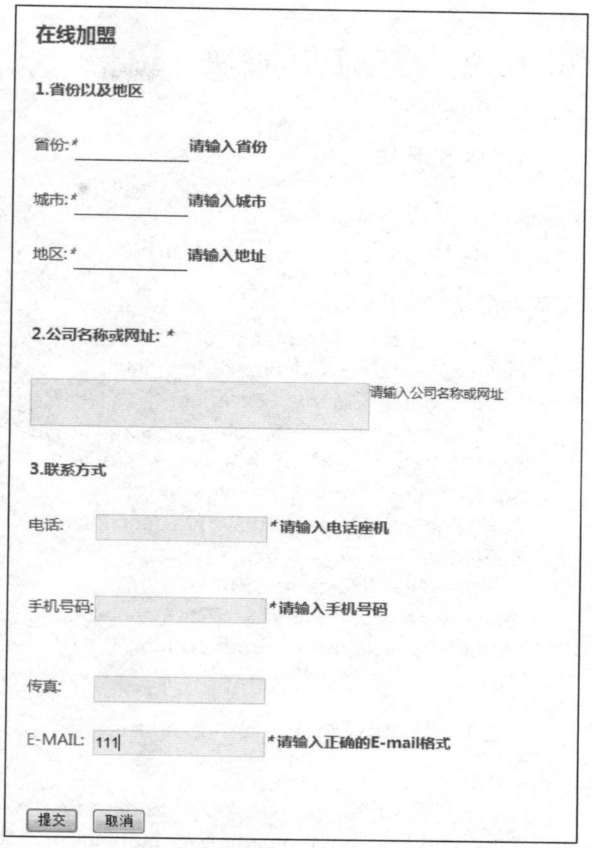

图 20.19　validation 插件验证字段

# 20.10　后台产品管理模块

## 20.10.1　后台功能概述

后台管理系统是网站管理员对产品、用户评论以及新闻等信息进行统一管理的场所，本系统的后台文件都存储于 backstage 文件夹中，系统后台主要包括以下功能。

- ☑　管理员管理模块：主要包括对管理员的添加、修改以及删除操作。
- ☑　产品管理模块：主要包括对产品的添加、修改以及删除处理。
- ☑　用户评分管理模块：主要包括对用户评论的修改以及删除处理。
- ☑　新闻管理模块：主要包括新闻的添加修改以及删除操作。

## 20.10.2　产品管理模块介绍

### 1．添加产品

（1）创建 add_product.php 文件，检验管理员是否登录并初始化 FCKEditor，将其作为产品描述框显示在页面当中，具体代码如下：

```php
<?php
include_once "checkLogin.php";
include("include/fckeditor/fckeditor.php");
include_once("Smarty_Config.php");
$oFCKeditor = new FCKEditor ( 'description' );
$oFCKeditor->BasePath = "include/fckeditor/";
$oFCKeditor->ToolbarSet = 'easywolf';
$oFCKeditor->Value = $bcjyz [0]['description'];
$oFCKeditor->Width = 650;
$oFCKeditor->Height = 350;
$smarty->assign("editor",$oFCKeditor->CreateHtml());
$smarty->display("add_products.html");
?>
```

（2）创建模板页 add_product.html，构建添加产品的表单，具体代码如下：

```html
<DIV>
        <form name="form_addproduct" method="post" action="products_control.php" enctype=
"multipart/form-data" onsubmit="return chkinputaddproduct(this)" style="margin:0px; padding:0px;">

        <h2>添加产品</h2><br />
        <p>
        <p>产品名称：
        <input  type="text"  name="product_name"  id="product_name"  size="60"  class="input1"
/><br/><br/>

        封面图：
        <input name="cover" type="file" id="cover" size="50"/><br/><br/>
        <br/><br/>
        封面小图：
        <input name="smallcover" type="file" id="smallcover" size="50"/><br/><br/>
        <br/><br/>
        价格：
        <input type="text" name="price" id="item_no" size="60" class="input1" /><br/><br/>
        重量：
        <input type="text" name="weight" id="weight" size="60" class="input1" /><br/><br/>
        发货方式：
        <input type="text" name="methods" id="methods" size="60" class="input1" /><br/><br/>
        产品描述：
    <{$editor}>
        <br/><br/>
    </p>
```

```
            <p>产品防伪码：
                 <input type="text" name="auth_code" id="auth_code" size="60" class="input1"
/><br/><br/>

                 产品详细图：
                 <input name="picture" type="file" id="picture" size="50"/><br/><br/>
            </p>

                 <input type="submit" name="submit" value="添加" />
         </form>
    </DIV>
```

（3）对表单各个字段进行检验，具体 JavaScript 代码如下：

```javascript
<script language="javascript">
    function chkinputaddproduct(form){
        if(form.product_name.value==''){
            alert('请填写产品名称！');
            form.product_name.focus();
            return false;
        }
        if(form.cover.value==''){
            alert('请上传产品封面!');
            form.cover.focus();
            return false;
        }
        str = form.cover.value.split(".");
        extname = str[str.length-1];
        if(!(extname == 'jpg' || extname == 'gif' || extname == 'png' || extname == 'bmp')){
            alert("文件类型错误，请重新上传!");
            form.cover.focus();
            return false;
        }
        if(form.smallcover.value==''){
            alert('请上传产品小封面图!');
            form.smallcover.focus();
            return false;
        }
        str = form.smallcover.value.split(".");
        extname = str[str.length-1];
        if(!(extname == 'jpg' || extname == 'gif' || extname == 'png' || extname == 'bmp')){
            alert("文件类型错误，请重新上传!");
            form.smallcover.focus();
            return false;
        }

        if(form.item_no.value==''){
            alert('产品序列号不能为空！');
            form.item_no.focus();
            return false;
        }
```

```
        if(form.weight.value==''){
            alert('产品重量不能为空！');
            form.weight.focus();
            return false;
        }
        if(form.methods.value==''){
            alert('发货方式不能为空！');
            form.methods.focus();
            return false;
        }

        if(form.picture.value==''){
            alert('请上传产品细节图!');
            form.picture.focus();
            return false;
        }
        str = form.picture.value.split(".");
        extname = str[str.length-1];
        if(!(extname == 'jpg' || extname == 'gif' || extname == 'png' || extname == 'bmp')){
            alert("文件类型错误，请重新上传!");
            form.picture.focus();
            return false;
        }
        return true
    }
</script>
```

（4）对产品的添加以及管理的请求都提交到了 products_control.php 中，在该文件中处理添加产品的功能，相关代码如下：

```
if(isset($_POST['submit']) && $_POST['submit']!=""){
    $product_name = $_POST['product_name'];             // 获取产品名称
    $price = $_POST['price'];                           // 获取产品价格
    $weight = $_POST['weight'];                         // 获取产品重量
    $methods = $_POST['methods'];                       // 获取发货方式
    // 获取产品描述
    if(!get_magic_quotes_gpc())
    {
        $description = addslashes($_POST['description']);
    }else{
        $description = $_POST['description'];
    }
    $auth_code = $_POST['auth_code'];                   // 获取产品防伪码
    $addtime = date("Y-m-d H:i:s");                     // 添加时间
    $dir = "../productImages";                          // 图片上传路径
    if (! is_dir($dir)) {
        @mkdir($dir);                                   // 如果不存在该文件夹，则创建
    }

    $covername = $_FILES["cover"]["name"];              // 封面文件名称
```

```
$icovername = date("YmdHis") . mt_rand(1000, 9999) . substr($covername, strrpos($covername, "."),
strlen($covername) - strrpos($covername, "."));                        // 将文件重命名为唯一的随机名称
    $cover_path = $dir . "/" . $icovername;                            // 上传位置
    @move_uploaded_file($_FILES["cover"]["tmp_name"], $cover_path);// 上传文件
    $cover = $icovername;
    $smallcovername = $_FILES["smallcover"]["name"];                   // 封面小图名称
    $ismallcovername = date("YmdHis") . mt_rand(1000, 9999) . substr($covername, strrpos($covername, "."),
strlen($smallcovername) - strrpos($smallcovername, "."));              // 将文件重命名为唯一的随机名称
    $smallcover_path = $dir . "/" . $ismallcovername;                  // 上传位置
    @move_uploaded_file($_FILES["smallcover"]["tmp_name"], $smallcover_path); // 上传文件
    $smallcover = $ismallcovername;

    $upfilename = $_FILES["picture"]["name"];                          // 产品细节图名称
    $iupfilename = date("YmdHis") . mt_rand(1000, 9999) . substr($upfilename, strrpos($upfilename, "."),
strlen($upfilename) - strrpos($upfilename, "."));                      // 将文件重命名为唯一的随机名称
    $picture_path = $dir . "/" . $iupfilename;                         // 上传位置
    @move_uploaded_file($_FILES["picture"]["tmp_name"], $picture_path); // 上传图片
    $pic = $iupfilename;
    $data = array(
        'product_name' => $product_name,
        'description' => $description,
        'auth_code' => $auth_code,
        'addtime' => $addtime,
        'picture' =>$pic,
        'cover' => $cover,
        'smallcover' => $smallcover,
        'price'=>$price,
        'weight'=>$weight,
        'methods'=>$methods
    );
    $product_model = new Product_model();
    $insert = $product_model->insert($data);
    if($insert == 1){
        echo "<script>alert('添加产品成功！');</script>";
    }else{
        echo "<script>alert('添加产品失败！');</script>";
    }
    redirect('edit_products.php');
}
```

（5）redirect()方法用来实现页面跳转，具体代码如下：

```
function redirect($url) {
    echo "<script>";
    echo "location.href="".$url."";";
    echo "</script>";
    echo "exit;";
}
```

添加产品页面运行结果如图 20.20 所示。

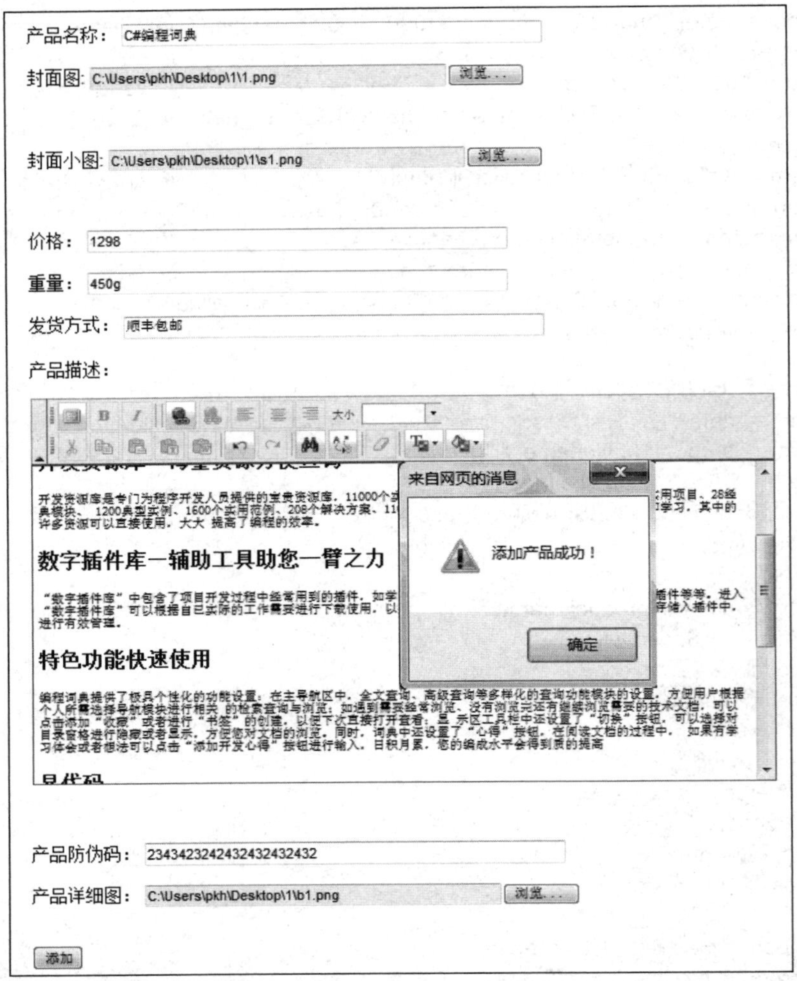
产品名称：
C#编程词典
封面图:
C:\Users\pkh\Desktop\1\1.png
浏览...
封面小图:
C:\Users\pkh\Desktop\1\s1.png
浏览...
价格：
1298
重量：
450g
发货方式：
顺丰包邮
产品描述：
大小
数字插件库—辅助工具助您一臂之力
特色功能快速使用
来自网页的消息
添加产品成功！
确定
产品防伪码：
2343423242432432432432
产品详细图：
C:\Users\pkh\Desktop\1\b1.png
浏览...
添加

图 20.20　后台添加产品

## 2．管理产品

（1）创建 edit_product.php 文件，如果地址栏参数 edit 的值为 t 则为编辑产品记录，那么使用 find_one()方法根据产品 ID 查询指定产品信息，初始化 FCKEdtor，之后使用产品 model 的 find_many()方法获取所有产品信息，具体代码如下：

```
<?php
include_once "checkLogin.php";
include_once "../model/product_model.php";
include("include/fckeditor/fckeditor.php");
include_once("Smarty_Config.php");
$edit = "f";
$productModel = new Product_model();
//
if (isset($_GET['edit']) && $_GET['edit'] == 't') {
    $bcjyz = $productModel->find_one($_GET['id']);
```

```
    $edit = "t";
    $oFCKeditor = new FCKeditor ( 'description' );
    $oFCKeditor->BasePath = "include/fckeditor/";
    $oFCKeditor->ToolbarSet = 'easywolf';
    $oFCKeditor->Value = $bcjyz [0]['description'];
    $oFCKeditor->Width = 650;
    $oFCKeditor->Height = 350;
    $smarty->assign("editor",$oFCKeditor->CreateHtml());
    $smarty->assign("bcjyz",$bcjyz);
}
$bcjyzs = $productModel->find_many();
$smarty->assign("edit",$edit);
$smarty->assign("bcjyzs",$bcjyzs);
$smarty->display("edit_products.html");
?>
```

（2）创建模板页 edit_product.html，循环显示全部产品，具体代码如下：

```
<div style="background-color: #fcfcfc">
    <DIV style="width: 715px;height:770px;background: url('../images/k770.png') no-repeat;">
    <h2 align="center" style="padding-top: 10px;">产品列表</h2>
    <br />
    <br />
    <DIV style="padding-left: 40px;">
        <DIV class="tadiv" style="padding-left: 0px;">
            <DIV style="LINE-HEIGHT: 25px; WIDTH: 22%; FLOAT: left; text-align:center; HEIGHT:
25px;border:1px solid;">产品名称</DIV>
            <DIV style="LINE-HEIGHT: 25px; WIDTH: 22%; FLOAT: left; text-align:center; HEIGHT:
25px;;border:1px solid;border-left:none;">价格</DIV>
            <DIV style="LINE-HEIGHT: 25px; WIDTH: 22%; FLOAT: left; text-align:center; HEIGHT:
25px; ;border:1px solid;border-left:none;">添加时间</DIV>
            <DIV style="LINE-HEIGHT: 25px; WIDTH: 28%; FLOAT: left; text-align:center; HEIGHT:
25px; ;border:1px solid;border-left:none;">操 作 </DIV>
        </DIV>

        <{section name=id loop=$bcjyzs}>
        <DIV>
            <DIV style="LINE-HEIGHT: 23px; WIDTH: 22%; FLOAT: left; text-align:center;HEIGHT: 23px;
border:1px solid;border-top:none;overflow: hidden;"><{$bcjyzs[id].product_name}></DIV>
            <DIV style="LINE-HEIGHT: 23px; WIDTH: 22%; FLOAT: left; text-align:center;HEIGHT: 23px;
border:1px solid;border-top:none;border-left:none;overflow: hidden;"><{$bcjyzs[id].price}></DIV>
            <DIV style="LINE-HEIGHT: 23px; WIDTH: 22%; FLOAT: left; text-align:center; HEIGHT: 23px;
border:1px solid;border-top:none;border-left:none;overflow: hidden;"> <{$bcjyzs[id].addtime}></DIV>
            <DIV style="LINE-HEIGHT: 23px; WIDTH: 28%; FLOAT: left; text-align:center; HEIGHT: 23px;
border:1px solid;border-top:none;border-left:none;"><a href="edit_reviews.php?product_id=
<{$bcjyzs[id].entity_id}>">产品评价</a>  |  <a href="?edit=t&id=<{$bcjyzs[id].entity_id}>&productpath=
<{$bcjyzs[id].picture}>" >编辑 | <a href="products_control.php?del=t&id=<{$bcjyzs[id].entity_id}>
&oldpath=<{$bcjyzs[id].picture}>&oldcover=<{$bcjyzs[id].cover}>&oldsmallcover=<{$bcjyzs[id].smallcover}>">
删除</a></DIV>
        </DIV>
```

471

```
    <</section}>
  </DIV>
```

（3）对表单字段进行检验，具体 JavaScript 代码如下：

```javascript
<script language="javascript">
    function chkeditproduct(form){
        if(form.product_name.value == ''){
            alert("请输入产品名称!");
            form.product_name.focus();
            return false;
        }
        if(form.description.value==''){
            alert('请输入产品描述!');
            form.description.focus();
            return false;
        }
        if(form.picture.value){
            str = form.picture.value.split(".");
            extname = str[str.length-1];
            if(!(extname == 'jpg' || extname == 'gif' || extname == 'png' || extname == 'bmp')){
                alert("您上传的文件格式不对！");
                form.picture.focus();
                return false;
            }
        }
        return true
    }
</script>
```

（4）在 products_control.php 中，对修改产品进行处理，相关代码如下：

```php
if(isset($_POST['submite']) && $_POST['submite']!=""){          // 修改产品
    $product_model = new Product_model();
    $id = $_POST['bcjyzid'];                                     // 产品 id
    $product_name = $_POST['product_name'];                      // 产品名称
    if(!get_magic_quotes_gpc())
    {
        $description = addslashes($_POST['description']);        // 产品描述
    }else{
        $description = $_POST['description'];
    }
    $auth_code = $_POST['auth_code'];                            // 产品防伪码
    $addtime = date("Y-m-d H:i:s");                             // 添加时间
    $weight = $_POST['weight'];                                  // 产品重量
    $methods = $_POST['methods'];                               // 产品发货方式
    $price = $_POST['price'];                                    // 产品价格
    if(isset($_FILES["cover"]["name"]) && $_FILES["cover"]["name"]!=""){    // 如果修改了封面图片
        $dir = "../productImages";
        $cover_upfilename = $_FILES["cover"]["name"];
```

```php
        $cover_iupfilename = date("YmdHis") . mt_rand(1000, 9999) . substr($cover_upfilename,
strrpos($cover_upfilename, "."), strlen($cover_upfilename) - strrpos($cover_upfilename, "."));
        $cover_address = $dir . "/" . $cover_iupfilename;
        $pcover = $_POST['oldcover'];
        @unlink($dir."/".$pcover);
        @move_uploaded_file($_FILES["cover"]["tmp_name"], $cover_address);
    }else{            // 未修改封面图片，则图片名称还是原来的文件名
        $cover_iupfilename = $_POST['oldcover'];
    }

    if(isset($_FILES["smallcover"]["name"]) && $_FILES["smallcover"]["name"]!=""){ // 如果修改了封面小图片
        $dir = "../productImages";
        $smallcover_upfilename = $_FILES["smallcover"]["name"];
        $smallcover_iupfilename = date("YmdHis") . mt_rand(1000, 9999) . substr($smallcover_upfilename,
strrpos($smallcover_upfilename, "."), strlen($smallcover_upfilename) - strrpos($smallcover_upfilename, "."));
        $address = $dir . "/" . $smallcover_iupfilename;
        $p = $_POST['oldsmallcover'];
        @unlink($dir."/".$p);
        @move_uploaded_file($_FILES["smallcover"]["tmp_name"], $address);
    }else{    // 未修改封面小图片，则图片名称还是原来的文件名
        $smallcover_iupfilename = $_POST['oldsmallcover'];
    }

    if(isset($_FILES["picture"]["name"]) && $_FILES["picture"]["name"]!=""){        // 如果修改了细节图片
        $dir = "../productImages";
        $upfilename = $_FILES["picture"]["name"];
        $iupfilename = date("YmdHis") . mt_rand(1000, 9999) . substr($upfilename, strrpos($upfilename, "."),
strlen($upfilename) - strrpos($upfilename, "."));
        $address = $dir . "/" . $iupfilename;
        $p = $_POST['oldpicture'];
        @unlink($dir."/".$p);
        @move_uploaded_file($_FILES["picture"]["tmp_name"], $address);
    }else{    // 未修改封面细节图，则图片名称还是原来的文件名
        $iupfilename = $_POST['oldpicture'];
    }
    $data = array(
        'id'    =>$id,
        'cover' =>$cover_iupfilename,
        'smallcover' =>$smallcover_iupfilename,
        'product_name' => $product_name,
        'description' => $description,
        'auth_code' =>$auth_code,
        'addtime' => $addtime,
        'picture' => $iupfilename,
        'price'=>$price,
        'weight'=>$weight,
        'methods'=>$methods
    );
    if($product_model->update($data) == 1){
```

```
        echo "<script>alert('修改产品成功！');</script>";
    }else{
        echo "<script>alert('修改产品失败！');</script>";
    }
    redirect('edit_products.php');
}
```

（5）在 products_control.php 中，对删除产品的相关代码如下：

```
if(isset($_GET['del']) && $_GET['del'] == 't'){
    $id = $_GET['id'];
    $productModel = new Product_model();
    @unlink("../productImages/".$_GET['oldcover']);
    @unlink("../productImages/".$_GET['oldsmallcover']);
    @unlink("../productImages/".$_GET['oldpath']);
    if($productModel->delete($id) == 1){
        echo "<script>alert('删除产品成功！');</script>";
    }else{
        echo "<script>alert('删除产品失败！');</script>";
    }
    redirect('edit_products.php');
}
```

管理产品页面运行结果如图 20.21 所示。

### 产品列表

| 产品名称 | 价格 | 添加时间 | 操作 |
|---|---|---|---|
| ASP编程词典 | 998 | 2014-12-19 08:43:19 | 产品评价 \| 编辑 \| 删除 |
| C#编程词典 | 1298 | 2014-12-19 08:43:30 | 产品评价 \| 编辑 \| 删除 |
| Java编程词典 | 1298 | 2014-12-19 08:43:46 | 产品评价 \| 编辑 \| 删除 |
| PHP编程词典 | 1298 | 2014-12-19 08:43:55 | 产品评价 \| 编辑 \| 删除 |
| VC编程词典 | 1298 | 2014-12-19 08:44:08 | 产品评价 \| 编辑 \| 删除 |
| VB编程词典 | 1298 | 2014-12-19 08:44:18 | 产品评价 \| 编辑 \| 删除 |
| Delphi编程词典 | 998 | 2014-12-19 08:44:29 | 产品评价 \| 编辑 \| 删除 |
| Java Web编程词典 | 1298 | 2014-12-19 08:44:39 | 产品评价 \| 编辑 \| 删除 |
| ASP.NET编程词典 | 1298 | 2014-12-19 08:44:48 | 产品评价 \| 编辑 \| 删除 |

图 20.21　后台管理产品

# 20.11　运 行 项 目

模块设计及代码编写调试完成之后，下面开始运行项目。具体步骤如下：

（1）将项目复制至 Apache 的文档根目录下。例如，文档根目录的路径为 F:\wamp\webpage，那么，只需要将项目文件夹 market 复制至其中即可，如图 20.22 所示。

图 20.22　拷贝项目至 Apache 文档根目录

 说明

　　Apache 的文档根目录在 Apache 的配置文件 Httpd.conf 中。Httpd.conf 存放于 Apache\conf 目录下。打开文件，搜索 documentRoot，其后指向的路径即为文档根目录的路径。

　　（2）将 market/data 文件夹下的数据库文件 db_market 复制到 MySQL 数据库的 data 文件夹中。
　　（3）从 http://www.smarty.net 下载 Smarty 模板引擎，将 libs 文件夹中内容全部复制至 market/Smarty 文件夹中，如图 20.23 所示。

图 20.23　smarty 文件存放结果

　　以上 3 个步骤完成之后，访问 http://localhost/market 即可访问网站前台页面，http://localhost/market/backstage 为网站后台访问地址。其中管理员账号为，用户名 mr，密码 mrsoft。

# 20.12 小 结

本章使用 PHP、MySQL、Smarty 模板技术、jQuery、Javascript、Ajax 等目前的主流技术，实现了一个展示产品的网站以及最后网站发布的全过程。希望读者能通过这个项目实例，把前面所学到的各种技术消化吸收、融会贯通，并能够学以致用，举一反三。